普通高等教育"十一五"国家级规划教材

机械工程材料

第 3 版

主　编　王章忠

副主编　乔　斌　丁红燕　胡耀华

参　编　姜世杭　谈淑咏　王　珏

主　审　潘　冶　陶　杰

U0255049

机械工业出版社

本书为普通高等教育"十一五"国家级规划教材,是机械类(兼含近机类)专业的技术基础课教材。本书主要讲授零件在不同工作条件下的性能要求以及工程技术人员必备的材料学基本理论和材料知识,介绍了各类工程材料的成分、组织结构与加工工艺及性能特点和应用范围,并结合实例说明了选用材料的原则和方法。全书共14章,包括:材料的性能及应用意义、材料的结构、材料的凝固与结晶组织、材料的变形断裂与强化机制、铁碳合金相图及应用、钢的热处理、钢铁材料、有色金属材料、高分子材料、陶瓷材料、复合材料、功能材料、材料表面技术、工程材料的选用与发展。在附录中列出了材料工程主要相关国家标准名录和材料学主要相关 Internet 信息资源,各章后均附有分析应用型习题,全书引用最新国家标准,并力求体现"宽、精、新、应用"的特色,旨在重点培养学生选材用材的能力。

　　本书主要供机械、仪器、能源动力、化学工程、航空航天、兵器、农业工程、工程力学、管理工程、环境工程等各类专业的大学本科学生使用,也可作为高等专科学校、高等职业学院及业余职工大学相关专业的教材和有关专业科技人员的参考用书。

图书在版编目(CIP)数据

机械工程材料/王章忠主编. —3 版. —北京:机械工业出版社,2018.9
(2024.7 重印)

普通高等教育"十一五"国家级规划教材

ISBN 978-7-111-60449-5

Ⅰ.①机… Ⅱ.①王… Ⅲ.①机械制造材料-高等学校-教材

Ⅳ.①TH14

中国版本图书馆 CIP 数据核字(2018)第 156148 号

机械工业出版社(北京市百万庄大街 22 号　邮政编码 100037)
策划编辑:丁昕祯　责任编辑:丁昕祯　安桂芳　刘丽敏
责任校对:郑　婕　封面设计:张　静
责任印制:单爱军
北京虎彩文化传播有限公司印刷
2024 年 7 月第 3 版第 10 次印刷
184mm×260mm·19.5 印张·480 千字
标准书号:ISBN 978-7-111-60449-5
定价:54.80 元

电话服务　　　　　　　　网络服务
客服电话:010-88361066　机 工 官 网:www.cmpbook.com
　　　　　010-88379833　机 工 官 博:weibo.com/cmp1952
　　　　　010-68326294　金 书 网:www.golden-book.com
封底无防伪标均为盗版　机工教育服务网:www.cmpedu.com

前言
FOREWORD

本书为普通高等教育"十一五"国家级规划教材,是机械工业出版社出版的《机械工程材料》(王章忠主编)的第 3 版,适于用作机械、仪器、能源动力、化学工程、航空航天、兵器、农业工程、工程力学、管理工程、环境工程及其他相关专业大学本科生必修的工程材料类课程的教材。

本书第 3 版修订的指导思想是:适应新工科发展的应用型人才培养模式要求,全面提高学生"理论联系实际、注重工程应用、发展终身学习、适应经济社会"的能力。本书在保持第 2 版的体系、结构、特色和主要内容的基础上,对第二章进行了修订,第八章进行了重新编写,全书内容适度修改,标准全部更新。本书的主要特点是:根据中国制造 2025、战略新兴产业等对材料技术的新发展、新要求,新增了新材料、新工艺、新技术的相关知识;全面介绍了金属材料、高分子材料、陶瓷材料及复合材料的共性与个性特点,并注意突出金属材料重点;体现了"大工程"意识,培养学生的"材料、设计、制造"一体化理念;为便于持续学习,在附录中还列出了材料工程主要相关国家标准名录和材料学主要相关 Internet 信息资源。全书共 14 章,建议教学时数为 40~60 学时。

在第 3 版的修订过程中,参阅了国内外出版的有关资料,在此对全部文献的作者表示衷心感谢!

本书的编写分工如下:南京工程学院王章忠教授编写绪论、第一章、第十二至第十四章及第七章的第一至六节,淮海工学院乔斌教授编写第三、四章及第七章第七节,淮阴工学院丁红燕教授编写第五、六章,扬州大学姜世杭教授编写第九至十一章,西北农林科技大学胡耀华教授编写第二章,南京工程学院谈淑咏副教授编写第八章,王珏副教授编制全书课件。全书由王章忠主编,东南大学潘冶教授、南京航空航天大学陶杰教授主审。

由于编者水平有限,书中不妥与错误之处在所难免,恳请广大读者批评指正。

编　者

目 录
CONTENTS

绪　论

一、材料与材料科学

材料是人类文明与社会进步的物质基础与先导，是实施可持续发展战略的关键。材料作为能制造有用器件的物质，与能源和信息共同构成了人类社会赖以生存与发展的基本资源，故材料、能源和信息并列为现代科学和现代文明的三大支柱，且材料又是最重要的基础。

历史学家把人类社会的发展按其使用的材料类型划分为石器时代、青铜器时代、铁器时代，而今已跨入人工合成材料的新时代。

从古猿到原始人类，石器一直是主要的工具，约在原始社会的末期，中华民族的祖先最早使用了火烧制陶器，到东汉时期又出现了瓷器，并先后传至世界各国，对人类文明产生了极大的影响，已成为中国古代文化的象征。

早在 4000 年以前，我们的祖先就已开始使用天然存在的纯铜，至殷、商时代，我国的青铜冶炼与铸造技术便已发展到了较高的水平，到春秋战国时期，我国人民认识并总结了青铜的成分、性能和用途之间的关系与规律。例如，在《周礼·考工记》中对青铜的成分和用途描述出来的"六齐"规律，是世界上最早的关于金属材料合金化工艺的总结。

到了汉代，我国"先炼铁后炼钢"的技术已居世界领先地位；从西汉到明朝，我国的钢铁生产技术、钢铁热处理技术及钢铁材料的应用都已达到了相当高的水平。北宋沈括的《梦溪笔谈》、明代宋应星的《天工开物》等科学史书中都有这方面的详细记载与论述。

18 世纪以欧洲为中心的世界工业迅速发展，对材料的品质、数量都提出了越来越高的要求，形成并推动了材料工艺的进一步发展。1863 年光学显微镜首次应用于金属的微观研究，出现了"金相学"，并在化学、物理、材料力学的基础上产生了一门新学科"金属学"。随着 1912 年 X 射线衍射技术和 1932 年电子显微分析技术及后来出现的各种谱仪的应用，"金属学"便日趋完善，大大推动了金属材料及其学科的研究与发展。

20 世纪以来，随着现代科学技术和生产的迅速发展，对材料的要求也越来越高。在大量发展高性能金属材料的同时，又迅速发展和应用了高性能的高分子材料、陶瓷材料和复合材料，并进入人工合成材料的新时代。因此，在一些与材料有关的学科（如化学、物理等）的基础上，逐步形成了跨越金属学、高分子科学、陶瓷学等多学科的材料科学。

材料科学是研究各种材料的成分、组织、性能和应用之间的关系及其规律的一门科学，它包含四个基本要素：材料的成分组织结构、材料的制备合成与加工工艺、材料的固有性能和材料的使用行为。这说明材料科学不仅着眼于基础理论的研究，也考虑了应用实践。这一关系与规律的表达最早来自且应用于金属材料，但现也同样应用于其他材料，对各种材料而言，其研究原理、思路与方法是基本相通的。

多数发达国家都非常重视材料科学研究。例如，美国的研究机构、企业和大学均有许多课题进行材料研究，据1972年美国国家科学院的白皮书报告，全美科技人员有25%从事材料问题的研究，而且有25%以某种形式参与材料的研究；1986年《科学美国人》杂志在专期讨论有关材料研究的文章中指出"材料科学的进展决定了经济关键部门增长速率的极限范围"；1990年美国总统的科学顾问更是明确地说"材料科学在美国是最重要的学科"；美国的许多技术性问题正是通过采用新开发的材料来解决的，如高性能飞机就是突出的例子。在世界范围内，高新材料技术是高科技发展的一个关键领域，起着先导和基础的作用，常被视为高技术发展的突破口。

1978年我国科学大会将材料科学技术列为8个新兴的综合性的科学技术领域之一，此后各个五年计划中，一直把材料科学技术作为重点发展的领域之一；在"863国家高技术研究发展计划""973国家重点基础研究发展规划"中都给予了高度重视。新材料作为高新技术产业的组成部分，在1999年颁布并实施《当前国家优先发展的高技术产业化重点领域指南》中得到重点扶持，并在2000年开始执行《国家计委关于组织实施新材料高技术产业化专项公告》中明确其发展对国民经济有重要支撑作用。"十三五规划"规定，突破关键基础材料瓶颈，发展高端材料至关重要。

二、材料的分类与概况

工程材料是指固体材料领域中与工程（结构、零件、工具等）有关的材料，主要应用于机械制造、航天航空、化工、建筑与交通等部门，依据不同的分类方法，工程材料的种类繁多。按其应用领域可分为机械工程材料、建筑工程材料、电子工程材料、航空材料等。按其性能特点可分为结构材料和功能材料：结构材料以力学性能为主，兼有一定的物理、化学性能；功能材料是以特殊的物理、化学性能为主，如电、磁、光、热、声学、生物等功能和效应及其转换特性的材料。结构材料用量极大，是当代社会的主要材料，也是本书讨论的重点；功能材料目前用量虽小，但却是高新技术的关键，是知识密集、技术密集、附加值高的新材料。

工程上通常按材料的化学属性将材料分为金属材料、高分子材料、陶瓷材料及复合材料四大类。

（一）金属材料

金属材料是用量最大、用途最广的主要工程材料，历来占据材料消费的主导地位，并预计在未来的相当长时间内还将延续下去。它包含两大类型：黑色金属和有色金属。

1. 黑色金属

指铁、铬、锰及其合金。其中铁基合金即为钢铁材料，它占金属材料总量的95%以上。钢铁材料又分为钢与铸铁两种，其中钢占90%以上。在20世纪30～50年代，钢铁材料处于最鼎盛时期，是材料科学技术的中心。随着钢铁材料的强度和质量的提高，以及现代高新技术对特殊性能材料（如陶瓷、高分子、复合材料）的需求增加，钢铁材料虽已走过了它最辉煌的时代，但因其具有良好的力学性能、工艺性能和低成本等综合优势，使之在21世纪仍占据主导地位，故绝不是"夕阳产业"。

2. 有色金属

指除黑色金属以外的所有其他金属。它又可分为轻金属（如铝、镁、钛）、重金属（如铅、锑）、贵金属（如金、银、镍、铂）和稀有金属等。其中以铝及其合金、铜及其合金应用最广。

（二）高分子材料

高分子材料又称为聚合物，是由相对分子质量很大的大分子组成的，其主要原料是石油化工产品。按其性能用途和使用状态，又分为塑料、橡胶、合成纤维、涂料和胶粘剂等类型。

塑料是最主要的高分子材料，常分为通用塑料和工程塑料。通用塑料主要用于制作薄膜、容器和包装用品，占塑料生产的70%左右，聚乙烯是其典型代表。工程塑料是指力学性能较高的聚合物，聚酰胺（尼龙）是这类材料的代表。由于高分子材料具有金属材料所不具备的某些优异性能（如重量轻，电绝缘性、隔热保温性、耐蚀性好等），故其发展速度相当快。

（三）陶瓷材料

陶瓷材料是指硅酸盐、金属与非金属元素的化合物（主要是氧化物、氮化物、碳化物等）。工业上常分为三大类，其一是传统陶瓷，由黏土、石英、长石等组成，主要成分是天然硅、铝的氧化物及硅酸盐，常用作建筑材料使用；其二是特种陶瓷（新型陶瓷），主要成分是人工氧化物、碳化物、氮化物和硅化物等的烧结材料，常用作工业上耐热、耐蚀、耐磨等零件；其三是金属陶瓷，即金属粉末与陶瓷粉末的烧结材料，主要用作工具、模具等。

陶瓷具有许多优异的性能，如高硬度、高耐磨性、高的抗压强度、高的耐热性和耐蚀性能，其最大缺点是塑性低、易脆断且不易加工成形，故限制了它作为结构材料的使用范围；对陶瓷结构材料的增强增韧是今后的主要研究课题。此外，由于陶瓷具有独特的光、电、热等物理性能，因而是主要的功能材料之一。

（四）复合材料

金属、高分子、陶瓷材料各有优缺点，若将以上两种或两种以上的材料微观地组合在一起形成的材料，便是复合材料。复合材料发挥了其组成材料的各自长处，又在一定程度上克服了它的弱点，因而是一种新型的优异材料。按其基体不同，复合材料常分为三大类型：树脂基复合材料、金属基复合材料和陶瓷基复合材料。现代工业中，树脂基复合材料（如玻璃钢）已处于成熟应用阶段，金属基复合材料和陶瓷基复合材料因其制造工艺复杂、成本高昂，仍处于研究、推广应用阶段。

三、材料科学与机械工程

机械工程是一个含义极广的概念，它几乎涉及了国民经济各个领域中所有的机械产品。随着经济高速高效的发展及科学技术的不断进步，机械工程将朝着大型及微型、高速、耐高低温、耐高压、耐恶劣环境影响等方向发展，这就要求机械产品的技术功能优异，质量高而稳定，寿命长而可靠，成本低而效益高。优质的机械产品是合理的材料、优良的设计和正确的加工这三者的整体配合，而材料又是其基础。

（一）材料与产品质量

材料为产品提供了必要的基本功能，是产品质量的重要保证。大量事实说明：在设计与加工过程中，许多材料及其工艺问题是我国机械产品功能差、质量低、寿命短的主要原因之一，故要求机械工程技术人员掌握必要的材料科学与材料工程知识。

（二）材料与机械设计

机械设计涉及广泛的学科领域，其中数学、材料科学、工程力学和工业造型是其重要支柱。在设计某一具体产品时，设计者首先进行的是功能设计和结构设计，通过精确的计算和必要的试验，以确定决定产品功能的技术参数和整机及零件的形状、尺寸，上述参数的选定及零件尺寸形状的设计质量如何，往往比较直观且容易评定和校验。至于每一零件根据其不同的服役条件选用何种材料，经过哪些加工工艺制成，最后在使用状态下的显微组织是什么，能否在规定寿命期限内正常工作等问题的处理方法，则随设计者的材料科学知识水平与技能的不同，有着很大的差别。在我国工程界，机械设计师多半是依据经验来套用而非选用材料；更有甚者，连套用都做不到而是随意取用，盲目性极大；至于正确决定使用状态的显微组织，则更是做不到。由此而造成的产品质量与寿命问题，已被大量的产品事故所证实。

因此，机械工程师不仅要能进行优良的功能设计和结构设计，同时还要能做好材料设计——即正确选择材料及其加工工艺，它的任务是通过选定适当化学成分的材料，经合理的加工工艺过程来获取满足产品使用要求的内部组织结构。产品的功能设计、结构设计与材料设计应是紧密结合而完全融为一体的。

（三）材料与机械制造

机械制造是将材料经济地加工成最终产品的过程。依据机械制造的各种工艺的作用，可将其分为两大类。

1. 改形工艺

即以保证设计所要求的结构形状与尺寸为主要目的的工艺，又称为成形工艺，它包括切削成形（如车、铣、刨、磨、钻等）、流动成形（如铸造成形、塑性成形等）、连接成形（如焊接、铆接、粘接等）三大类。改形工艺的难易程度（即工艺性能）既受材料性能的影响，反过来改形工艺过程又会不同程度地影响到零件的内部组织，进而影响材料的使用性能；其中铸造成形、塑性成形与焊接成形过程对材料的组织与性能的影响程度极大，应予以高度重视。

2. 改性工艺

即以保证设计所要求的零件组织性能为目的的工艺，此为本课程的重点之一，它包括材料整体处理工艺（如退火、正火、淬火、回火、时效等）和材料表面改性处理工艺。表面处理工艺是近代材料科学研究的重要方向之一，它对提高产品质量和寿命，挖掘现有传统材料的潜力均具有突出的技术经济效益，特别是对提高零件疲劳性能、耐磨性、耐蚀性等方面有更为显著的效果，故应得到广泛的重视和应用。

在机械制造过程中，不同的材料有着各自适宜的加工工艺，这直接关系到产品的生产率，也影响了产品的性能与质量，故要求在材料设计的同时，就必须考虑其加工工艺方法。材料科学与工程的进步，既保证了优质高效产品的实现，也推动着机械制造工艺的不断发展，并导致了新兴产业的形成；反过来，先进的制造技术与装备，也推动着材料科学的发展。材料是机械工程的基础，要改变"重整机、轻零件，重设计与制造、轻材料"的错误倾向，这既是一种技术改革，更重要的是一种观念的更新。

四、本课程的目的、内容与学习要求

机械工程技术人员在从事产品设计、制造、运行、维护等工作时，都必然要对工程材料的选择、应用与加工等问题进行科学系统的分析并予以全面正确的解决。这就要求同时具备两方面的材料学知识：其一是应该了解材料的成分、结构、工艺及外界条件（如载荷、温度、环境介质等）改变时对其性能的影响，其二是应该掌握各种工程材料（重点是金属材料）的基本特性和应用范围。"机械工程材料"课程正是为实现这一要求而设置的。

"机械工程材料"是机械类专业的一门重要技术基础课，其目的是使学生获得有关工程结构与机械零件常用的各种工程材料的基本理论知识和性能特点，从而使其初步具备合理选择材料和使用材料，正确选择加工方法及安排制订加工工艺路线的能力，且为后续有关课程的学习奠定必要的材料学基础。

本课程的内容包括：①材料的各种性能及应用意义（第一章）；②材料科学与工程的基本理论和基本知识（第二至六章、第十三章）；③常用各种工程材料的基本知识、特性与应用（第七至十二章）；④工程材料的选用（第十四章）。

"机械工程材料"课程是一门理论性和实践应用性很强的课程。它以物理、化学、工程力学及金属工艺学和金工教学实习为基础，在学习时应注意联系上述课程的有关内容，并结合生产应用实际，注重分析、理解与运用，强调前后知识的整体联系与综合应用，以达到提高发现问题、分析问题和解决问题的独立创新工作能力。此外，还应加强材料科学与社会科学之间的联系，以丰富和提升该课程的学习价值。

第 一 章

材料的性能及应用意义

　　材料是人类社会经济地制造有用器件的物质。所谓有用，是指材料满足产品使用需要的特性，即使用性能，它包括力学性能、物理性能和化学性能；制造是指将原材料变成产品的全过程，材料对其所涉及的加工工艺的适应能力即为工艺性能，它包括铸造性能、塑性加工性能、切削加工性能、焊接性能和热处理性能等。全面地理解材料性能及其变化规律，是机械设计、选材用材、制订加工工艺及质量检验的重要依据；作为材料性能的两个方面，使用性能和工艺性能既有联系又有区别，两者有时是统一的，但更多的情况下却是互相矛盾的。合理地解决两者间的矛盾并使之不断改善和创新，是材料研究与应用的主要任务之一。

　　本章主要介绍工程材料各种性能（重点是力学性能）的物理意义、技术指标及其应用。

第一节　材料性能依据

　　材料的性能是一种参量，用于表征材料在给定的外界条件下所表现出来的行为。材料本身是一个复杂的系统，它包含材料的化学成分和内部结构。材料的化学成分和内部结构是性能的内部依据，而性能则是指确定成分和结构的材料的外部表现。这里的结构是一个广泛的概念，它包括原子结构、结合键、原子排列方式（晶体、非晶体与晶体缺陷）以及组织（显微组织与宏观组织）四个层次。由于材料的性能一般必须量化表示，因而它通常是依照标准规定通过不同的试验来测定表述的，这便是我们从材料手册或设计资料上获得的性能参数。实际工件的性能首先取决于材料的性能，但须考虑到工件的形状尺寸、加工工艺过程和使用条件对其重要的影响。

　　材料科学与工程是依据"工艺→结构→性能"这条思路去控制或改变材料的性能，即工艺影响结构、结构决定性能。在此，"工艺"主要是指材料的制备和加工工艺，但也应考虑材料在使用过程中结构的可能变化以及由此而对性能产生的影响。

　　在改变结构时，应注意它的可变性以及因这种改变对于性能改变的敏感性。有些结构是难于改变的，如原子结构；有些结构虽然可以通过工艺来改变，但性能改变的敏感性却不同。某些性能如熔点、弹性模量主要取决于成分而对其结构改变不敏感，便称之为结构不敏感性能，而强度、塑性、韧性等性能对结构的改变非常敏感，则称之为结构敏感性能。这是选择材料和制订加工工艺所必须考虑的问题。

　　例如，弹簧的弹性、刚性及疲劳强度是其主要要求，选择不同成分（碳及合金元素含量）的弹簧钢并经过不同的加工工艺（如冷热塑性加工、热处理、表面喷丸等）来改变内部结构，弹簧的弹性与疲劳性能有着明显的不同，而其刚性却差异甚微。这说明对弹簧而言，试图用工艺去改变组织结构不敏感性能——刚性，显然是徒劳无功的，即便是将碳素弹簧钢改选成合金弹簧钢，刚性也无明显改善，其原因是碳钢与合金钢均是以 Fe 为主的材料，而材料的刚性主要取决于其内主要成分，次要成分的微小变化对它影响不大。

第二节 材料的使用性能

材料是在不同的外界条件下使用的，如在载荷、温度、介质、电磁场等作用下将表现出不同的行为，此即材料的使用性能，包括力学性能、物理性能和化学性能。由于工程结构与机器零件以传递力和能、实现规定的机械运动为主要功能，故力学性能是最主要的。

一、力学性能

力学性能是指材料在载荷（外力）作用下所表现出的行为，通过不同的标准试验测定的相关参量的临界值或规定值，即可作为力学性能指标。力学性能的类型依据载荷特性不同而不同，若按加载方式不同可分为拉伸、压缩、弯曲、扭转和剪切等性能，若按载荷的变化特性不同又可分为静载荷力学性能和动载荷力学性能等。不论何种情况，材料在外力作用下均会产生形状与尺寸的变化——变形。依照外力去除后变形能否恢复，变形可分为弹性变形（可恢复的变形）和塑性变形（不可恢复的残余变形）。当变形到一定程度而无法继续进行时，材料便发生断裂。断裂前有明显宏观塑性变形的称为韧性断裂，反之则称为脆性断裂。

材料的变形与断裂是其受到外力作用时所表现出的普遍力学行为，试验测定的力学性能指标也很多，常用的有强度、刚度、弹性、塑性、硬度、韧性、疲劳性能和耐磨性等。

（一）强度

广义的强度是指材料在外力作用下对变形与断裂的抵抗能力。若将断裂看成为变形的极限，则可将强度简称为变形的抵抗能力。通常强度是依据相关标准规定进行静拉伸试验而得的。

在拉伸试验中，通过自动记录仪可得到试样上所受力 F 与其绝对伸长量 ΔL 的关系曲线，即力-伸长曲线。为排除试样原始尺寸对 F-ΔL 曲线的影响，经数学处理后即可得到工程上常用的应力 R 和应变 e 的关系曲线，即应力-应变曲线。图 1-1a、b 分别为典型的力-伸长曲线和应力-应变曲线。

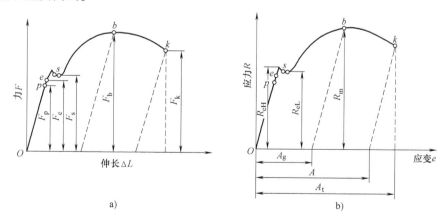

图 1-1 拉伸试验曲线

a）典型的力-伸长曲线 b）应力-应变曲线

由图 1-1 可知：在力较小的 Oe 段，试样的变形（ΔL）随力增加而线性增加，若除去外力后则变形完全恢复，故 Oe 阶段为弹性变形阶段。外力超过 F_e 后，试样进入弹性-塑性变形阶段，此时若除去外力，则变形不可完全恢复（弹性变形可恢复、塑性变形则成为不可恢复的永久变形）。当力达到 F_s 时，试样产生屈服现象——外力不增加而变形量明显继续增加。超过 s 点后，随着应力的提高，塑性变形逐渐增加，并伴随着形变强化现象，即变形需要不断增加外力才能继续进行，在 $s\sim b$ 点之间，试样发生的是均匀塑性变形。当力达到并超过 F_b 之后，试样开始产生不均匀的集中塑性变形即缩颈，并随着变形的继续伴有力下降现象。当达到 k 点时，试样于缩颈处发生断裂。

综上所述，典型的力-伸长曲线（如低碳钢试样）表征的力学行为可分为弹性变形阶段（Oe 段）、弹塑性变形阶段（ek 段）和断裂阶段（k 点），其中弹塑性变形阶段又可细分为屈服塑性变形（es 段）、均匀塑性变形（sb 段）和不均匀集中塑性变形（bk 段），但并非所有材料的力-伸长曲线均有以上明显的全部特征。例如，塑性极低的铸铁或淬火高碳钢、陶瓷等材料则几乎只有弹性变形阶段，这说明材料的成分和组织结构不同，在相同试验下所表现出来的力学行为有着明显的差异。

通过拉伸试验，可以从应力-应变曲线上得到一些有价值的临界或规定的点来确定材料的一系列强度指标。由于一般强度是指对塑性变形的抗力，依照塑性变形量的允许程度不同，则有以下强度指标。

1. 比例极限

在弹性变形阶段，应力和应变关系完全符合胡克定律的极限应力即为比例极限。如火炮炮筒，为保证炮弹的弹道准确性，则要求炮筒只能产生弹性变形且其变形与应力之间应严格保持正比关系，若应力超过比例极限，炮筒则会产生超过允许的微量塑性变形，炮弹就会偏离射击目标，故炮筒设计时应采用比例极限。常用 σ_p 表示比例极限。

2. 弹性极限

弹性极限是指在完全卸载后不出现任何明显的微量塑性变形的极限应力值，当应力低于弹性极限时，应变和应力之间可能已丧失了严格的正比关系，但变形基本上可恢复而微量残余变形不明显。因此，弹性极限受测量仪器的精度影响而难于确定，故国家标准一般规定以残余应变量（即微量塑性变形量）为 0.01% 时的应力值作为"规定弹性极限"（或称"条件弹性极限"）。工程上，弹性元件（如汽车板簧、仪表弹簧等）均是按弹性极限来进行设计选材的。常用 σ_e 表示弹性极限。

3. 屈服强度

在外力作用下，材料产生屈服现象的极限应力值即为屈服强度。屈服强度标志着材料对起始塑性变形的抗力。若材料有明显的屈服行为，则以屈服期间不计初始瞬间效应时的最小应力 R_{eL} 作为材料的屈服强度；若材料无明显的屈服现象，国家标准则规定以残余应变量达到 0.2% 的应力值来表征材料塑性变形的抗力，即所谓的"条件屈服强度"，记作 $R_{p0.2}$。

屈服强度表示了材料由弹性变形阶段过渡到弹塑性变形的临界应力，这可认为是材料对明显塑性变形的抗力。绝大多数零件，如紧固螺栓、汽车连杆、机床丝杠等，在工作时都不允许明显的塑性变形，否则将丧失其自身精度或使与其他零件的相对配合受到影响，故屈服强度是其设计与选材的主要依据之一。

4. 抗拉强度

材料在受力过程中能承受的最大载荷 F_b 处对应的应力值即为抗拉强度 R_m。对塑性较好的材料，R_m 表示了材料对最大均匀变形的抗力；而对塑性较差的材料，一旦达到最大载荷，材料立即发生断裂，故 R_m 也是其断裂抗力（断裂强度）指标。不论何种材料，R_m 均是其最大允许承载能力的度量，且因 R_m 易于测定，故适合于作为产品规格说明或质量控制的标志，广泛出现在标准、合同、质量证明等文件资料中。R_m 在设计与选材中的应用不及 $R_{p0.2}$ 普遍，但如钢丝绳、建筑结构件等对塑性变形要求不严而仅要求不发生断裂的零件，R_m 就是其设计与选材参数。

所有以上强度指标均可作为设计与选材的依据，为了应用的需要，还有一些从强度指标派生出来的指标：①比强度。它是各种强度指标与材料密度之比，在对零件自身重量有要求或限制的场合下（如航天航空构件、汽车等运行机械），比强度有着重要的应用意义。②屈强比。它是材料屈服强度与抗拉强度之比，表征了材料强度潜力的发挥利用程度和其零件工作时的安全程度。

应强调指出的是：材料强度指标是其组织结构敏感性参数，合金化、热处理及各种冷热加工可在很大程度上改变它的大小。

（二）刚度

1. 概念

绝大多数机器零件在工作时基本上都是处于弹性变形阶段，即均会发生一定量的弹性变形。但若弹性变形量过大，则工件也不能正常工作，由此引出了材料对弹性变形的抵抗能力——刚度（或刚性）指标。如果说强度保证了材料不发生过量塑性变形甚至断裂的话，刚度则保证了材料不发生过量弹性变形，从这个角度来看，刚度和强度具有相同的技术意义而同等的重要，因而机械设计时既包括强度设计又包括刚度设计。

在应力-应变曲线上的弹性变形阶段，应力与应变的比值即为材料刚度，也就是材料的弹性模量，它在数值上等于该直线的斜率即 $\tan\alpha$，常用的有弹性模量 E。实际工件的刚度首先取决于其材料的弹性模量 E，又与该工件的形状和尺寸（如截面积）及受载方式有关，故工件刚度代表了工件产生单位弹性变形所需的应力大小。刚度的对立面是挠度，即在外力作用下工件产生的弹性变形量。设计与选材中刚度之所以重要，至少有以下的原因：一是它与稳态挠度有关（如镗床的镗杆）；二是与弹性能的储存与吸收有关（如弹簧等弹性元件）；三是与失稳引起的不能正常工作有关（如薄壁件扭曲、细长压杆屈曲），故必须考虑影响刚度的因素。

2. 影响因素

表 1-1 列举了各类主要材料的室温弹性模量 E 值（即材料刚度）。由表可见，不同材料的刚度差异很大，其中陶瓷材料的刚度最高，金属材料与复合材料次之，而高分子材料最低。在常用的金属材料中，钢铁材料又最好，铜及其合金次之（为钢铁材料的 2/3 左右），铝及其合金最差（为钢铁材料的 1/3 左右）。

应该指出的是，对应用最广的金属材料而言，其弹性模量 E（刚度）主要取决于基体金属的性质，当基体金属确定时，难于通过合金化、热处理、冷热加工等方法使之改变，即 E 是结构不敏感性参数，如钢铁材料是 Fe 基合金，不论其成分和组织结构如何变化，室温下的 E 值为 $(20\sim21.4)\times10^4 MPa$。而陶瓷材料、高分子材料、复合材料的弹性模量对其成分和组织结构是敏感的，可以通过不同的方法使其改变。

表 1-1　各类主要材料的室温弹性模量 E　　　　　（单位：10^4 MPa）

材　料		E	材　料		E
陶瓷材料	金刚石	102	复合材料	碳纤维复合材料	7～20
	硬质合金	41～55		玻璃纤维复合材料	0.7～4.6
	Al_2O_3	40		木材（纵向）	0.9～1.7
金属材料	钢（碳钢、合金钢）	20～21.4	高分子材料	聚酯塑料	0.1～0.5
	铸铁	17.3～19.4		尼龙	0.2～0.4
	铜及其合金	10.5～15.3		橡胶	0.001～0.01
	铝及其合金	7.0～8.1		聚氯乙烯	0.0003～0.001

（三）弹性

材料的弹性是用来描述在外力作用下材料发生弹性行为的综合性能指标，前已述及的比例极限 σ_p、弹性极限 σ_e 和弹性模量 E 等在一定的程度上均可用来说明材料的弹性性能。但作为弹性元件（如各种弹簧、音叉等）的材料，最直接的弹性性能指标尚有以下几个必须予以考虑（见图 1-2）。

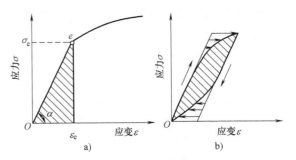

图 1-2　弹性比功与滞弹性行为

a) 弹性比功　b) 滞弹性行为

1. 最大弹性变形量 ε_e

ε_e 是材料在外力作用下所能发生的最大可恢复变形量，即弹性变形能力，它是对应于弹性极限 σ_e 时的弹性变形量，其数值 $\varepsilon_e = \sigma_e/E$。由此可见，高弹性极限、低弹性模量的材料具有较好的弹性。高分子材料的 E 值均很低，ε_e 值虽较大但它却不是工程上最好的弹性元件材料，这说明 ε_e 尚不是最合适的弹性性能指标。

2. 弹性比功

弹性比功是材料吸收变形功而不发生永久变形的能力，即弹性变形时吸收的最大弹性功，它可用应力-应变曲线中弹性变形部分所围成的面积（图 1-2a 中阴影部分）来表示，即弹性比功 $= \sigma_e \varepsilon_e / 2 = \sigma_e^2/(2E)$。由此可见，提高材料的弹性极限 σ_e 或降低弹性模量 E，弹性比功值将增大，材料的弹性就越好。应注意的是，由于 σ_e 是二次方，故提高 σ_e 对改善材料弹性的作用更明显。

实际工作中的弹簧，其主要作用是缓冲、减振和储能传递力，故要求它既应有较高的弹性以吸收大量的弹性变形功，又不允许发生塑性变形。虽然较低的弹性模量 E 对提高弹性有利，但这类材料（如高分子材料、低熔点金属）的弹性极限也很低，因此工程上弹簧一般选用弹性模量虽高，但弹性极限也很高的材料（如钢）来制造。某些仪表上常用的青铜（如铍青铜）既具有较高的弹性极限 σ_e，又具有较小的弹性模量 E，加之其具有顺磁性和耐蚀性等特点，因而也是一种较佳的弹簧材料。

3. 滞弹性（弹性滞后）

理想的弹性材料在加载时立即产生弹性变形，卸载后立即恢复变形，两者是完全同步的。但实际工程材料，如金属，特别是高分子材料，加载时应变不立即达到平衡值，卸载时变形也不立即恢复，这种应变滞后于应力的现象称为滞弹性或弹性滞后。它可用应力-应变曲线上弹性滞后环的面积（见图 1-2b 中阴影部分）来表示。

材料的滞弹性具有重要的实际应用意义。易受振动且要求消振的零件，如机床床身和汽轮机叶片，要求其材料具有良好的消振性。机床床身可用灰铸铁制造，汽轮机叶片则采用 Cr13 型钢制造。而对仪表上的传感元件和音响上的音叉、簧片等，则不希望有滞弹性出现，故在选材时应注意。

（四）塑性

1. 概念

塑性是指材料在外力作用下产生塑性变形而不被破坏的能力，即材料断裂前的塑性变形的能力，如在拉伸、压缩、扭转、弯曲等外力作用下所产生的相应塑性变形都可用来表示材料的塑性。但材料的塑性一般是在静拉伸试验中测定的，常用试样拉断后的伸长程度（断后伸长率 A）和断面的收缩程度（断面收缩率 Z）来表示。由于断后伸长率 A 测定较方便，故工程上应用较广；但考虑到材料塑性变形时可能有缩颈行为，故断面收缩率 Z 能较真实地反映材料的塑性好坏。

2. 塑性指标的应用意义

虽然材料的塑性指标一般不直接用于机械设计计算，但设计师往往要对所用材料提出一定的塑性要求，这是因为：①由于零件不可避免地存在截面过渡、沟槽、油孔及表面粗糙不平滑的现象，受到载荷作用时，这些部位会出现应力集中，故材料的塑性有保证通过此部位的局部塑性变形来削减应力峰，缓和应力集中的作用，从而防止零件出现未能预测的早期破坏；②大多数材料（主要是金属材料）均具有形变强化能力，故而在遭受不可避免的偶然过载时，发生塑性变形和因此而引起的形变强化可保证零件的安全以避免断裂，即具有抵抗过载的能力；③零件若遭受意外过载或冲击时，可发生塑性变形过渡而不是直接发生突然断裂，即便最终要断裂，但在此之前也要吸收大量的能量（即塑性变形功），这一切对避免灾难性事故的发生至关重要；④材料具有一定的塑性可保证某些成形工艺（如冲压、轧制、冷弯、校直、冷铆）和修复工艺（如汽车外壳或挡泥板受碰撞而凹陷）的顺利进行；⑤塑性指标还能反映材料的冶金质量的好坏，故是材料生产与加工质量的标志之一。

材料的塑性与其强度指标一样，也是结构敏感性参数，可通过各种方法使之改变。顺便要指出的是，金属材料之所以在过去、现在乃至将来都有广泛的应用，其主要原因之一并不是它的强度，而恰恰在于其良好的塑性。

（五）硬度

硬度是反映材料软硬程度的一种性能指标，它表示材料表面局部区域内抵抗变形或破裂的能力，是表征材料性能的一个综合参量。测定硬度的试验方法有十多种，但基本上可分为压入法和刻划法两大类，其中压入法较为常用。

硬度试验至少有以下优点，从而导致了它在生产和研究中的广泛应用。①设备简单，操作迅速方便；②试验时一般不破坏成品零件而无须加工专门的试样，试验对象可以是各类工程材料和各种尺寸的零件；③硬度作为一种综合的性能参量，与其他力学性能如强度、塑性、耐磨性之间的关系密切，由此可按硬度估算强度而免做复杂的拉伸试验；④材料的硬度还与工艺性能有联系，如塑性加工性能、切削加工性能和焊接性能等，因而可作为评定材料工艺性能的参考；⑤硬度能较敏感地反映材料的成分与组织结构的变化，故可用来检验原材料和控制冷热加工质量的指标。

硬度测试依据压头的材料和形状尺寸不同、载荷大小差别和测试内容不同（压痕还是划痕），硬度有不同的种类。

1. 布氏硬度

布氏硬度的试验原理、方法与条件在 GB/T 231.1—2009《金属材料　布氏硬度试验第1部分：试验方法》中有详细说明。用一定直径 D 的硬质合金球（即压头），以相应的试验载荷 F 压入试样表面，经规定保持时间，卸载后测量试样表面的压痕直径 d，计算出压痕球冠形表面积，进而得到所承受的平均应力值，即为布氏硬度值，记作 HBW。

具体试验时，硬度值可据实测的 d 按已知的 F、D 值查表求得。

布氏硬度试验要点有二：①根据材料软硬和工件厚度不同，正确选择载荷 F 和压头直径 D，为使同一材料用不同的 F、D 测得的 HBW 值相同，应使 F/D^2 为常数；②为保证测试的 HBW 值的准确性，要求压痕直径 d 与压头直径 D 的比值在一定范围内（一般 $0.2D < d < 0.5D$），方可认为是可靠的数据。

布氏硬度试验的优点是：因压痕面积大而测量结果误差小，且与强度之间有较好的对应关系，故有代表性和重复性。但同时也因压痕面积大而不适宜于成品零件及薄而小的零件，此外，还因测试过程相对较费事，故也不适合于大批量生产的零件检验。

2. 洛氏硬度

洛氏硬度试验（详见 GB/T 230.1—2018《金属材料　洛氏硬度试验　第1部分：试验方法》）也是采用一定规格的压头，在一定载荷作用下压入试样表面，然后测定压痕的深度来计算并表示其硬度值，符号 HR。

为测定不同材料与工件的硬度，采用不同的压头（材料与形状尺寸）和载荷组合可获得不同的洛氏硬度标尺，每一种标尺用一个字母写在硬度符号 HR 之后，其中 HRA、HRB、HRC 最常用，试验时 HR 值直接由硬度计的度盘上读出，其数字置于 HR 之前，如 60HRC、75HRA 等。常用洛氏硬度标尺的试验条件与应用范围见表1-2。

表1-2　常用洛氏硬度标尺的试验条件与应用范围

洛氏硬度	压头类型	总载荷/N	测量范围	应用举例
HRA	120°金刚石圆锥	588.4	20~88HRA	高硬度表面、硬质合金
HRB	直径为1.588mm 的淬火钢球	980.7	20~100HRB	低碳钢、铸铁、有色金属
HRC	120°金刚石圆锥	1471	20~70HRC	淬火回火钢

洛氏硬度的优点是操作迅速简便，压痕较小，几乎不损伤工件表面，故而应用最广。但因压痕较小而代表性、重复性较差，数据分散度也较大。

3. 其他硬度

布氏硬度和洛氏硬度是两种主要的硬度指标，其中又以洛氏硬度应用最广。为了测试一些特殊对象的硬度，工程上还有一些其他硬度试验方法。①维氏硬度 HV。主要用于薄工件或薄表面硬化层的硬度测试。②努氏硬度 HK。相比于维氏硬度，努氏硬度更适合于测量极薄的表面硬化层和镀层的硬度，测量精度特别高。努氏硬度还可以用来探测试样表面可疑的缺陷，如表面处理的不均匀区等。③莫氏硬度。这是一种刻划硬度，用于陶瓷和矿物的硬度测定，该硬度的标尺是选定十种不同的矿物，从软到硬将莫氏硬度分为十级，如金刚石硬度对应于莫氏硬度 10 级。

由于各种硬度的试验条件不同，故相互间无理论换算关系。但通过实践发现，在一定条件下存在着某种粗略的经验换算关系。例如，在 200~600HBW 内，HRC≈1/10HBW；在小于 450HBW 时，HBW≈HV。这为设计选材与质量控制提供了一定的方便。

（六）韧性

前已述及，材料的强度是变形和断裂的抗力，而塑性是断裂前的变形能力。材料的韧性则是指材料在塑性变形和断裂的全过程中吸收能量的能力，它是材料强度和塑性的综合表现。韧性不足常可用其反义词——脆性来表达，即是说不需要大的力或能量就可使材料发生断裂。材料的韧性高低决定了材料的断裂类型——韧性断裂和脆性断裂，低韧性的材料易于发生脆性断裂而危害性极大，如压力容器和大型锅炉的爆炸、船舶脆断沉没、电站设备转子与叶片的飞断等。评定材料韧性的力学性能指标主要有冲击韧度和断裂韧度。

1. 冲击韧度

冲击韧度是目前工程上最常用的韧性指标。

（1）概念　许多零件在工作时常受到加载速率极高的载荷——冲击载荷的作用，如汽车紧急制动或在不平道路上行驶、飞机起降、锻压设备的锻冲等。高速加载下材料的应变速率也随之提高，材料变脆倾向加大。冲击韧度就是用来评价材料在冲击载荷作用下的脆断倾向的，它是指材料在冲击加载下吸收塑性变形功和断裂功的能力，常用标准试样的冲击吸收功 A_K（单位 J）或冲击韧度 a_K（$a_K = A_K$/断裂面截面积，单位 J·cm^{-2}）表示。A_K 或 a_K 值是依照一次摆锤冲击试验测得的，它是将带有 U 形或 V 形缺口的标准试样放在冲击试验机上，用摆锤将试样冲断，并从试验机上读取冲断试样所消耗的功即冲击吸收功 A_K。

（2）应用意义　如上所述，冲击吸收功 A_K 或冲击韧度 a_K 代表了在指定温度下材料在缺口和冲击加载共同作用时的脆化趋势及其程度，是一个成分结构极敏感性参数。冲击韧度在生产与研究上得到了较广泛的应用，并积累了丰富的数据和资料。首先，冲击韧度反映了材料的冶金质量和各种热加工工艺质量，如疏松、气孔、夹杂物、过烧（晶界氧化）、过热（晶粒粗大）、锻造与焊接裂纹、回火脆性、冷脆与热脆等，用以检验和控制工艺与产品质量。其次，它还可以用来反映材料应对一次或少数次大能量冲击破坏的能力，并评定在此工作条件下材料对缺口的敏感性。另外，冲击韧度试验可以评定材料的冷脆性。材料的韧性均有随温度下降而降低的趋势，但不同的材料下降程度不一样：如绝大多数面心立方金属（如奥氏体不锈钢、铜及其合金）和密排六方金属，其 A_K 在很宽的工程应用温度范围内都稳定地保持较高的值，故其冷脆性一般不予考虑；而对高强度材料（$R_{p0.2} > E/150$），其冲击韧度值原本就很低，只要有缺陷存在，在冲击条件下总是发生脆断，考虑冷脆性的意义也不大；只有低、中强度的体心立方金属（如正火钢、调质钢），它们在较高温度下的冲击韧度较大，表现出韧性断裂，而在较低温度下韧性较差，表现出脆性断裂，具有明显的冷脆性（见图 1-3）。系列冲击试验可以用来评定材料在不同温度下的韧性好坏，更重要的是可以发现材料由韧性状态转变为脆性状态的临界温度——冷脆转化温度 T_K。T_K 也是设计选材时应考虑的一个性能指

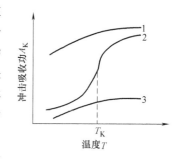

图 1-3　三类不同冷脆倾向的材料
1—面心立方金属
2—中、低强度体心立方金属
3—高强度材料

标，它和韧性状态下的 A_K 结合起来才能全面而真实地反映材料的韧性好坏。

（3）局限性　冲击韧度的测定较简单，实际生产中积累了大量的数据以便于设计选材参考和产品质量控制。但 A_K（a_K）值也有许多不足之处，如一般只用来评定中、低强度钢的韧性，其数据不能直接用来进行设计计算等，而其中最主要的是它仅反映材料在一次大能量冲击加载条件下抵抗变形与断裂的能力。工程实际中许多机械零件承受的却是小能量的多次冲击载荷，如锻锤的锤杆、锻模、凿岩机的活塞、钎杆等，材料抵抗小能量多次冲击载荷而不被破坏的能力便简称为多冲抗力，它是通过多次重复冲击试验来测定的。20世纪50～60年代期间，我国沿袭了苏联的设计规范：为防止灾难性的脆性破坏，过分地强调了塑性、韧性（即 A_K、a_K）的作用，而牺牲了材料的使用强度，导致材料性能潜力无法充分发挥，机件寿命不长。多冲抗力的研究成果表明：①强度和韧性不同的两种材料在其冲击能量 A 和冲击破断次数 N（即寿命）的 A-N 曲线上必然存在着交点 K，如图1-4所示，即在较高冲击能量下，多冲抗力取决于材料的韧性——低强度高韧性材料表现出较高的冲击寿命；而在交点右下方，即在较低的冲击能量下，多冲抗力取决于材料的强度——高强度低韧性材料表现出较高的冲击寿命；②材料的小能量多冲抗力是以强度为主，以塑性、韧性为辅的综合性能指标，在强韧性处于最佳配合状态时，多冲抗力最高；③材料的冲击韧度对多冲抗力的影响与其强度水平有

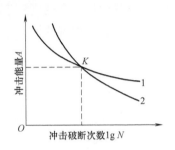

图1-4　不同材料多冲抗力
1—高强度低韧性材料
2—低强度高韧性材料

关，在低、中强度范围，冲击韧度的提高对多冲抗力影响不大（因其韧性已足够），而在高强度范围内（如 $R_m>1300\text{MPa}$），改善韧性对多冲抗力的提高将产生有利影响。

2. 断裂韧度

零件的断裂（尤其是脆性断裂）是最有危害性的。为防止断裂，传统的工程设计方法是：一方面要求零件的最大工作应力 σ 小于材料的许用应力 $[\sigma]$，即 $\sigma \leqslant [\sigma]$（通常 $[\sigma] \leqslant R_{p0.2}/n$，$n$ 为安全系数），另一方面又要求材料具有足够的塑性和韧性。但是塑性、韧性值到底有多大，却只能凭经验选定而无法进行定量的设计计算，于是只好牺牲材料的强度而将塑性、韧性值取得大一些，这便导致了材料的许用应力偏低而使零件的尺寸与重量增加。即便这样，工程上还是经常发生工作应力远低于材料屈服强度的脆性断裂——低应力脆断。

造成低应力脆断的根本原因是传统的工程设计以材料力学为基础，即假设材料是均匀、无缺陷的连续体。断裂力学则认为：材料中存在着既存或后生的微小的宏观裂纹，这些裂纹可能是原材料生产过程中的冶金缺陷，也可能是加工过程中产生的裂纹（如热处理、焊接裂纹等），或是在使用过程中发生的裂纹（如疲劳、应力腐蚀裂纹）。于是产生了一个新的评定材料抵抗脆性断裂的力学性能指标——断裂韧度，它表征了材料抵抗裂纹失稳扩展的能力。

断裂力学表明：裂纹体受力时，其裂纹尖端附近的实际应力值取决于零件上所施加的名义工作应力 σ、其内的裂纹长度 a 及距裂纹尖端的距离等因素。为了表征裂纹尖端所形成的应力场的强弱程度，引入了应力场强度因子 K_I 的概念：

$$K_I = Y\sigma a^{1/2}$$

式中，Y 为零件中裂纹的几何形状因子。

K_I（单位 $\text{MPa} \cdot \text{m}^{1/2}$ 或 $\text{MN} \cdot \text{m}^{-3/2}$）值越大，表明裂纹尖端的应力场越强，当 K_I 达到

某一临界值 K_{IC} 时，零件内裂纹将发生快速失稳扩展而出现低应力脆性断裂，而 $K_I < K_{IC}$ 时，零件在设计寿命内安全可靠。K_{IC} 即为断裂韧度，可依照 GB/T 4161—2007 的规定进行测试。它也是一个对材料成分组织结构极为敏感的力学性能指标，可通过各种改性方法来改变之。表 1-3 列举了常见工程材料的室温断裂韧度值，从中可以发现，金属材料的 K_{IC} 值最高，复合材料次之，高分子材料和陶瓷材料最低。

表 1-3 常见工程材料的室温断裂韧度 K_{IC} 值　　　　（单位：$MN \cdot m^{-3/2}$）

材料		K_{IC}	材料		K_{IC}
金属材料	塑性纯金属（Cu、Ni）	100～350	高分子材料	聚苯乙烯	2
	低碳钢	140		尼龙	3
	高强度钢	50～154		聚碳酸酯	1.0～2.6
	铝合金	23～45		聚丙烯	3
	铸铁	6～20		环氧树脂	0.3～0.5
复合材料	玻璃纤维（环氧树脂基体）	42～60	陶瓷材料	Co/WC 金属陶瓷	14～16
	碳纤维增强聚合物	32～45		SiC	3
	普通木材（横向）	11～13		钙玻璃	0.7～0.8

根据 $K_I = Y\sigma a^{1/2} \geqslant K_{IC}$ 的临界断裂判据可知，为使零件不发生脆断，设计者可以控制三个参数：材料的断裂韧度 K_{IC}、名义工作应力 σ 和零件内的裂纹长度 a。它们之间的定量关系能直接用于设计计算，可以解决以下三方面的工程实际问题：

1）根据零件的实际名义工作应力 σ 和其内可能的裂纹长度 a，确定材料应有的断裂韧度 K_{IC}，为正确选材提供依据。

2）根据零件所使用的材料断裂韧度 K_{IC} 及已探伤出的零件内存在的裂纹长度 a，确定零件的临界断裂应力 σ_C，为零件最大承载能力设计提供依据。

3）根据已知材料的断裂韧度 K_{IC} 和零件的实际名义工作应力 σ，估算断裂时的临界裂纹长度 a，为零件的裂纹探伤提供依据。

应该指出的是：零件的冲击韧度 a_K 和断裂韧度 K_{IC} 首先取决于其材料的成分组织结构，即内因，其次还受零件使用时的外部因素的影响，如工作温度和环境介质等。

（七）疲劳性能

1. 疲劳基本概念

许多零件如弹簧、齿轮、曲轴、连杆等都是在交变载荷（应力）下工作的。交变载荷是指其大小、方向随时间发生周期性的循环变化，故又称循环载荷。描述它的参数有：最大应力 σ_{max}、最小应力 σ_{min}、应力幅 $\sigma_a = (\sigma_{max} - \sigma_{min})/2$、应力比 $r = \sigma_{min}/\sigma_{max}$ 等。零件在这种交变载荷下经较长时间工作而发生断裂的现象称为疲劳断裂。据统计，在机械零件的断裂中，80% 以上属于疲劳断裂，故而研究材料疲劳、掌握材料的疲劳性能具有重要意义。

疲劳断裂属于低应力脆断，它有如下特点：①断裂时的应力远低于材料静载下的抗拉强度甚至屈服强度；②断裂前无论是韧性材料还是脆性材料均无明显的塑性变形，是一种无预兆的、突然发生的脆性断裂，故而危险性极大。

2. 疲劳基本过程

从疲劳断口上一般均能发现三个典型区域，即裂纹萌生区（裂纹源）、裂纹扩展区和最后断裂区（见图1-5），故疲劳过程也可由三个基本阶段组成：

（1）裂纹萌生　由于材料本身均带有各种既存缺陷（如气孔、夹杂物等冶金缺陷，刀痕，铸、锻、焊、磨削、热处理裂纹等加工缺陷），或因零件结构设计而存在的键槽、油孔、截面变化等原因，使零件受力时在这些局部区域产生应力集中且易萌生裂纹，即疲劳裂纹源区，对应的为裂纹萌生寿命。

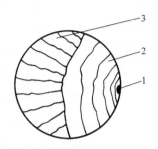

图1-5　疲劳断口示意图
1—裂纹源　2—裂纹扩展区
3—最后断裂区

（2）裂纹扩展　疲劳裂纹形成后，在交变应力作用下将继续扩展长大，即出现裂纹扩展区，裂纹能否扩展及其扩展速度决定了该阶段的寿命（裂纹扩展寿命）。

（3）最后断裂　随着疲劳裂纹不断扩展，零件的有效截面逐渐减小，因而应力或裂纹应力场强度因子K_I不断增加，当其达到材料的断裂强度或断裂韧度K_{IC}时，即发生快速断裂。

3. 疲劳抗力指标

为了防止疲劳断裂，必须正确理解和确定疲劳抗力指标，而疲劳类型不同则其疲劳抗力指标也不一样。若零件受到的工作应力远低于材料的R_{eL}，则主要发生弹性应变，断裂前的载荷交变（或循环）次数较高（一般$N>10^5$），此即为应力疲劳或高周疲劳，这是最主要的疲劳，其疲劳抗力主要取决于材料的强度；若零件受到的工作应力接近或略超过材料的R_{eL}，则发生的总应变应为弹性应变与塑性应变之和，断裂前的载荷循环周次较低（$N<10^5$），此即为应变疲劳或低周疲劳，其疲劳抗力则主要依赖于材料的塑性。用以评定材料疲劳性能的疲劳抗力指标很多，主要有疲劳极限（或疲劳强度）。最常用的疲劳试验是旋转弯曲疲劳试验。

表1-4列举了部分工程材料的疲劳极限σ_{-1}值（应力比$r=-1$时的疲劳极限）。可见，高分子材料与陶瓷材料的疲劳极限很低，故不宜用于制造承受疲劳载荷的零件；金属材料的疲劳极限最高，故抗疲劳的零件大多采用金属材料制成；复合材料也有较好的抗疲劳性能，也将越来越多地被用于抗疲劳构件。

表1-4　部分工程材料的疲劳极限σ_{-1}值　　　　　　　　（单位：MPa）

材　料	σ_{-1}	材　料	σ_{-1}
45钢(正火)	280	ZCuSn10Pb1	280
40CrNiMo钢(调质)	540	聚乙烯	12
GCr15轴承钢	560	聚碳酸酯	10~12
超高强度钢	800~900	尼龙66	14
QT700-2(球墨铸铁)	200	玻璃纤维复合材料	90~120
2A12(LY12)(时效)	140		

4. 影响疲劳极限的因素

疲劳极限σ_{-1}是一个组织结构（内因）极敏感的参数，并受到各种使用条件的影响。

（1）材料本质　材料的成分与组织结构不同，其疲劳极限有着极大的差异，对此的研究成果也很多。大量的试验表明：光滑试样的疲劳极限σ_{-1}与其抗拉强度R_m之间有一定的经验关系，即 $\sigma_{-1} \approx K R_{\mathrm{m}}$，式中系数 K 取决于材料本身。对中、低强度钢（$R_{\mathrm{m}} < 1400\mathrm{MPa}$），$K = 0.5$，灰铸铁 $K = 0.42$，球墨铸铁 $K = 0.48$，铜合金 $K = 0.35 \sim 0.4$。对高强度钢（$R_{\mathrm{m}} > 1400\mathrm{MPa}$），材料的 σ_{-1} 不再随 R_{m} 的提高而提高，甚至会稍有降低。

当材料的基本成分和组织一定时，其纯度和夹杂物对疲劳性能还有显著影响。材料的夹杂物可成为疲劳裂纹源，导致疲劳极限降低，如采用普通电炉冶炼和真空冶炼的 40CrNiMo 钢，其疲劳极限 σ_{-1} 值分别为 630MPa 和 790MPa。故要求疲劳抗力高的零件，其材料应采用精炼措施以提高纯度和减少夹杂物量。

（2）零件表面强化处理 疲劳裂纹源大多起始于零件的表面与次表面，这对承受交变弯曲载荷或扭转载荷的零件尤为如此（因为这类零件表面应力最大）。通过各种表面强化处理，如表面形变强化（喷丸、滚压等）、表面热处理（表面淬火）和表面化学热处理（渗碳、渗氮等），不仅改善了表层组织结构性能，而且获得了有利的残留压应力分布，故而可显著提高疲劳极限与疲劳寿命。例如，发动机曲轴经表面渗氮处理后疲劳极限提高了 40% 以上，若其轴颈采用滚压强化后疲劳极限则提高了近 1 倍左右。

（3）零件表面状况 零件表面的加工缺陷（如各种冷、热加工裂纹，刀痕，碰伤等）及结构设计所要求的油孔、键槽、截面变化处，均造成了明显的应力集中并使疲劳裂纹易于在这些部位萌生，从而大大地降低了疲劳极限。零件的疲劳极限对其表面状况（统称为缺口）极为敏感，而且材料的强度越高，其敏感程度就越大，故高强度材料制作的零件应特别注意其表面状况（如表面粗糙度、缺口的存在等）。顺便提及的是，本身带有裂纹的零件及灰铸铁件的疲劳极限对缺口的敏感性较小，故对其表面加工质量的要求可以适当降低。

（4）载荷类型 同一种材料制作的零件承受的载荷类型不同，因其应力状态发生变化，故其疲劳极限也不一样。

（5）工作温度 温度升高，材料的屈服强度 R_{eL} 与抗拉强度 R_{m} 降低，疲劳裂纹容易萌生和扩展，故降低了疲劳极限与疲劳寿命；反之，当温度下降时，材料的 R_{eL}、R_{m} 均提高，故疲劳极限也升高，但缺口敏感性也增加，甚至出现冷脆性。

（6）腐蚀介质 零件在腐蚀性的环境介质中（如酸、碱、盐及水溶液，海水，潮湿空气等）工作时，其表面的腐蚀坑将成为疲劳裂纹源，从而使材料的疲劳极限和疲劳寿命明显降低。此时材料的疲劳极限与其抗拉强度之间的线性经验关系也不存在，如碳钢和低合金钢在水中的疲劳极限几乎相等，但高合金钢（如不锈钢）因其耐蚀性优良，腐蚀疲劳极限可有所提高。顺便指出，表面强化处理能有效地提高材料的腐蚀疲劳极限。

（八）耐磨性

零件在接触状态下发生相对运动时，其接触面就会发生摩擦现象，如轴与轴承、活塞环与气缸内壁、齿轮与齿轮、碎石机颚板与石头等。由两种材料因摩擦而引起的表面材料逐渐损伤（表现为表面尺寸变化和物质耗损）的现象称为磨损。摩擦力 F 的大小取决于两接触材料间的摩擦因数 μ 和接触面上作用的法向载荷 N，即 $F = \mu N$。降低摩擦力是减轻磨损的最根本思路之一。

1. 磨损的主要类型与机理

依照分类标准的不同，磨损的类型很多，最常见的是按磨损机理不同进行分类，即黏着磨损、磨粒磨损和接触疲劳磨损等。以下主要讨论黏着磨损和磨粒磨损。

（1）黏着磨损 它是指摩擦副接触面局部发生金属黏着，而这些黏着点的强度往往大于金属本身强度，在随后的相对运动时，发生的破坏将出现在强度较低的地方，有金属磨屑从表面被拉下来或零件表面被擦伤的磨损形式。由于摩擦副表面凹凸不平，当相互接触时，实际接触面积很小，故接触压应力很大，足以超过材料的屈服强度而发生塑性变形，并使接触部分表面的润滑油膜、氧化膜被挤破而使两金属表面直接接触，发生冷焊黏着。若相对运动的力足够大，则有金属磨屑从零件表面被拉下来或零件表面被擦伤；若相对运动的力较小，将使摩擦副咬死而不能发生相对运动，故又称为咬合磨损。

黏着磨损一般发生在滑动摩擦条件下，当零件表面缺乏润滑和缺乏氧化膜、相对滑动速度很小（如对钢<1m·s^{-1}）、接触压力较大时，力学性能相差不大的两种金属（尤其是低硬度材料）之间最常见。磨损速度很快，为 $10 \sim 15\mu m \cdot h^{-1}$。

（2）磨粒磨损　它是指滑动摩擦时，在零件表面摩擦区内存在硬质磨粒（外界进入的磨料或表面剥落的磨屑），使磨面发生局部塑性变形、磨料嵌入和被磨料切割等过程（即所谓犁切模型或微切削模型），以致使磨面材料逐步磨耗。

磨粒磨损主要与摩擦区存在的磨粒有关，故在各种滑动速度和接触压力下都可能产生，是机件中普遍存在的一种磨损形式，磨损速度也较大，可达 $0.5 \sim 5\mu m \cdot h^{-1}$。例如，农业机械和矿山机械的齿轮常发生严重的磨粒磨损，任何机械若润滑油过滤装置缺乏或不良，则其磨屑随润滑油循环又进入磨面，再次发生和加重磨粒磨损。

2. 提高材料耐磨性的途径

材料抵抗磨损的能力称为耐磨性，可用磨损量或相对磨损性来表示，常通过实物磨损试验或试样磨损试验来测定。

材料的耐磨性实际上是一对摩擦副的系统性能，故它取决于两个基本因素：材料因素（包括其硬度、韧性）和摩擦条件（包括相磨材料的特性、接触压力、润滑等）。故提高耐磨性的基本思路有二：其一是提高材料的硬度以增强零件表面对变形和断裂的抵抗能力；其二是改善两接触表面的接触状态以减小摩擦。对两种主要的磨损类型，提高耐磨性的具体途径不尽相同。

（1）黏着磨损　提高其耐磨性的具体措施有：①减小表面摩擦因数或提高材料表面硬度，采用各种表面处理如磷化、渗硫、渗碳、渗氮、表面淬火、热喷涂耐磨合金等，效果极为明显，试验结果表明，耐磨性正比于材料的硬度，而反比于接触面的摩擦因数和接触压力；②减小接触压力，耐磨性随接触压力的增大而下降，当接触压应力达到或超过材料布氏硬度值的1/3时，磨损量急剧增加，甚至发生咬死现象，故设计时摩擦副的压应力必须小于材料布氏硬度值的1/3；③合理选配摩擦副材料，实践证明，当摩擦副材料的成分、组织与性能差异较大时，黏着磨损的程度降低；④减小表面粗糙度值以增大实际接触面积，从而降低接触压应力，但表面粗糙度值不可过小，否则将影响接触面的润滑；⑤改善润滑状况。

（2）磨粒磨损　改善其耐磨性的具体措施有：①提高材料的硬度，可通过合理选用高硬度材料如高碳钢、耐磨铸铁、陶瓷等，采用表面强化处理（如表面淬火、渗碳、渗氮、热喷涂或堆焊耐磨合金等）来实现。顺便指出，磨粒硬度也影响磨粒磨损，实践表明，当材料表面硬度达到磨粒硬度的1.3倍时，磨粒磨损已不明显，耐磨性优良，此时若再进一步提高材料硬度对耐磨性的改善并无更明显的作用；②设计时合理采用减小接触压力的措施，工作时改进润滑油过滤装置以及时清除磨屑。

二、物理性能

固体材料中，由原子、离子、电子及它们之间的相互作用所反映出现的物理性能，不仅对工程材料的选用有着重要的意义，而且对材料的加工工艺产生一定的影响。这里简单介绍常用物理性能的一般概念。

（一）密度

单位体积的物质质量称为密度（单位 $g \cdot cm^{-3}$ 或 $t \cdot m^{-3}$）。一般而言，金属材料具有较高的密度（如钢铁密度为 $7.8g \cdot cm^{-3}$），陶瓷材料次之，高分子材料最低。金属材料中，密度在 $4.5g \cdot cm^{-3}$ 之下的称为轻金属，其中铝（$2.7g \cdot cm^{-3}$）为典型代表。低密度材料对轻量化零件（如航天航空、运输机械等）有重要应用意义，以铝及其合金为例，其比刚度、比强度高，故广泛用于飞机结构件。高分子材料的密度虽小，但比刚度、比强度却最低，故其应用受到限制。而复合材料因其可能达到的比刚度、比强度最高，故是一种最有前途的新型结构材料。

（二）热学性能

1. 熔点

熔点反映了材料由固态变为液态的特征温度。一般来说，晶体材料具有确定的熔点（如金属材料、陶瓷晶体材料），非晶体材料没有固定熔点（如高分子材料、玻璃等）。材料的熔点对其零件的耐热、耐温性能具有重要的应用意义，如高分子材料一般不能用于耐热构件，陶瓷材料的熔点较高，常用作耐高温材料或耐热涂层使用。熔点还影响了材料的熔炼、铸造和焊接等工艺。

2. 热容

材料热容定义为温度每升高 1K 所需的能量，记作 C，单位 $J \cdot K^{-1}$。比热容（记作 c）则是指单位质量物质的热容。高分子材料具有最大的热容和比热容，如聚乙烯为 $2100J \cdot (kg \cdot K)^{-1}$；陶瓷材料次之，如 MgO 为 $940J \cdot (kg \cdot K)^{-1}$；金属材料较低，如钢铁材料为 $450 \sim 500J \cdot (kg \cdot K)^{-1}$。材料的热容首先对其使用有重要指导意义，如蓄热材料要求其热容大，可有效地储存热能，这对大规模利用各种余热和太阳能有重要价值；而散热材料则要有较小的热容。另外材料的熔炼和焊接等工艺也受其热容大小的影响，如金属材料中的铝比热容最大 $[900J \cdot (kg \cdot K)^{-1}]$，故熔焊时要求用热输入大的热源。

3. 热膨胀

因温度的升降而引起材料体积膨胀或收缩的现象称为热胀冷缩，绝大多数固体材料都有此特性。表征材料热膨胀性的指标主要有线胀系数 α_l 和体胀系数 α_V，对各向同性材料有 $\alpha_V = 3\alpha_l$。原子间结合力越大，则材料膨胀系数就越小，工程上陶瓷材料、金属材料和高分子材料典型线胀系数 α_l 范围分别为 $(0.5 \sim 15) \times 10^{-6} K^{-1}$、$(5 \sim 25) \times 10^{-6} K^{-1}$ 和 $(50 \sim 300) \times 10^{-6} K^{-1}$。

热膨胀性在工程设计、选材和加工等方面的应用很广。精密仪器及形状尺寸精度要求较高的其他零件应选用膨胀系数小的材料制造。而材料在使用或加工过程中因温度的变化所产生的不均匀热胀冷缩，将造成很大的内应力（热应力），可能导致零件发生变形或开裂，这对导热不良的材料更为如此。不同材料的零件配合在一起时也应注意其膨胀系数的差异。

4. 热传导

热能由高温区向低温区传输的现象称为热传导（导热）。表征材料热传导性能的指标有热导率 λ [单位 $W \cdot (m \cdot K)^{-1}$] 和传热系数 K [单位 $W \cdot (m^2 \cdot K)^{-1}$]。一般而言，金属材料是良好的热导体 [$\lambda$ 为 $20 \sim 400 W \cdot (m \cdot K)^{-1}$]，而陶瓷材料 [$\lambda$ 为 $2 \sim 50 W \cdot (m \cdot K)^{-1}$] 与高分子材料 [$\lambda$ 约为 $0.3 W \cdot (m \cdot K)^{-1}$，甚至更低] 则为热的不良导体。

导热性能具有重要的工程意义：从设计与选材的角度看，某些结构要求良好的导热性，此时应采用金属材料；某些结构要求保温或隔热功能，此时则应选用陶瓷材料或高分子材料（如房屋建筑、冰箱、冰库等）。顺便提及的是，材料内的孔隙对其降低导热性能的影响很大，这便是多孔陶瓷或泡沫塑料被广泛用于绝热材料的原因。此外，材料的导热性对其冷、热加工性能也有不可忽视的影响，如材料在铸造、热锻、焊接、热处理等的加热和冷却过程中会因导热性不良而引起变形或开裂现象，这对热膨胀系数大的材料更为严重。

（三）电学性能

1. 电阻率 ρ

电阻率 ρ（单位 $\Omega \cdot m$）是最基本的电学性能参数，它衡量了材料的导电能力（也可用电导率表示）。固体材料依据其导电性不同，常分为四大类型：超导体（$\rho \rightarrow 0$）、导电体（$\rho = 10^{-8} \sim 10^{-5} \Omega \cdot m$）、半导体（$\rho = 10^{-5} \sim 10^7 \Omega \cdot m$）和绝缘体（$\rho = 10^7 \sim 10^{20} \Omega \cdot m$），材料的导电性主要取决于原子，尤其是电子结构。

2. 电阻温度系数

材料的导电能力随温度的变化而变化，一般金属材料的电阻率随温度升高而增加，即具有正电阻温度系数；某些金属材料（如 Sn、Zn、Hg 等）在接近热力学温度 0K 附近时的某一临界温度 T_c 时，电阻突然消失，此即为超导电现象。超导具有重要的理论和实际意义，它可以产生极高的磁场，输电过程几乎无能量损失（目前输电能量损失可达 25%），故研究临界温度 T_c 较高的材料是超导实际应用的关键。

3. 介电性

能把带电导体分开并能长期经受电场作用的绝缘材料称为介电材料，表征介电性的参数有介电常数、介电强度、介质损耗等。介电材料的用途极广，如用以制造电容器介质、透波材料等，许多陶瓷材料、高分子材料都是良好的介电材料。

（四）磁学性能

材料在电磁场作用下表现出来的行为即为磁性，通常有抗磁性、顺磁性、铁磁性等之分。这里简介几个表征材料磁性的主要性能指标。

1. 磁导率 μ

磁导率 μ（单位 $H \cdot m^{-1}$）表示材料在单位磁场强度的外磁场作用下材料内部的磁通量密度，相对磁导率 μ_r 则是指材料的磁导率 μ 与真空磁导率 μ_0 之比。而磁化率 χ 则为（$\mu_r - 1$），磁化率极小的材料在磁场中表现出一种很弱的、非永久性的磁性，即或是抗磁性的，或是顺磁性的，如 Au、Ag、Cu、Al 及其合金、奥氏体钢、高分子材料和部分陶瓷材料（如玻璃）等属于此种材料。而磁导率、磁化率均很大的材料（如 Fe、Co、Ni）即为铁磁性材料，它在外磁场的作用下产生很强的磁化强度，外磁场除去后仍能保持较大的永久磁性。

2. 饱和磁化强度 M_s 和磁矫顽力 H_c

铁磁性材料所能达到的最大磁化强度称为饱和磁化强度（M_s），M_s 越大，铁磁性越强。

铁磁性材料经饱和磁化后，除去外磁场仍能保留一定程度的磁化即剩磁现象，要使剩磁为零（即退磁），则须加上一反向磁场 H_c，此即磁矫顽力。

材料的磁性性能对工程设计与选材具有重要的指导意义。若某些精密仪表元件要求不受地磁等各种磁场的干扰，则应选择抗磁性材料或顺磁性材料制造。而对磁功能材料而言，磁性性能则是关键，是基础。

三、化学性能

材料在生产、加工和使用时，均会与环境介质（如大气、海水、各种酸、碱、盐溶液、高温等）发生复杂的化学变化，从而使其性能恶化或功能丧失，其中腐蚀问题最为普遍、重要。据统计，在发达国家因腐蚀而造成的直接与间接经济损失可达国民收入的 5% 以上。

腐蚀是指材料表面与周围介质发生化学反应、电化学反应或物理溶解而引起的表面损伤现象，并分别称为化学腐蚀、电化学腐蚀和物理腐蚀三大类。其中物理腐蚀（如钢铁在液态锌中的溶解）因在工程上较少见，不很重要，故这里主要介绍化学腐蚀和电化学腐蚀的概念与防腐措施。

（一）化学腐蚀

化学腐蚀是指材料与周围介质直接发生化学反应，但反应过程中不产生电流的腐蚀过程，如金属材料在干燥气体中和非电解质溶液中的腐蚀、陶瓷材料在某些介质中的腐蚀等。

除少数贵金属（如金、铂等）外，绝大多数金属在空气（尤其在高温气体）中都会发生氧化，其中钢铁材料的氧化最典型、最重要。由于氧化膜一般均较脆，其力学性能明显低于基体金属，且氧化又导致了零件的有效承载面积下降，故氧化首先影响了零件的承载能力等使用性能，其次热加工过程中的氧化还造成了材料的损耗。

实践表明：若氧化形成的氧化膜越致密，化学稳定性越高，与基体间结合越牢固，则该氧化膜就具有防止基体继续氧化的作用，如 Al_2O_3、Cr_2O_3、SiO_2 等；反之，FeO、Fe_2O_3、Cu_2O 则不具备此特性。故在钢中加 Cr、Si、Al 等元素，因这些元素与氧的亲和力较 Fe 大，优先在钢表面生成稳定致密的 Cr_2O_3、SiO_2、Al_2O_3 等氧化膜，则可提高钢的抗氧化能力。铝及其合金的表面化学氧化和阳极发蓝处理也是在其表面生成氧化膜，从而使其耐蚀性提高。

（二）电化学腐蚀

电化学腐蚀是指材料与电解质发生电化学反应，并伴有电流产生的腐蚀过程。陶瓷材料和高分子材料一般是绝缘体，故通常不发生电化学腐蚀，金属材料的电化学腐蚀则极其普遍，是腐蚀研究的主要对象。

电化学腐蚀的条件是不同金属零件间或同一金属零件的内部各个区域间存在着电极电位差，且它们之间是相互接触并处于相互连通的电解质中构成所谓的腐蚀电池（又称原电池、微电池）。其中电极电位较低的部分为阳极，它易于失去电子变为金属离子溶入电解质中而受到腐蚀；电极电位较高的部分为阴极，它仅发生析氢过程或电解质中的金属离子在此吸收电子而发生金属沉积过程。据此可知：原电池反应也是电解工艺和电镀工艺的理论基础。

不同的金属因电极电位差异，其电化学腐蚀的倾向是不同的。金属的电极电位越高，越不易发生电化学腐蚀。若将其中任意两金属接触在一起并置于电解质中，则两者电极电位差越大，其电化学腐蚀速度就越快，电极电位低的金属将被腐蚀。

（三）提高零件耐蚀性的主要措施

提高耐化学腐蚀性（主要指抗氧化性）的措施有：①选择抗氧化材料，如耐热钢、耐热铸铁、耐热合金、陶瓷材料等；②进行表面处理，如表面镀层、表面涂层（热喷涂铝、陶瓷等）。

提高耐电化学腐蚀的措施有：①选择耐蚀材料，如不锈钢、铜合金、陶瓷材料、高分子材料等；②进行表面处理，如镀层（Ni、Cr）、热喷涂陶瓷、喷涂塑料与涂料等；③采取电化学保护，如牺牲阳极保护法；④加缓蚀剂以降低电解质的电解能力，如在含氧水中加入少量重铬酸钾等。

第三节　材料的工艺性能

材料的工艺目的在于最经济地满足产品的要求，包括材料内部的成分、组织、结构和材料外部形状、尺寸、表面质量等。一般将产品分为原材料和构件（或器件、零件）两大类：材料生产的产品是原材料（如冶金厂），材料加工的产品是构件。这里所谈的工艺性能则是指材料对各种加工工艺的适应能力，即加工工艺性能，它表示了材料加工的难易程度。

既然材料的工艺性能代表了材料经济地适应各种加工工艺而获得规定的性能和外形的能力，因此，一方面材料的工艺性能影响了零件的性能和外观，还影响到零件的生产率和成本；另一方面，材料的工艺性能不仅取决于材料本身（即成分、组织、结构），而且受各种加工工艺条件的影响（如加工方式、设备、工具、温度等）。全面地掌握材料的工艺性能尚需后续课程的学习（如"材料成形技术""机械制造技术"等），本课程则主要解决材料本身与其工艺性能的关系，为此，本节简单介绍几种主要加工工艺性能的基本概念。顺便指出，材料的工艺性能也可通过试验来测试、评定。

一、铸造性能

将熔炼好的液态金属浇注到与零件形状相适应的铸型空腔中，冷却后获得铸件的方法称为铸造。铸造性能通常包括流动性、收缩、疏松、成分偏析、吸气性、铸造应力及冷热裂纹倾向等。

二、锻造性能

锻造性能又称塑性加工性能，它是指利用材料的可塑性，借助外力的作用产生变形从而获得所需形状、尺寸和一定组织性能的零件，通常用材料的塑性（塑性变形能力）和强度（塑性变形抗力）及形变强化能力来综合衡量。金属材料一般具有良好的塑性，故可通过各种塑性加工方法制成所需形状、尺寸的零件，这是金属材料应用最广泛的重要原因。

三、焊接性能

焊接是材料的连接成形方法之一，广泛地用于连接金属材料。材料的焊接性能是指被焊材料在一定的焊接条件下获得优质焊接接头的难易程度，它包括两个主要方面：其一是焊接接头产生缺陷的倾向性（如各种焊接裂纹、气孔等），其二是焊接接头的使用可靠性（如强度、韧性等）。

四、可加工性

材料进行各种切削加工（如车、铣、刨、钻、镗等）时的难易程度称为可加工性。切削是一种复杂的表面层现象，牵涉到摩擦及高速弹性变形、塑性变形和断裂等过程，故切削的难易程度与许多因素有关。评定材料的可加工性是比较复杂的，一般用材料被切削的难易程度、切削后表面粗糙度和刀具寿命等几方面来衡量。

材料的可加工性不仅取决于材料的化学成分，而且受内部组织结构的影响。故在材料化学成分确定时，通过热处理来改变材料显微组织和力学性能是改善材料可加工性的主要途径。生产中一般是以硬度作为评定材料可加工性的主要控制参数，实践证明：当材料的硬度在 180~230HBW 范围内时，可加工性良好。

五、热处理性能

热处理是改变材料性能的主要手段。在热处理过程中，材料的成分、组织、结构发生变化从而引起了成分结构敏感性参数的改变。热处理性能则是指材料热处理的难易程度和产生热处理缺陷的倾向，其衡量的指标或参数很多，如淬透性、淬硬性、耐回火性、回火脆性、氧化与脱碳倾向及热处理变形开裂倾向等，本课程将重点对此讨论。

第四节 材料的环境性能

材料的环境性能表征了材料与环境之间的交互作用行为，包括环境对材料（使用性能、工艺性能）的影响和材料工程对环境（环境保护、能源和资源消费）的影响两方面，前者称为材料的环境适应性，后者称为材料的环境协调性。

一、材料的环境适应性

材料一般都在大气、土壤和水等环境介质或自然介质中使用，即工况环境和自然环境。材料在与环境介质的交互作用过程中，发生能量或物质交换而失效，如金属材料的腐蚀、高分子材料的老化等。材料的环境适应性即是指材料适应其环境而抵抗失效的能力，是环境因素对材料力学性能、物理性能、化学性能乃至工艺性能的影响行为的表征。

二、材料的环境协调性

材料工业是社会与经济发展的基础，然而在材料的制备、生产、使用及废弃的过程中，消耗了大量的能源与资源，同时也造成了环境的恶化。环境协调性是指材料工程的全过程中，资源、能源消耗少，环境污染小，再生循环利用率高等特性。同时具备较好的功能性、经济性和环境协调性的材料即为环境材料，它是人类主动考虑材料对环境的影响而开发的材料，充分体现了人类、社会、自然三者相互和谐发展的新理念，是材料产业可持续发展的必由之路，更是社会与经济可持续发展的关键与基础，符合科学发展观战略。

材料的环境协调性可用寿命周期评价法（Life Cycle Assessment / Analysis，LCA）进行评估。将评价材料在从规划设计、原材料准备，经过加工制造、运输安装、使用、维修、改造、直至废弃的寿命周期全过程所耗费的资源、能源以及三废排放等，进行全面的定量处理、收录汇编和综合分析，得出评价结论并给予解释。已颁布关于 LCA 技术框架的国际标准草案（ISO/DIS 14040 系列标准）。

以工厂水泥生产为例，水泥材料的环境协调性评价内容主要包括：①水泥生产的主要技术指标，包括水泥总产量、水泥标号、熟料产量、熟料标号等；②生产过程中的各项能量消耗；③生产过程中的各种原料消耗；④生产过程中废渣的利用情况；⑤生产过程中的水资源消耗；⑥生产过程中废气、废液及固体废弃物的排放情况；⑦生产过程中噪声污染指标；⑧使用过程中的环境污染情况；⑨水泥制品废弃后对环境的影响等。

材料的环境协调性评价应全面系统，否则得出的结论就未必科学、可靠。以购物包装袋材料为例，若简单从废弃处理对环境污染的角度考虑，结论是纸购物袋的环境协调性优于聚乙烯（塑料）购物袋。但美、德科学家利用 LCA 技术，得出的结论却相反，即聚乙烯（塑料）购物袋的环境协调性优于纸购物袋。

习　题

1-1　某室温下使用的一紧固螺栓在工作时发现紧固力下降，试分析材料的何种性能指标没有达到要求？提出主要的可能解决措施。

1-2　假设塑性变形时材料体积不变，那么在什么情况下塑性指标 A、Z 之间能建立何种数学关系？

1-3　现有一碳钢制支架刚性不足，采用以下三种方法中的哪种方法可有效解决此问题？为什么？①改用合金钢；②进行热处理改性强化；③改变该支架的截面与结构形状尺寸。

1-4　对自行车座位弹簧进行设计和选材，应涉及材料的哪些主要性能指标？

1-5　在零件设计与选材时，如何合理选择材料的比例极限（σ_p）、弹性极限（σ_e）、屈服强度（R_{eL}）、抗拉强度（R_m）、疲劳极限（σ_{-1}）性能指标？各举一例说明。

1-6　现有两种低强度钢在室温下测定冲击吸收功，其中材料甲的 $A_K = 80J$、材料乙的 $A_K = 60J$，能否得出在任何情况下材料甲的韧性高于材料乙，为什么？

1-7　实际生产中，为什么零件设计图或工艺卡上一般是提出硬度技术要求而不是强度或塑性值？

1-8　全面说明材料的强度、硬度、塑性、韧性之间的辩证关系。

1-9　传统的强度设计采用许用应力 $[\sigma] \leqslant R_{p0.2}/n$，为什么不能一定保证零件的安全性？有人说："安全系数 n 越大，零件工作时便越安全可靠。"你怎样认识这句话？

1-10　比较冲击韧度 a_K、断裂韧度 K_{IC} 的异同点和它们用来衡量材料韧性的合理性。

1-11　一般认为铝、铜合金的耐蚀性优于普通钢铁材料，试分析在潮湿性环境下铝与铜的接触面上发生腐蚀现象的原因。

1-12　根据你所学知识，分析轻量化材料（如发泡塑料）的环境协调性。

1-13　说明材料回收、再生利用的意义。

1-14　说明材料工业与可持续发展之间的关系。

第二章

材料的结构

固体材料的性能由其内部结构所决定，在制造、使用、研究和发展固体材料时，材料的内部结构是很重要的研究对象。由于金属材料是最主要的工程材料，且在通常情况下均属于固体晶体材料，故本章的讨论重点为金属晶体材料的结构。

第一节 结 合 键

在固体状态下，原子聚集堆积在一起，其间距足够近，它们之间便产生了相互作用力，即为原子间的结合力或结合键（简称键）。不同类型的原子之间产生不同性质的结合键，材料的许多性能在很大程度上取决于原子结合键。根据结合力的强弱，可把结合键分为两大类：强键（包括离子键、共价键、金属键）和弱键（即分子键）。

一、离子键

当周期表中相隔较远的正电性元素原子和负电性元素原子接触时，前者失去最外层价电子变成带正电荷的正离子，后者获得电子变成带负电荷的满壳层负离子。正离子和负离子由静电引力相互吸引，而当它们十分接近时又相互排斥，引力和斥力相等即形成稳定的离子键。离子键要求正、负离子相间排列，且要保证异性离子之间的引力最大而同性离子之间的斥力最小。氯化钠具有离子键，是典型的离子晶体，大部分盐、碱类和金属氧化物多以离子键结合。部分陶瓷材料（Al_2O_3、ZrO_2 等）及钢中的一些非金属夹杂物也以此方式结合。

由于离子键的结合力很大，外层电子被牢固地束缚在离子的外围，因而，以离子键结合的材料，其性能表现为硬度与强度高、热胀系数小。在常温下，由于很难产生可自由运动的电子，故离子晶体的导电性很差，是良好的电绝缘体。但在熔融状态下，因所有离子均可运动，在高温下又易于导电。由于离子的外层电子比较牢固地束缚在离子的外围，可见光的能量难以激发外层电子，使得离子晶体不吸收可见光，因此离子晶体往往呈现无色透明状。在外力作用下，离子之间将失去电的平衡，而使离子键破坏，宏观上表现为材料断裂，故通常表现出较大的脆性。陶瓷材料中的晶相大多数是离子晶体，具有高硬度，如 Al_2O_3 可用于制造刀具、砂轮、磨料的原料。

二、共价键

处于周期表中间位置的三、四、五价元素，获得和丢失电子的几率相近，原子既可能获得电子变为负离子，也可能丢失电子变为正离子。当这些元素原子之间或与邻近元素的原子形成分子或晶体时，将以共用价电子形成稳定的电子满壳层的方式实现结合。被共用的价电子同时属于两相邻的原子，使它们的最外层均为满壳层；价电子主要在这两个相邻原子核之间运动，形成一负电荷较集中的地区，从而对带正电荷的原子核产生吸引力，将它们结合起来。这种由共用价电子对产生的结合键称为共价键。某些陶瓷材料（如碳化硅、氧化硅）和部分聚合物材料具有共价键结合。

共价键的结合力也较大，且变化范围宽。高结合力的共价晶体硬度高、脆性大、熔点和沸点高而挥发性低，结构比较稳定，这在金刚石中表现得尤其突出。由于共价晶体相邻原子所共有的电子不能自由运动，故其导电能力较差。

三、金属键

周期表中Ⅰ、Ⅱ、Ⅲ族元素的原子在满壳层外有一个或几个价电子。满壳层在带正电荷的原子核和价电子之间起屏蔽作用，原子核对外层轨道上的价电子的吸引力不大，原子易丢失其价电子而成为正离子。当大量这样的原子相互接近并聚集为固体时，其中大部分或全部原子会丢失价电子。同离子键、共价键不一样，这些被丢失的价电子不为某个或某两个原子所专有或共有，而是为全体原子所公有。这些公有化的电子称为自由电子，它们在正离子之间自由运动，形成电子云，正离子则沉浸在电子云中。正离子和电子云之间产生强烈的静电吸引力，使全部离子结合起来，该结合力就称为金属键，它没有饱和性和方向性。

在金属及合金中，主要是金属键，但有时也不同程度地混有其他键。除铋、锑、锗、镓等亚金属为共价键结合外，绝大多数金属均以金属键方式结合。

根据金属键的本质，可以解释固态金属的一些基本特性。例如，在外加电场作用下，金属中的自由电子能够沿着电场方向定向流动，形成电流，即金属显示出良好的导电性能。由于自由电子的运动和正离子的振动，故金属具有良好的导热性。随着温度的升高，正离子或原子本身振动的振幅加大，从而可以阻碍电子的通过，使电阻升高，故金属具有正的电阻温度系数。由于自由电子很容易吸收可见光的能量而被激发到较高的能级，当它跳回到原来的能级时，就能把吸收的可见光能量重新辐射出来，金属变得不透明而具有金属光泽。由于金属键没有饱和性和方向性，当金属的两部分发生相对位移时，金属的正离子始终被包围在电子云中，保持着金属键结合，所以金属能经受变形而不易断裂，具有延展性。由于各种金属键的结合力相差颇大，所以它们的强度、熔点等性能相差也较大。

四、分子键

原子状态形成稳定电子壳层的惰性气体元素，在低温下可结合为固体；ⅦB族元素的双原子也能结合成晶体。在它们结合的过程中，没有电子的得失、共有或公有化，原子或分子之间的结合力是很弱的范德瓦尔斯力即分子键，实际上就是分子偶极之间的作用力。大部分有机化合物的晶体和 CO_2、HCl、H_2、N_2、O_2 等在低温下形成的晶体都是分子晶体。

分子键的结合力甚低，以致分子晶体熔点、硬度等很低。塑料、橡胶等高分子材料中的链间结合键即为分子键。

氢键是一种特殊的分子间作用力，它是由氢原子同时与两个电负性很大而原子半径较小的原子（O、F、N等）相结合而产生的键力。它的本质与范德瓦尔斯力一样，但氢键的结合力比范德瓦尔斯力强，且具有饱和性和方向性。水或冰是典型的氢键结合。

一般而言，共价键晶体和离子键晶体的结合能约为 10^5J·mol^{-1}数量级；金属键晶体的结合能约为 10^4J·mol^{-1}数量级；分子键晶体的结合能约为 10^3J·mol^{-1}数量级。因此，共价键晶体和离子键晶体结合最强，金属键晶体次之，分子键晶体最弱。

第二节 晶体结构理论

一、晶体与非晶体

固体可以分为两类：晶体和非晶体。原子在三维空间中有规则的周期性重复排列的物质称为晶体，否则为非晶体。

晶体是固体中最大的一类。大多数固态的无机物都是晶体，如食盐、单晶硅等。只有少数物质是非晶体，如普通玻璃、松香、石蜡等。金属一般均为晶体。晶体具有规则的外形，像食盐结晶后呈立方体形。但晶体与非晶体的根本区别不在外形，关键在于其内部的原子（或离子、分子）的排列情况。

由于内部结构不同，晶体与非晶体的性能各异。晶体具有固定熔点（如铁为1538℃），且在不同方向上具有不同的性能（即各向异性）。而非晶体没有固定的熔点，是在一个温度范围内熔化；因其在各个方向上的原子聚集统计密度大致相同，故表现出各向同性。

应当指出，晶体和非晶体在一定条件下可互相转化。例如，非晶态玻璃经高温长时间加热能变成晶态玻璃；而通常是晶态的金属，如从液态急冷也可获得非晶态金属。非晶态金属与晶态金属相比，具有高的强度与韧性等一系列突出性能及其他特殊性能，因而备受关注。

二、晶体学基本概念

1. 晶格

晶体中原子（或离子、分子）在空间呈规则排列，规则排列的方式就称为晶体结构。组成晶体的质点不同，排列的规则或周期性不一样，可形成各种各样的晶体结构。根据结合键类型不同，晶体可分为金属晶体、离子晶体、共价晶体和分子晶体。假设晶体中的质点为固定的钢球，由这些钢球堆垛而成晶体，如图 2-1a 所示，即原子堆垛模型。为研究方便，

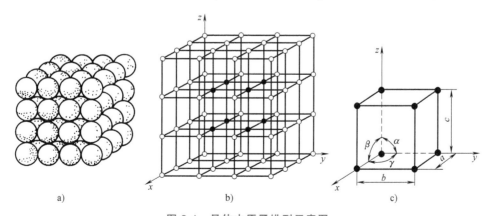

a)   b)   c)

图 2-1 晶体中原子排列示意图

a）原子堆垛模型 b）晶格 c）晶胞

假设通过这些质点的中心划出许多空间直线形成空间格架，这种假想的格架在晶体学上就称为晶格，如图 2-1b 所示。将构成晶体的实际质点抽象成纯粹的几何点，称为结点。

2. 晶胞

由于晶体中原子规则排列且具有周期性的特点，为便于讨论，通常只从晶格中选取一个能够完全反映晶格特征的最小的几何单元来分析晶体中原子排列的规律，这个最小的几何组成单元称为晶胞，如图 2-1c 所示。晶胞在三维空间的重复排列构成晶格并形成晶体。简言之，用晶胞可以描述晶格和晶体结构。

3. 晶格常数

在三维空间中，晶胞的几何特征（大小、形状）常以晶胞的棱边长度 a、b、c 及棱边夹角 α、β、γ 来描述，其中晶胞棱边长度 a、b、c 一般称为晶格常数，单位为 nm（$1nm = 10^{-9}m$）。按以上六个参数组合的可能方式和晶胞自身的对称性，可将晶体结构分为七大晶系，其中立方晶系（$a = b = c$，$\alpha = \beta = \gamma = 90°$）较为重要。

三、金属晶体结构

金属原子趋向于紧密排列，工业上使用的金属元素中，绝大多数的晶体结构比较简单，其中最典型、最常见的有三种类型，即体心立方结构、面心立方结构和密排六方结构，如图 2-2 所示。前两者属于立方晶系，后者属于六方晶系。

（一）体心立方晶格

体心立方晶格的晶胞模型如图 2-2a 所示，金属原子位于立方晶胞的八个角上和立方体的体心，像 α-Fe、Cr、Mo、W、V 等 30 多种金属具有体心立方晶格。

1. 晶格尺寸

晶格尺寸是指晶胞的大小，可用晶格常数 a 来表示。金属的晶格常数大多为 0.1~0.7nm。

2. 晶胞原子数

晶胞原子数是指一个晶胞内所包含的原子数目。由于晶格是由大量晶胞堆垛而成，故晶胞每个角上的原子在空间同时属于 8 个相邻的晶胞，这样只有 1/8 个原子属于单个晶胞，而晶胞中心的原子完全属于该晶胞。体心立方晶格中的原子数为 2（即 $8 \times 1/8 + 1 = 2$）。

3. 原子半径

原子半径通常是指晶胞中原子最密排的方向上相邻两原子之间平衡距离的一半，它与晶格常数有一定的关系。体心立方晶胞中原子最密排的方向是立方体对角线，其长度为 $\sqrt{3}\,a$，故其原子半径 $r = (\sqrt{3}/4)\,a$。

4. 致密度

金属晶体中原子排列的紧密程度可用晶胞中原子本身所占有的体积分数来表示，称为晶格的密排系数或晶格的致密度 K。

$$K = nV_1/V$$

式中，n 为一个晶胞实际包含的原子数；V_1 为一个原子的体积；V 为一个晶胞的体积。

体心立方晶格的晶胞致密度为 0.68，即在体心立方晶胞中：原子占据了 68% 的体积，其余的 32% 的体积为晶格间隙。

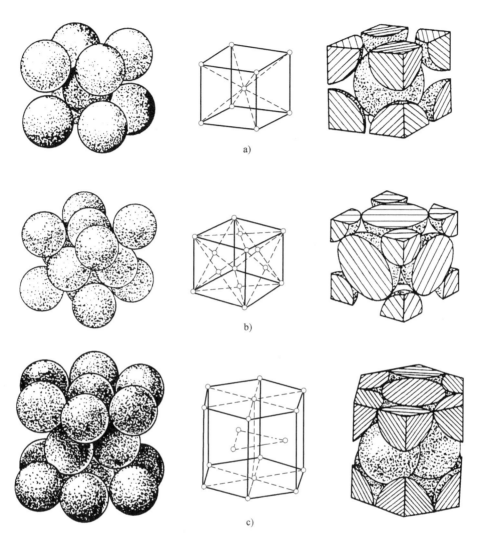

图 2-2 金属的典型晶胞

a) 体心立方 b) 面心立方 c) 密排六方

（二）面心立方晶格

面心立方晶格的晶胞模型如图 2-2b 所示，金属原子位于立方晶胞的八个角上和六个面的面中心，像 γ-Fe、Cu、Ni、Al、Ag 等约 20 种金属具有这种晶体结构。

面心立方晶格的晶格尺寸为 a，晶胞原子个数为 4，原子半径为 $(\sqrt{2}/4)a$，致密度为 0.74（比体心立方晶格高）。

（三）密排六方晶格

密排六方晶格的晶胞模型如图 2-2c 所示，金属原子位于六方晶胞的十二个角上、上下两底面的中心、两底面之间的三个间隔分布的间隙里，像 Zn、Mg、Be、Cd 等金属具有密排六方晶格。

对于典型的密排六方晶格金属，其致密度为 0.74。密排六方晶格的致密度与面心立方晶格相等，说明了这两种晶格晶胞中原子排列的紧密程度相同。

由于晶体致密度不同，故当发生晶型转变时，将伴有比体积或体积突变。例如，当纯铁由室温加热至912℃时，致密度较小的α-Fe转变为致密度较大的γ-Fe，体积突然减小；而冷却时则相反，体积会膨胀。这样就会产生应力并可能导致晶体变形。另外，不同结构金属晶体中间隙的大小和形状不同，溶入其他原子形成合金时，溶质原子的溶解度就不同，金属晶体的晶格变形程度也不同，且溶解度越高，晶格畸变程度越大，形成的合金的强度和硬度提高就越显著。

四、离子晶体结构

离子晶体在陶瓷材料中占有重要地位，如MgO、Al_2O_3等都是在陶瓷材料中具有明显离子键的晶体材料。构成离子晶体的基本质点是正、负离子，它们之间以静电作用力（库仑力）相结合，结合键为离子键，如NaCl晶体（见图2-3）。

负离子做不同堆积时，可构成数量不等、形状各异的空隙。由于正离子半径一般较小，负离子半径较大，故离子晶体通常看成是由负离子堆积成骨架，正离子则按其自身的大小位于相应的负离子空隙（负离子配位多面体）中。所谓负离子配位多面体是指：在离子晶体结构中，与某一个正离子成配位关系而邻接的各个负离子中心线所构成的多面体，如图2-4所示为MgO晶格中的负离子配位多面体。

离子晶体有许多类型，对于二元离子晶体，大致有六种基本结构类型，分别是NaCl型、CsCl型、立方ZnS型、六方ZnS型、CaF_2型和TiO_2型。

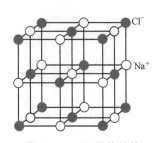

图2-3　NaCl晶体结构

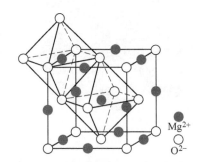

图2-4　MgO晶格中的负离子配位多面体

五、共价晶体结构

共价晶体是由同种非金属元素的原子或异种元素的原子以共价键结合而成的无限大分子。共价键在分子及晶体中普遍存在，氢分子中两个氢原子的结合是最典型的共价键结合。共价键在有机化合物中也很普遍。共价晶体在无机非金属材料中占有重要地位。典型的共价晶体有金刚石晶型（见图2-5）、SiO_2晶型（见图2-6）和ZnS晶型等三种。由于共价键的饱和性和方向性特点，共价晶体结构的配位数比金属晶体和离子晶体均低。

例如，在SiO_2中，Si有4个价电子，O有6个价电子，每个Si原子与4个O原子分别共享价电子，这样Si原子有8个外层电子；每个O原子与2个Si原子分别共享价电子，故O原子也有8个外层电子。

图 2-5 金刚石结构

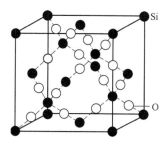

图 2-6 SiO₂ 四面体结构

第三节 晶体缺陷理论

实际金属材料中，原子的排列不可能像理想晶体那样规则和完整，而是不可避免地或多或少地存在一些原子偏离规则排列的区域，这就是晶体缺陷。一般说来，晶体中这些偏离规定位置的原子数目很少，从整体上看晶体的结构还是接近完整的。尽管如此，晶体缺陷对其许多性能有着重要的影响，与晶体的凝固、固态相变、扩散等过程都有重大关系，特别是对塑性变形和断裂等方面起决定性的作用。此外，随着各种条件的改变，晶体缺陷是运动的，可以产生、合并或消失和发生交互作用。

晶体缺陷按几何特征可分为点缺陷（如空位）、线缺陷（位错）和面缺陷（如晶界、亚晶界）三类。

一、点缺陷

晶体中原子在其平衡位置上做高频率的热振动，振动能量经常变化，此起彼落，称为能量起伏。在一定温度下的任何瞬间，晶体中总有某些原子具有很高的振动能量而不能保持在其平衡位置上，从而形成点缺陷。点缺陷的特征是三个方向上的尺寸都很小，相当于原子尺寸，如空位、间隙原子、置换原子等，如图 2-7 所示。

（一）空位

根据统计规律，在某一温度下的某一瞬间，总有一些原子的能量足够高，振幅足够大，可以克服周围原子对其约束，从而脱离原来的平衡位置而迁移到别处，在原位置上出现了空结点，即形成空位，如图 2-7a 所示。

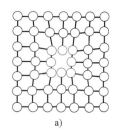

a)

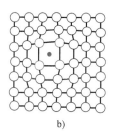

b)

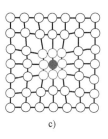

c)

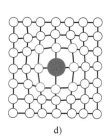

d)

图 2-7 晶体中的各种点缺陷

a) 空位　b) 间隙原子　c)、d) 置换原子空位是一种热平衡缺陷，在一定温度下，具有确定的平衡浓度。温度上升，原子的动能增大，空位的浓度也升高。空位的平衡浓度是极小的，如当铜的温度接近其熔点时，其空位的平衡浓度约为10^{-5}数量级，即便如此，依然造成晶格畸变。通过某些处理，如高能粒子辐照、高温淬火及冷塑性变形等，可使晶体中的空位浓度高于平衡浓度。

尽管空位的浓度很小，但空位的存在促进了固态金属的扩散过程。

(二) 间隙原子

间隙原子是位于晶格间隙之中的原子，有自间隙原子和杂质间隙原子两种。在多数金属的密排晶格中，形成自间隙原子是非常困难的。金属中存在的间隙原子主要是杂质间隙原子，且大多是原子半径很小的原子，如钢中的氢、氮、碳等。当间隙原子溶入很小的晶格间隙中后，都会造成严重的晶格畸变，如图2-7b所示。

间隙原子也是一种热平衡缺陷，在一定温度下有一平衡浓度。对杂质间隙原子而言，常将这一平衡浓度称为固溶度或溶解度。

(三) 置换原子

占据在原来基体原子平衡位置上的异类原子称为置换原子，如图2-7c、d所示。由于置换原子的大小与基体原子不可能完全相同，所以也会造成晶格畸变。置换原子在一定温度下也有一个平衡浓度值，也称为固溶度或溶解度。

不管是哪类点缺陷，都会造成晶格畸变，进而对金属的性能产生影响，如使屈服强度升高、电阻增大、体积膨胀等，这对指导生产实践很有意义。

二、线缺陷

线缺陷的特征是在两个方向的尺寸很小，在另一个方向的尺寸相对很大。晶体中的线缺陷常称为位错，也就是说在晶体中有一列或若干列原子发生了有规律的错排现象。错排区是线性的点阵畸变区，长度可达几百至几万个原子间距，宽度仅几个原子间距。晶体中的位错主要分为刃型位错和螺型位错，如图2-8所示。这里主要介绍刃型位错。

图2-8 晶体中的位错示意图

a) 完整晶体 b) 含有刃型位错的晶体 c) 含有螺型位错的晶体

由于某种原因（如应力），晶体的一部分沿一定晶面和晶向相对于晶体的另一部分逐步地发生了一个原子间距的错动（见图2-9）。像图2-9a中右上角部分晶体逐步向左移了一原子间距后，在发生了错动的晶体部分同未动部分的边缘上产生了一个多余的半原子面。多余的半原子面像是一个硬插入晶体的刀刃，但并不延伸入原子未错动的下半部晶体中，而是中止在内部。沿着半原子面的刃边，晶格发生了很大畸变，即形成了刃型位错。

通常把单位体积中包含的位错线总长度称为位错密度ρ，即

$$\rho = L/V$$

式中，L 是位错线的总长度，单位为 cm；V 是体积，单位为 cm^3。

晶体中位错密度可用 X 射线或透射电子显微镜测定。经充分退火的多晶体金属位错密度为 $10^6 \sim 10^7 cm^{-2}$；经很好生长出来的超纯单晶体金属，其位错密度很低（$<10^3 cm^{-2}$）；而经剧烈冷变形的金属，其位错密度可增至 $10^{12} \sim 10^{13} cm^{-2}$。

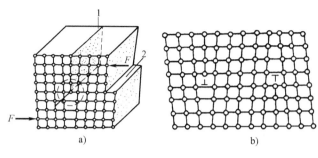

图 2-9 刃型位错示意图
a）立体模型 b）平面图
1—多余半原子面 2—滑移面

位错的存在，对金属材料的力学性能、扩散及相变等过程均有着重要的影响。如果金属中不含位错，那么这种理想金属晶体将具有极高的强度。正是因为实际金属晶体中存在位错等晶体缺陷，金属的强度值降低了 2~3 个数量级。

三、面缺陷

面缺陷的特征是在一个方向上的尺寸很小，另外两个方向上的尺寸相对很大。晶体中的面缺陷主要是指晶体材料中的各种界面，如晶界、亚晶界和相界等。

（一）晶界

实际金属一般为多晶体，由大量外形不规则的单晶体即晶粒组成。由于各晶粒的取向各不相同，在其相互交界处原子排列很不规整，存在一过渡层。不同取向晶粒之间的接触面称为晶界，如图 2-10 所示。金属多晶体中，各晶粒之间的位向差大都为 30°~40°，晶界层厚度一般在几个原子间距到几百个原子间距内变动。

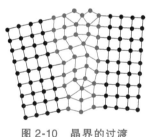

图 2-10 晶界的过渡结构示意图

晶界是晶体中一种重要缺陷。由于晶界上的原子排列偏离理想的晶体结构，脱离平衡位置，所以其能量比晶粒内部的高，从而也就具有一系列不同于晶粒内部的特性。例如，晶界比晶粒本身容易被腐蚀和氧化，熔点较低，原子沿晶界扩散快，在常温下晶界对金属的塑性变形起阻碍作用。金属材料的晶粒越细，则晶界越多，其常温强度越高。因此，对于在较低温度下使用的金属材料，一般总是希望获得较细小的晶粒。

另外，晶界处晶格畸变较大，存在着晶界能，而较高的晶界能表明它有自发地向低能状态转化的趋势。因此，当原子具有一定的动能时，这个趋势就成为可能，即晶粒长大和晶界的平直化，以减少晶界。例如，钢在热处理时，奥氏体晶粒随加热温度的升高而长大，故要严格控制加热温度。钢中第二相在加热时也会产生球化，如高速工具钢锻造后要进行球化退火，以使第二相即碳化物球化；但若加热温度过高，保温时间过长，则球状碳化物会自发长大、聚集，对性能不利。

单晶体具有各向异性，而多晶体的各向异性则表现不明显。实际上，在多晶体中，每个晶粒本身也是各向异性的，但是由于各个晶粒的位向都是散乱无序分布的，故晶体的性能在各个方向上互相影响，再加上晶界的作用，掩盖了每个晶粒的各向异性，所以也称为多晶体的伪各向同性。

（二）亚晶界

实际晶粒也不是完全理想的晶体，而是由许多位向相差很小的所谓亚晶粒组成的，如图2-11 所示。晶粒内的亚晶粒又称为晶块，其尺寸比晶粒小 2~3 个数量级，一般为 10^{-6} ~ 10^{-4} cm。亚晶粒之间位向差很小，一般小于 1°~2°。亚晶粒之间的界面称为亚晶界。亚晶界实际上是由一系列刃型位错所构成的，如图 2-12 所示。亚晶界上原子排列也不规则，也产生晶格畸变。与晶粒相似，细化亚晶粒也能显著提高金属的强度。

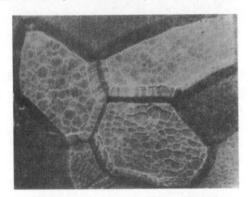

图 2-11　金-镍合金中的晶粒与亚晶粒

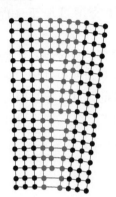

图 2-12　亚晶界结构示意图

习　　题

2-1　常见的金属晶体结构有哪几种？它们的原子排列和晶格常数有什么特点？α-Fe、γ-Fe、Al、Cu、Ni、Cr、V、Mg、Zn 各属于何种结构？

2-2　已知 γ-Fe 的晶格常数（$a = 0.363$ nm）要大于 α-Fe 的晶格常数（$a = 0.289$ nm），试问：为什么 γ-Fe 冷却到 912℃ 转变为 α-Fe 时，体积反而增大？

2-3　1g 铁在室温和 1000℃ 时各含有多少个晶胞？

2-4　已知铜的原子直径为 0.256nm，求其晶格常数，并计算 1mm³ 铜中的原子数。

2-5　阐述离子晶体和共价晶体的结构和应用特点。

2-6　总结说明实际金属晶体材料的内部结构特点。

2-7　为什么单晶体具有各向异性而多晶体无明显的各向异性？

2-8　简述晶体缺陷在材料中的重要作用。

第三章
材料的凝固与结晶组织

第一节 概 述

在一定的条件下，物质的三态可以互相转化。凝固是指物质从液态转化为固态的过程。由于材料和冷却条件不同，凝固后得到的固态物质可能是晶体，也可能是非晶体。如果凝固后的固态物质是晶体，这种凝固过程就是结晶。

金属熔液凝固后一般都以晶体状态存在，即内部原子呈规则排列。按照目前的生产方法，工程上使用的金属材料一般要经过冶炼和铸造过程，即要经过由液态转变为固态的结晶过程。金属材料在熔炼过程中，从金属熔体转变为固体后形成的组织称为铸态组织。金属在焊接时，焊缝中的金属也要发生结晶。金属结晶后所形成的组织，包括各种相的形状、大小和分布等，将极大地影响到金属的各种性能。对于铸件和焊接件来说，结晶过程就基本上决定了其使用性能与使用寿命；而对于尚需进一步加工的铸锭来说，结晶过程既直接影响它的轧制和锻压工艺性能，又不同程度地影响其制成品的使用性能。这就使研究和控制金属的结晶过程显得尤其重要。

液态物质内部的原子并非完全呈无规则地排列。在短距离的小范围内，原子呈现出近似于固态结构的规则排列，形成近程有序的原子集团，这类原子集团是不稳定的，瞬间出现又瞬间消失，谓之"结构起伏"。所以，金属由液态转变为固态的凝固过程，实质上就是原子由短程有序状态转变为长程有序状态的过程。从广义上讲，物质从一种原子排列状态（晶态或非晶态）过渡为另一种原子规则排列状态（晶态）的转变过程称为结晶。为区别起见，人们将一般意义上的"结晶"，即物质从液态转变为固体晶态的过程称为一次结晶，而物质从一种固体晶态过渡为另一种固体晶态的转变称为二次结晶。

若凝固后的物质是非晶体而不是晶体，则不能称之为结晶，只能称为凝固。玻璃、部分高聚物就是非晶体，或称为非晶态物质。相对晶态而言，物质的非晶态是一种长程无序、短程有序的混合结构。总体上讲，这种结构中有的原子排列无规则，但并非完全无序，近邻原子排列又有一定规律。因此，非晶体表现出各向同性。非晶体的凝固与晶体的结晶，虽然都是由液态转化为固态，但本质上又有区别。非晶体的凝固实质上是靠熔体黏度连续加大而完成的，即非晶体可以看作黏度很大的"熔体"，需在一个温度范围内逐渐完成凝固。从能量观点看，熔体在凝固时若能较完全地释放内能，则转变成晶体；若部分释放内能，则转化为非晶体，也就是说非晶体处于亚稳状态。

自 20 世纪 50 年代起，人们从沉积膜和电镀膜上得到了非晶态的金属及合金。1960 年发现了用激冷的办法从液态获得非晶态共晶成分的金硅合金，但当时的试样仅仅是薄膜或几百毫克重的薄片，且成分极为有限。到 1970 年，通过使用连续激冷法，使多种合金的线状和板状非晶态金属材料的生产成为可能，并取得迅速发展，最终制成了非晶态线材和板材，并逐步实用化，其强度高，塑性好。进一步研究表明，非晶态材料具有多种优异的特性，如超耐蚀性、高磁导率、恒弹性、低热膨胀性、高磁致伸缩等（见表 3-1）。目前已知的非晶态合金大致可分为金属-半金属系和金属-金属系两类。元素周期表中大部分金属元素可以通过合金化使其非晶态化，特别是含 15%～30%（摩尔分数）的半金属硼、硅、锗等的合金，以及原子半径差别大的金属元素组成的合金，是容易非晶态化的，如 Au-Si、Pb-Si、Fe-B、Co-B、Ni-P 等，以及 Zr-Cu、Nb-Ni、Ta-Ni 等。

表 3-1 非晶态合金的主要性质及应用

性质	特征举例	应用举例
强韧性	屈服强度 $E/30～E/50$；硬度 500～1400HV[①]	刀具材料、复合材料、弹簧材料、变形检测材料等
耐腐蚀性	耐酸性、中性、碱性腐蚀，点腐蚀、晶间腐蚀	过滤器材料、电极材料、混纺材料等
软磁性	矫顽力约 0.002 Oe，高磁导率，低铁损，饱和磁感应强度约为 1.8T[②]	磁屏蔽材料、磁头材料、热传感器材料、变压器材料、磁分离材料等
磁致伸缩	饱和磁致伸缩系数约 $60×10^{-6}$，高电力机械结合系数约 0.7	振子材料、延迟材料等

① E 为弹性模量。

② Oe，T 为磁场强度单位，$1T=1A·m^{-1}$，$1Oe=250/\pi A·m^{-1}$。

　　加热非晶态合金，则引起原子扩散而成为平衡的晶态。当连续加热到特定的温度时，合金非晶态相中会生成晶体并长大，即合金从非晶态转变为晶态。伴随着这种变化，除了发热之外，一方面其电阻、热膨胀、密度等各种物理性质都发生变化，另一方面其强度、黏性丧失而变脆，这样便失去了非晶态合金的大部分优良性质。故对非晶态合金，必须选择低于晶化温度的应用领域。这说明非晶态合金主要的缺点是热不稳定性。铁系非晶态合金晶化温度较高，可达 650℃左右。

　　液相向固相的转变是一个相变过程，掌握结晶过程的基本规律将为研究其他相变奠定基础。纯金属和合金的结晶，两者既有联系又有区别，合金的结晶比纯金属的结晶要复杂些。为简单起见，先研究纯金属结晶。

第二节　纯金属结晶

一、结晶条件

　　通常采用热分析法研究结晶：把纯金属置于坩埚内加热成均匀熔体，而后使其缓慢冷却，在冷却过程中，每隔一定时间测定温度变化，直至结晶完毕后冷却到室温。将温度随时间变化的关系绘制成曲线，称为冷却曲线，如图 3-1 所示。

　　从理论上讲，金属的熔化和结晶应在同一温度下进行，这个温度称为理论结晶温度，又称为平衡结晶温度。在此温度下，液体中金属原子结晶到晶体上的速度与晶体上的原子溶解入液体中的速度相等，晶体与液体处于平衡

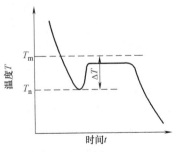

图 3-1　纯金属结晶时的冷却曲线

状态。从图 3-1 可以看出，金属在结晶之前温度连续下降，当液态金属冷却到理论结晶温度 T_m 时并未开始结晶，而是需要冷却到 T_m 温度之下的某一温度 T_n 时才能有效地进行结晶。金属的实际结晶温度低于理论结晶温度的现象，称为过冷，两者之差称为过冷度，用 ΔT 表示，即 $\Delta T = T_m - T_n$。过冷度越大，实际结晶温度越低。

随金属的性质和纯度的不同以及冷却速度的差异，过冷度变化很大。同一种金属，其纯度越高，则过冷度越大；冷却速度越快，则金属的实际结晶温度越低，过冷度越大。当液态金属以极其缓慢的速度冷却时，金属的实际结晶温度就接近于理论结晶温度，这时的过冷度接近于零。但是，不管冷却速度多么缓慢，都不可能在理论结晶温度进行结晶。

实际上金属总是在过冷条件下结晶，这是由热力学条件决定的。热力学定律指出，自然界的一切自发转变过程，总是由一种能量较高的状态趋向于能量较低的状态，而能量最低的状态是最稳定的。

在恒温条件下，只有引起体系自由能（即能够对外做功的那部分能量）降低的过程才能自发进行。一般情况下，金属在聚集状态的自由能随温度的提高而降低。金属在聚集状态时自由能与温度的关系曲线如图 3-2 所示。由于液态金属和固态金属的自由能随温度变化的速率不同，图 3-2 中的两条曲线就必然相交，其交点处液、固两相自由能相等（$G_L = G_S$），液态和固态处于动态平衡，可长期共存，此时对应的温度 T_m 即为理论结晶温度。显然，高于 T_m 温度时，液态比固态的自由能低，金属处于液态更稳定；低于 T_m 温度时，金属处于固态更稳定。

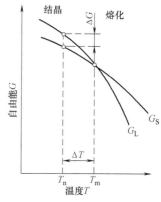

图 3-2　金属在聚集状态时
自由能与温度关系曲线

因此，液态金属要结晶就必须过冷。对应着过冷度 ΔT，金属在液态与固态之间存在的自由能差 ΔG 就是促使液态金属结晶的驱动力。一旦液态金属的过冷度足够大，使其结晶的 ΔG 大于建立新界面所需要的表面能时，结晶过程就能开始进行。过冷度越大，液、固两相的自由能差越大，即结晶驱动力越大，结晶速度便越快。

二、结晶过程

大量实验证明，金属的结晶过程是形核与长大的过程，形核与长大既紧密联系又相互区别。纯金属结晶过程如图 3-3 所示。

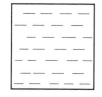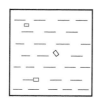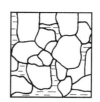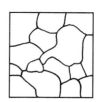

图 3-3　纯金属结晶过程示意图

在理论结晶温度以上，液态金属中存在着大量的尺寸不同、忽聚忽散的短程有序的小原子集团极不稳定，不能成为结晶核心。随着温度的降低，一些尺寸较大的原子集团开始变得稳定，可成为结晶核心，即成为晶核。已形成的晶核再按各自方向吸收液体中的金属原子而逐渐长大，与此同时，在液态金属中不断地产生新的结晶核心并逐渐长大。如此不断发展，直到相邻晶体相互接触，液态金属耗尽，结晶完毕。每一个晶核长大为一个晶粒，且其位向各不相同，这样就形成多晶体金属。如果在结晶过程中只形成一个晶核并长大，则形成单晶体金属，但这需要一定的相关条件。总之，金属的结晶过程是由形核和长大两个过程交错重叠在一起的，对一个晶粒来说，它虽然可以严格地区分为形核和长大两个阶段，但从液态金属整体上说，形核和长大是互相重叠交织在一起的。

在过冷液体中形成固态晶核时，可能有两种形核方式：一种是均质形核，又称为自发形核，是由熔液自发形成新晶核的方式；另一种是异质形核，又称为非自发形核。若液体中各个区域出现新相晶核的概率是相同的，这种形核方式即为均质形核；反之，新相优先出现于液相中的某些区域，这种形核方式称为非均质形核。实际液态金属并不很纯，总是或多或少地存在某些杂质（如未熔质点），晶胚常常会依附于这些固态杂质质点（包括铸型内壁）上形成晶核，其结晶主要是按非均质形核进行的。

晶核形成后，即开始长大。长大的过程，实质上是液体中的金属原子向晶核表面迁移的过程。晶体的长大主要取决于过冷度，冷却慢时，过冷度小，晶体的长大速度就较低。晶体生长最常见的方式是树枝状结晶，得到树枝状晶体，简称为枝晶，如图 3-4 所示。一般而言，枝晶在三维空间得以均衡发展，各方向上的一次轴近似相等，这时的晶粒称为等轴晶粒，呈多边形。当所有的枝晶都严密合缝地对接起来，液态金

三次轴
二次轴
一次轴

图 3-4　树枝晶生长示意图

属完全消失后，就看不出来树枝的模样，只能是一个个多边形的晶粒了。

三、结晶晶粒大小及控制

实际金属结晶之后，获得由大量晶粒组成的多晶体。晶粒的一般尺寸为 $10^{-2} \sim 10^{-1}$ mm，但也有大至几个或十几个毫米的。

工程上，晶粒的大小通常用晶粒度来表示。结晶时每个晶粒都是由一个晶核长大而成，其晶粒度取决于形核率 N 和长大速度 G。若形核率大，而长大速度小，单位体积中晶核数目多，每个晶核的长大空间小，也来不及充分长大，得到的晶粒就细小；反之，若形核率小，而长大速度大，则晶粒粗化。

晶粒大小对金属性能有重要的影响。在常温下，细晶粒金属晶界多，晶界处晶格扭曲畸变，提高了塑性变形的抗力，使其强度、硬度提高。细晶粒金属晶粒数目多，变形可均匀分布在许多晶粒上，使其塑性好。因此，在常温下晶粒越小，金属的强度、硬度越高，塑性、韧性越好。表 3-2 列出了晶粒大小对纯铁力学性能的影响。工程上一般都希望通过细化材料的晶粒来提高其力学性能。用细化晶粒来提高材料强度的方法，称为细晶强化。但对于高温下工作的金属材料，晶粒过细小反而不好，一般希望其晶粒大小适中。对于用来制造电动机和变压器的硅钢片来说，希望其晶粒粗大，因为其晶粒越粗大，磁滞损耗越小，效能越高。

表 3-2　晶粒大小对纯铁力学性能的影响

晶粒平均直径 d/mm	抗拉强度 R_m/MPa	屈服强度 R_{eL}/MPa	断后伸长率 A(%)
9.7	165	40	28.8
7.0	180	38	30.6
2.5	211	44	39.5
0.20	263	57	48.8
0.16	264	65	50.7
0.10	278	116	50.0

综上所述，控制了形核率 N 和长大速度 G，就能控制结晶时晶粒的粗细。凡能促进形核、抑制长大的因素，都对细化晶粒有利。为了细化铸锭和焊缝区的晶粒，在工业生产中常采用以下几种方法：

（一）控制过冷度

形核率 N 与长大速度 G 一般都随过冷度 ΔT 的增大而增大，但两者的增长率不同，形核率的增长率高于长大速度的增长率，如图 3-5 所示，故增加过冷度可提高 N 和 G 值，有利于晶粒细化。提高液态金属的冷却速度，可增大过冷度，能有效地提高形核率。在铸造生产中为了提高铸件的冷却速度，可以采用提高铸型吸热能力和导热性能等措施，也可以采用降低浇注温度、慢浇注等。但快冷方法只适用于小件或薄件，对大件不太适用。大件难以达到高的过冷度，况且快冷还可能导致铸件出现裂纹，造成废品。

若在液态金属冷却时采用极大的过冷度，如使冷却速度大于 $10^7℃/s$，可使某些金属凝固时来不及形核而使其液态的原子结构保留到室温，得到非晶态材

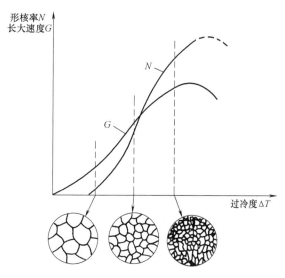

图 3-5　形核率与长大速度随过冷度的变化情况

料，也称为金属玻璃。合金也可以得到非晶态材料，如过渡族金属 A 和半金属 B（像碳、硼、硅、磷等）之间构成的二元系，当成分处于共晶点附近，一般为 $A_{80}B_{20}$ 时，若以 $10^5 \sim 10^6℃/s$ 的速度急冷则获得非晶态合金。

（二）变质处理

变质处理是在浇注前向液态金属中加入某种元素或化合物（称为变质剂），以细化晶粒和改善组织。符合非自发形核条件的变质剂加入液态金属后，增加了晶核的数目。例如：在铝合金中加入钛、锆、钒，可使晶粒细化；在铸铁中加入硅铁、硅钙合金，能使组织中的石墨细化。

（三）振动处理

若对结晶过程中的液态金属输入一定频率的振动波，形成的对流使成长中的树枝晶臂折断，增加了晶核数目，从而可显著地提高形核率，细化晶粒。常用的振动方法有机械振动、超声波振动、电磁搅拌等。特别是在钢的连铸中，电磁搅拌已成为控制凝固组织的重要技术

手段。

四、晶体的同素异构

在确定的条件下，一种元素物质只有一种晶体结构。但某些金属元素（常见的如铁、钛、锰、锡）和非金属元素（常见的如碳）在不同温度和压力下，具有不同类型的晶体结构，称为同素异构（或多晶型）。

在金属晶体中，铁的同素异构转变最为典型。铁在结晶后继续冷却至室温的过程中，先后发生两次晶格转变，其转变过程如下：

$$\delta\text{-Fe} \xrightarrow{1394℃} \gamma\text{-Fe} \xrightarrow{912℃} \alpha\text{-Fe}$$

体心立方晶格　面心立方晶格　体心立方晶格

铁的同素异构转变的过程，就是原子重新排列的过程，也同样遵循形核与长大的结晶基本规律。例如，当 γ-Fe 向 α-Fe 转变时，α-Fe 晶核通常在 γ-Fe 的晶界处形成并长大，直至全部 γ-Fe 晶粒被 α-Fe 晶粒取代而转变结束。同素异构转变是在固态下完成晶格转变的，属于二次结晶（或重结晶）。铁的同素异构转变是钢铁材料能够进行热处理的内因和根据，也是钢铁材料性能多种多样、用途广泛的主要原因之一。

如果在纯金属中加入某种合金元素，其同素异构转变温度将发生变化。例如，钛在固态有两种结构：在 882.5℃ 以下为密排六方晶格，称为 α-Ti；在 882.5℃ 以上直到熔点为体心立方晶格，称为 β-Ti，即钛在 882.5℃ 发生同素异构转变 α-Ti $\rightleftharpoons$ β-Ti。若合金元素溶入 α-Ti 中，就形成 α 固溶体；若合金元素溶入 β-Ti 中，就形成 β 固溶体。当在钛中加入铝、碳、氮、氧、硼等元素后，$\alpha \rightleftharpoons \beta$ 转变温度升高，这些元素称为 α 稳定化元素；而在钛中加入铁、钼、镁、铬、锰、钒等元素后，$\alpha \rightleftharpoons \beta$ 转变温度下降，这些元素称为 β 稳定化元素；若加入锡、锆等元素，对转变温度的影响则不明显，这些元素称为中性元素。

第三节　合金的结晶与相图

由于纯金属力学性能较低，故除了要求导电性高的电气材料外，工业上很少使用纯金属，多是使用合金。合金是由两种或两种以上的金属元素或金属与非金属元素组成的具有金属特性的物质。组成合金的最基本的独立物质称为组元，组元可以是元素或稳定化合物。工业上广泛使用的碳钢和铸铁，就是由铁和碳两种组元组成的二元合金。合金的优良性能是由合金各组成相的含量、结构及其形态所决定的。

一、合金相结构

合金中的相是指合金中具有同一化学成分、同一聚集状态、同一结构且以界面互相分开的各个均匀的组成部分。物质可以是单相的，也可以是由多相组成的。由数量、形态、大小和分布方式不同的各种相构成合金的组织，组织是指用肉眼或显微镜所观察到的材料的内部微观形貌。由不同组织构成的材料具有不同的性能。碳钢的室温平衡组织由铁素体和渗碳体两相组成，但由于碳含量和加工、处理状态的不同，这两相的数量、形态、大小和分布也不会相同，故组织不一样，其性能相差就很大。

根据合金元素之间相互作用的不同，合金中的相结构可分成两大类：一类是固溶体，其晶体结构与组成合金的基本金属组元的结构相同；另一类是金属化合物，其晶体结构与组元的结构不同。

（一）固溶体

　　溶质原子溶入金属溶剂中所组成的合金相称为固溶体。固溶体的晶体结构仍保持溶剂金属的结构，但产生晶格畸变。工业上所使用的金属材料，绝大部分是以固溶体为基体的，有的甚至完全由固溶体所组成。例如，碳钢和合金钢的基体相均为固溶体，且含量占组织中的绝大部分。

　　1. 固溶体类型

　　分类标准不同，固溶体的类型也不一样。

　　1）按溶质原子在金属溶剂晶格中的位置，固溶体可分为置换固溶体和间隙固溶体两种。置换固溶体中溶质原子占据了溶剂晶格的一些结点，在这些结点上溶剂原子被溶质原子置换了。合金钢中的 Mn、Cr、Ni、Si、Mo 等元素都能与 Fe 形成置换固溶体。当溶质原子进入金属溶剂晶格的间隙时形成的固溶体称为间隙固溶体，过渡族金属元素（如 Fe、Co、Ni、Mn、Cr、Mo）和 C、N、B、H 等原子半径较小的非金属元素结合在一起，就能形成间隙固溶体。在金属材料的相结构中，形成间隙固溶体的例子很多。例如，碳钢中 C 原子溶入 α-Fe 晶格空隙中形成的间隙固溶体，称为铁素体；C 原子溶入 γ-Fe 晶格空隙中形成的间隙固溶体，称为奥氏体。

　　2）按溶质原子在金属溶剂中的溶解度，固溶体可分为有限固溶体和无限固溶体两种。当两组元在固态无限互溶时，所形成的固溶体称为无限固溶体。例如，Cu 和 Ni 都是面心立方晶格，原子直径相近，处于同一周期并相邻，可以形成无限固溶体。当两组元在固态部分溶解时，所形成的固溶体称为有限固溶体，大部分固溶体属于这一类，如 Cu-Sn、Pb-Zn 等合金系都是形成有限固溶体。

　　影响固溶体类型和溶解度的主要因素有原子半径、电化学特性和晶格类型等。当两组元的原子半径、电化学特性接近，晶格类型相同时，容易形成置换固溶体，并有可能形成无限固溶体。当两组元的原子半径相差较大时，容易形成间隙固溶体。

　　2. 固溶体性能

　　虽然固溶体保持着金属溶剂的晶格类型，但与纯组元比较，结构已经发生了变化，甚至变化很大。例如，由于溶质和溶剂的原子大小不同，固溶体中溶质原子附近的局部范围内必然造成晶格畸变，如图 3-6 所示。晶格畸变随溶质原子浓度的增高而加大，溶质原子与溶剂原子的尺寸相差越大，所引起的晶格畸变也越严重。晶格畸变增大位错运动的阻力，使金属

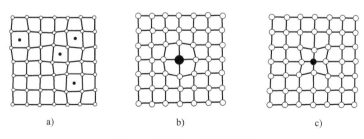

a)　　　　　　　　　b)　　　　　　　　　c)

图 3-6　固溶体中的晶格畸变

a）间隙固溶体　b）、c）置换固溶体

的滑移变形更加困难，提高了金属的强度和硬度。这种由于外来原子（溶质原子）溶入基体中形成固溶体而使其强度、硬度升高的现象称为固溶强化，此是金属强化的重要形式。实践表明，固溶体中溶质含量适当时，可以显著提高材料的强度和硬度，而塑性、韧性没有明显降低，固溶体的强度和塑性、韧性之间有较好的配合。南京长江大桥大量使用含锰的低合金结构钢，原因之一就是锰的固溶强化作用提高了该材料的强度，从而节约了钢材并减轻了大桥结构的自重。镍固溶于铜中所形成的铜镍合金，通过增加镍的溶解度使其硬度从38HBW 提高到 60~80HBW 时，断后伸长率 A 仍可保持在 50% 左右。间隙固溶体的强化效果比置换固溶体更为显著。例如：马氏体是含过饱和碳的间隙固溶体，晶格畸变严重，固溶强化效应显著，碳钢就是如此；而合金钢中尽管有不少元素代替部分铁原子形成置换固溶体，但其马氏体硬度还主要是过饱和碳的间隙作用。工业上使用的精密电阻和电热材料等也广泛应用固溶体合金，因为随溶质原子浓度的增加，固溶体的电阻率升高、电阻温度系数下降。

不过，通过单纯的固溶强化所达到的最高强度指标毕竟有限，仍难以满足人们对结构材料的要求，因此必须在固溶强化的基础上再进行其他的强化处理。

（二）金属化合物

金属化合物是合金组元之间发生相互作用而形成的一种新相，又称为中间相，其晶格类型和特性不同于其中任一组元。像碳钢中的渗碳体（Fe_3C）、黄铜中的 β 相（CuZn）、铝合金中的 $CuAl_2$，都是金属化合物。这种化合物可以用分子式来表示，除了离子键和共价键外，金属键也在不同程度上参与作用，致使其具有一定程度的金属性质（如导电性），因此称之为金属化合物。

由于结合键和晶格类型的多样性，金属化合物具有许多特殊的物理化学性能，其中已有不少正在开发应用为新的功能材料，对现代科学技术的进步起着重要的推动作用。例如，具有半导体性能的砷化镓（GaAs），其性能远远超过了目前广泛使用的硅半导体材料，现今正应用在发光二极管的制造上，作为超高速电子计算机的元件。此外，还有能记住原始形状的记忆合金（超弹性合金）Ni-Ti 和 Cu-Zn，具有低热中子俘获截面的核反应堆材料 Zr_3Al，能作为新一代能源的储氢材料 $LaNi_5$ 等。由于金属化合物一般均具有较高的熔点和硬度，当合金中出现金属化合物相时，合金的强度、硬度、耐磨性及耐热性提高，但塑性有所降低。因此，目前在工业上广泛应用的结构材料和工具材料（如各类合金钢、硬质合金及许多有色金属等），金属化合物是其不可缺少的重要组成相。

根据形成条件及结构特点，金属化合物主要有以下几类：

1. 正常价化合物

严格服从化合价规律的化合物称为正常价化合物，通常是由金属元素与ⅣA 族、ⅤA 族、ⅥA 族元素所组成。例如，Mg_2Si、Cu_2Se、MnS 及 β-SiC 等，其中 Mg_2Si 是铝合金中常见的强化相，MnS 则是钢中最常见的夹杂物。这类化合物具有严格的化学比，成分固定不变，可用确定的化学式表示，通常具有较高的硬度和脆性。

2. 电子化合物

不遵守化合价规律，但按照一定电子浓度（化合物中价电子数与原子数之比）形成的化合物称为电子化合物，由ⅠB 族或过渡族金属元素与ⅡB 族、ⅢA 族、ⅣA 族、ⅤA 族元素所组成。电子化合物的晶体结构与电子浓度值有一定的对应关系。

电子化合物主要以金属键结合，具有明显的金属特性，可以导电。它们的熔点和硬度很高，但韧性较差，在许多有色金属中做强化相。

3．间隙相和间隙化合物

由过渡族金属元素与氢、硼、碳、氮等原子半径小的非金属元素结合将形成间隙相和间隙化合物。它们具有金属特性、高的熔点和高的硬度。根据非金属元素（以 X 表示）与过渡族金属元素（以 M 表示）原子半径的比值大小，可以分为两类：当 $r_X/r_M \leq 0.59$ 时，这种化合物具有简单的晶体结构，称为间隙相；当 $r_X/r_M > 0.59$ 时，这种化合物的晶体结构很复杂，称为间隙化合物。由于氢和氮的原子半径较小，故过渡族金属的氢化物和氮化物都是间隙相。硼的原子半径较大，故过渡族金属的硼化物都是间隙化合物。碳的原子半径比氢、氮大，但比硼小，因此一部分碳化物是间隙相（如 VC、TiC、TaC、ZrC，其中 VC 的晶体结构如图 3-7 所示），另一部分碳化物是间隙化合物（如 Fe_3C，其晶体结构如图 3-8 所示）。碳化物是碳钢、合金钢及铁基合金中的重要组成相，它的结构、形态、大小及分布对其性能影响很大。

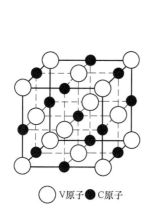

V原子 ● C原子

图 3-7　间隙相 VC 的晶体结构

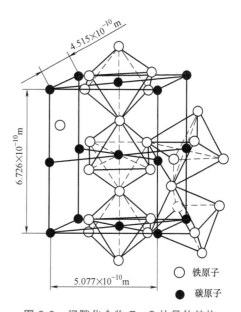

4.515×10^{-10} m

6.726×10^{-10} m

5.077×10^{-10} m

○ 铁原子
● 碳原子

图 3-8　间隙化合物 Fe_3C 的晶体结构

间隙相有极高的熔点及硬度，见表 3-3。间隙相的合理存在，可以有效地提高合金工具钢及硬质合金的强度、热强性和耐磨性。另外，通过对钢件表层渗入或涂层的方法使之形成含有间隙相的薄层，可显著增加钢的表面硬度和耐磨性，延长零件的使用寿命。

表 3-3　一些碳化物的硬度及熔点

碳化物类型	间　隙　相							间隙化合物	
成分	TiC	ZrC	VC	NbC	TaC	WC	MoC	$Cr_{23}C_6$	Fe_3C
硬度　HV	2850	2840	2010	2050	1550	1730	1480	1650	约 860
熔点/℃	3410	3805	3023	3770±125	4150±140	2867	2960±50	1520	约 1600

间隙化合物的类型很多，合金钢中常见的有 M_3X 型（如 Fe_3C）、M_7X_3 型（如 Cr_7C_3）、$M_{23}X_6$ 型（如 $Cr_{23}C_6$）、M_6X 型（如 Fe_3W_3C）等。Fe_3C 是钢铁材料中的一个基本相，称为

渗碳体，若其中铁原子被锰、铬、钼、钨等原子置换，则形成以间隙化合物为基的固溶体，如（Fe，Mn）$_3$C、（Fe，Cr）$_3$C 等，称为合金渗碳体。

碳化物的类型不同，其稳定性、熔点、硬度就各异，见表3-3，那么碳化物对合金钢性能的影响也不同。例如：在工具钢中加入少量钒形成 VC，可提高其耐磨性；在结构钢中加入少量钛形成少量 TiC，可防止其过热；高速工具钢中由于 W$_2$C、VC 在高温下比较稳定并呈弥散分布，使其在高温下能保持高硬度和切削性能；硬质合金中正是由于所含碳化物（WC、TiC 等）的高硬度，保证了其优良的切削性能。

值得注意的是，大多数工业上使用的合金既不可能由单纯的化合物相组成，也不可能由一种固溶体相组成。这是因为化合物的硬度固然高，但脆性大；而单纯的固溶体的强度也不够高。实际上多数工业用合金是用固溶体做基体和少量化合物所构成的混合物。化合物的合理存在可提高这种混合组织的强度和硬度，而塑性、韧性受到一定的损害，这就是弥散强化现象。通过调整固溶体的溶解度和分布于其中的化合物的形态、数量、大小及分布，可使合金的力学性能发生很大的变化，以便满足不同的性能需要。例如，碳钢中的渗碳体，其形态直接影响碳钢的性能，渗碳体的形态可以是片状、粒状或网状，片有粗细之分，粒有大小之异，其性能当然不一样。

二、二元合金相图

（一）相图的建立

相图也称状态图或平衡图，用来表示材料中平衡相与成分、温度之间的关系，是研制新材料，制定合金的熔炼、铸造、压力加工和热处理工艺及进行金相分析的重要依据。

最常用的是二元合金相图。二元合金相图由纵、横两个坐标轴组成。纵坐标轴表示温度；横坐标轴表示成分，通常用质量分数表示。相图几乎都是通过实验建立的，最常用的方法是热分析法。现以 Cu-Ni 合金为例，说明用热分析法建立相图的具体步骤。

1）配制不同成分的 Cu-Ni 合金。例如：

合金 I，纯铜（Cu）。

合金 II，75%Cu+25%Ni（质量分数）。

合金 III，50%Cu+50%Ni（质量分数）。

合金 IV，25%Cu+75%Ni（质量分数）。

合金 V，纯镍（Ni）。

2）测出以上各合金的冷却曲线，并找出各冷却曲线上临界点（即转折点和平台）的温度。

3）画出温度-成分坐标系，在相应成分垂线上标出临界点温度。

4）将物理意义相同的点（如转变开始点、转变结束点）连成曲线，标明各区域内所存在的相，即得到 Cu-Ni 相图，如图3-9所示。

相图中各点、线、区都有一定含义。如图中 A、B 点分别表示 Cu、Ni 组元的凝固点（即熔点）。由始凝温度连接起来的相界线称为液相线，如图中 AB 上弧线；由终凝温度连接起来的相界线称为固相线，如图中 AB 下弧线。若出现水平线，则为三相平衡线。由相界线划分的区域称为相区，液相线以上全为液相区，固相线以下全为固相区，液、固相线之间是液、固两相共存区。

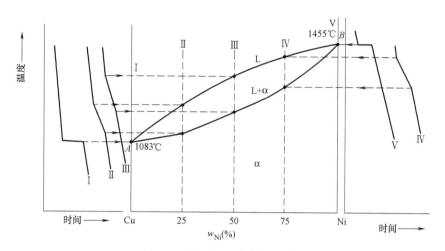

图 3-9　建立 Cu-Ni 相图的示意图

Cu-Ni 合金相图是比较简单的，多数合金的相图比较复杂，但是任何复杂的相图都由几类最简单的基本相图所组成。下面介绍几种基本的二元合金相图，即匀晶相图、共晶相图和共析相图。

（二）匀晶相图

两组元在液态、固态均无限互溶的二元合金相图，称为匀晶相图。Cu-Au、Au-Ag、Cu-Ni 等合金均形成这类相图。在这类合金中，结晶时都是由液相结晶出单相的固溶体，这种结晶过程称为匀晶转变。

现以 Cu-Ni 合金相图为例进行分析。Cu-Ni 合金相图如图 3-10a 所示。该相图十分简单，只有两条曲线，上面一条是液相线，下面一条是固相线。由液相线和固相线将相图分成三个区域：液相（L 相）区、固相（α 相）区以及液、固相并存（L+α）区。其中，L 是 Cu、Ni 形成的合金溶液，α 是 Cu、Ni 组成的无限固溶体。

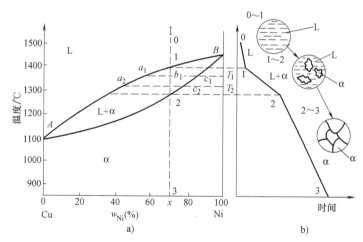

图 3-10　Cu-Ni 合金相图及冷却曲线

a）Cu-Ni 合金相图　b）Cu-Ni 合金冷却曲线

平衡结晶过程是指合金在极缓慢条件下进行结晶的过程，此时原子充分扩散。对应于

$w_{Ni}=x\%$ 的 x 点成分的 Cu-Ni 合金 I，其冷却曲线如图 3-10b 所示。在 1 点温度以上时，合金为液相 L，自然冷却；当缓慢冷却至 1~2 点温度之间时，合金发生匀晶转变 L→α，即从液相中逐渐结晶出 α 相；当缓慢冷却至 2 点温度时，匀晶转变完成，合金全部结晶为单相固溶体，其成分与合金本身成分一致。其他成分合金的平衡结晶过程也完全类似。

确定相成分的方法是：过指定温度 T_1 作水平线，分别交液相线和固相线于 a_1 点和 c_1 点，则 a_1 点和 c_1 点在横坐标轴（成分轴）上的投影，即相应为 T_1 温度时 L 相和 α 相的成分。随着冷却的进行，温度逐渐降低，匀晶转变不断进行，L 相不断减少，α 相不断增多；其中 L 相成分沿液相线变化，α 相成分沿固相线变化。当冷却至 T_2 温度时，L 相成分对应 a_2 点在成分轴上的投影，而 α 相成分对应 c_2 点在成分轴上的投影。这样就赋予了液、固相线另一个重要意义，即液、固相线还表示合金在缓慢冷却条件下，液固两相平衡共存时各自的成分随温度变化的规律。

归纳起来，匀晶转变有以下特点：

1）与纯金属一样，α 相从液相中结晶出来时，也包含形核与核长大两个过程，且更易呈树枝晶状长大。

2）固溶体合金结晶是在一个温度区间内进行的，即为一个变温结晶过程。

3）在液固两相区内，当温度确定时，液固两相的成分是确定的，但又不同于合金的成分。

4）在液固两相区内，温度一定时，液固两相的质量比是确定的。下面分析计算匀晶合金（$w_{Ni}=x\%$）在平衡结晶至温度 T 时，L 相和 α 相的相对质量，如图 3-11 所示。

设合金总质量为 Q，其中 $w_{Ni}=x\%$。在结晶至温度 T 时，合金处于液固两相 L+α 共存区。设 L 相质量为 Q_L，其 $w_{Ni}=x_1\%$；α 相质量为 Q_α，其 $w_{Ni}=x_2\%$。在 T 温度时，合金 I 中镍的总质量等于此时 L 相中镍的质量和 α 相中镍的质量之和，即

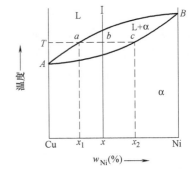

图 3-11 杠杆定律示意图

$$Q \cdot x\% = Q_L \cdot x_1\% + Q_\alpha \cdot x_2\%$$

而
$$Q = Q_L + Q_\alpha$$

则
$$Q_L \cdot (x\%-x_1\%) = Q_\alpha \cdot (x_2\%-x\%)$$

其中，$x\%-x_1\%$ 即为 ab 的长度，$x_2\%-x\%$ 即为 bc 的长度，于是上式即为

$$Q_L \cdot ab = Q_\alpha \cdot bc \quad 或 \quad Q_L/Q_\alpha = bc/ab$$

此式与力学中的杠杆定律相似，故也被称为杠杆定律。据此可以计算出合金 I 在温度 T 时液相 L 和固相 α 的质量分数分别为

$$w_L = \frac{bc}{ac} \times 100\%$$

$$w_\alpha = \frac{ab}{ac} \times 100\%$$

即此杠杆的两个端点为给定温度 T 时两平衡相的成分点（a、c 点），而支点为合金 I 的成分点（b 点）。

杠杆定律只适用于相图中的两相区，且只能在平衡状态下使用。

5）在结晶过程中（图 3-10 中 1～2 点之间），α 相的成分是变化的。由于仅在极其缓慢地冷却时合金中的原子才能充分扩散，固相成分沿着固相线均匀地变化，最终才会得到成分均匀的固溶体。例如，合金 I 平衡结晶后得到的 α 相的成分就是合金 I 的成分（即 $x\%$）。

但在实际生产条件下，由于合金结晶过程中的冷却速度一般都较快，而且在固态下原子扩散又很困难，致使固溶体内部的原子扩散来不及充分进行，先结晶出来的固溶体中高熔点组元镍含量较多，后结晶出来的固溶体中高熔点组元镍含量较少，则最终得到的固溶体成分就会不均匀。因为固溶体的结晶一般是按树枝状方式长大的，这就使得先结晶的树枝晶枝干含镍量较高，后结晶的树枝晶枝叶含镍量较低，结果造成固溶体即使在一个晶粒之内成分分布也不均匀，并呈树枝状分布，这种现象称为晶内偏析或枝晶偏析（成分偏析的一种）。在金相显微镜下观察 Cu-Ni 合金铸态组织时，树枝晶枝干因镍含量高不易受侵蚀，呈亮白色；而其枝叶因铜含量高易受侵蚀，呈暗黑色。

成分偏析对合金的性能有很大影响，严重的成分偏析会使金属的力学性能下降，特别是使塑性和韧性显著降低，甚至不易进行压力加工，耐蚀性也会降低。为消除或减轻成分偏析，工业生产上广泛采用均匀化退火的方法，即将铸件加热至低于固相线 100～200℃ 的高温，进行较长时间保温，使偏析原子充分扩散，以达到成分均匀化的目的。但应注意该工艺会使铸件晶粒粗大。

（三）共晶相图

两组元在液态时无限互溶，固态时有限互溶，并发生共晶转变形成共晶组织的二元合金相图，称为二元共晶相图。Pb-Sn、Pb-Sb、Al-Si 等合金系的相图属于共晶相图，在 Fe-C、Al-Mg、Mg-Si 等相图中也含有共晶部分。Pb-Sn 合金相图是典型的共晶相图，如图 3-12 所示，下面以此为例分析共晶相图。

1. Pb-Sn 相图分析

在 Pb-Sn 共晶相图中，A、B 点分别代表纯 Pb、纯 Sn 的熔点，分别是 327.5℃、231.9℃。AEB 线为液相线，在此线以上所有合金均为液态；$AMENB$ 线为固相线，在此线以下所有合金均为固态。液、固相线之间则为液、固相共存区。

固态下，Pb 能溶解一定量的 Sn，形成有限固溶体，用 α 表示，其溶解度（MF 线）随温度的下降而减小，183℃ 时 Sn 在 Pb 中有最大溶解度 $w_{Sn} = 19.2\%$。同样，Sn 中也能溶解一定量的 Pb，形成有限固溶体，用 β 表示，其溶解度（NG 线）也是随温度的

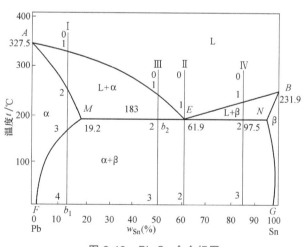

图 3-12　Pb-Sn 合金相图

下降而减小，183℃ 时 Pb 在 Sn 中有最大溶解度 $w_{Pb} = 2.5\%$。

相图中有三个单相区：液相区 L 和固溶体相区 α、β。各个单相区之间有三个两相区，即 L+α、L+β 和 α+β。在以上三个两相区之间有一个三相区，即水平线 MEN 代表 L+α+β 这一特殊的三相区。三相共存水平线所对应的温度是 183℃，成分相当于 E 点的液相在此温度

发生共晶反应，同时结晶出成分不相同的两个固相，即对应 M 点成分的 α 相和对应 N 点成分的 β 相，其共晶反应式为

$$L_E \xrightarrow[183℃]{t_E} \alpha_M + \beta_N$$

式中，t_E（183℃）为发生共晶反应的温度，称为共晶温度。共晶温度在相图上以水平线 MEN 表示，故 MEN 线称为共晶线。发生共晶反应的液相成分点为 E 点，又称为共晶点或共晶成分，即 $w_{Sn}=61.9\%$。共晶反应的产物为具有确定某种形态的两个固相 α、β 的混合物，称为共晶体或共晶组织，用（$\alpha+\beta$）表示。

2. 典型合金结晶过程分析

Pb-Sn 相图中对应于共晶点的合金，称为共晶合金（如合金Ⅱ）。成分位于共晶点 E 左、M 点右的合金，称为亚共晶合金（如合金Ⅲ）。成分位于共晶点 E 右、N 点左的合金，称为过共晶合金（如合金Ⅳ）。成分位于 M 点左或 N 点右的合金，称为端部固溶体合金（如合金Ⅰ）。下面对以上几种典型合金的平衡结晶过程进行分析。

1）合金Ⅰ（$w_{Sn}<19.2\%$）的平衡结晶过程如图 3-12、图 3-13 所示。

0~1：液相 L 降温，至 1 点开始匀晶结晶过程。

1~2：部分液相 L 经匀晶结晶转变为 α 相，从 1 点开始结晶，至 2 点结晶完毕，其结晶过程与匀晶合金的平衡结晶相同。1 点到 2 点之间 L、α 两相共存。

2~3：固相 α 降温，组织不变。

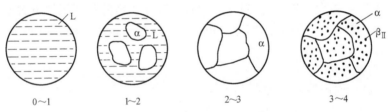

图 3-13 合金Ⅰ的平衡结晶过程示意图

3~4：从固相 α 中析出固相 β。MF 线是 Sn 在 Pb 中的溶解度线（或称为 α 相的固溶线），温度下降，α 相的溶解度降低。从 3 点冷至 4 点，α 相中的 Sn 含量过饱和，必须降低。由于合金Ⅰ中 Sn 含量大于 F 点对应的 Sn 含量，所以从 3 点冷至 4 点就会由 α 相中析出 β 相，以使 α 相中的 Sn 含量降低至 F 点对应的 Sn 含量。我们把从 α 相中析出的 β 相称为二次 β，记为 β_{II}，用 $\alpha \rightarrow \beta_{II}$ 表示。

最终合金Ⅰ的室温平衡组织为 $\alpha+\beta_{II}$，即 α、β_{II} 是其组织组成物。所谓组织组成物（或组织组分），是指合金组织中那些具有确定性质、一定形成机制和特殊形态的组成部分。组织组成物可以是单相的，也可以是两相混合物。

合金Ⅰ的室温组织组成物 α 和 β_{II} 皆为单相，故其组织组成物的质量分数与相组成物的质量分数一致。按杠杆定律计算结果为

$$w_\alpha = \frac{b_1 G}{FG} \times 100\%$$

$$w_{\beta_{II}} = \frac{Fb_1}{FG} \times 100\%$$

2）图 3-12 所示的合金Ⅱ（w_{Sn} = 61.9%的共晶合金）的平衡结晶过程如图 3-14 所示。

0～1：液相 L 降温，至 1 点开始结晶。

1 点：即 183℃，在此完成结晶过程。1 点是液相线 AEB 与固相线 AMENB 的交点，即 E 点。合金Ⅱ在 1

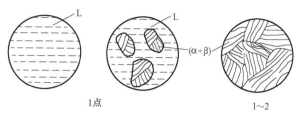

图 3-14 共晶合金（合金Ⅱ）的平衡结晶过程示意图

点以上为液相、在 1 点以下为固相，故合金Ⅱ冷至 1 点时将同时结晶出固相 α 及 β，即发生共晶转变：

$$L_E \xrightarrow{\ t_E\ } \alpha_M + \beta_N$$

这种组织称为共晶体，记为（α+β）。不同合金的共晶体在金相显微镜下有不同形态，最常见的是层片状。Pb-Sn 合金的共晶组织就是层片状。

1～2：由于共晶组织中 α 相和 β 相的溶解度都要发生变化，α 相的成分沿着 MF 线变化，β 相的成分沿着 NG 线变化，故从 α 中不断析出次生相 β_{II}，从 β 中也不断析出次生相 α_{II}，这两种次生相常与共晶组织中的同类相混在一起，在金相显微镜下难以分辨。最终合金Ⅱ的室温平衡组织为（α+β）。

3）合金Ⅲ（w_{Sn} = 19.2%～61.9%，即亚共晶合金）的平衡结晶过程如图 3-15 所示。

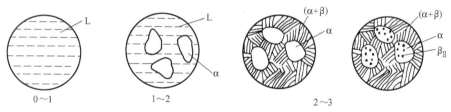

图 3-15 亚共晶合金（合金Ⅲ）的平衡结晶过程示意图

0～1：液相 L 降温，至 1 点开始结晶出 α。

1～2：液相 L 经匀晶转变不断结晶出固相 α。随着温度降低，液相 L 不断减少，固相 α 不断增多。此时固相 α 的成分沿固相线 AM 变化，液相 L 的成分沿液相线 AE 变化。当温度降至 2 点（即 183℃）时，液固两相共存，其中固相 α 的成分对应 M 点；液相 L 的成分对应 E 点，正好是共晶成分（w_{Sn} = 61.9%）。根据杠杆定律可知，这时液相 L 的质量分数为

$$w_L = \frac{Mb_2}{ME} \times 100\%$$

这一部分共晶成分的液体像合金Ⅱ一样，在 183℃时会发生共晶反应，全部转变为共晶组织。此时组织为 α+（α+β），其中共晶转变前形成的 α 称为初晶 α，其质量分数为

$$w_\alpha = \frac{b_2E}{ME} \times 100\%$$

温度刚至 183℃时液相 L 的量就是（α+β）的量。

2～3：初晶 α 相的转变过程与合金Ⅰ相同，共晶体（α+β）的转变过程与合金Ⅱ相同，

最终合金Ⅲ的室温组织为 α+(α+β)+β$_Ⅱ$。亚共晶组织中相组成物依然为 α、β。

4）合金Ⅳ（w_{Sn}=61.9%~97.5%，即过共晶合金）的结晶过程与合金Ⅲ相似，只不过合金Ⅳ的初生相是 β，相应地次生相是 α$_Ⅱ$，故其室温平衡组织为 β+(α+β)+α$_Ⅱ$。

综上所述，虽然成分位于 $F~G$ 点之间合金组织均由固相 α 及 β 组成，但是由于合金成分和结晶过程的差异，其组成相的大小、数量和分布状况即合金的组织发生很大的变化，这将导致合金性能改变。若成分在 $F~M$ 点范围内，合金的组织为 α+β$_Ⅱ$（如合金Ⅰ）；若成分在 $M~E$ 点范围内（即亚共晶合金），其组织为 α+(α+β)+β$_Ⅱ$（如合金Ⅲ）；若成分为 E 点（即共晶合金），其组织为共晶体（α+β）（如合金Ⅱ）；若成分在 $E~N$ 点范围内（即过共晶合金），其组织为 β+(α+β)+α$_Ⅱ$（如合金Ⅳ）；若成分在 $N~G$ 点范围内，其组织为 β+α$_Ⅱ$。其中 α、β、α$_Ⅱ$、β$_Ⅱ$ 及 (α+β) 在显微组织上均能清楚地区分开，是显微组织的独立组成部分，是其组织组成物。而从相的本质看，它们又都是由 α、β 两相组成，因此 α、β 两相为其相组成物。由于各种成分的合金冷却时所经历的结晶过程不同，组织中所得到的组织组成物及其相对量的多少是不相同的，而这恰恰是决定合金性能最重要的方面。为了使相图更清楚地反映其实际意义，故采用组织来标注相图，如图 3-16 所示。这样相图上所标出的组织与金相显微镜下所观察到的显微组织能互相对应，便于了解合金系中任一合金在任一温度下的组织状态，以及该合金在结晶过程中的组织变化。

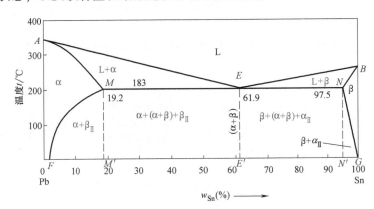

图 3-16 标注组织的 Pb-Sn 相图

（四）共析相图

共析相图与共晶相图非常相似，但又有所差异。

当液体凝固完毕后继续降低温度时，有些二元系合金在固态下还会发生相转变。一定温度下，确定成分的固相分解为另外两个确定成分的固相的转变过程，称为共析转变。共析相图的部分形状与共晶相图相似，如图 3-17 下半部分所示。C 点成分的固相 γ 在恒温下发生共析反应，同时析出 D 点成分的 α 相和 E 点成分的 β 相，即

$$\gamma_C \xrightarrow{t_C} \alpha_D + \beta_E$$

可以看出，水平线 DCE 线是共析线，C 点为共析点，α 与 β 的两相混合物是共析体。共析转变与共晶转变的相似之

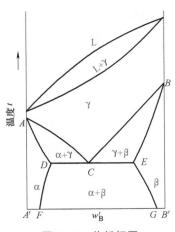

图 3-17 共析相图

处在于，都是由一个相分解为两个相的三相恒温转变，三相成分点在相图上的分布也一样。两者的区别是，共晶转变是由液相同时结晶出两个固相，而共析转变是在恒温下不是由液相而是由一个固相转变为另外两个固相。由于共析反应是固相分解，其原子扩散比较困难，容易产生较大的过冷，形核率较高，所以共析组织远比共晶组织细小而弥散，主要有片状和粒状两种基本形态。冷却速度过大时，共析反应易被抑制。

具有共析转变相图的合金系有 Fe-C、Fe-N、Fe-Cu、Fe-Sn、Cu-Sb 等二元系，最典型的例子是 Fe-C 相图（或称 $Fe-Fe_3C$ 相图）。共析转变对合金的热处理强化有重大意义，钢铁材料及钛合金的某些热处理工艺就是建立在共析转变基础上的。

第四节 铸态组织与冶金缺陷

实际生产中，液态金属是在铸锭模或铸型中凝固的，前者得到铸锭，后者得到铸件。虽然它们的结晶过程都遵循结晶的普遍规律，但是由于铸锭或铸件冷却条件的复杂性，铸态组织在许多方面差别很大，如晶粒大小、形状和取向、合金元素和杂质的分布以及铸锭中的缺陷（缩孔、疏松、气泡、裂纹、偏析等）。对铸件来说，铸态组织直接影响到其力学性能和使用寿命；对铸锭来说，它是最原始的坯料，铸态组织不但影响到它的压力加工性能，而且影响到压力加工后的金属制品的组织和性能。因此，应该了解并控制铸锭及铸件的组织。

一、典型三晶区组织

铸锭的典型宏观组织由三个晶区所组成，即表层细晶区、柱状晶区和中心等轴晶区，如图 3-18 所示。根据浇注条件不同，晶区的数目和相对厚度可能改变。

（一）表层细晶区

当高温的金属熔液注入铸型之后，结晶首先从模壁处开始。这是因为模壁温度较低，有强烈的吸热和散热作用，使得靠近模壁的薄层液体受到强烈的激冷，产生极大的过冷度；模壁本身可以起诱发非自发形核的作用，以致在该薄层液体中立即形成大量的晶核，并同时向各个方向生长。由于形核率高，晶核数目多，故相互邻近的晶核很快彼此相遇，没有了继续生长的空间也就停止了生长，从而在紧贴模壁区形成很细的等轴晶粒区。

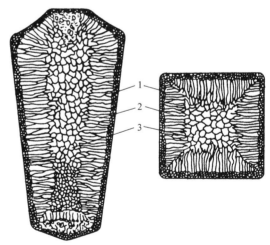

图 3-18 铸锭组织示意图
1—表层细晶区 2—柱状晶区 3—中心等轴晶

应该指出，尽管该晶区的晶粒细小，组织致密，力学性能好，但纯金属铸锭的表层细晶区一般都很薄，有的只有几个毫米厚，故实用意义不大，而合金铸锭的表层细晶区一般较厚。

（二）柱状晶区

紧接着表层细晶区的是一层由垂直于模壁生长的相当粗大的柱状晶粒所组成的区域，该区域称为柱状晶区。由于模壁温度升高,使得液态金属冷却速度迅速减慢,特别是表层细晶区前沿的液态金属冷却速度迅速减小,形核率也迅速下降,甚至不可能再形核。但表层细晶区靠近液相的某些小晶粒依靠很小的过冷度仍会继续长大,维持结晶过程。由于沿着垂直于模壁方向散热最快,所以小晶粒只有沿其相反方向择优生长成柱状晶。

在柱状晶区,柱状晶粒彼此间的界面比较平直,气泡、缩孔很少,组织比较致密。但当沿不同方向生长的两组柱状晶相遇时,会形成柱晶间界。柱晶间界是杂质、气泡、缩孔较密集的地区,也必然是铸锭的脆弱结合面。例如,在方形铸锭中的对角线处就很容易形成脆弱界面,简称弱面。若对铸锭进行压力加工,则易于沿这些弱面形成裂纹,甚至开裂。此外,柱状晶区的性能显示各向异性。对塑性好的金属或合金,即使全部为柱状晶组织,也不会因为热轧而导致开裂;但对塑性差的金属或合金,如铸铁、镍基合金等,则应尽量避免形成发达的柱状晶区,否则很可能在热轧时开裂而产生废品。

（三）　中心等轴晶区

随着柱状晶的生长,铸锭模温度不断升高,结晶潜热不断放出,液态金属散热减慢,内部温度趋于均匀,温度梯度越来越小。由于中心部位的温度大致均匀,每个晶粒的生长在各方向上也是接近一致的,故形成了等轴晶。当它们长到与柱状晶相遇时,全部液体就凝固完毕,最后形成了中心等轴晶区。

与柱状晶区相比,中心等轴晶区的各个晶粒在长大时彼此交叉,枝杈间的搭接牢固,晶粒彼此咬合,裂纹不易扩展,不存在明显的脆弱界面;各晶粒取向不尽相同,其性能也没有方向性。等轴晶的树枝状晶体比较发达,分枝较多,使其显微缩孔也较多,组织不够致密。由于显微缩孔一般均未氧化,经热变形加工后一般均可焊合,故对性能影响不大。因此,一般的铸锭尤其是铸件,都要求得到发达的等轴晶组织。

对于纯度较高、不含易溶杂质且塑性较好的有色金属,如铝、铜及其合金等,有时为了获得较致密的铸锭,希望增大柱状晶区的宽度。在某些场合下,如要求零件沿着某一方向具有较优越的性能,可使铸件全部由同一方向的柱状晶组成,即采用定向凝固工艺。例如,涡轮叶片在高温工作过程中常呈晶间断裂,且特别易在那些与主应力相垂直的横向晶界上发生,若采用定向凝固工艺让晶粒长成柱状晶,使叶片中的晶界与主应力相平行,则可使叶片的性能得到显著提高。

对于钢铁等许多材料的铸锭和大部分铸件来说,一般都希望得到尽可能多的等轴晶。限制柱状晶的发展,细化晶粒,是改善铸造组织,提高铸件性能的重要途径。

二、冶金缺陷

在铸锭或铸件中,经常存在一些缺陷,常见的有缩孔、疏松、气泡、裂纹、偏析等。

（一）　缩孔

绝大多数金属结晶时会产生体积收缩,如果没有液态金属的补充,就会形成缩孔。这种缩孔为集中缩孔,它是一种重要的铸造缺陷,对性能影响很大。集中缩孔破坏了铸锭的完整性,并在其附近集中了较多的杂质,在以后的轧制过程中随铸锭整体的延伸而伸长,并不能焊合,造成废品,故必须在轧制前将缩孔切除。

（二）　疏松

大多数金属的结晶以树枝晶方式长大,由于树枝晶的充分发展以及各晶枝间相互穿插和相互封闭作用，使一部分液态金属被孤立分割于各枝晶之间，凝固收缩时得不到液态金属的补充，故在结晶结束之后，便在这些区域形成许多分散的显微缩孔，即疏松。铸件的中心等轴晶区最容易产生疏松。疏松使铸锭的致密度降低。一般情况下，疏松处没有杂质，表面也未被氧化，在热塑性加工时可以焊合。

（三）气泡

液态金属中总会或多或少地溶有一些气体，而气体在固体中的溶解度往往比在液体中小得多。因此，当液态金属凝固时，其中所溶解的气体将逐渐密集于结晶前沿的液体中，最后在固相和液相界面上的有利位置形核并长大，形成气泡。另外，也可能由于液态金属与铸型材料、型芯撑、冷铁或熔渣之间发生化学反应产生气体，从而形成气泡。这些气泡长大到一定程度后便可能上浮，若浮出表面，则随即逸散到周围环境中；如果气泡来不及上浮，或铸锭表面已经凝固，则气泡将保留在铸锭内部，形成气孔。铸锭内部的气孔在压力加工时一般均可焊合，而靠近铸锭表层的皮下气孔，则可能由于表皮破裂而被氧化，在压力加工时就不能焊合，必须在压力加工前予以去除，否则易在表面形成裂纹。

（四）裂纹

铸件凝固之后的继续冷却过程中，其固态收缩若受到阻碍，铸件内部就会产生内应力。当铸造内应力超过金属的强度极限时，铸件便将产生裂纹。裂纹可分热裂纹和冷裂纹两种。热裂纹是铸件在高温下产生的裂纹，其形状特征是裂纹短、缝隙宽、形状曲折、缝内呈氧化色。在常用合金中，铸钢、铸铝、可锻铸铁产生热裂纹的倾向较大，而灰铸铁、球墨铸铁产生热裂纹的倾向小。冷裂纹是在低温下形成的裂纹，其形状特征是裂纹细小，呈连续直线状，有时缝内呈轻微氧化色。冷裂纹常出现在形状复杂的大工件的受拉伸部位，特别是应力集中处（如尖角、缩孔、气孔、夹渣等缺陷附近）。灰铸铁、白口铸铁及高锰钢等塑性较差的合金较易产生冷裂纹。塑性好的合金，内应力可通过其塑性变形自行缓解，产生冷裂纹的倾向较小。

（五）偏析

铸锭（铸件）中的偏析不仅指合金组元的偏析，而且指那些难以避免的、存在于铸锭内部的各种杂质的偏析。偏析程度是评定金属材料冶金质量的重要指标之一。根据偏析的范围，偏析可分为显微偏析和区域偏析两大类。显微偏析是指一个树枝晶内枝干之间的偏析，如枝晶偏析、晶界偏析等。区域偏析又称宏观偏析，是指铸锭中一个区域与另一个区域之间或柱状晶内枝晶主轴方向产生的偏析。例如，亚共晶合金 Pb-15%Sb（质量分数）在结晶过程中，初生晶的密度低于液相而上浮，形成密度偏析，若加入少量铜，可先形成 Cu_2Sb，即可减轻或消除密度偏析。密度偏析有时被用来除去合金中的杂质或提纯贵金属。

习　题

3-1　试分析纯金属冷却曲线上出现"平台"的原因。

3-2　如果其他条件相同，试比较在下列铸造条件下，所得铸件晶粒的大小：

（1）金属型浇注与砂型浇注。

（2）高温浇注与低温浇注。

（3）铸成薄壁件与铸成厚壁件。

(4) 浇注时采用振动与不采用振动。

(5) 厚大铸件的表面部分与中心部分。

3-3 Si、C、N、Cr、Mn、B 等元素在 α-Fe 中各形成哪些固溶体？

3-4 间隙固溶体和间隙化合物在晶体结构与性能上有何区别？举例说明。

3-5 分析比较纯金属、固溶体、共晶体三者在结晶过程和显微组织上的异同之处。

3-6 根据下表所列要求，归纳比较固溶体、金属化合物及机械混合物的特点。

名称	种类	举例	晶格特点	相数	性能特点
固溶体					
金属化合物					
机械混合物					

3-7 为什么铸造合金常选用接近共晶成分的合金？为什么需进行压力加工的合金常选用单相固溶体成分的合金？

3-8 为什么钢锭希望减少柱状晶区，而铜锭、铝锭往往希望扩大柱状晶区？

3-9 有形状、尺寸相同的两个 Cu-Ni 合金铸件，其 w_{Ni} 分别为 10% 和 50%，铸后自然冷却，问哪个铸件的偏析较严重？

第 四 章

材料的变形断裂与强化机制

　　由于金属材料应用的广泛性和重要性，本章将重点讨论金属材料在力的作用下发生变形和断裂的规律及影响因素。

　　金属材料重要的特性之一是具有良好的塑性。塑性为金属零件的成形加工提供了经济而有效的途径，如轧制、锻造、挤压、拉拔、冲压等塑性加工。金属经塑性变形后，不仅改变了外形和尺寸，内部组织和结构也发生了变化，进而其性能也发生变化，故塑性变形也是改善金属材料性能的一个重要手段。金属的常规力学性能，如强度、塑性等，也是根据其变形行为来评定的。此外，在工程上也常常要求消除塑性变形给金属的后续加工和使用带来的不良影响。因此，掌握材料的变形规律，特别是其塑性变形的机理，探讨材料塑性变形后的组织和性能的变化，以及研究变形材料在重新加热后的回复和再结晶过程中的组织、结构及性能变化，具有重要的理论价值和实际应用意义。

第一节　材料的塑性变形

　　工程上应用的金属材料几乎都是多晶体。多晶体的变形是与组成它的各个晶粒（单晶体）的变形行为密切相关的，故首先研究金属单晶体的塑性变形。

一、单晶体的塑性变形

　　在常温和低温下，单晶体塑性变形的主要方式是滑移和孪生。由于孪生变形仅发生在低温、高速加载的场合，且多见于像 Zn、Mg 等密排六方结构的金属，与滑移变形相比不甚重要，故此处仅介绍滑移。

　　滑移是金属塑性变形的一种最主要方式，是在切应力的作用下晶体的一部分相对于另一部分沿一定晶面（滑移面）和晶向（滑移方向）发生相对滑动，滑移过程如图 4-1 所示。滑移可在晶体的表面上造成阶梯状不均匀的滑移带。滑移线是滑移面和晶体表面相交而成的，许多滑移线在一起组成滑移带，如图 4-2 所示。滑移线与滑移带的排列并不是随意的，

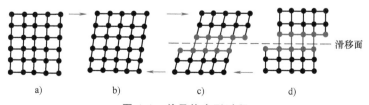

图 4-1　单晶体变形过程

a）未变形　b）弹性变形　c）弹塑性变形　d）塑性变形

它们彼此之间或相互平行，或呈一定角度，这表明滑移是沿着一定的晶面和晶面上一定的晶向进行的。依据最小阻力原则，实际总是沿着该晶体中原子排列最紧密的晶面和晶向发生。

滑移面和滑移方向与金属的晶体结构有关。通常每一种晶格都可能有几个滑移面，每个滑移面上又可能同时存在几个滑移方向，一个滑移面和该面上的一个滑移方向组合成一个滑移系。每一个滑移系表示晶体在进行滑移时可能采取的一个空间取向，当其他条件相同时，晶体中的滑移系越多，滑移过程中可能采取的空间取向便越多，该晶体的塑性便越好。表4-1所列为三种典型金属晶格的滑移系。总的来说，金属的塑性以面心立方为最好，体心立方次之，密排六方最差。

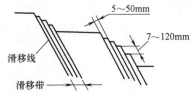

图4-2　滑移线和滑移带

表 4-1　三种典型金属晶格的滑移系

晶体	体心立方	面心立方	密排六方
滑移面	包含两相交体对角线的晶面（6个）	包含三邻面对角线相交的晶面（4个）	六方底面（1个）
滑移方向	体对角线方向（2个）	面对角线方向（3个）	底面对角线（3个）
简图	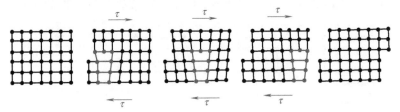		
滑移系	6×2＝12	4×3＝12	1×3＝3

单晶体开始滑移时，外力在滑移面上的切应力沿滑移方向上的分量必须达到一定值，即临界切应力，以 τ_k 表示。τ_k 的大小取决于金属的本性，τ_k 越小，则滑移越容易。最初人们设想滑移是晶体的一部分相对于另一部分做整体的刚性移动，即滑移面的上层原子相对于下层原子同时移动。按此模型计算出滑移所需的临界切应力 τ_k 与实际测出的结果相差很大，如铜，其理论计算的 $\tau_k = 1500MPa$，而实际测出的 $\tau_k = 0.98MPa$。显然，滑移并非晶体的整体刚性移动。研究证明，滑移是通过位错在切应力的作用下沿着滑移面逐步移动的结果，如图4-3所示为晶体通过刃型位错造成滑移的示意图。当一条位错线在切应力作用下从左向右

图 4-3　晶体通过刃型位错造成滑移的示意图

移到晶体表面时，便在晶体表面留下一个原子间距的滑移台阶，造成晶体的塑性变形。若有大量位错重复按此方式滑过晶体，就会在晶体表面形成显微镜下能观察到的滑移痕迹，宏观上即产生塑性变形。

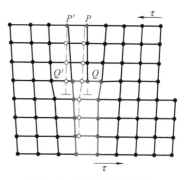

图 4-4　刃型位错的滑移

如图 4-4 所示，晶体在滑移时并不是滑移面上的原子整体一起移动，而是位错中心的原子逐一递进，由一个平衡位置转移到另一个平衡位置。图中的实线（半原子面 PQ）表示位错原来的位置，虚线（$P'Q'$）表示位错移动了一个原子间距后的位置。此时位错虽然移动了一个原子间距，但实际上只需位错中心附近的少数原子做远小于一个原子间距的位移，且离位错中心越远的原子需做的位移越小。显然，这种方式的位错运动，也就是说使少数原子产生这样小的位移，只需要一个很小的切应力就可以了。

无论是刃型位错，还是螺型位错，它们的运动都可以产生晶体的滑移，从而导致晶体的塑性变形。即微观上的位错运动与宏观上的塑性变形是一对因果关系。

二、多晶体的塑性变形

多晶体是由许多形状、大小、取向各不相同的单晶体——晶粒所组成的。多晶体塑性变形的基本方式与单晶体一样，也是滑移和孪生。但是由于多晶体各晶粒之间位向不同和晶界的存在，使得各个晶粒的塑性变形互相受到阻碍与制约，故多晶体的塑性变形比单晶体要复杂得多，并具有一些新的特点。

（一）多晶体的塑性变形过程

多晶体中各个晶粒的位向不同，在一定外力作用下不同晶粒的各滑移系的分切应力值相差很大，故各晶粒不可能同时发生塑性变形。那些受最大或接近最大分切应力位向的晶粒，即处于"软位向"的晶粒首先达到临界分切应力，率先开始滑移，滑移面上的位错沿着滑移面进行活动。而与其相邻的处于"硬位向"的晶粒，滑移系中的分切应力尚未达到临界值，导致位错不能越过晶界，滑移不能直接延续到相邻晶粒，于是位错在到达晶界时受阻并逐渐堆积。位错的堆积致使前沿附近区域造成很大的应力集中，随着外力的增加，应力集中也随之增大，这一应力集中值与外力相叠加，最终使相邻的那些"硬位向"的晶粒内的某些滑移系中的分切应力达到临界值，进而位错被激发而开始运动，并产生了相应的滑移。与此同时，已变形晶粒发生转动，由原软位向转至较硬位向，因而不能继续滑移。而原处于硬位向的晶粒可能随之转动到易于滑移的位向，使得塑性变形从一个晶粒传递到另一个晶粒，一批批晶粒如此传递下去，便使整个试样产生了宏观的塑性变形。

多晶体中的每个晶粒都处于相邻晶粒的包围之中，它的变形不是孤立的和任意的，必须要与相邻的晶粒相互协调配合，否则就难以变形，甚至不能保持晶粒之间的连续性，以致造成空隙而使材料破裂。为了与先变形的晶粒相协调，就要求相邻晶粒不仅在取向最有利的滑移系中进行滑移，还必须有几个滑移系（其中包括取向并非有利的滑移系）同时进行滑移。由此可见，多晶体的塑性变形是通过各晶粒的多系滑移来保证相互协调性，起作用的滑移系将越来越多，从而保证大的变形量。需要注意的是，多晶体的塑性变形具有不均匀性：由于各晶粒的位向不同及晶界的存在，多晶体中的晶界上与晶粒本身相比变形不均匀，各个晶粒之间的变形也不均匀；且每一个晶粒内部的变形也是不均匀的。一般来说，晶粒中心区域变形量较大，晶界及附近区域变形量较小。如图4-5所示为两个晶粒的试样变形前后的形状，经拉伸变形后，试样往往呈竹节状。所以，随着外力的持续作用，多晶体金属的塑性变形是晶粒分批地、逐步地发生的：由少数晶粒开始，逐步扩大到多数晶粒，最后到全体晶粒；从不均匀的变形逐步发展到均匀的变形；从小变形量到大变形量。

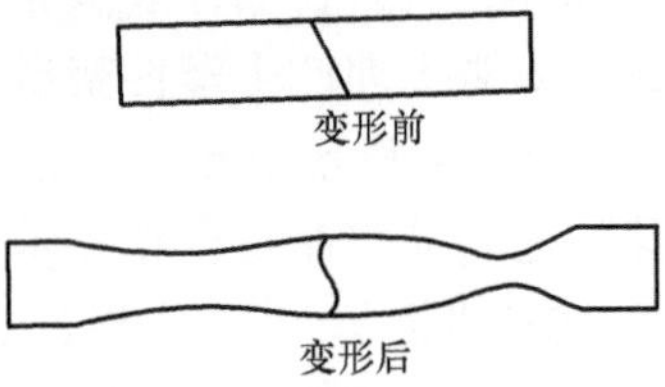

图 4-5　仅有两个晶粒的试样在拉伸时变形的示意图

（二）晶粒大小对塑性变形的影响

由以上分析可知，晶界对塑性变形起阻碍作用，晶界是滑移的主要障碍，能使变形抗力增大。因此，晶界有强化作用，多晶体的塑性变形抗力显著高于单晶体，且晶粒越细，晶界越多，其强化效果越显著，即细晶强化。

实验表明，多晶体金属的屈服强度与其晶粒直径之间的关系符合霍尔-佩奇（Hall-Petch）公式：

$$\sigma_s = \sigma_i + K_y d^{-1/2}$$

式中，σ_s 为多晶体金属的屈服强度，单位为 MPa；σ_i 为常数，表示晶内对变形的阻力，大体相当于单晶体金属的屈服强度，单位为 MPa；K_y 为常数，表征晶界对强度影响的程度，单位为 $MPa \cdot m^{1/2}$，与晶界结构有关，与温度关系不大；d 为多晶体中各晶粒的平均直径，单位为 m。

细小均匀晶粒的金属，不仅常温下强度较高，而且具有较好的塑性和韧性。因此，在工业生产中通常总是希望获得细小均匀晶粒的组织，使材料具有强韧性配合较好的综合力学性能。

第二节　金属的冷塑性变形

金属在再结晶温度以下进行的塑性变形称为冷塑性变形。金属冷塑性变形后，在改变其外形尺寸的同时，其内部组织、结构以及各种性能也发生变化。若再对其进行加热，随加热温度的提高，变形金属将相继发生回复、再结晶等过程，尤以再结晶的意义更重要。

一、冷塑性变形对金属组织和性能的影响

（一）对金属组织结构的影响

1. 显微组织的变化

金属经冷塑性变形后，显微组织（如晶粒）发生明显的改变。例如，在轧制时，随着变形量的增加，原来的等轴晶粒沿轧制方向逐渐伸长，晶粒由多边形变为扁平形或长条形，如图4-6所示。变形量越大，晶粒伸长的程度也越显著。当变形量很大时，晶界变得模糊不清，各晶粒难以分辨，而呈现形如纤维状的条纹，通常称之为纤维组织，如图4-6b和图4-7所示。纤维的分布方向即是金属流变伸展的方向。当金属中有夹杂物存在时，塑性夹杂物沿变形方向被拉长为细条状；脆性夹杂物破碎，沿变形方向呈链状分布。纤维组织使金属的性能具有明显的方向性，其纵向的强度和韧性高于横向。

2. 亚结构的细化

金属经大的冷塑性变形后，由于位错密度增加和发生交互作用，大量位错堆积在局部地区，并相互缠结，形成不均匀的分布，使晶粒分化成许多位向略有不同的小晶块，即亚晶粒，如图4-8所示。在铸态金属中，亚结构的直径约为10^{-2}cm，经冷塑性变形后，亚结构的直径将细化至$10^{-4} \sim 10^{-6}$cm；位错密度可由变形前的$10^{6} \sim 10^{7}$cm^{-2}（退火态）增加到$10^{12} \sim 10^{13}$cm^{-2}。

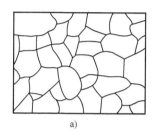
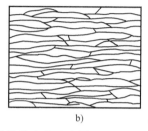

图4-6 变形前后晶粒形状变化示意图

a）变形前 b）变形后

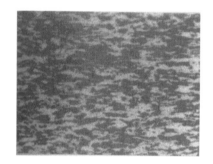

图4-7 低碳钢冷塑性变形后的纤维组织

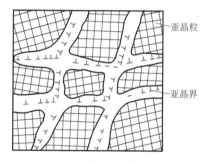

图4-8 金属变形后的亚结构示意图

3. 变形织构

随着变形程度的增加，各变形晶粒的滑移面和滑移方向逐渐向外力方向转动。当变形量很大（如≥70%）时，各晶粒的取向会大致趋于一致，破坏了多晶体中各晶粒取向的无序性，形成特殊的择优取向，这种有序化的结构称为变形织构。变形织构一般分两种：一是拉拔时形成的织构，称为丝织构，其主要特征是各个晶粒的某一晶向大致与拉拔方向平行，如图4-9a所示；二是轧制时形成的织构，称为板织构，其主要特征是各个晶粒的某一晶面与轧制平面平行，而某一晶向与轧制时的主变形方向平行，如图4-9b所示。

变形织构使金属呈现明显的各向异性，对材料的性能和加工工艺都有很大影响。变形织构在有些情况下是有害的，它使金属材料在冷变形过程中的变形量分布不均。例如，用有织构的板材拉深杯状工件时，由于板材各个方向的塑性差别

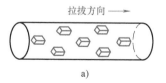
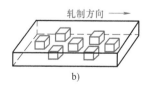

图4-9 变形织构示意图

a）丝织构 b）板织构

很大，变形能力不同，使得加工出来的杯形工件的杯口边缘不齐，厚薄不均，即产生所谓的

"制耳"现象，如图 4-10 所示。当然，在某些情况下，织构的存在是有利的，如用有织构的硅钢片制作电动机或变压器的铁心时，有意地使特定的晶面和晶向平行于磁力线方向，可使铁损大大减少。

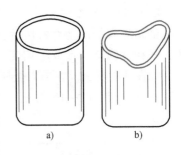

图 4-10 无制耳和有制耳
的杯形拉深件示意图
a）无织构 b）有织构

4. 残留应力

塑性变形时外力所做功除了使金属材料发生变形外，绝大部分转化为热能而耗散，而由于金属内部的变形不均匀及晶格畸变，还有不到 10% 的功以残留应力的形式保留在金属内部，并使金属内能增加。

由于工件各部分间的宏观变形不均匀而引起的内应力称为宏观内应力（第一类内应力），其平衡范围是工件的整体范围。例如，冷拉圆钢由于其外圆变形量小，中间变形量大，故其表面受拉应力，而心部受压应力。就圆钢整体来说，拉、压应力互相抵消，互为平衡；但如果将表面车去一层，这种力的平衡被破坏，就会产生变形。一般来说，不希望金属内部存在宏观内应力。

由于各晶粒或各亚晶粒之间的变形不均匀而产生的内应力称为微观内应力（第二类内应力），其平衡范围为几个晶粒或几个亚晶粒。虽然这种内应力所占的比例不大（约占全部内应力的 1%~2%），但在某些局部区域有时内应力很大，会使工件在不大的外力作用下产生显微裂纹，可能导致工件断裂。

由于金属在塑性变形中产生大量晶体缺陷（如位错、空位、间隙原子等），使点阵中的一部分原子偏离其平衡位置而造成的晶格畸变称为点阵畸变（第三类内应力）。其作用范围更小，在几十至几百纳米范围内，使得金属的强度、硬度升高，而塑性和耐蚀能力下降。在变形金属吸收的能量中，绝大部分（80%~90%）消耗于点阵畸变。

残留应力的存在会导致材料的变形、开裂和产生应力腐蚀。例如，金属在碰伤之处往往易于生锈，故消除应力就非常必要；又如，精密机件为提高尺寸稳定性，在冷加工后必须进行去应力退火。当然，如果工件表面残留一层压应力时，反而可提高其使用寿命，如采用喷丸和化学热处理方法就是如此，可以有效地提高工件（像弹簧、齿轮等）的疲劳强度。

（二）对金属性能的影响

1. 对金属力学性能的影响

在冷塑性变形过程中，随着金属内部组织的变化，其力学性能也将发生明显的变化。随着变形程度的增加，金属的强度、硬度显著升高，而塑性、韧性显著下降，这一现象称为加工硬化（冷作硬化、形变强化），如图 4-11 所示。

产生加工硬化的原因与位错密度增大有关。随着冷塑性变形的进行，亚结构细化，位错密度大大增加，位错间距越来越小，晶格畸变程度也急剧增大；加之位错间的交互作用加剧，从而使位错运动的阻力增大，引起变形阻力增加。这样金属的塑性变形就变得困难，要继续变形就必须增大外力，因此就提高了金属的强度。

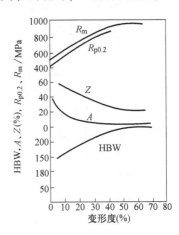

图 4-11 低碳钢冷轧后
力学性能的变化

加工硬化现象在金属材料的生产、使用与维修过程中有重要的实际意义。①它是一种非常重要的强化手段，可用来提高金属的强度，特别是对那些无法用热处理强化的合金（如铝、铜、某些不锈钢等）尤其重要。例如，奥氏体不锈钢变形前 $R_{p0.2} = 200MPa$，$R_m = 600MPa$；经40%轧制后 $R_{p0.2} = 800 \sim 1000MPa$，$R_m = 1200MPa$。②加工硬化是某些工件或半成品能够拉伸或冲压加工成形的重要基础，有利于金属均匀变形。例如，冷拔钢丝时，当钢丝拉过模孔后，其断面尺寸相应减小，单位面积上所受的力自然增加，若金属不产生加工硬化使强度提高，那么钢丝将会被拉断。正是由于钢丝经冷塑性变形后产生了加工硬化，尽管钢丝断面尺寸减小，但由于其强度显著增加，因而不再继续变形，从而使变形转移到尚未拉拔的部分，这样，钢丝可以持续均匀地经拉拔而成形。③加工硬化可提高金属零件在使用过程中的安全性。即使经最精确的设计和最精密的加工生产出来的零件，在使用过程中各部位的受力也是不均匀的，何况还有偶然过载等情况，往往会在局部出现应力集中和过载。但由于加工硬化特性，这些局部地区的变形会自行停止，应力集中也可自行减弱，从而提高了零件的安全性。

但是加工硬化也会给金属材料的生产和使用带来不利的影响。金属冷加工到一定程度后，变形阻力会增加，继续变形越来越困难，欲进一步变形就必须加大设备功率，增加动力消耗及设备损耗，同时因屈服强度和抗拉强度差值减小，载荷控制要求严格，生产操作相对困难；已进行了深度冷变形加工的材料，塑性、韧性大大降低，若直接投入使用，会因无塑性储备而处于较脆的危险状态。为此，要消除加工硬化，使金属重新恢复变形的能力，以便于继续进行塑性加工或使其处于韧性的安全状态，就必须对其适时进行热处理（如再结晶退火，详见后文），因此提高了生产成本、延长了生产周期。

2. 对金属的物理、化学性能的影响

经冷塑性变形以后，金属的物理、化学性能也会发生明显的变化，如磁导率、电导率、电阻温度系数等下降，而磁矫顽力等增加。由于塑性变形提高了金属的内能及金属的化学活性，故金属的耐蚀性下降。

二、冷塑性变形金属在加热时组织和性能的变化

金属材料经冷塑性变形后，由于晶体缺陷增多，其内能升高，处于热力学上不稳定的状态，如果升高温度使原子获得足够的活性，材料将自发地恢复到稳定状态。冷塑性变形后的金属加热时，随加热温度升高，会发生回复、再结晶和晶粒长大等过程，如图4-12所示。

（一）回复

回复是指经冷塑性变形的金属材料加热时，在显微组织发生明显改变前（即在再结晶晶粒形成前）所产生的某些亚结构和性能的变化过程。

当加热温度不太高时，点缺陷产生运动，通过空位与间隙原子结合等方式，使点缺陷数量明显减少。当加热温度稍高时，位错产生运动，使得原来在变形晶粒中杂乱分布的位错逐渐集中并重新排列，从而使晶格畸变减小。在此过程中，显微组织（晶

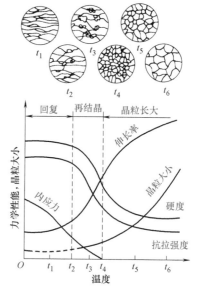

图 4-12　冷塑性变形金属加热时
组织和性能的变化

粒的外形）尚无变化，而电阻率和残留内应力显著降低，耐蚀性得到改善。但由于晶粒外形未变，位错密度降低很少，故力学性能变化不大，加工硬化状态基本保留。

工业上对冷变形金属采用的去应力退火即回复退火，就是利用回复过程，使经冷加工的金属降低内应力，稳定工件尺寸并减小应力腐蚀倾向，但仍保留加工硬化效果。例如，经冲压的黄铜件，存在较大的内应力，在潮湿空气中有应力腐蚀倾向，须在 $190\sim260℃$ 进行去应力退火，从而可显著降低内应力，且又能基本上保持原来的强度和硬度。此外，对铸件和焊件及时进行去应力退火，可以防止变形和开裂。

（二）再结晶

1. 再结晶概念

再结晶是指冷变形的金属材料加热到足够高的温度时，通过新晶核的形成及长大，最终形成无应变的新晶粒组织的过程。由于原子扩散能力增大，变形金属的显微组织彻底改组，原来被拉长、破碎的晶粒转变为均匀、细小的等轴晶粒。新晶粒位向与变形晶粒（即旧晶粒）不同，但晶格类型相同，故称为"再结晶"。同时，位错等晶体缺陷大大减少，再结晶后金属的强度、硬度显著下降，而塑性、韧性大大提高，即加工硬化效应消失，内应力基本消除，金属的性能又重新恢复到冷变形前的高塑性和低强度状态。因此，包含再结晶过程的退火即再结晶退火广泛用作金属冷变形加工的中间工序，以使材料能承受进一步的冷变形。此外，当要求冷变形后的金属恢复到冷变形前的性能时，也采用再结晶退火。

2. 再结晶温度

开始发生再结晶的最低温度称为再结晶温度。工业上通常以经 1h 保温能完成再结晶的最低退火温度作为材料的再结晶温度。再结晶温度并不是一个物理常数，而是一个自某一温度开始的温度范围。金属冷变形程度越大，产生的位错等晶体缺陷便越多，内能越高，组织越不稳定，再结晶温度便越低，如图 4-13 所示。当变形量达到一定程度后，再结晶温度将趋于某一极限值，称为**最低再结晶温度**。试验结果表明，许多工业纯金属的最低再结晶温度 T_R 与其熔点 T_m 按热力学温度存在如下经验关系：

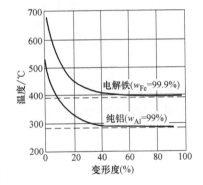

图 4-13 预变形度对金属再结晶温度的影响

$$T_R \approx (0.4\sim0.5)T_m$$

一些工业纯金属的最低再结晶温度见表 4-2。显然，金属的熔点越高，其最低再结晶温度也越高。

表 4-2 金属材料的最低再结晶温度（保温 1h）

材料	最低再结晶温度/℃	材料	最低再结晶温度/℃
Al	150	Pt	450
黄铜（$w_{Zn}=30\%$）	375	Ag	200
Au	200	碳钢（$w_C=0.2\%$）	460
Fe	450	Ta	1020
Pb	0	Sn	0
Mg	150	W	1210
Ni	620	Zn	15

一般来说，金属的纯度越高，其再结晶温度就越低。如果金属中存在微量杂质和合金元素（特别是高熔点元素），甚至存在第二相杂质，就会阻碍原子扩散和晶界迁移，可显著提高再结晶温度。例如，钢中加入钼、钨就可提高再结晶温度。

在其他条件相同时，金属的原始晶粒越细，变形阻力越大，冷变形后金属储存的能量越高，其再结晶温度就越低。

另外，退火时保温时间越长，原子扩散移动越能充分地进行，故增加退火保温时间对再结晶有利。因为再结晶过程需要一定的时间才能完成，所以提高加热速度会使再结晶温度升高；但若加热速度太缓慢，由于变形金属有足够的时间进行回复，使储存能和冷变形程度减小，以致再结晶驱动力减小，也会使再结晶温度升高。

为了充分消除加工硬化并缩短再结晶周期，生产中实际采用的再结晶退火温度要比最低再结晶温度高 $100\sim200℃$，此时晶粒大小也得到了有效控制。表 4-3 列出了常见工业金属材料的再结晶退火和去应力退火的加热温度。

表 4-3 常见工业金属材料的再结晶退火和去应力退火的加热温度

金属材料		去应力退火温度/℃	再结晶退火温度/℃
钢	碳素结构钢及合金结构钢	$500\sim650$	$680\sim720$
	碳素弹簧钢	$280\sim300$	—
铝及其合金	工业纯铝	约 100	$250\sim300$
	普通硬铝合金	约 100	$350\sim370$
铜合金（黄铜）		$260\sim300$	$550\sim650$

3. 再结晶后晶粒大小

再结晶退火后的晶粒大小直接影响金属的强度、塑性和韧性。因此，生产上应非常重视控制再结晶后的晶粒度，特别是针对那些无相变的钢和合金。影响再结晶晶粒大小的因素主要有以下几个方面。

（1）变形程度 变形程度的影响主要与金属的变形量及均匀度有关。变形越不均匀，再结晶退火后的晶粒越粗大，如图 4-14 所示。当变形量很小时，不足以引起再结晶，晶粒不变。当变形度达 $2\%\sim10\%$ 时，金属中少数晶粒变形，变形分布很不均匀，形成的再结晶核心少，而生长速度却很大，非常有利于晶粒发生吞并过程而急剧长大，得到极粗大的晶粒，这个使晶粒发生异常长大的变形度称为临界变形度。生产上一般应避免在临界变形度范围内进行加工。超过临界变形度之后，随变形的增大，晶粒的变形越强烈

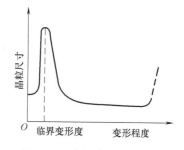

图 4-14 金属冷变形程度与再结晶晶粒尺寸的关系

和均匀，再结晶的核心越来越多，再结晶晶粒越来越细小。当变形度达到一定程度后，再结晶后晶粒大小基本保持不变。

（2）原始晶粒尺寸 当变形量一定时，金属的原始晶粒越细，则再结晶后的晶粒也越细。这是因为原始晶粒越细，晶界面积越大，再结晶形核位置越多，进而晶粒细化。

（3）杂质与合金元素 金属中的杂质与合金元素一方面增加变形金属的储存能，另一方面阻碍晶界的移动，一般可起到细化晶粒的作用。

（4）退火温度　当变形程度和退火保温时间一定时，再结晶退火温度越高，再结晶后的晶粒将越粗大。

以上因素中变形程度和退火温度对再结晶退火后的晶粒大小的影响最大。而由表4-3可知，各种金属材料的退火温度基本确定，故变形程度是影响再结晶晶粒大小的最关键因素。

（三）晶粒长大

冷变形金属在再结晶刚完成时，一般得到细小均匀的等轴晶粒组织。若继续提高加热温度或延长保温时间，等轴晶粒将长大，最后得到粗大晶粒的组织，使金属力学性能显著降低。

晶粒长大是个自发过程，它能减少晶界面积，从而降低总的界面能，使组织变得稳定。晶粒长大是通过晶界的迁移，由晶粒的互相吞并来实现的，如图4-15所示。晶粒长大过程中，大晶粒逐渐吞并小晶粒，晶界本身趋于平直化，且三个晶粒的晶界的交角趋于120°，使晶界处于平衡状态，从而实现晶粒均匀长大，即正常晶粒长大。

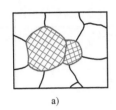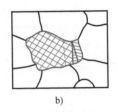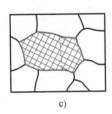

图4-15　晶粒长大示意图

a）、b）晶界移动以减少晶界面积　c）小晶粒被吞并

值得注意的是，第二相微粒的存在会影响正常晶粒长大。当正常晶粒长大受阻时，可能由于某种原因（如温度升高导致第二相微粒聚集长大，甚至固溶入基体），消除了阻碍因素，会有少数大晶粒急剧长大，将周围的小晶粒全部吞并掉。这种异常的晶粒长大称为二次再结晶，而前面讨论的再结晶称为一次再结晶。二次再结晶使得晶粒特别粗大，导致金属的力学性能（如强度、塑性和韧性）显著降低，并恶化材料冷变形后的表面质量，对一般结构材料应予以避免。但对于某些软磁合金，如硅钢片等，却可以利用二次再结晶获得粗大的晶粒，进而获得所希望的晶粒择优取向，使其磁性最佳。

第三节　金属的热塑性变形

塑性变形在生产上主要作为一种重要的加工工艺应用于金属的成形加工。金属塑性变形的加工方法包括两种：一是冷塑性变形，即冷加工；二是热塑性变形，即热加工。前一节所述的冷塑性变形，因产品表面质量好，尺寸精度高，强度性能高，应用很广。但多数产品，特别是尺寸厚大、变形量大和塑性不好的金属产品（如钨、钼、铬、镁、锌等），常需在加热状态下成形，因为金属在高温下塑性变形抗力小，塑性好，不用很高吨位的设备，即可很快达到塑性成形加工的要求，故热塑性变形应用更广。

一、金属热加工的概念

区分热加工与冷加工的界限不是金属是否加热，而是金属的再结晶温度。在再结晶温度以上进行塑性变形称为热加工；在再结晶温度以下进行塑性变形称为冷加工。例如，铅、锡等低熔点金属的再结晶温度低于室温，它们在室温下的变形已属于热加工；钨的再结晶温度为1210℃，即便在1000℃拉制钨丝仍属于冷加工；铁的再结晶温度为450℃，对铁在450℃以下的变形加工都属于冷加工。

热加工通常在高于 $0.6T_m$（热力学温度）的温度下以 $0.5 \sim 500s^{-1}$ 的真应变速率进行变形。在此过程中，位错增殖导致的加工硬化能被变形过程发生的动态软化过程所抵消。

所谓热加工的动态软化过程，包括动态回复和动态再结晶。前一节中所述的回复和再结晶，是指塑性变形终止后加热时发生的回复和再结晶，称为静态回复和静态再结晶。而动态回复和动态再结晶是指在塑性变形过程中发生的回复和再结晶，即在热加工过程中发生的。

热加工完成或中断后，若金属的温度仍高于再结晶温度，而且冷却速度很缓慢，已发生动态回复或动态再结晶的材料在冷却过程中还可能再发生静态回复和静态再结晶。

通过调整热加工温度、变形量、变形速率或变形后冷却速率，可以控制组织中动态再结晶及静态再结晶程度或晶粒大小，以便改善材料性能。

在冷加工过程中，因位错增殖产生加工硬化，故其变形量不能大，特别是每道工序的变形量更受到限制，适于薄板材、线材的加工成形。而在热加工过程中，由于加工硬化被动态软化过程所抵消，金属始终保持着高塑性，可持续地进行大变形量的加工；在高温下金属的强度低，变形阻力小，有利于减少动力消耗。因此，除一些铸件和烧结件外，几乎所有的金属在制成产品的过程中都要进行热加工，其中一部分作为最终产品，直接以热加工组织状态使用，如一些锻件；另一部分作为中间产品，或称半成品，如各种型材。不论是半成品，还是最终产品，它们的组织和性能都会不同程度地受到热加工的影响。

金属材料的热加工须控制在一定温度范围之内。热加工上限温度一般控制在固相线以下100~200℃范围内。如果超过这一温度，就会造成晶界氧化，使晶粒之间失去结合力，塑性变差。热加工的下限温度一般应在再结晶温度以上一定范围内，如果超过再结晶温度过多，会造成晶粒粗大；如果低于再结晶温度，则可能会造成内部裂纹甚至开裂。常用金属材料的热加工（锻造）温度范围见表4-4。

表 4-4　常用金属材料的热加工（锻造）温度范围

材　　料	始锻温度/℃	终锻温度/℃
碳素结构钢及合金结构钢	1200~1280	750~800
碳素工具钢及合金工具钢	1150~1180	800~850
高速工具钢	1090~1150	930~950
铬不锈钢（12Cr13）	1120~1180	870~925
纯铝	450	350
纯铜	860	650

二、热加工对金属组织和性能的影响

（一）改善铸锭和钢坯的组织和性能

通过热加工可使钢中的组织缺陷得到明显改善，如气孔和疏松被焊合，使金属材料的致密度增加；使铸态组织中粗大的柱状晶和树枝晶被破碎而改造成细小而均匀的等轴晶粒，甚至像高速工具钢这样的合金钢中大块初晶或共晶碳化物被打碎并呈均匀分布，粗大的夹杂物或脆性相也被击碎并重新分布。由于在温度和压力作用下原子扩散速度加快，可使偏析部分消除，从而使化学成分比较均匀。这些变化都使金属材料的性能得到明显提高，见表4-5。

表 4-5　碳钢（$w_C = 0.3\%$）铸造和锻造后的力学性能比较

状态	R_m/MPa	R_{eL}/MPa	$A(\%)$	$Z(\%)$	$a_K/J \cdot cm^{-2}$
锻造	519	304	20	45	69
铸造	490	274	15	27	34

（二）形成纤维组织（加工流线）

在热加工过程中，铸态金属的偏析夹杂物、第二相、晶界等逐渐沿变形方向延伸，其中硅酸盐、氧化物、碳化物等脆性杂质与第二相被打碎，呈碎粒状或链状分布，塑性夹杂物（如 MnS 等）则变成带状、线状或条状，形成所谓热加工"纤维组织"，在宏观检验中常称之为"加工流线"。热加工纤维组织的形成将使其力学性能显示一定的方向性，即各向异性，顺流线方向力学性能较佳，而垂直于流线方向力学性能较差，塑性和冲击韧度尤其如此，见表4-6。

表 4-6　45 钢力学性能与流线方向的关系

取样方向	R_m/MPa	R_{eL}/MPa	$A(\%)$	$Z(\%)$	$a_K/J \cdot cm^{-2}$
顺流线方向	700	460	17.5	62.8	61
垂直流线方向	658	431	10.0	31.0	29

生产中必须严格控制热加工工艺，使流线分布合理，尽量使流线方向与零件工作时所受的最大拉应力方向一致，而与外加切应力或冲击力的方向相垂直。一般情况下，流线如能沿工件外形轮廓连续分布，则较为理想。例如，用模锻法制造中小型曲轴，其优点之一就是其流线能沿曲轴的轮廓分布，如图 4-16a 所示，它在工作时的最大拉应力将与其流线平行，而冲击应力与其流线垂直，因此曲轴不易断裂；倘若曲轴是由锻钢切削加工而成，其流线分布不当，如图 4-16b 所示，该曲轴在工作中极易沿其轴肩处发生断裂。

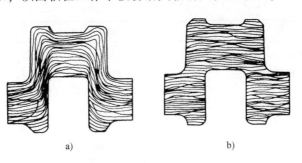

a)　　　　　　　　　　b)

图 4-16　曲轴的流线分布
a）锻造曲轴　b）切削加工曲轴

必须指出，热处理方法是不能消除或改变工件中的流线分布的，而只能依靠适当的塑性变形来改善流线的分布。在某些场合下，并不希望金属材料中出现各向异性，此时就必须采用不同方向的变形（如锻造时采用镦粗与拔长交替进行）以打乱流线的方向性。

（三）形成带状组织

若钢在铸态下存在严重的偏析和夹杂物，或热变形加工温度过低，则在热加工后钢中常出现沿变形方向呈带状或层状分布的显微组织，称为带状组织。例如，在低碳钢热加工后冷却时，由于枝晶偏析，其偏析区域（如富磷贫碳区域）首先析出并形成铁素体带，而后铁素体带两侧的奥氏体区再转变并发展为珠光体带，最终形成条带状的铁素体+珠光体的混合物，即带状组织。若此钢中存在较多的夹杂物（如 MnS）时，经热加工后被变形拉成带状，在随后冷却时先共析铁素体通常依附于它们之上而析出，也会形成带状组织。对于高碳高合金钢，由于存在较多的共晶碳化物，在热加工时碳化物颗粒也能呈带状分布，通常称之为碳化物带。

与纤维组织一样，带状组织也使金属材料的力学性能产生方向性，特别是横向的塑性和韧性明显降低，使材料的可加工性恶化。随热加工变形量的增加，无论是纤维组织，还是带状组织，其各向异性表现更明显。

与纤维组织不同的是，带状组织一般可用热处理方法加以消除。对于高温下能获得单相组织的材料，带状组织有时可用正火来消除。而因严重的磷偏析产生的带状组织必须采用高温均匀化退火及随后的正火加以改善。

（四）影响晶粒大小

热加工后晶粒是否细化取决于变形量、热加工温度，尤其是终锻（轧）温度后冷却等因素，正常热加工后，一般可使晶粒细化。

一般认为，热加工时增大变形量，有利于获得细晶粒。当铸锭的晶粒特别粗大时，只有足够大的变形量才能使晶粒细化。特别要注意的是，当变形量在 2%～10% 范围（即临界变形度）时，金属中少数晶粒变形分布很不均匀，晶粒相互吞并长大，热加工后极易得到粗大的晶粒组织。当变形量很大（>90%）且变形温度很高时，容易引起二次再结晶，导致晶粒异常粗大。另外，若终锻（轧）温度高于再结晶温度过多，且锻（轧）后冷却速度过慢，则会造成晶粒粗大。反之，终锻（轧）温度太低，又会造成加工硬化和较大的残留应力。

第四节 金属强化理论简介

一、位错强度理论

若晶体材料中没有任何缺陷，原子排列十分整齐，则晶体的上下两部分沿滑移面做整体刚性的移动，经计算，此时晶体材料的理论抗剪强度 τ_{th} 与其切变模量 G 具有 $\tau_{th} = G/(2\pi)$ 的关系。考虑到各种修正因素后，$\tau_{th} \approx (G/10) \sim (G/30)$。然而，由于实际晶体中不可避免地存在着晶体缺陷，晶体材料的实际强度远低于理论预期值。对以上这一矛盾现象的研究，引出了位错强度理论：实际晶体中存在着位错，晶体的滑移不是晶体的一部分相对于另一部分同时做整体的刚性移动，而是通过位错在切应力的作用下沿着滑移面逐步移动的结果。

强度一般指对塑性变形的抗力。金属的塑性变形是位错运动引起的，并直接影响金属的强度。金属强度与位错密度之间的关系如图 4-17 所示。由图可知，金属的位错密度在某一数值左右（通常为 $10^6 \sim 10^8 \mathrm{cm}^{-2}$）时，其强度最低，相当于金属的退火状态。在此基础上，增加位错密度或降低位错密度都可以使金属强度提高，故位错在与金属强度的关系中扮演了双重角色。

非晶态金属不是晶体，没有位错，自然就没有晶体中所存在的滑移面，原子只能集团地移动，其屈服强度大。金属中如果不存在位错那就是一个"完美"晶体，其变形就必须采取刚性滑移的方式，它的强度就可以达到前述的理论强度值。在一般晶体中，由于含有许多缺陷，所以其强度比理论强度值低得多；位错是一种典型的晶体缺陷，随着位错密度的增加，强度迅速下降，直至金属的位错密度为 $10^6 \sim 10^8 \mathrm{cm}^{-2}$，

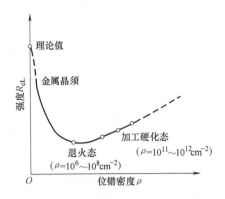

图 4-17　金属强度与位错密度
之间的关系

即接近于退火状态时，强度降至最低点，这与图 4-17 曲线的左半部分是吻合的。目前已能制出一些位错密度极低而尺寸极细的金属晶须或细丝，将其编织成较大尺寸的材料或混到某些材料中制成复合材料，可发挥其强度接近于理论强度值的优点。怎样制得尺寸较大而位错密度极低的金属晶体，一直是材料学界需要深入研究的课题。

若通过冷变形等方法使材料内的位错借助各种机制发生增殖，位错密度不断提高，甚至能达 $10^{11} \sim 10^{12} \mathrm{cm}^{-2}$，一方面，位错之间的距离越来越小，位错间的交互作用增强，大量形成缠结、割阶、不动位错和胞状结构等各种各样的障碍，造成位错运动阻力增大，引起塑性变形抗力提高；另一方面，随着变形抗力的提高，位错运动的阻力增大，位错越易在晶体中发生塞积，反过来使位错的密度加快增多。因此，依靠冷变形时位错密度提高和变形抗力增大两方面的不断相互促进，将导致金属强度和硬度的提高，即产生加工硬化，也可称为位错强化，这与图4-17曲线的右半部分是一致的。

二、金属强化机制

在实际工程材料中，一切阻碍位错运动的因素都会使金属的强度提高，造成强化。能阻碍位错运动的障碍可以有四种：第一种是溶质原子，引起固溶强化；第二种是晶界，引起细晶强化；第三种是第二相粒子，引起沉淀强化；第四种是位错本身，引起位错强化。

（一）固溶强化

合金大多会形成固溶体，由于其中的溶质原子与溶剂金属原子大小不同，溶剂晶格发生畸变，并在周围造成一个弹性应力场，此应力场与运动位错的应力场发生交互作用，增大了位错运动的阻力，使金属的滑移变形变得困难，从而提高了合金的强度和硬度，这便是固溶强化。一般地，间隙式溶质原子（如钢中的碳、氮等）比置换式溶质原子（如钢中的铬、镍、锰、硅等）所造成的强化大 $10 \sim 100$ 倍以上，但同时对塑性、韧性的伤害也较大。

（二）细晶强化

晶界是一种面缺陷，能有效地阻碍位错运动，使金属强化。晶粒越细，晶界越多，也越曲折，强化作用越显著。强化量与晶粒直径的平方成反比。钢中常用来细化晶粒的元素有铌、钒、铝、钛等，细化晶粒在提高钢强度的同时，也改善韧性，这是其他强化方式所不具备的。

（三）沉淀强化（弥散强化）

材料通过基体中分布有细小弥散的第二相质点而产生的强化，称为弥散强化。对于一般工业合金，位错需绕过第二相质点而消耗额外的能量，使合金发生强化，其强化量与第二相质点间距成反比。第二相质点弥散度越高，强化效果也越明显。例如，钢中的碳化物所引起的强化作用就属于弥散强化。碳化物越细，间距越小，强化作用越大。

（四）位错强化

运动位错之间发生交互作用而使其运动受阻，所造成的强化量与金属中位错密度的二次方根成正比。一般而言，面心立方金属中的位错强化效应比体心立方金属的大，像铜、铝等金属利用位错强化就很有利。例如，高锰钢 ZG100Mn13 经"水韧处理"后处于面心立方的奥氏体状态，可制作挖掘机的铲斗、各类碎石机的颚板，在恶劣的工作环境下，显示出优异的耐磨性。

前面已述，金属的冷变形能产生大量位错，强化效果显著。合金中的相变，特别是低温下伴随有容积变化的相变，如马氏体相变等，也会产生大量的位错而使合金显著强化。

实际金属中，很少只有一种强化效果起作用，而是几种强化效果同时起作用，综合强化。

第五节 材料的断裂

在应力作用下使材料分成两个或几个部分的现象称为完全断裂，材料内部存在裂纹则称为不完全断裂。断裂是材料在外力作用下丧失连续性的过程，它包括裂纹的萌生和扩展两个基本过程。材料完全断裂后，不仅使零部件彻底丧失了服役能力，而且可能造成不应有的经济损失，甚至引起严重的事故。

一、断裂类型

（一）按材料断裂前所产生的宏观塑性变形量大小分类

1. 脆性断裂

脆性断裂的特征是断裂前没有明显的宏观塑性变形。脆性断裂的特点是：材料的工作应力低于其屈服强度；脆断的裂纹源多从材料内部的宏观缺陷处开始；温度越低，脆断的倾向越大；断口平齐光亮，与正应力垂直，断口常呈人字纹或放射花样。由脆性断裂引起的事故如澳大利亚铁桥断裂、美国油船船体断裂沉没等。

2. 韧性断裂

韧性断裂的特征是断裂前产生了明显的宏观塑性变形，故容易引起人们的注意，其产生的破坏性影响小于脆性断裂。断裂时的工作应力高于材料的屈服强度。韧性断裂的断口多为纤维状或剪切状，具有剪切唇和韧窝特征。已有研究表明，大多数面心立方金属如 Cu、Al、Au、Ni 及其固溶体和 ZrO_2 增韧陶瓷等材料的断裂均属于韧性断裂。

（二）按裂纹扩展路径分类

1. 穿晶断裂

穿晶断裂为裂纹穿过晶体内部扩展的断裂，如低碳钢在室温下的拉伸断裂。穿晶断裂可以是韧性断裂，也可以是脆性断裂。

2. 沿晶断裂（晶间断裂）

沿晶断裂是指裂纹沿晶界扩展。沿晶断裂多为脆性断裂，断口上可见明显的晶界撕裂棱。

（三）按断裂的微观机制分类

1. 剪切断裂

在切应力作用下，沿滑移面滑移而形成的滑移面分离断裂称为剪切断裂。根据断口的形态，它又可分为纯剪切断裂和微孔聚集型断裂。

2. 解理断裂

在正应力作用下产生的一种穿晶断裂，其断裂面是沿一定的晶面（解理面）而分离。一般而言，面心立方金属很少发生解理断裂。

（四）按受力状态、环境介质不同分类

按受力状态不同可以分为静载断裂、冲击断裂、疲劳断裂等。按环境介质的状况可以分为低温冷脆断裂、高温蠕变断裂、应力腐蚀断裂、氢脆断裂等。

二、断裂强度

（一）理论断裂强度

假借原子结合力模型，可近似计算材料的理论断裂强度 σ_m。脆性材料的理论断裂强度为

$$\sigma_m = \sqrt{\frac{E\gamma}{a}}$$

式中，γ 为晶体的单位表面能；a 为平衡位置原子的平均距离。

通常按该式计算材料的理论断裂强度约为 $E/10$。

（二）实际断裂强度

材料的实际断裂强度 σ_f 要比理论计算的断裂强度 σ_m 低许多，一般而言，只有理论断裂强度的 $1/10$，约相当于 $E/100$。一些金属晶须（晶体结构接近理想晶体）的强度接近理论强度，这表明材料的实际强度低的原因是由于材料晶体中存在有缺陷或微裂纹。

格里菲斯（Griffith）认为实际晶体中原本就存在着一些微裂纹（表面微裂纹和内部微裂纹），裂纹前沿存在应力集中，在局部应力集中处就可能达到临界应力而造成材料的断裂，从而使材料的断裂强度大大降低。

假设厚板材料中的裂纹为扁平椭圆形，长度为 $2c$，且与正应力垂直。在均匀张应力 σ 作用下，裂纹面为自由表面，不受力，而应力都集中在裂纹端部，且超过平均应力 σ。经计算，实际断裂强度 σ_f 为

$$\sigma_f = \sqrt{\frac{2E\gamma}{\pi c}}$$

Griffith 理论很好地解释了实际断裂强度 σ_f 远小于理论值的原因，晶体中原来存在的裂纹长度 c 越大，强度降低越多，σ_f 越小。因此，要提高材料的断裂强度，必须避免裂纹的形成和控制裂纹的长度。

需要注意的是，格里菲斯的强度理论只适用于完全脆性材料的实际断裂强度问题。对于

塑性材料的断裂强度计算，可以采用如下公式：

$$\sigma_f = \sqrt{\frac{E(2\gamma + \gamma_p)}{\pi c}}$$

式中，γ_p 为晶体的塑性变形功。

研究表明，塑性材料中裂纹扩展时不仅要增加表面能 γ，而且裂纹尖端处发生塑性变形还要增加塑性变形功 γ_p。对于塑性材料，γ_p 往往比 γ 大 3 个数量级，是裂纹扩展的主要阻力。

三、影响断裂的基本因素

材料的断裂不仅与其本身的性质有关，而且与外界的因素有关。影响断裂的因素主要有：

1. 裂纹的影响

研究表明，大量脆性断裂事故是由于材料中存在微裂纹和缺陷引起的。裂纹尺寸越大，断裂强度越低。当裂纹尺寸达到一定值时，即使是韧性材料，也可能不会发生宏观塑性变形而产生脆性断裂。

此外，裂纹的扩展方式不同也会对断裂强度产生影响。

2. 应力状态的影响

材料内部存在裂纹时，会在裂纹尖端引起较高的应力集中，并产生复杂的应力状态。断裂力学分析表明，当裂纹尺寸较小且靠近试样表面时，裂纹尖端前沿为平面应力状态；当裂纹较深且试样厚度较大时，裂纹尖端前沿处于三向拉应力的平面应变状态。而平面应变状态下材料脆性断裂的倾向远大于平面应力状态。

加载方式不同也会引起应力状态的不同，因此有可能改变材料的断裂行为。例如，在拉伸或弯曲时，很脆的材料（如铸铁、大理石等）在受到三向压应力时却表现出一定的塑性。

3. 温度的影响

温度是影响材料断裂的一个重要因素。大多数具有一定塑性的工程金属材料具有随着温度的降低从韧性断裂向脆性断裂过渡的倾向（即冷脆转变）。尤其是当试件上带有缺口和裂纹时，这种倾向更为明显。历史上发生的大型构件（如轮船、桥梁）突然断裂的恶性事故提醒人们，在选用工程金属材料时必须充分注意温度这一影响因素。

4. 环境介质的影响

不同的环境介质对断裂有很大的影响。如某些金属或合金在腐蚀性的介质和拉应力的同时作用下产生应力腐蚀断裂，冷加工黄铜的"季裂"即为此例。金属材料在酸洗、电镀等过程中可能吸收氢，从而产生氢脆断裂。

习　　题

4-1　为什么在一般条件下进行塑性变形时，锌中易出现孪晶，而纯铜中易出现滑移带？

4-2　若将经过大量冷塑性变形（变形程度 70% 以上）的纯铜长棒的一端浸入冰水中（并保持水温不变），另一端加热至 900℃，并将此过程持续 1h，然后再把长棒完全冷却。试分析试棒长度方向的组织与硬度的分布情况。

4-3　冷塑性变形与热塑性变形后的金属能否根据其显微组织加以区别？

4-4　在常温下为什么细晶粒金属强度高，且塑性、韧性也好？试用多晶体塑性变形的特点予以解释。

4-5　金属铸件能否通过再结晶退火来细化晶粒？为什么？

4-6　生产中加工长的精密丝杠（或轴）时，常在半精加工后，将丝杠吊挂起来，并用木槌沿全长轻击几遍，再吊挂 7～15 天，然后再精加工。试解释这样做的目的及其原因。

4-7　如果将一软钎料反复弯曲数次，会发现它仍旧很软，而对一退火铜也做同样弯曲就会明显变硬，以致经过几次之后用手就弯曲不动了，这是为什么？

4-8　钨在 1000℃ 变形加工，锡在室温下变形加工，说明它们是热加工还是冷加工？（钨熔点是 3410℃，锡熔点是 232℃）。

4-9　用下列三种方法制造齿轮，哪一种比较理想？为什么？

（1）用厚钢板切成圆板，再加工成齿轮。

（2）用粗钢棒切成圆板，再加工成齿轮。

（3）将圆棒钢材加热，锻打成圆饼，再加工成齿轮。

4-10　用一冷拔钢丝绳吊装一大型工件入炉，并随工件一起加热到 1000℃ 保温，保温后再次吊装工件时，钢丝绳发生断裂，试分析原因。

4-11　在室温下对铅板进行弯折，越弯越硬，而稍隔一段时间再进行弯折，铅板又像最初一样柔软，这是什么原因？

4-12　断裂有几种基本类型？为什么实际材料的断裂强度比其理论强度低得多？

Chapter 5

第 五 章

铁碳合金相图及应用

钢铁是现代工业中应用最为广泛的金属材料，其基本组元是铁和碳两种元素，故统称为铁碳合金。普通碳钢和铸铁都属于铁碳合金范畴，合金钢与合金铸铁则是在碳钢和铸铁中加入合金元素形成的。铁碳合金相图是研究铁碳合金的重要工具，了解与掌握铁碳合金相图，对于钢铁材料的研究和使用、各种热加工工艺的制订及工艺废品原因的分析等都有重要的指导意义。

第一节　纯铁和铁碳合金中的相

一、纯铁及其同素异构转变

纯铁的冷却曲线上有三种同素异构体，如图 5-1 所示。液态纯铁（L）在 1538℃ 时开始结晶出具有体心立方晶格的 δ-Fe；继续缓冷到 1394℃ 时，δ-Fe 开始转变为具有面心立方晶格的 γ-Fe；再冷却到 912℃ 时，又由 γ-Fe 转变为具有体心立方晶格的 α-Fe，再继续冷却直至室温，铁的结构不再发生变化。但铁在 770℃ 还将发生磁性转变，即由高温的顺磁性状态转变为低温的铁磁性状态。

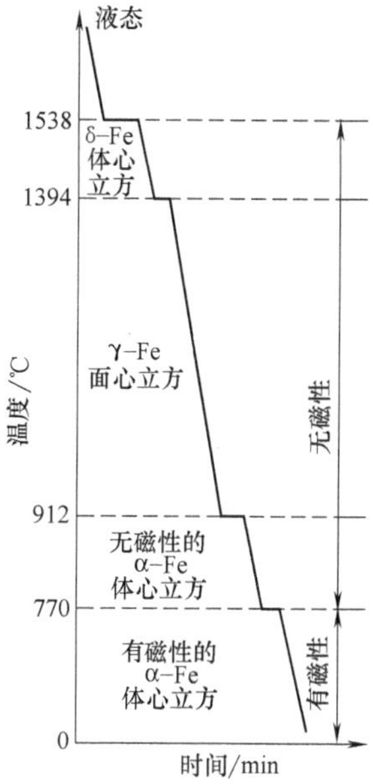

一般说来，纯铁也并不是很纯，总会有一些杂质。工业纯铁常含有质量分数为 0.1% ~ 0.2% 的杂质，碳含量很低，所以强度和硬度都很低，在工程上很少使用。其力学性能指标为：$R_{p0.2} = 98 \sim 166MPa$、$R_m = 176 \sim 274MPa$、$A = 30\% \sim 50\%$、$Z = 70\% \sim 80\%$、硬度 $50 \sim 80HBW$、$a_K = 160 \sim 200J \cdot cm^{-2}$。

二、铁碳合金的相结构

工业纯铁虽然塑性较好，但强度较低，所以很少用它制造机械零件，常用的是铁碳合金。铁碳合金的相结构有以下几种：

1. 铁素体

碳在 α-Fe 中形成的间隙固溶体称为 α 铁素体（高温下溶入 δ-Fe 中形成的间隙固溶体称为 δ 铁素体或高温铁素体），该合金相常简称为铁素体，用符号 F 或 α 表示，具有体心立方结构。由于 α-Fe 晶体结构中的间隙远小于碳的原子直径，铁素体的溶碳能力很小，最大溶碳量为 727℃ 时的 $w_C = 0.0218\%$，碳原子多存在于体心立方 α 结构的八面体间隙。铁素体在居里点 770℃ 以下具有铁磁性。由于铁素体中的碳含量很小，

图 5-1　纯铁的冷却曲线
及晶体结构变化

其室温时的性能几乎与纯铁相同。

2. 奥氏体

碳在 γ-Fe 中形成的间隙固溶体称为奥氏体，用符号 A 或 γ 表示，具有面心立方结构。由于 γ-Fe 晶体结构中晶格间隙与碳原子的直径比较接近，所以具有比铁素体大得多的溶碳能力，其最高溶碳量为 1148℃ 时的 $w_C = 2.11\%$，随着温度的降低，其溶碳能力减小，至 727℃ 时降为 0.77%，碳原子多存在于面心立方 γ 结构的八面体间隙。奥氏体具有顺磁性。其力学性能指标为：$R_m = 400MPa$、$A = 40\% \sim 50\%$、硬度 170~220HBW。

3. 渗碳体

渗碳体的分子式为 Fe_3C，它是一种具有复杂晶格的间隙化合物，常用符号 C_m 表示。其含碳量 $w_C = 6.69\%$，熔点为 1227℃，不发生同素异构转变，但有磁性转变，在 230℃ 以下具有弱铁磁性，而在 230℃ 以上则失去铁磁性。渗碳体硬度很高（950~1050HV），而塑性和韧性几乎为零，是一个硬而脆的金属化合物。渗碳体中的铁原子可被其他金属原子置换，这种以渗碳体为溶剂的固溶体称为合金渗碳体，如 $(Fe、Mn)_3C$、$(Fe、Cr)_3C$ 等。

第二节 铁碳合金相图分析

铁碳合金中，当碳的质量分数超过 6.69% 时，合金的脆性很大，没有实用价值，所以一般只对铁碳相图上 w_C 小于 6.69% 的 $Fe-Fe_3C$ 部分进行研究。通常所说的铁碳相图即是指 $Fe-Fe_3C$ 相图，如图 5-2 所示。

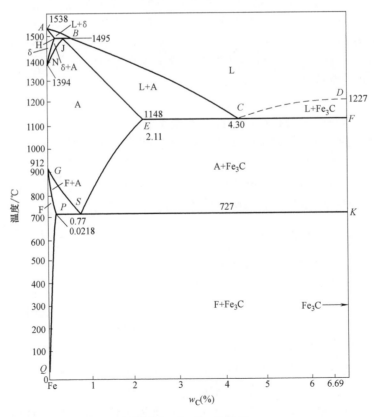

图 5-2 $Fe-Fe_3C$ 相图

一、相图分析

（一）相图上重要的点、线、区

Fe-Fe$_3$C 相图中的液相线是 *ABCD* 线，固相线是 *AHJECF* 线；各特性点的温度、碳含量及含义示于表 5-1 中，特性点的符号为国际通用，不能随意更换。

表 5-1　Fe-Fe$_3$C 相图中各特性点的温度、碳含量及含义

点的符号	温度/℃	碳的质量分数（%）	说　明
A	1538	0	纯铁熔点
B	1495	0.53	包晶反应时液态合金的浓度
C	1148	4.30	共晶点，$L_C \leftrightarrow A_E + Fe_3C$
D	1227	6.69	渗碳体熔点
E	1148	2.11	碳在 γ-Fe 中的最大溶解度
F	1148	6.69	渗碳体
G	912	0	α-Fe↔γ-Fe 同素异构转变点
H	1495	0.09	碳在 δ-Fe 中的最大溶解度
J	1495	0.17	包晶点，$L_B + \delta_H \leftrightarrow A_J$
K	727	6.69	渗碳体
N	1394	0	γ-Fe↔δ-Fe 同素异构转变点
P	727	0.0218	碳在 α-Fe 中的最大溶解度
S	727	0.77	共析点，$A_S \leftrightarrow F_P + Fe_3C$
Q	室温	0.0008	室温时碳在 α-Fe 中的溶解度

注：因试验条件和方法的不同及杂质的影响，可能使相图中各主要点的温度和碳含量数据略有出入。

相图中有五个单相区，分别为：液相区 L（*ABCD* 线以上）、高温铁素体相区 δ（*AHNA*）、奥氏体相区 A（*NJESGN*）、铁素体相区 F（*GPQG*）、渗碳体相区 Fe$_3$C（*DFK*）。七个两相区则分别为：L+δ、L+A、L+Fe$_3$C、δ+A、A+F、A+Fe$_3$C 及 F+Fe$_3$C。

（二）三个重要的恒温转变

相图由三个恒温转变组成，分别对应三条重要的水平线，即 *HJB* 线、*ECF* 线、*PSK* 线。

1. *HJB* 水平线称为包晶转变线

在 1495℃恒温下 w_C 为 0.53% 的液相与 w_C 为 0.09% 的 δ 铁素体发生包晶反应，形成 w_C 为 0.17% 的奥氏体，其反应式为

$$L_B + \delta_H \xmapsto{\text{1495℃}} A_J \quad \text{或} \quad L_{0.53} + \delta_{0.09} \xmapsto{\text{1495℃}} A_{0.17}$$

此转变仅发生在 w_C 为 0.09%～0.53% 的铁碳合金中。

2. *ECF* 水平线称为共晶转变线

在 1148℃恒温下，由 w_C 为 4.3% 的液相转变为 w_C 为 2.11% 的奥氏体和渗碳体组成的机械混合物，其反应式为

$$L_C \xmapsto{\text{1148℃}} A_E + Fe_3C \quad \text{或} \quad L_{4.3} \xmapsto{\text{1148℃}} A_{2.11} + Fe_3C$$

共晶转变的产物称为莱氏体，用符号 Ld 表示，它是以德国冶金学家 A.Ledebur 的名字

命名的。凡 w_C 为 2.11%～6.69%的铁碳合金，冷却到1148℃时都将发生共晶反应。

在莱氏体中，渗碳体是连续分布的相，奥氏体呈颗粒状或块状分布在渗碳体基体上。由于渗碳体很脆，所以莱氏体是一种塑性很差的组织。由于奥氏体会在727℃发生共析转变形成珠光体（详见下述），从而构成珠光体和渗碳体的混合组织，称为室温莱氏体（或低温莱氏体、变态莱氏体），用 Ld′表示。

3. PSK 水平线称为共析转变线

在727℃恒温下，由 w_C 为 0.77%的奥氏体转变为 w_C 为 0.0218%的铁素体和渗碳体组成的机械混合物，其反应式为

$$A_S \xleftrightarrow{\text{727℃}} F_P + Fe_3C \text{ 或 } A_{0.77} \xleftrightarrow{\text{727℃}} F_{0.0218} + Fe_3C$$

共析转变的产物是铁素体和渗碳体组成的机械混合物，称为珠光体，用符号 P 表示。共析转变线 PSK 常用 A_1 表示。凡 $w_C > 0.0218\%$ 的铁碳合金冷却到727℃时都将发生共析转变。

珠光体中的渗碳体以细片状分散分布在铁素体基体上，起强化作用，因此珠光体有较高的强度和硬度，但塑性较差。在平衡结晶条件下，珠光体的力学性能大致为：$R_m = 1000MPa$、$R_{p0.2} = 600MPa$、$A = 10\%$、$Z = 12\% \sim 15\%$、硬度 241HBW。

（三）三条重要的特征线

此外，相图中还有三条重要的特性曲线，即 ES 线、PQ 线、GS 线。

1. ES 线

ES 线是碳在奥氏体中的溶解度曲线，通常称为 A_{cm} 线。由于在1148℃时，E 点的奥氏体中溶碳量 w_C 高达2.11%，而在727℃的 S 点时仅为0.77%，因此 w_C 大于0.77%的铁碳合金在冷却到此线时，将从奥氏体中析出渗碳体，这种由奥氏体在共析转变之前析出的渗碳体称为二次渗碳体，用符号 Fe_3C_{II} 表示，以区别于由液体中直接析出的一次渗碳体 Fe_3C_I，所以，该线又称为二次渗碳体开始析出线。

2. PQ 线

PQ 线是碳在铁素体中的溶解度曲线。727℃时，碳在铁素体中的最大溶解度（P 点）为0.0218%，而在室温时的 Q 点时仅为0.0008%，因此 w_C 大于0.0008%的铁碳合金在冷却到此线时，将从铁素体中析出渗碳体，这种由铁素体中析出的渗碳体称为三次渗碳体，用符号 Fe_3C_{III} 表示，所以该线又称为三次渗碳体开始析出线。

这里需要指出的是：不管是直接从液相中析出的一次渗碳体，还是从奥氏体或铁素体中析出的二次渗碳体或三次渗碳体以及由共晶反应或共析反应形成的共晶或共析渗碳体，它们的成分、晶格结构及力学性能都是相同的，只是由于它们的生成条件不同而具有不同的形态，从而导致 $Fe-Fe_3C$ 合金具有不同的组织和性能。

3. GS 线

通常称为 A_3 线，它是在冷却过程中由奥氏体中析出铁素体的开始线，或者说加热时铁素体溶入奥氏体的终止线。

二、典型合金的平衡结晶过程

根据碳含量及组织特征的不同，可将铁碳合金分为以下三大类七小类：

1）工业纯铁（$w_C \leqslant 0.0218\%$）

2）钢（$0.0218\% < w_C \leqslant 2.11\%$）
$\begin{cases} \text{亚共析钢（}0.0218\% < w_C < 0.77\%\text{）} \\ \text{共析钢（}w_C = 0.77\%\text{）} \\ \text{过共析钢（}0.77\% < w_C \leqslant 2.11\%\text{）} \end{cases}$

3）白口铸铁（$2.11\% < w_C < 6.69\%$）
$\begin{cases} \text{亚共晶白口铸铁（}2.11\% < w_C < 4.3\%\text{）} \\ \text{共晶白口铸铁（}w_C = 4.3\%\text{）} \\ \text{过共晶白口铸铁（}4.3\% < w_C < 6.69\%\text{）} \end{cases}$

它们在相图中的位置如图 5-3 所示。下面以钢为主，分别对各典型合金的结晶过程进行分析。

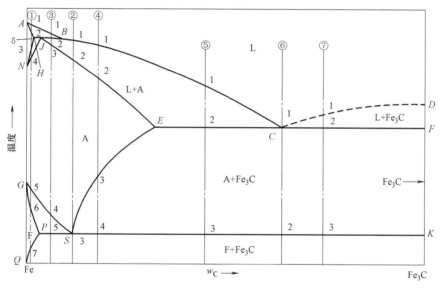

图 5-3 典型铁碳合金在 Fe-Fe$_3$C 相图中的位置

1. 工业纯铁

以图 5-3 中 w_C 为 0.01% 的合金①为例，其结晶过程如图 5-4 所示。液态合金在 1~2 点温度区间内，按匀晶转变结晶出 δ 固溶体，δ 固溶体冷却到 3 点时，发生固溶体的同素异构

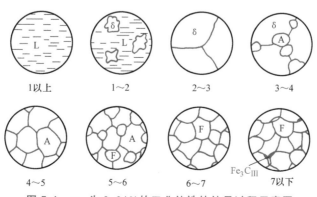

图 5-4 w_C 为 0.01% 的工业纯铁的结晶过程示意图

转变 δ→A。这一转变在 4 点结束，合金呈单相奥氏体。奥氏体冷却至 5 点时又发生同素异构转变 A→F，当温度到达 6 点时，奥氏体全部转变为铁素体。铁素体冷却到 7 点时，碳在铁素体中的溶解量达到饱和，继续冷却至 7 点以下时，渗碳体将从铁素体中析出，即形成 Fe_3C_{III}。在平衡冷却条件下，Fe_3C_{III} 常沿铁素体晶界呈片状析出。因为三次渗碳体的量极少，通常忽略不计。

工业纯铁的室温组织为铁素体+三次渗碳体（$F+Fe_3C_{III}$），如图 5-5 所示。

2. 共析钢

共析钢在相图上的位置如图 5-3 中合金②，其结晶过程如图 5-6 所示。在 1~2 点温度区间内，液态合金按匀晶转变结晶成奥氏体，奥氏体冷却到 727℃ 的 3 点时，在恒温下发生共析转变：$A_S→F_P+Fe_3C$，生成珠光体，珠光体中的渗碳体称为共析渗碳体。温度继续下降时，铁素体中的碳含量沿 PQ 线变化，析出三次渗碳体，三次渗碳体在铁素体与渗碳体的相界面上形成，与共析渗碳体连在一起，在显微镜下难以分辨，而且其数量也很少，故在此也忽略不计。

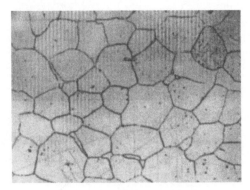

图 5-5 工业纯铁的室温组织

| 1以上 | 1~2 | 2~3 | 3以下
(虚线为原奥氏体晶界) |

图 5-6 共析钢结晶过程示意图

共析钢的室温组织为珠光体，如图 5-7 所示。其中铁素体与渗碳体的含量可由杠杆定律求得

$$w_\alpha = \frac{6.69-0.77}{6.69-0.0008} \times 100\% = 88\%$$

$$w_{Fe_3C} = 1-88\% = 12\%$$

3. 亚共析钢

以图 5-3 中 w_C 为 0.40% 的合金③为例，其结晶过程如图 5-8 所示。在 1~2 点温度区间内，合金按匀晶转变结晶出 δ 固溶体，当冷却到 1495℃ 的 2 点时，发生包晶转变形成奥氏体。由于合金的 w_C 为 0.40%，大于 J 点的成分 w_C =

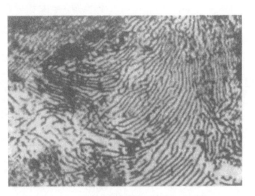

图 5-7 共析钢的室温组织 1000×

0.17%，所以包晶转变终了后，仍有过剩的液相存在，它们将在 2~3 点之间继续结晶成为奥氏体。继续冷却到 4 点时，奥氏体晶界上开始析出铁素体，随着温度的降低，其成分沿 GP 线变化，而奥氏体的成分则沿 GS 线变化，当温度降至 727℃ 的 5 点时，奥氏体的成分到

达 S 点，于是发生共析转变而形成珠光体，在 5 点以下，共析转变前形成的先共析铁素体和珠光体中的铁素体都将析出三次渗碳体，但其数量很少，同样忽略不计。

因此，亚共析钢的室温组织为铁素体+珠光体，如图 5-9 所示。

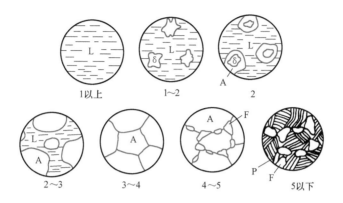

图 5-8 w_C 为 0.40% 的亚共析钢的结晶过程示意图

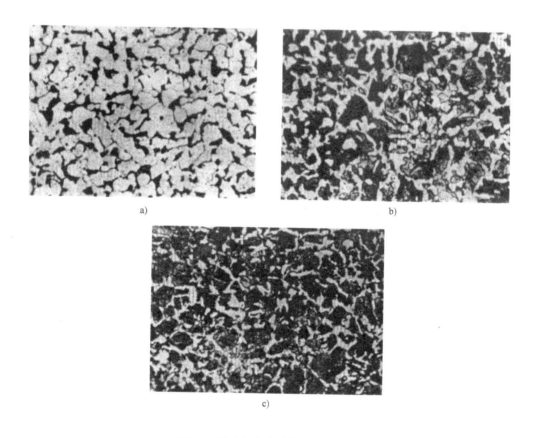

图 5-9 亚共析钢的室温组织 200×

a）$w_C = 0.20\%$ b）$w_C = 0.40\%$ c）$w_C = 0.60\%$

应当指出的是：所有亚共析钢的室温组织都由铁素体+珠光体组成，其相对量可由杠杆定律求得，钢的碳含量越高，组织中的珠光体量越多，铁素体量越少。

以 w_C 为 0.45% 的合金为例，其组织组成物的相对含量为

$$w_\alpha = \frac{0.77-0.45}{0.77-0.0218} \times 100\% = 42.8\%$$

$$w_P = 1 - 42.8\% = 57.2\%$$

其相组成物的相对含量为

$$w_\alpha = \frac{6.69-0.45}{6.69-0.0008} \times 100\% = 93.3\%$$

$$w_{Fe_3C} = 1 - 93.3\% = 6.7\%$$

反过来，也可根据观察到的金相显微组织中珠光体的含量大致估算出钢的碳含量：

$$w_C \approx x_P \times 0.77\%$$

式中，x_P 为珠光体在金相显微组织中所占的面积百分数。

4. 过共析钢

以图 5-3 中 w_C 为 1.2% 的合金④为例，其结晶过程如图 5-10 所示。合金在 1~2 点温度区间按匀晶转变为单相奥氏体，当冷却至 3 点与 ES 线相遇时，开始从奥氏体中析出二次渗碳体，直至 4 点，奥氏体的 w_C 正好达到 0.77%，在恒温下发生共析转变形成珠光体。

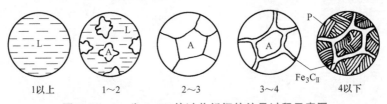

图 5-10　w_C 为 1.2% 的过共析钢的结晶过程示意图

因此，过共析钢的室温组织为珠光体+二次渗碳体（P+Fe$_3$C$_{II}$），如图 5-11 所示。

5. 白口铸铁

由于白口铸铁的工程实用意义不大，其结晶过程此处不再详述，可用上述同样的方法进行分析。其最终的室温组织如图 5-12 所示。

其中，亚共晶白口铸铁（见图 5-3 中合金⑤）的室温组织为珠光体+二次渗碳体+室温莱氏体；共晶白口铸铁（见图 5-3 中合金⑥）的室温组织为室温莱氏体；过共晶白口铸铁（见图 5-3 中合金⑦）的室温组织为一次渗碳体+室温莱氏体。

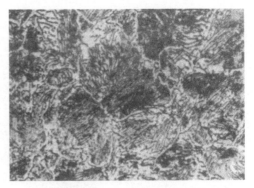

图 5-11　w_C 为 1.2% 的过共析钢的室温组织　500×

若将上述各类铁碳合金结晶过程中的组织变化填入相图中，则得到按组织组成物填写的 Fe-Fe$_3$C 相图，如图 5-13 所示。由于原相图中左上角（δ-Fe 转变）部分的实用意义不大，所以予以省略和简化，图 5-13 即为简化后的 Fe-Fe$_3$C 相图。

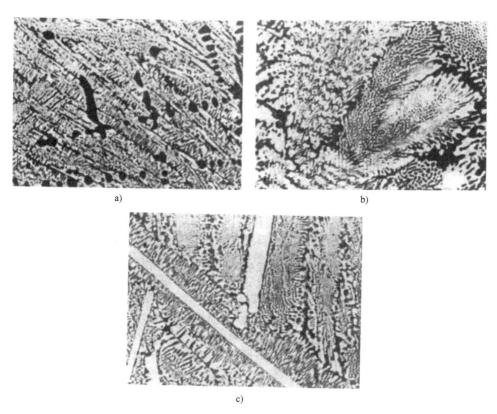

图 5-12　白口铸铁的室温组织

a）亚共晶白口铸铁　b）共晶白口铸铁　c）过共晶白口铸铁

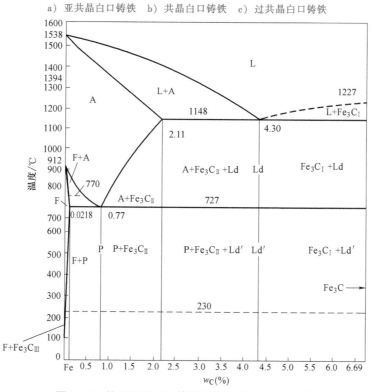

图 5-13　按组织组成物填写的简化 Fe-Fe₃C 相图

第三节　铁碳合金成分、组织与性能的关系及应用

一、合金成分与平衡组织的关系

按照铁碳相图，铁碳合金在室温下的平衡组织均由铁素体和渗碳体组成，随着碳含量的增加，铁素体的量逐渐减小，而渗碳体的量逐渐增多。当 $w_C = 0$ 时，合金全部由铁素体组成，到 w_C 为 6.69% 时降为 0，相反，渗碳体的质量分数则由 0 增至 100%。

但不同种类的合金其室温组织是不同的，由上节分析可知，随碳含量的增加，铁碳合金的组织变化顺序为

$$F \rightarrow F + Fe_3C_{\text{III}} \rightarrow F + P \rightarrow P \rightarrow P + Fe_3C_{\text{II}} \rightarrow P + Fe_3C_{\text{II}} + Ld' \rightarrow Ld' \rightarrow Ld' + Fe_3C_{\text{I}}$$

应用杠杆定律，可得到铁碳合金的成分与组织组成物及相组成物之间的定量关系及变化规律，如图 5-14 所示。

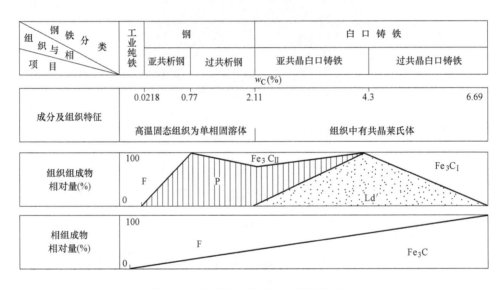

图 5-14　铁碳合金的成分与组织的关系

由此可见，成分的变化不仅引起铁素体和渗碳体相对量的变化，而且两相相互组合的形态即合金的组织也将发生变化，尤其是渗碳体的形态和分布，从而对铁碳合金的性能产生很大的影响。

二、合金成分与力学性能的关系

硬度主要取决于组成相的硬度和相对量，而受它们形态的影响相对较小。因此，随碳含量增加，由于高硬度渗碳体量的增多，低硬度铁素体量的减少，铁碳合金的硬度呈直线上升，由全部为铁素体时的 80HBW 增大到全部为渗碳体时的约 800HBW。

强度则对组织形态较为敏感，珠光体的强度较高，铁素体的强度较低。

渗碳体是极脆的相，没有塑性，合金的塑性几乎全部由铁素体来提供。因此，随碳含量增加，铁素体量减少，合金的塑性不断降低，到白口铸铁时，塑性已接近于零。

冲击韧度对组织十分敏感，碳含量增加时，脆性的渗碳体增多，当出现网状二次渗碳体时，韧性急剧下降。总体来看，随碳含量增加，韧性的下降趋势要大于塑性。

碳含量对退火碳钢力学性能的影响如图5-15所示，由图可见，在亚共析钢中，随碳含量的增加，珠光体的量逐渐增多，强度、硬度升高，而塑性、韧性下降。在过共析钢中，当 w_C 接近 1.0% 时，其强度达到最高值；当碳含量继续增加时，强度下降，这是由于脆性的二次渗碳体在 w_C 高于 1.0% 时，在晶界形成连续的网络，使钢的脆性大大增加，导致抗拉强度下降。在白口铸铁中，由于有大量的渗碳体，所以脆性很大，强度很低。

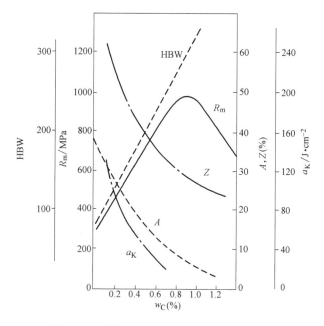

图 5-15　碳含量对退火碳钢力学性能的影响

对于应用最广的结构材料亚共析钢，其硬度、强度和塑性可根据成分或组织进行估算：

硬度：$HBW \approx 80w_F + 180w_P$ 或 $HBW \approx 80w_F + 800w_{Fe_3C}$

强度：$R_m = 230w_F + 770w_P$（MPa）

断后伸长率：$A = 50w_F + 20w_P$（%）

为保证工业上使用的铁碳合金具有适当的塑性和韧性，合金中渗碳体相的量不应过多。对碳钢及普通低合金钢而言，其碳含量 w_C 一般不超过 1.3%。

三、合金成分与工艺性能的关系

1. 铸造性能

合金的铸造性能主要取决于相图中液相线与固相线的水平距离和垂直距离，距离越大，则铸造性能越差。

铸铁的流动性要好于钢，随碳含量的增加，亚共晶白口铸铁的结晶温度区间减小，流动性随之提高；过共晶白口铸铁的流动性则随碳含量的增加而降低；共晶白口铸铁的结晶温度最低，又是在恒温下结晶，流动性最好，铸造性能最好。

碳含量对钢的收缩性也有影响，一般说来，当浇注温度一定时，随着碳含量的增加，钢液温度与液相线温度差增加，液态收缩增大；同时，碳含量增加，钢的凝固温度范围变宽，凝固收缩增大，出现缩孔等铸造缺陷的倾向增大。此外，钢在凝固结晶时的成分偏析也随碳含量的增加而增大。

2. 可锻性和焊接性

金属的可锻性是指金属在压力加工时能改变形状而不产生裂纹的性能。钢的可锻性主要与碳含量及组织有关，低碳钢的可锻性较好，随着碳含量的增加，可锻性逐渐变差。由于奥氏体具有良好的塑性，易于塑性变形，钢加热到高温获得单相奥氏体组织时可具有良好的可锻性。白口铸铁无论在低温或高温，其组织都是以硬而脆的渗碳体为基体，可锻性很差，不能进行压力加工。

金属的焊接性是以焊接接头的可靠性和出现焊缝裂纹的倾向性为技术判断指标的。在铁碳合金中，随着钢中碳含量的增加，其焊接性变差，所以，焊接用钢主要是低碳钢和低碳合金钢。铸铁的焊接性差，主要用于铸铁件的修复和焊补。

3. 可加工性

金属的可加工性是指其经切削加工成工件的难易程度。钢的碳含量对可加工性有一定的影响，低碳钢中铁素体较多，塑性、韧性很好，切削加工时产生的切削热较大，容易粘刀，而且切屑不易折断，影响表面粗糙度，因此可加工性不好；高碳钢中渗碳体较多，硬度较高，严重磨损刀具，可加工性也不好；中碳钢中铁素体与渗碳体的比例适当，硬度与塑性也比较适中，可加工性较好。

一般说来，钢的硬度在 170~250HBW 时可加工性较好。钢材可通过热处理来改变渗碳体的形态与分布，从而改变其可加工性。

四、铁碳相图的应用

Fe-Fe$_3$C 相图在生产中具有极大的实际意义，在钢铁材料的选用和热加工工艺的制订方面具有重要的应用价值。

1. 在选材方面的应用

相图所表明的合金成分-组织-性能之间的变化规律，为零件按力学性能要求进行选材提供了依据。例如，对于要求塑性、韧性好的建筑结构和各种型钢等，应选碳含量较低的钢材；对强度、塑性、韧性都有较高要求的机械零件应选用碳含量适中的中碳钢；对要求高硬度、高耐磨性的各种工具，应选碳含量高的钢种；白口铸铁硬度高、脆性大，不能进行切削加工及锻造成形，应用很少，但其耐磨性很高，可用于少数需耐磨而不受冲击的零件（如拔丝模、轧辊、球磨机的磨球等）。此外，白口铸铁还可用作可锻铸铁的毛坯。

2. 在铸造工艺方面的应用

根据 Fe-Fe$_3$C 相图可以合理地确定合金的浇注温度，浇注温度一般在液相线以上 50~100℃。而且从 Fe-Fe$_3$C 相图上还可以看出，纯铁和共晶合金的铸造性能最好，能获得优质铸件，所以铸造合金成分常选在共晶成分附近。在铸钢生产中，碳的质量分数则规定为 0.15%~0.60%，因为这个范围内的结晶温度区间较小，铸造性能相对较好。

3. 在锻轧工艺方面的应用

由于奥氏体具有良好的塑性变形能力，因此钢的锻造或轧制选在单相奥氏体区适当的温度范围内进行。一般始锻温度控制在固相线以下 100~200℃，过高易引起钢材氧化严重、过热或过烧等缺陷。实际生产中，各种碳钢的始锻（轧）温度一般为 1150~1250℃，终锻（轧）温度一般为 750~850℃。

4. 在焊接工艺方面的应用

焊接时，焊缝与母材间各个区域的加热温度是不同的，而不同的加热温度可获得不同的组织，并在随后的冷却过程中出现不同的组织与性能。因此，利用 Fe-Fe$_3$C 相图可分析碳钢焊缝组织，并可采取适当的热处理措施来减轻或消除组织不均匀而引起的性能不均匀，或选用适当成分的钢材来减轻焊接过程对焊缝区组织和性能产生的不利影响。

5. 在热处理工艺方面的应用

Fe-Fe$_3$C 相图对于热处理工艺的制订有极为重要的意义，各种热处理工艺的加热温度都是以相图上的临界点 A_1、A_3、A_{cm} 为依据的，具体将在第六章中详述。

习　题

5-1　默画简化后的 Fe-Fe$_3$C 相图，填写各相区的相和组织组成物。

5-2　解释下列名词：铁素体、奥氏体、珠光体、莱氏体。

5-3　分析一次渗碳体、二次渗碳体、三次渗碳体、共晶渗碳体、共析渗碳体的异同之处。

5-4　根据 Fe-Fe$_3$C 相图计算，室温下，w_C 分别为 0.2% 和 1.2% 的钢中组织组成物的相对量。

5-5　某仓库中积压了许多退火状态的碳钢，由于钢材混杂不知其化学成分，现找出一根，经金相分析后发现组织为珠光体和铁素体，其中珠光体占 75%。问此钢的碳含量大约为多少？

5-6　现有形状和尺寸完全相同的四块平衡状态的铁碳合金，它们的碳含量 w_C 分别为 0.20%、0.45%、1.2%、3.5%，根据你所学的知识可用哪些方法来区别它们？

5-7　根据 Fe-Fe$_3$C 相图解释下列现象：

（1）在进行热轧和锻造时，通常将钢材加热到 1000~1250℃。

（2）钢铆钉一般用低碳钢制作。

（3）绑扎物件一般用铁丝（镀锌低碳钢丝），而起重机吊重物时用钢丝绳（用 w_C 为 0.60%、0.65%、0.70% 的钢等制成）。

（4）在 1100℃ 时，w_C = 0.4% 的碳钢能进行锻造，而 w_C = 4.0% 的铸铁不能进行锻造。

（5）在室温下，w_C = 0.8% 的碳钢比 w_C = 1.2% 的碳钢强度高。

（6）亚共析钢适于压力加工成形，而铸铁适于铸造成形。

5-8　比较平衡状态下碳含量 w_C 分别为 0.45%、0.80%、1.2% 的碳钢的强度、硬度、塑性和韧性的大小。

Chapter 6

第 六 章

钢的热处理

热处理是指将金属或合金在固态下进行加热、保温和冷却，以改变其整体或表面组织，从而获得所需性能的一种工艺。

热处理不仅可以强化金属材料，充分发挥其内部潜力，提高或改善工件的使用性能和可加工性，而且是提高加工质量，延长工件使用寿命的重要手段，因此凡是重要的机械零部件都要进行热处理。例如，汽车、拖拉机行业中需要进行热处理的零件占 70%~80%，机床行业中占 60%~70%，轴承及各种模具则达到 100%，飞机上的几乎所有零件也都要进行热处理。

根据应用特点，常用的热处理工艺大致可分为以下四大类：

（1）整体热处理　整体热处理是指对工件进行穿透性加热，以改善整体的组织和性能的热处理工艺，又分为退火、正火、淬火、回火、稳定化处理、水韧处理、固溶处理+时效等。

（2）表面热处理　表面热处理是指仅对工件表层进行热处理，以改变其组织和性能的工艺，又分为表面淬火、物理气相沉积、化学气相沉积、等离子化学气相沉积等。

（3）化学热处理　化学热处理是指将工件置于一定温度的活性介质中保温，使一种或几种元素渗入它的表层，以改变其化学成分、组织和性能的热处理工艺，根据渗入成分的不同又分为渗碳、渗氮、碳氮共渗、渗其他金属或非金属、多元共渗、熔渗等。

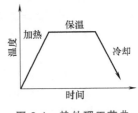

图 6-1　热处理工艺曲线示意图

（4）其他热处理　其他热处理包括可控气氛热处理、真空热处理和形变热处理等。

尽管热处理的种类很多，但任何一种热处理工艺都是由加热、保温、冷却三个基本阶段组成的，图 6-1 即为最基本的热处理工艺曲线。因此，要了解各种热处理方法对金属材料组织和性能的改变情况，必须首先研究其在加热和冷却过程中的相变规律。

第一节　钢的加热及组织转变

一、钢的相变点（临界温度）

相变点是指金属或合金在加热或冷却过程中发生相变的温度，又称临界点。

根据 Fe-Fe$_3$C 相图可知，钢在缓慢加热或冷却过程中，在 *PSK* 线、*GS* 线和 *ES* 线上都要发生组织转变。因此，任一成分碳钢的固态组织转变的相变点，都可由这三条线来确定。通常把 *PSK* 线称为 A_1 线；*GS* 线称为 A_3 线；*ES* 线称为 A_{cm} 线。而该线上的相变点，则相应地用 A_1 点、A_3 点、A_{cm} 点表示。

但是，Fe-Fe$_3$C 相图上反映出的相变点 A_1、A_3、A_{cm} 是平衡条件下的固态相变点，即在非常缓慢加热或冷却条件下钢发生组织转变的温度。在实际生产中，加热速度和冷却速度都比较快，故其相变点在加热时要高于平衡相变点，在冷却时要低于平衡相变点，且加热和冷却的速度越大，其相变点偏离得越大。为了区别于平衡相变点，通常用 Ac_1、Ac_3、Ac_{cm} 表示钢在实际加热条件下的相变点，而用 Ar_1、Ar_3、Ar_{cm} 表示钢在实际冷却条件下的相变点，如图6-2所示。一般热处理手册中的数值都是以 30~50℃/h 加热或冷却速度所测得的结果，以供参考使用。

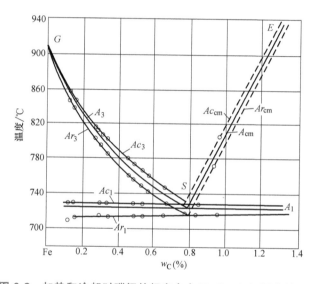

图 6-2 加热和冷却时碳钢的相变点在 Fe-Fe$_3$C 相图上的位置

二、奥氏体化过程及影响因素

加热是热处理的第一道工序，任何成分的碳钢加热到 Ac_1 线以上时，都将发生珠光体向奥氏体的转变。把钢加热到相变点以上获得奥氏体组织的过程称为"奥氏体化"。钢只有处在奥氏体状态下才能通过不同的冷却方式转变为不同的组织，从而获得所需的性能。

（一）奥氏体的形成

下面以共析钢为例来说明奥氏体化的过程。室温组织为珠光体的共析钢加热至 Ac_1 以上时，将形成奥氏体，即发生 P（F+Fe$_3$C）→A 的转变。

奥氏体的形成是通过形核和长大的结晶过程来实现的，奥氏体化过程包括奥氏体晶核的形成、奥氏体的长大、残留渗碳体的溶解和奥氏体均匀化四个阶段，如图6-3所示。

1. 奥氏体晶核的形成

奥氏体晶核一般优先在铁素体与渗碳体相界面上形成，因为此处原子排列紊乱、位错与空位较多，处于能量较高状态，在 F 与 Fe$_3$C 的相界处，通过碳原子扩散并借助于铁素体中

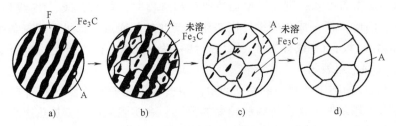

图6-3 共析钢奥氏体化过程示意图

a) 奥氏体形核 b) 奥氏体长大 c) 残留渗碳体溶解 d) 奥氏体成分均匀化

的碳浓度起伏，使其局部区域的碳含量达到形成奥氏体所需的碳含量。

2. 奥氏体的长大

奥氏体晶核形成后，它一面与渗碳体相接、另一面与铁素体相接；它的碳含量是不均匀的，与铁素体相接处碳含量较低，而与渗碳体相接处碳含量较高。这就使得奥氏体内部出现碳浓度梯度，引起碳在奥氏体中不断地由高浓度向低浓度扩散。碳扩散破坏了碳浓度原先的平衡，势必促使铁素体向奥氏体转变及渗碳体的溶解。这样，碳浓度破坏平衡和恢复平衡的反复循环过程，就使奥氏体逐渐向渗碳体和铁素体两方面长大，直至铁素体全部转变为奥氏体。

3. 残留渗碳体的溶解

由于奥氏体向铁素体方向成长的速度远大于渗碳体的溶解，因此铁素体全部消失后，仍有部分渗碳体未溶解，这部分未溶渗碳体将随时间的延长逐渐溶入奥氏体，直至全部消失。

4. 奥氏体均匀化

当残留渗碳体全部溶解后，奥氏体中的碳浓度仍是不均匀的，在原渗碳体处碳含量高，而在原铁素体处碳含量低，只有继续延长保温时间，通过碳原子扩散才能使奥氏体的成分逐渐均匀。

因此，热处理的保温阶段，不仅是为了使零件热透和相变完全，而且是为了获得成分均匀的奥氏体，以使冷却后能得到良好的组织与性能。

亚共析钢和过共析钢中奥氏体的形成过程与共析钢基本相同，当温度加热到 Ac_1 线以上时，首先发生珠光体向奥氏体的转变。对于亚共析钢，在 $Ac_1 \sim Ac_3$ 的升温过程中，先共析铁素体逐步向奥氏体转变，加热到 Ac_3 以上时才能得到单一的奥氏体组织；对于过共析钢，在 $Ac_1 \sim Ac_{cm}$ 的升温过程中，先共析二次渗碳体逐步溶入奥氏体中，只有温度上升到 Ac_{cm} 以上才能得到单一的奥氏体组织。

（二）影响奥氏体形成的因素

1. 加热温度

随着加热温度的升高，原子扩散能力增强，特别是碳在奥氏体中的扩散能力增强；同时 Fe-Fe_3C 相图中 GS 线和 SE 线间的距离加大，即增大了奥氏体中的碳浓度梯度，这些都将加速奥氏体的形成。

2. 加热速度

在实际热处理中，加热速度越快，产生的过热度就越大，转变的温度范围也越宽，形成奥氏体所需的时间越短。

3. 钢的成分

随碳含量升高，铁素体和渗碳体相界面增多，有利于加速奥氏体的形成；钢中加入合金元素并不改变奥氏体形成的基本过程，但显著影响其形成速度。由于合金元素可以改变钢的临界点，并影响碳的扩散速度，它自身也在扩散和重新分布，因此合金钢的奥氏体形成速度一般比碳钢慢，在热处理时，合金钢的加热保温时间要长。

4. 原始组织

钢成分相同时，组织中珠光体越细，则奥氏体形成速度越快，层片状珠光体比粒状珠光体更容易形成奥氏体。

三、奥氏体晶粒大小及其控制

（一）奥氏体晶粒度

晶粒度是指多晶体内的晶粒大小，常用晶粒度等级来表达。按晶粒大小，晶粒度等级分为 00、0、1～10 共 12 级，晶粒越细，晶粒度等级数越大，其中，1～4 级为粗晶粒度，5～8 级为细晶粒度，超过 8 级为超细晶粒度，在生产中，是将金相组织放大 100 倍后，与标准晶粒度等级图片进行比较来确定的，如图 6-4 所示。

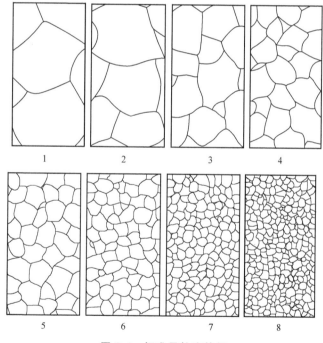

图 6-4　标准晶粒度等级

（二）奥氏体晶粒的长大

加热转变过程中，新形成并刚好互相接触时的奥氏体晶粒，称为奥氏体起始晶粒，其大小称为起始晶粒度。奥氏体的起始晶粒一般都很细小，但随着加热温度的升高和保温时间的延长，其晶粒将不断长大，长大到钢开始冷却时的奥氏体晶粒称为实际晶粒，其大小称为实际晶粒度，奥氏体的实际晶粒度直接影响钢热处理后的组织与性能。

加热时，奥氏体晶粒长大倾向取决于钢的成分和冶炼条件。冶炼时用 Al 脱氧，使之形成 AlN 微粒；或加入 Nb、Zr、V、Ti 等强碳化物形成元素，形成难溶的碳化物颗粒。由于这些第二相微粒能阻止奥氏体晶粒长大，所以在一定温度下晶粒不易长大；只有当超过一定温度时，第二相微粒溶入奥氏体后，奥氏体才突然长大。如图 6-5 中曲线 1，该温度称为奥氏体晶粒粗化温度。例如，冶炼时用硅铁、锰铁脱氧，或不含阻止奥氏体晶粒长大的第二相微粒的钢，随温度升高，奥氏体晶粒将不断长大（见图 6-5 中曲线 2）。由于曲线 1 所示的钢，其奥氏体晶粒粗化温度一般都高于热处理的加热温度范围（800～930℃），所以能保证获得较细小的奥氏体实际晶粒，是生产中常用的钢种。

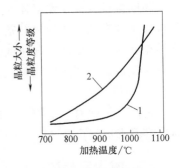

图 6-5　奥氏体晶粒长大倾向示意图

（三）奥氏体晶粒大小的控制

奥氏体实际晶粒细小时，冷却后转变产物的组织也细小，其强度与塑性、韧性都较高，冷脆转变温度较低，所以，除了上述提到的成分、冶炼条件外，如何控制好加热参数，以便获得细小而均匀的奥氏体晶粒是保证热处理产品质量的关键之一。主要考虑以下几点。

1. 加热温度

加热温度越高，晶粒长大速度越快，奥氏体晶粒也越粗大，故为了获得细小的奥氏体晶粒，热处理时必须规定合适的加热温度范围，一般为相变点以上某一适当温度。

2. 保温时间

钢加热时，随保温时间的延长，晶粒不断长大，但其长大速度越来越慢，且不会无限制地长大下去。所以延长保温时间比升高加热温度对晶粒长大的影响要小得多。确定保温时间时，除考虑相变需要外，还需考虑工件穿透加热的需要。

3. 加热速度

加热速度越快，奥氏体化的实际温度越高，奥氏体的形核率大于长大速率，所以可获得细小的起始晶粒。故生产中常用快速加热和短时保温的方法来细化晶粒，如高频感应淬火就是利用这一原理来获得细晶粒的。

四、加热易产生的缺陷

钢在加热过程中，由于加热气氛控制不当或者加热工艺不合理等原因，会产生加热缺陷。加热缺陷会使钢的性能下降，甚至失效。常见的加热缺陷有氧化、脱碳、过热、过烧等。

（一）氧化

钢在高温作用下，与加热介质中 O_2、CO_2、H_2O 等氧化性介质发生氧化反应，形成金属氧化物的现象称为氧化。钢的氧化有两种：表面氧化和内氧化。

钢在 560℃ 以上加热时，表面氧化膜由 Fe_2O_3、Fe_3O_4 和 FeO 三层氧化物组成，其中 FeO 层厚度占主要成分。由于 FeO 结构松散，容易剥落，氧化反应很快穿过氧化膜继续向内层进行。随着加热温度越高，其氧化反应也越剧烈。

钢的内氧化是在 800℃ 以上长时间加热，钢中的合金元素与氧化性介质沿晶界形成氧化物的现象。合金元素与氧的亲和力大小决定了内氧化程度，如钢中 Cr、Si、Ti、Al 等合金元素与氧的亲和力远大于 Fe，将优先被氧化，使晶界附近的合金元素减少，晶界性能变坏。

（二）脱碳

钢在加热和保温时，炉气中含有 O_2、CO_2、H_2O、H_2 等的脱碳性气氛，钢表层中固溶的碳和这些介质在高温作用下发生氧化反应，使表层碳浓度降低，即产生脱碳。表层脱碳后，内层的碳便向表层扩散，这些碳又被氧化使脱碳层逐渐加深。加热温度越高，脱碳的速度越快；加热时间越长，则脱碳层越深。表面脱碳将大大降低表面硬度、耐磨性和疲劳强度等。

介质的碳势与钢中碳含量对钢的脱碳影响强烈。气氛中 CO、CH_4 含量多，碳势就高；相反，O_2、CO_2、H_2O、H_2 等浓度高，碳势就低。气氛的碳势低于钢的碳浓度，钢就会发生脱碳。实际生产中，为防止表面脱碳，通常采取在保护气氛中加热、无氧化加热或缩短钢在加热炉中的高温停留时间等措施。

（三）过热

加热温度过高或保温时间过长，得到粗大晶粒组织，称为过热。过热产生的粗大显微组织，将使钢的性能变坏，特别是使韧性严重下降。过热的工件必须重新且可以进行加热使晶粒细化。

（四）过烧

由于加热温度过高，使奥氏体晶界严重氧化，甚至发生了局部熔化，这种现象称为过烧。过烧严重降低了钢的性能。产生了过烧的工件无法挽回，只能报废。

第二节　钢的冷却及组织转变

钢经加热获得均匀的奥氏体组织，只是为随后的冷却转变做准备，热处理后钢的组织与性能是由冷却过程来决定的，所以控制奥氏体在冷却时的转变过程是热处理的关键。

常用的冷却方式有连续冷却和等温冷却两种。连续冷却是把加热到奥氏体状态的钢，以某一速度连续冷却到室温，使奥氏体在连续冷却过程中发生转变。等温冷却是把加热到奥氏体状态的钢，快速冷却到 Ar_1 以下某一温度下等温停留一段时间，使奥氏体发生转变，然后再冷却到室温。

一、过冷奥氏体的等温转变

奥氏体在 A_1 点以下处于不稳定状态，必然要发生相变。但过冷到 A_1 以下的奥氏体并不是立即发生转变，而是要经过一个孕育期后才开始转变。这种在孕育期内暂时存在的、处于不稳定状态的奥氏体称为"过冷奥氏体"。

研究过冷奥氏体在不同温度下进行等温转变的重要工具是过冷奥氏体等温转变图或称等温转变曲线。它表明了过冷奥氏体在不同过冷温度下的等温过程中，转变温度、转变时间与转变产物量之间的关系。它的建立是利用过冷奥氏体转变产物的组织形态和性能的变化来测定的。

下面以共析钢的过冷奥氏体等温转变图（见图 6-6）为例进行分析。

1）由过冷奥氏体开始转变点连接起来的线称为转变开始线，由过冷奥氏体转变结束点连接起来的线称为转变结束线。

最上面的水平线为 A_1 线，即 Fe-Fe$_3$C 相图中的 A_1 线，表示奥氏体与珠光体的平衡温度。因此，图中在 A_1 以上是奥氏体的稳定区；A_1 线以下、转变开始线以左是过冷奥氏体区；A_1 线以下、转变结束线以右是转变产物区；转变开始线和结束线之间是过冷奥氏体和转变产物共存区。

2）过冷奥氏体在各个温度下等温转变时，都要经过一段孕育期。金属及合金在一定过冷度条件下等温转变时，等温停留开始至相转变开始的时间称为孕育期，以转变开始线与纵坐标之间的水平距离表示。孕育期越长，过冷奥氏体越稳定，反之则越不稳定。所以过冷奥氏体在不同温度下的稳定性

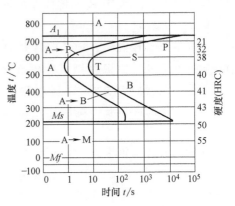

图 6-6　共析钢过冷奥氏体等温转变图

是不同的。开始时，随过冷度（ΔT）的增大，孕育期与转变结束时间逐渐缩短，但当过冷度达到某一值（等温温度 ≈550℃）后，孕育期与转变结束时间却都随过冷度的增大而逐渐加长，所以曲线呈"C"状。

在奥氏体等温转变图上孕育期最短的地方，表示过冷奥氏体最不稳定，它的转变速度最快，该处成为奥氏体等温转变图"鼻尖"。而在靠近 A_1 和 Ms 处的孕育期较长，过冷奥氏体较稳定，转变速度也较慢。

3）在奥氏体等温转变图下部的 Ms 水平线，表示钢经奥氏体化后以大于或等于马氏体临界冷却速度淬火冷却时奥氏体开始向马氏体转变的温度（对共析钢约为230℃），称为钢的上马氏体点或马氏体转变开始点；其下面还有一条表示过冷奥氏体停止向马氏体转变的温度的 Mf 水平线，称为钢的下马氏体点或马氏体转变终止点，一般在室温以下，Ms 与 Mf 线之间为马氏体与过冷奥氏体共存区。

因此，在三个不同的温度区，共析钢的过冷奥氏体可发生三种不同的转变：①A_1 至奥氏体等温转变图鼻尖区间的高温转变，其转变产物为珠光体，故又称为珠光体转变；②奥氏体等温转变图鼻尖至 Ms 区间的中温转变，其转变产物为贝氏体，故又称为贝氏体转变；③在 Ms 线以下区间的低温转变，其转变产物为马氏体，故又称为马氏体转变。

二、过冷奥氏体转变产物的组织与性能

（一）珠光体转变——高温转变（$A_1 \sim 550$℃）

过冷奥氏体在此范围内将发生 A→P（F+Fe$_3$C）转变，它的形成伴随着两个过程同时进行：一是铁、碳原子的扩散，由此而形成高碳的渗碳体和低碳的铁素体；二是晶格的重构，由面心立方晶格的奥氏体转变为体心立方晶格的铁素体和复杂斜方（正交）晶格的渗碳体，它的转变过程是一个在固态下形核和长大的结晶过程。

1. 珠光体的形成

按渗碳体形态的不同，珠光体分为片状珠光体和球状珠光体，成分均匀的奥氏体，其高温转变产物一般都为层片状珠光体。片状珠光体的形成过程如图6-7所示。一般认为，形成珠光体的领先相是渗碳体，首先，新相的晶核在奥氏体晶界上优先产生，由于渗碳体中碳的质量分数比奥氏体高得多，因此它需要从周围的奥氏体中吸收碳原子才能长大，这样就会造

成附近的奥氏体贫碳，为形成铁素体创造了条件，于是，在渗碳体两侧通过晶格改组形成铁素体。而铁素体在长大过程中，不断向侧面的奥氏体中排出多余的碳，必然使周围奥氏体的碳含量增加，这又促进了另一片渗碳体的形成。这样不断交替地生核长大，直到各个珠光体区相互接触，奥氏体全部消失为止。

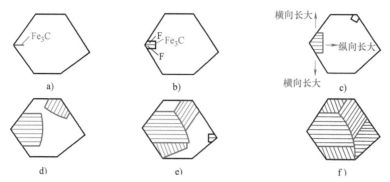

图 6-7 片状珠光体的形成过程示意图

2. 珠光体的性能

层片状珠光体的性能主要取决于层片间距。由于转变温度不同，原子扩散能力及驱动力也不同，珠光体的层片间距差别很大，一般转变温度越低，层片间距越小。

根据层片间距的大小，珠光体又可分为粗珠光体（习惯上称为珠光体 P）、细珠光体（即索氏体 S）、极细珠光体（即托氏体 T）三种。珠光体的层片间距越小，其硬度越高，强度越高，塑性越好。表 6-1 列出了共析钢的珠光体转变产物的形成温度、层片间距和硬度值。

表 6-1 珠光体转变组织特征与性能

组织名称	形成温度/℃	层片间距/nm	金相显微组织特征	硬度
珠光体（P）	$A_1 \sim 650$	150~450	在 400~500 倍金相显微镜下可观察到铁素体和渗碳体的片层状组织	170~200HBW
索氏体（S）	650~600	80~150	在 800~1000 倍以上的显微镜下才能分清片层状，在低倍下片层模糊不清	25~35HRC
托氏体（T）	600~550	30~80	用光学显微镜观察时呈黑色团状，只有在电子显微镜下才能看出片层组织	35~40HRC

由于珠光体的层片间距越小，相界面越多，塑性变形抗力越大，故强度、硬度越高；同时，渗碳体片越薄，越容易随同铁素体一起变形而不脆断，所以塑性和韧性也变好了，这也就是冷拔钢丝要求具有索氏体组织才容易变形而不致因拉拔而断裂的原因。

（二）贝氏体转变——中温转变（$550℃ \sim Ms$）

贝氏体（用符号 B 表示）是过冷奥氏体在贝氏体转变温度区转变而成的、由铁素体与碳化物所组成的非层状的亚稳组织，它是以美国冶金学家 E. C. Bain 的名字命名的。由于转变温度较低，过冷度大，只有碳原子有一定的扩散能力，铁仅做很小位移，而不发生扩散，因此这种转变属于半扩散转变。

1. 贝氏体的形成

根据转变温度及产物组织形态的不同，贝氏体分为550～350℃形成的上贝氏体和350～230℃形成的下贝氏体。如图6-8所示，典型的上贝氏体在光学显微镜下呈羽毛状的特征，组织中的渗碳体不易辨认，在电镜下可见碳过饱和度不大的铁素体成条束并排地由奥氏体晶界伸向晶内，铁素体条间分布着粒状或短杆状的渗碳体。典型的下贝氏体在光学显微镜下呈黑色针片状形态。

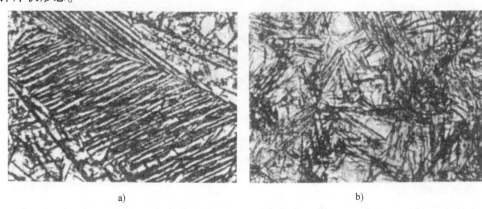

a)   b)

图6-8 贝氏体的显微组织

a) 上贝氏体 b) 下贝氏体

上贝氏体的形成过程如图6-9a所示。开始转变前，在过冷奥氏体的贫碳区先孕育出铁素体晶核，它处于碳过饱和状态，碳有从铁素体中向奥氏体扩散的倾向，随着密排的铁素体条的伸长、变宽，生长着的铁素体中的碳不断地通过界面排到其周围的奥氏体中，导致条间奥氏体的碳不断富集，当其碳含量足够高时，便在条间沿条的长轴方向析出碳化物，形成典型的上贝氏体。

下贝氏体的形成过程如图6-9b所示。它是在较大的过冷度下形成的，碳的扩散能力降低，尽管初生下贝氏体的铁素体周围溶有较多的碳，具有较大的析出碳化物的倾向，但碳的迁移却未能超出铁素体片的范围，只在片内沿一定的晶面偏聚起来，进而沿与长轴成55°～60°夹角的方向上沉淀出碳化物粒子，转变温度越低，碳化物粒子越细，分布越弥散，而且

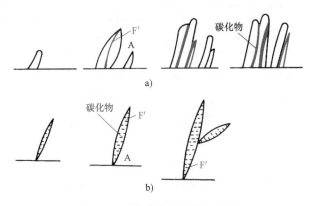

a)

b)

图6-9 贝氏体形成过程示意图

a) 上贝氏体 b) 下贝氏体

此时仍有部分碳过饱和地固溶在铁素体中形成典型的下贝氏体。

2. 贝氏体的性能

由于上贝氏体中的铁素体条比较宽，抗塑性变形的能力比较低，渗碳体分布在铁素体条之间容易引起脆断。因此，上贝氏体的强韧性较差，生产上极少使用。

下贝氏体中的针状铁素体细小且无方向性，碳的过饱和度大，碳化物分布均匀、弥散度大，所以它不仅有高的强度、硬度与耐磨性，同时具有良好的塑性和韧性，生产中常用等温淬火来获得综合性能较好的下贝氏体。

（三）马氏体转变——低温转变（$Ms \sim Mf$）

过冷奥氏体在 Ms 以下将发生马氏体转变。马氏体是以德国冶金学家 A. Martens 的名字命名的，用符号 M 表示。

马氏体转变不属于等温转变，而是在 $Ms \sim Mf$ 之间的一个温度范围内连续冷却完成，由于马氏体转变温度极低，过冷度很大，而且形成的速度极快，使奥氏体向马氏体的转变只发生 γ-Fe→α-Fe 的晶格改组，而没有铁、碳原子的扩散。所以马氏体的碳含量就是转变前奥氏体的碳含量。

1. 马氏体的结构和形成

马氏体是碳在 α-Fe 中的过饱和间隙固溶体。马氏体中，由于过饱和的碳强制地分布在晶胞的某一晶轴（如 z 轴）的间隙处，使 z 轴方向的晶格常数 c 上升，x、y 轴方向的晶格常数 a 下降，α-Fe 的体心立方晶格变为体心正方晶格，晶格常数 c/a 的比值称为马氏体的正方度。马氏体中的碳含量越高，正方度越大。

马氏体的形成也是一个形核和长大的过程。马氏体晶核一般在奥氏体晶界、孪晶界、滑移面或晶内晶格畸变较大的地方形成，因为转变温度低，铁、碳原子不能扩散，而转变的驱动力极大，所以马氏体是以一种特殊的方式——共格切变的方式形成的，并瞬时长大到最终尺寸。

2. 马氏体的组织形态

马氏体的组织形态主要有两种类型，即板条状马氏体和片状马氏体。淬火钢中究竟形成何种形态马氏体，主要与钢的碳含量有关，一般当 w_C 小于 0.30% 时，钢中马氏体形态几乎全为板条状马氏体；w_C 大于 1.0% 时则几乎全为片状马氏体；w_C = 0.30% ~ 1.0% 时为板条状马氏体和片状马氏体的混合组织，随碳含量的升高，淬火钢中板条状马氏体的量下降，片状马氏体的量上升。

板条状马氏体在光学显微镜下是一束束大致相同且几乎平行排列的细板条组织。马氏体之间的角度较大，如图 6-10 所示。高倍透射电镜观察表明，在板条状马氏体内有大量位错缠结的亚结构，所以板条状马氏体也称为位错马氏体。

片状马氏体在光学显微镜下呈针状或双凸透镜状。相邻的马氏体片一般互不平行，而是呈一定角度排列，如图 6-11 所示。高倍透射电镜观察表明，马氏体片内有大量细小的孪晶亚结构，所以片状马氏体也称为孪晶马氏体。

3. 马氏体的性能

马氏体的性能取决于马氏体的碳含量与组织形态。

（1）**强度与硬度** 主要取决于马氏体的碳含量。随马氏体中碳含量的升高，强度与硬度随之升高，特别是在碳含量较低时，这种作用较明显，但 w_C 大于 0.6% 时，这种作用则

a)

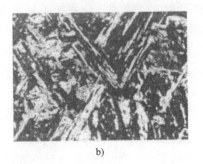

b)

图 6-10 板条状马氏体的形态

a）板条状马氏体组织示意图 b）板条状马氏体的显微组织

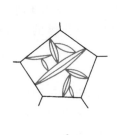

a)

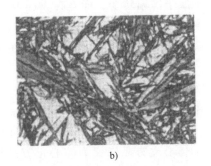

b)

图 6-11 片状马氏体的形态

a）片状马氏体组织示意图 b）片状马氏体的显微组织

不明显，曲线趋于平缓，如图 6-12 所示。

（2）塑性与韧性 一般认为马氏体硬而脆，塑性与韧性很差，其实这是片面的认识。马氏体的塑性与韧性同样受碳含量的影响，随马氏体中碳含量的升高，塑性与韧性急剧下降，而低碳板条状马氏体具有良好的塑性与韧性，是一种强韧性很好的组织，而且有较高的断裂韧度和低的冷脆转变温度，所以其应用日益广泛。

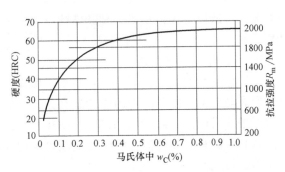

图 6-12 碳含量对马氏体强度与硬度的影响

（3）比体积 钢中不同组织的比体积是不同的，其中马氏体比体积最大，奥氏体最小，珠光体居中，所以奥氏体转变为马氏体时，必然伴随体积膨胀而产生内应力。马氏体中碳含量越高，正方度越大，晶格畸变程度加剧，比体积也越大，故产生的内应力也越大，这就是高碳钢淬火易裂的原因。但生产中也有利用这一效应，使淬火零件表层产生残留压应力，以提高其疲劳强度。

4. 马氏体转变的特点

马氏体转变也是形核、长大的过程，但有下列特点：

（1）无扩散性 珠光体、贝氏体转变都是扩散型相变，马氏体转变则是在极大的过冷度下进行的，转变时，只发生 $\gamma\text{-Fe} \rightarrow \alpha\text{-Fe}$ 的晶格改组，而奥氏体中的铁、碳原子都不能进行扩散，所以是无扩散型相变。

（2）转变速度极快（$<10^{-7}s$） 马氏体形成时一般不需要孕育期，马氏体量的增加不是靠已形成的马氏体片的长大，而是靠新的马氏体片的不断形成。

（3）转变的不完全性 马氏体点（Ms 与 Mf）的位置主要取决于奥氏体的成分。奥氏体中碳含量对 Ms 和 Mf 的影响如图 6-13 所示。奥氏体的碳含量越高，Ms 与 Mf 越低，当奥氏体中的 w_C 大于 0.5% 时，Mf 已低于室温，这时，奥氏体即使冷到室温也不能完全转变为马氏体，这部分被残留下来的奥氏体称为残留奥氏体。

残留奥氏体的量随奥氏体中碳含量的上升而上升，如图 6-14 所示。一般中、低碳钢淬火到室温后，仍有 1%～2% 的残留奥氏体；而高碳钢淬火到室温后，仍有 10%～15% 的残留奥氏体。即使把奥氏体过冷到 Mf 以下，仍不能得到 100% 的马氏体，总有少量的残留奥氏体，这就是马氏体转变的不完全性。

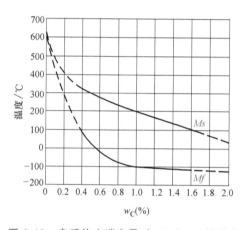

图 6-13 奥氏体中碳含量对 Ms 和 Mf 的影响

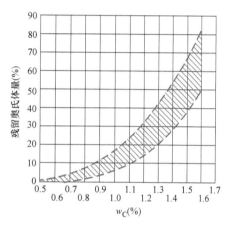

图 6-14 碳含量对残留奥氏体量的影响

残留奥氏体不仅降低了淬火钢的硬度和耐磨性，而且在工件的长期使用过程中，残留奥氏体还会发生转变，使工件形状尺寸变化，降低工件尺寸精度。所以，对某些高精度的工件，如精密量具、精密丝杠、精密轴承等，为保证它们在使用期间的精度，生产中可将淬火工件冷至室温后，再随即放到 0℃ 以下温度的介质中冷却，以最大限度地消除残留奥氏体，达到提高硬度、耐磨性与尺寸稳定性的目的。这种处理称为"冷处理"。

三、影响奥氏体等温转变图的因素

奥氏体等温转变图的位置和形状与奥氏体的稳定性及分解特性有关，其影响因素主要有奥氏体的成分和加热条件。

（一）奥氏体成分

1. 碳含量

随着奥氏体中碳含量的增加，奥氏体的稳定性增大，奥氏体等温转变图的位置向右移。对于过共析钢，加热到 Ac_1 以上某一温度时，随钢中碳含量的增多，奥氏体碳含量并不增高，而未溶渗碳体量增多，因为它们能作为结晶核心，促进奥氏体分解，所以奥氏体等温转变图左移。过共析钢只有在加热到 Ac_{cm} 以上，渗碳体完全溶解时，碳含量的增加才使奥氏体等温转变图右移，而在正常热处理条件下不会达到这样高的温度。因此，在一般热处理条件下，随碳含量的增加，亚共析钢的奥氏体等温转变图右移，过共析钢的奥氏体等温转变图左移。

由于亚共析钢和过共析钢在奥氏体向珠光体转变前，有先共析铁素体或渗碳体析出，所以与共析钢奥氏体等温转变图比较，在亚共析钢的奥氏体等温转变图的左上部多出一条先共析铁素体析出线（见图6-15a）；过共析钢多一条二次渗碳体的析出线（见图6-15b）。

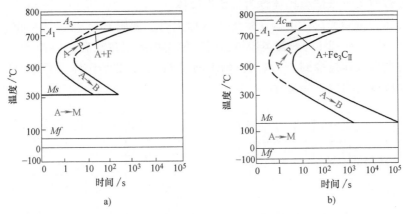

图 6-15　碳含量对奥氏体等温转变图的影响

a）亚共析钢　b）过共析钢

2. 合金元素

除 Co 外，所有合金元素的溶入均增大奥氏体的稳定性，使奥氏体等温转变图右移，不形成碳化物的元素，如 Si、Ni、Cu 等，只使奥氏体等温转变图的位置右移，不改变其形状（见图6-16a）；Cr、Mo、W、V、Ti 等碳化物形成元素则不仅使奥氏体等温转变图右移，而且使形状发生变化，产生两个"鼻子"，整个奥氏体等温转变图分裂成珠光体转变和贝氏体转变两部分，其间出现一个过冷奥氏体的稳定区（见图6-16b）。

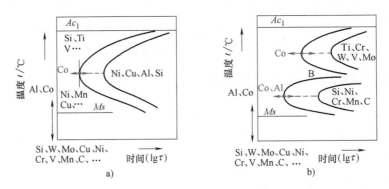

图 6-16　合金元素对奥氏体等温转变图的影响

a）非碳化物元素　b）碳化物元素

需要说明的是，合金元素只有溶入奥氏体中才会增大过冷奥氏体的稳定性，而未溶的合金碳化物因有利于过冷奥氏体的分解反而降低过冷奥氏体的稳定性。

（二）加热条件

加热条件影响奥氏体的状态（如晶粒大小、成分与组织均匀性），奥氏体晶粒细小，晶界总面积增加，有利于新相的形成和原子扩散，因此有利于先共析转变和珠光体转变，使珠光体转变线左移。但晶粒度对贝氏体和马氏体转变的影响不大。奥氏体的均匀程度对奥氏体等温转变图的位置也有影响，奥氏体成分越均匀，则奥氏体越稳定，新相形核和长大所需的时间越长，奥氏体等温转变图右移。

奥氏体化温度越高，保温时间越长，则形成的奥氏体晶粒越粗大，奥氏体的成分也越均匀，从而增加奥氏体的稳定性，使奥氏体等温转变图向右移。反之，奥氏体化温度越低，保温时间越短，则奥氏体晶粒越细，其成分越不均匀，未溶第二相越多，奥氏体越不稳定，使奥氏体等温转变图向左移。

因此，在利用手册中钢的奥氏体等温转变图资料时，应同时注意钢的成分、奥氏体化温度和晶粒度等条件。

四、过冷奥氏体的连续转变

实际生产中，钢奥氏体化后大多采用连续冷却，因此研究过冷奥氏体连续冷却时的转变规律具有重要的意义。

（一）共析钢过冷奥氏体连续冷却转变图

过冷奥氏体连续冷却转变图是将钢经奥氏体化后，在不同冷却速度的连续冷却条件下实验测得的。将一组试样奥氏体化后，以不同的冷却速度连续冷却，测出奥氏体转变开始点与结束点的温度和时间，并标在温度-时间坐标图上，分别连接所有转变开始点和结束点，便得到过冷奥氏体连续冷却转变图，图 6-17 所示为共析钢过冷奥氏体连续冷却转变图。

比较奥氏体连续冷却转变和奥氏体等温转变图，可发现奥氏体连续冷却转变图有以下一些特点：

1）奥氏体连续冷却转变图只有奥氏体等温转变图的上半部分，而无下半部分，即共析钢连续冷却时，只有珠光体、马氏体转变而无贝氏体转变。

2）Ps 线是珠光体转变开始线，Pf 线是珠光体转变结束线，KK' 线是珠光体转变中止线，冷却曲线碰到该线时，过冷奥氏体就不再发生珠光体转变，而一直保留到 Ms 线以下，转变为马氏体。

3）与奥氏体连续冷却转变图鼻尖相切的冷却速度，是保证奥氏体在连续冷却过程中不发生珠光体转变，而全部过冷到马氏体区的最小冷却速度，用 v_K 表示，称为马氏体临界冷却速度，它对热处理工艺具有十分重要的意义。

4）在连续冷却过程中，过冷奥氏体的转变是在一个温度区间内进行的，随着冷却速度的增大，转变温度区间逐渐移向低温，而转变时间则缩短。

5）因为过冷奥氏体的连续冷却转变是在一个温度区间内进行的，在同一冷却速度下，因转变开始温度高于转变终了温度，使先后获得的组织粗细不均匀，有时在某种速度下还可获得混合组织，如图 6-17 中冷却速度 v，它与转变开始线相交后又与 KK' 线相交，所以，珠光体转变终止，剩余的过冷奥氏体在随后的冷却过程中与 Ms 线相交而开始转变为马氏体，最后的转变产物是托氏体+马氏体的混合物。

（二）奥氏体等温转变图在连续冷却中的应用

因为过冷奥氏体的连续冷却转变图测定困难，且有些使用广泛的钢种的奥氏体连续冷却转变图至今还未测出，所以目前生产上常用奥氏体等温转变图代替奥氏体连续冷却转变图定性地、近似地分析过冷奥氏体的连续冷却转变。如图 6-18 所示，v_1 是相当于随炉冷却的速度，根据它与奥氏体等温转变图相交的位置，可估计出奥氏体将转变为珠光体；v_2 是相当于在空气中冷却的速度，根据它与奥氏体等温转变图相交的位置，可估计出奥氏体将转变为索氏体；v_3 是相当于油冷的速度，根据它与奥氏体等温转变图相交的位置，可估计出有一部分奥氏体将转变为托氏体，剩余的奥氏体冷却到 Ms 线以下开始转变为马氏体，最终得到托氏体+马氏体；v_4 是相当于水冷的速度，它不与奥氏体等温转变图相交，一直过冷到 Ms 线以下开始转变为马氏体；v_K 与奥氏体等温转变图鼻尖相切，即马氏体临界冷却速度。

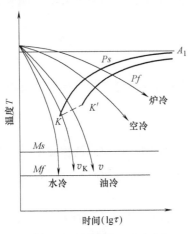

图 6-17　共析钢过冷奥氏体
连续冷却转变图

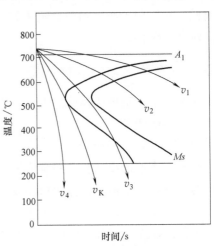

图 6-18　应用奥氏体等温转变图分析过
冷奥氏体的连续冷却转变

第三节　退火和正火

根据在零件生产工艺流程中的位置和作用不同，热处理工艺又可以分为最终热处理和预备热处理。最终热处理是指在生产工艺流程中，工件经切削加工等成形工艺而得到最终的形状和尺寸后，再进行的赋予工件所需使用性能的热处理。预备热处理是指为达到工件最终热处理的要求而获得所需的预备组织或改善工艺性能所进行的预备热处理，有时也称为中间热处理。例如，一般较重要工件的生产工艺路线大致为：铸造或锻造→退火或正火→机械（粗）加工→淬火+回火（或表面热处理）→机械（精）加工，其中退火或正火即属于预备热处理，淬火+回火为最终热处理。

一、退火

退火是将金属或合金加热到适当温度，保持一定时间，然后缓慢冷却，以获得接近平衡状态和组织的热处理工艺。

根据退火的工艺特点和不同的处理目的，退火工艺可分为均匀化退火、再结晶退火、去应力退火、完全退火、不完全退火、等温退火、球化退火等。

本节仅就工业上常用的几种退火工艺做简单介绍。

（一）完全退火

完全退火是将钢完全奥氏体化后，随之缓慢冷却，获得接近平衡状态组织的退火工艺。

完全退火的工艺是将工件加热到 $Ac_3+(30\sim50)$℃，保温一定时间后，随炉缓慢冷却至 500℃ 以下，然后空冷。

完全退火主要适用于亚共析成分的中碳钢及中碳合金钢的铸件、锻件、轧制件及焊接件。对于锻、轧件，一般安排在工件热锻或热轧之后、切削加工之前进行；对于焊接件或铸钢件，一般安排在焊接、浇注（或均匀化退火）后进行。

完全退火的目的是细化组织，降低硬度，改善可加工性，去除内应力。

（二）等温退火

等温退火的目的和加热过程与完全退火相同，它是将钢件或毛坯加热到高于 Ac_3（或 Ac_1）温度，保温适当时间后，较快地冷却到珠光体转变区的某一温度并等温，使奥氏体转变为珠光体型组织，然后再在空气中冷却至室温。一般对亚共析钢的加热温度为 $Ac_3+(30\sim50)$℃，对共析钢或过共析钢为 $Ac_1+(20\sim40)$℃。

等温退火的转变较易控制，能获得均匀的预期组织；对于奥氏体较稳定的合金钢可大大缩短退火时间，一般只需完全退火时间的一半左右。

等温退火适用于高碳钢、中碳合金钢、经渗碳处理后的低碳合金钢和某些高合金钢的大型铸、锻件及冲压件等。

（三）球化退火

球化退火是将工件加热到 $Ac_1\pm(10\sim20)$℃，保温后等温冷却或缓慢冷却，使钢中未溶碳化物球状化而进行的热处理工艺，其目的是降低硬度，提高塑性，改善可加工性，以及获得均匀的组织，改善热处理工艺性能，为以后的淬火做组织准备。对于某些结构钢的冷挤压件，为提高其塑性，则可在稍低于 Ac_1 温度下进行长时间球化退火。

生产上一般采用等温冷却以缩短球化退火时间。图 6-19 所示为 T12 钢两种球化退火工艺的比较及球化退火后的组织。球化退火前钢的原始组织中不允许有网状 Fe_3C_{II} 存在，可

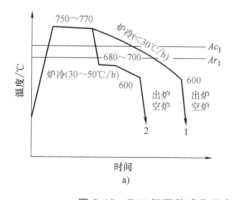
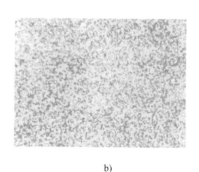

图 6-19　T12 钢两种球化退火工艺的比较及球化退火后的组织

a）T12 钢两种球化退火工艺的比较　b）T12 钢球化退火后的组织

1——一般球化退火工艺　2—等温球化退火工艺

通过正火消除网状 Fe_3C_{II}，否则球化效果不好。

球化退火主要适用于共析和过共析成分的碳钢和合金钢锻、轧件。

（四）均匀化退火

均匀化退火是为了减轻金属铸锭、铸件或锻坯的化学成分偏析和组织不均匀性，将其加热到高温，长时间保持，然后进行缓慢冷却，以达到化学成分和组织均匀化的退火工艺。

均匀化退火工艺为加热到 $Ac_3+(150\sim200)$℃，长时间保温后冷却，在不致使奥氏体晶粒过于粗化的条件下应尽量提高加热温度，以利于化学成分的均匀化。

工件经均匀化退火后，奥氏体晶粒十分粗大，必须进行一次完全退火或正火来细化晶粒，消除过热缺陷。

由于均匀化退火生产周期长，热能消耗大，设备寿命短，生产成本高，工件烧损严重，因此只有一些优质合金钢和偏析较严重的合金钢铸件才使用这种工艺。

（五）去应力退火

去应力退火是为了去除由于塑性加工、焊接、热处理及机械加工等造成的及铸件内存在的残留应力而进行的退火。

去应力退火的工艺为加热至 $Ac_1-(100\sim200)$℃保温后缓慢冷却。对于钢铁材料，加热温度一般为 $500\sim650$℃。

去应力退火过程中工件内部不发生组织的转变，应力消除是在加热、保温和缓冷过程中完成的。

以上各种退火工艺的加热温度范围和工艺曲线如图 6-20 所示。

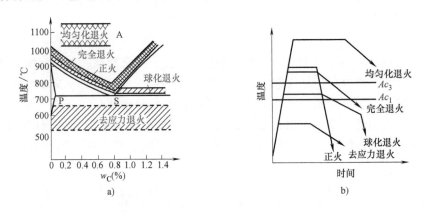

图 6-20 退火、正火的工艺示意图

a）加热温度范围 b）工艺曲线

二、正火

正火是将钢加热到 Ac_3（对于亚共析钢）或 Ac_{cm}（对于过共析钢）以上 $30\sim50$℃，保温适当时间后，在静止的空气中冷却的热处理工艺。其加热温度范围如图 6-20 所示。

正火冷却速度比退火快，过冷度较大，因此组织中珠光体的片间距更小，一般认为是索氏体，正火后的强度、硬度、韧性都高于退火，且塑性基本不降低。

正火的主要目的是调整锻件和铸钢件的硬度，细化晶粒，消除网状渗碳体并为淬火做好组织准备。通过正火细化晶粒，钢的韧性可显著改善，对低碳钢正火可提高硬度以改善可加工性，对焊接件则可以通过正火改善焊缝及热影响区的组织和性能。

正火主要应用于以下几个方面：

（1）改善低碳钢的切削加工性能　对于 w_C 小于 0.25% 的碳钢或低合金钢，切削加工时容易"粘刀"或"断屑"不良，通过正火可得到数量较多而细小的珠光体组织，使硬度提高至 140~190HBW，接近于最佳切削加工硬度，改善可加工性。

（2）中碳结构钢件的预备热处理　中碳钢经正火后，可有效地消除工件经热加工后产生的组织缺陷，获得细小而均匀的组织，以保证最终热处理的质量。

（3）普通结构零件的最终热处理　由于正火后的工件比退火状态具有更好的综合力学性能，对于一些受力不大、性能要求不高的普通结构零件可将正火作为最终热处理，以减少工序，节约能源，提高生产率。此外，对某些大型的或形状较复杂的零件，当淬火有开裂危险时，往往以正火代替淬火、回火处理，作为最终热处理。

（4）消除过共析钢的网状碳化物　过共析钢在淬火前要进行球化退火，但当其中存在网状碳化物时，会造成球化不良。正火可有效消除网状碳化物，而且正火得到的细片状珠光体也有利于碳化物的球化，从而提高球化退火质量。

（5）用于某些碳钢、低合金钢的淬火返修件　以消除内应力和细化组织，防止重淬时产生变形与开裂。

三、退火与正火的选择

正火与退火的不同之处在于冷却速度不同，所获得的组织不同，从而进一步导致力学性能的差异。

正火冷得更快，一般获得索氏体组织，比起退火获得的珠光体组织而言，它的综合力学性能更胜一筹。以生产中常用的 45 钢为例，其退火及正火后的力学性能见表 6-2。

表 6-2　45 钢退火及正火后的力学性能

状态	R_m/MPa	A_5（%）	a_K/J·cm^{-2}	硬度（HBW）
退火	650~700	15~20	40~60	~180
正火	700~800	15~20	50~60	~220

从表中可见，钢正火后的强度、硬度、韧性都较退火后的高。与退火相比，正火不但力学性能高，而且操作简单，生产周期短，能量耗费少，故在可能的条件下，应优先采用正火处理。

第四节　淬火与回火

淬火是将钢件加热到 Ac_3 或 Ac_1 以上某一温度，保持一定时间后以适当速度冷却，获得马氏体或下贝氏体组织的热处理工艺。它是强化钢材最重要的热处理手段。

淬火马氏体在不同温度下回火可获得不同的组织，从而使钢具有不同的力学性能，以满足各类工具或零件的使用要求，所以，一般淬火后必须进行回火。

一、淬火

(一) 钢的淬火工艺

1. 加热温度和保温时间的选择

碳钢的淬火加热温度可根据 Fe-Fe$_3$C 相图来选择，如图 6-21 所示。

亚共析钢的淬火加热温度为 $Ac_3+(30\sim50)$℃，加热后的组织为细的奥氏体，淬火后可以得到细小而均匀的马氏体。但对于某些亚共析合金钢，在略低于 Ac_3 的温度进行亚温淬火，可利用少量细小残存分散的铁素体来提高钢的韧性。

共析钢、过共析钢的淬火加热温度为 $Ac_1+(30\sim50)$℃，这时的组织为奥氏体（共析钢）或奥氏体+渗碳体（过共析钢）。例如，T10 的淬火加热温度为 760~780℃，淬火后得到均匀细小的马氏体+颗粒状渗碳体+残留奥氏体的混合组织。对于过共析钢，在此温度范围内淬火的优点有：保留了一定数量的未溶渗碳体，淬火

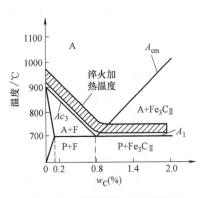

图 6-21 碳钢的淬火加热温度

后钢具有最大的硬度和耐磨性；使奥氏体的碳含量不致过高而保证淬火后残留奥氏体不致过多，有利于提高硬度和耐磨性；奥氏体晶粒细小，淬火后可以获得较高的力学性能。

2. 淬火冷却介质

工件进行淬火冷却所使用的介质称为淬火冷却介质。

（1）理想淬火冷却介质的冷却特性 淬火要得到马氏体，冷却速度必须大于 v_K，这将会不可避免地造成较大的内应力，从而可能引起零件的变形和开裂。淬火时怎样才能既得到马氏体而又能减小变形并避免开裂呢？这是淬火工艺中要解决的一个主要问题。对此，可从两个方面入手，一是找到一种理想的淬火冷却介质，二是改进淬火冷却方法。

由奥氏体等温转变图可知，要获得马氏体，无须在整个冷却过程都快速冷却，理想淬火冷却介质的冷却特性应为：在650℃以上时，因为过冷奥氏体比较稳定，速度应慢些，以降低零件内部温度差而引起的热应力，防止变形；在 650~500℃（鼻尖附近）过冷奥氏体最不稳定，应快速冷却，淬火冷却速度应大于 v_K 使过冷奥氏体不致发生分解形成珠光体；在300~200℃之间，过冷奥氏体已进入马氏体转变区，应缓慢冷却，因为此时相变应力占主导地位，防止内应力过大而使零件产生变形，甚至开裂。根据上述要求，淬火冷却介质的理想冷却速度应如图 6-22 所示，但目前为止，符合这一特性要求的淬火冷却介质还没有找到。

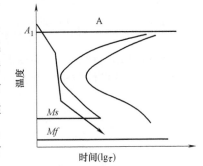

图 6-22 理想淬火冷却
介质的冷却特性

（2）常用淬火冷却介质 目前，生产中常用的淬火冷却介质有水及水基、油及油基。

1）水。水是应用最为广泛的淬火冷却介质，这是因为水价廉易得，而且具有较强的冷却能力，但它的冷却特性并不理想，在需要快冷的 650~500℃ 范围内，它的冷却速度较小，

而在 300~200℃ 范围内需要慢冷时，它的冷却速度比要求的大。这样易使零件产生变形，甚至开裂，所以只能用作尺寸较小的碳钢零件的淬火冷却介质。

2）盐水。为提高水的冷却能力，在水中加入 5%~15%（质量分数）的食盐成为盐水溶液，其冷却能力比清水更强，在 650~500℃ 范围内，冷却能力比清水提高近 1 倍，这对于保证碳钢件的淬硬来说是非常有利的。用盐水淬火的工件，容易得到高的硬度和光洁的表面，不易产生淬不硬的软点，这是清水无法相比的。但盐水在 300~200℃ 范围内，冷却速度仍像清水一样快，使工件易产生变形，甚至开裂，生产上为防止这种变形和开裂，常采用先盐水快冷、再在 Ms 点附近转入冷却速度较慢的介质中缓冷。所以，盐水介质主要使用于形状简单，硬度要求较高，表面要求光洁，变形要求不严格的碳钢零件的淬火，如螺钉、销、垫圈等。

3）油。油也是一种广泛使用的淬火冷却介质，目前生产中用作淬火冷却介质的有各种矿物油，如机油（全损耗系统用油）、锭子油、变压器油、柴油等。油的冷却能力很弱，这在 300~200℃ 范围内对降低零件的变形与开裂是有利的，但在 650~500℃ 范围内对防止过冷奥氏体的分解是不利的，所以只能用于一些过冷奥氏体较稳定的合金钢或尺寸较小的碳钢件的淬火。

4）其他。用得较多的还有碱浴和硝盐浴。在高温区，碱浴的冷却能力比油强而比水弱，硝盐浴的冷却能力则比油弱；在低温区则都比油弱。碱浴和硝盐浴的冷却特性，既能保证奥氏体转变为马氏体不发生中途分解，又能大大降低工件变形、开裂倾向，所以主要用于截面不大，形状复杂，变形要求严格的碳钢、合金钢工件，作为分级或等温淬火的冷却介质。

（二）常用淬火方法

由于淬火冷却介质不能完全满足淬火质量要求，所以在热处理工艺上还应在淬火方法上加以解决。目前使用的淬火方法较多，这里仅介绍其中常用的四种。

1. 单介质淬火

单介质淬火是将加热到奥氏体状态的工件放入一种淬火冷却介质中连续冷却到室温的淬火方法（见图 6-23 中曲线 1），如碳钢件的水冷淬火、合金钢件的油冷淬火等。单介质淬火的优点是操作简单，易于实现机械化和自动化。缺点是：工件的表面与心部温差大，易造成淬火内应力；在连续冷却到室温的过程中，水淬由于冷却快，易产生变形和裂纹；油淬由于冷却速度小，则易产生硬度不足或硬度不均匀的现象。因此，单介质淬火只适用于形状简单、无尖锐棱角及截面无突然变化的零件。

2. 双介质淬火

双介质淬火是将钢件奥氏体化后，先浸入一种冷却能力强的介质中，冷却到稍高于 Ms 温度时立即浸入另一种冷却能力弱的介质中继续冷却的淬火工艺（见图 6-23 中曲线 2）。例如，碳钢通常采用先水淬后油冷，合金钢通常采用先油淬后空冷。

双介质淬火的优点是马氏体相变在缓冷的介质中进行，可以使工件淬火时的内应力大为降低，从而减小变形、开裂的倾向。缺点是：工件的表面与心部温差仍较大；工艺

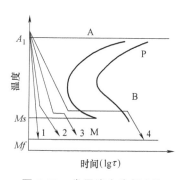

图 6-23 常用淬火冷却方法

不好掌握，操作困难。所以，双介质淬火适用于形状复杂程度中等的高碳钢小零件和尺寸较大的合金钢零件。

3. 分级淬火

分级淬火是将工件奥氏体化后，随之浸入温度稍高或稍低于 Ms 点的液态介质（如硝盐浴或碱浴）中，保温适当时间，使钢件内外层都达到介质温度后取出空冷，以获得马氏体组织的淬火工艺（见图 6-23 中曲线 3）。

分级淬火的优点是可降低工件内外温度差，降低马氏体转变时的冷却速度，从而减小淬火应力，防止变形、开裂。缺点是因为硝盐浴或碱浴的冷却能力较弱，使其适用性受到限制。分级淬火适用于尺寸较小（$<\phi10\sim\phi12mm$ 的碳钢或 $<\phi20\sim\phi30mm$ 的合金钢），要求变形小、尺寸精度高的工件，如刀具、模具等。

4. 等温淬火

等温淬火是将工件奥氏体化后，随之快冷到贝氏体转变温度区（260～400℃）等温足够长的时间，使奥氏体转变为下贝氏体的淬火工艺（见图 6-23 中曲线 4）。

等温淬火的优点是淬火应力与变形极小，与回火马氏体相比，在碳含量相近、硬度相当时，下贝氏体具有较高的塑性和韧性；缺点是生产周期长，生产率低。等温淬火适用于各种高中碳钢和低合金钢制作的、要求变形小且高韧性的小型复杂零件，如各种冷热模具、成形刀具、弹簧、螺栓等。

二、钢的淬透性和淬硬性

（一）淬透性

1. 淬透性的概念

淬透性是指钢在淬火后的淬硬（透）层深度，它表征了钢在淬火时获得马氏体的能力。从理论上讲，淬硬深度应为工件截面上全部淬成马氏体的深度，但实际上，即使马氏体中含少量（质量分数 5%～10%）的非马氏体组织，在显微镜下观察或通过测定硬度也是很难区别开来的。为此规定，从工件表面向里到半马氏体组织处的深度为有效淬硬深度，以半马氏体组织所具有的硬度来评定是否淬硬。例如，用钢制截面较大的试棒进行淬火试验时，发现仅在表面一定深度获得马氏体，试棒截面硬度分布曲线呈 U 形，如图 6-24 所示，其中半马氏体深度 h 即为淬硬深度。如果试棒心部也获得了 50% 以上的马氏体，则称其为有效淬透了。

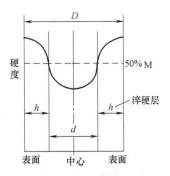

图 6-24　钢试棒截面
硬度分布曲线

这里需要注意的是：钢的淬透性与实际工件的淬硬层深度是有区别的。淬透性是钢在规定条件下的一种工艺性能，是钢材本身固有的属性，是确定的、可以比较的；淬硬层深度是实际工件在具体条件下淬得的马氏体和半马氏体的深度，是变化的，与钢的淬透性及外在因素有关。

2. 淬透性的影响因素

由钢的连续冷却转变曲线可知，淬火时要想得到马氏体，冷却速度必须大于临界速度 v_K，所以钢的淬透性主要由其临界速度来决定。v_K 越小，钢的淬透性越好。因此，凡是影响奥氏体稳定的因素，均影响淬透性。这些因素有：

（1）合金元素　合金元素是影响淬透性的最主要因素，除 Co 外，大多数合金元素溶于奥氏体后，降低了 v_K，使奥氏体等温转变图右移，提高了钢的淬透性。

（2）碳的质量分数　即通常所说的碳含量，对于碳钢来说，钢中的碳含量越接近共析成分，其奥氏体等温转变图越靠右，v_K 越小，淬透性越好。即亚共析钢的淬透性随碳含量增加而增大，过共析钢的淬透性随碳含量增加而减小。

（3）奥氏体化温度　提高奥氏体化温度，将使奥氏体晶粒长大，成分均匀化，从而减少珠光体的形核率，降低钢的 v_K，增大其淬透性。

（4）钢中未溶第二相　钢中未溶入奥氏体的碳化物、氮化物及其他非金属夹杂物，可成为奥氏体分解的非自发核心，使 v_K 增大，从而降低淬透性。

3. 淬透性的评定方法

常用的评定淬透性的方法有临界直径测定法和端淬试验法。

（1）临界直径测定法　钢材在某种介质中淬冷后，心部得到全部马氏体或 50% 马氏体组织时的最大直径称为临界直径，以 D_C 表示。临界直径测定法是一种直观衡量淬透性的方法：制作一系列直径不同的圆棒，淬火后分别测定各试样截面上沿直径分布的硬度 U 曲线，从中找出中心恰为半马氏体组织的圆棒，则该圆棒直径即为临界直径。临界直径越大，表明钢的淬透性越高。常用钢的临界直径见表 6-3。

表 6-3　常用钢的临界直径

钢号	临界直径/mm		钢号	临界直径/mm	
	水冷	油冷		水冷	油冷
45	13 ~ 16.5	6 ~ 9.5	35CrMo	36 ~ 42	20 ~ 28
60	11 ~ 17	6 ~ 12	60Si2Mn	55 ~ 62	32 ~ 46
T10	10 ~ 15	< 8	50CrVA	55 ~ 62	32 ~ 40
65Mn	25 ~ 30	17 ~ 25	38CrMoAlA	100	80
20Cr	12 ~ 19	6 ~ 12	20CrMnTi	22 ~ 35	15 ~ 24
40Cr	30 ~ 38	19 ~ 28	30CrMnSi	40 ~ 50	23 ~ 40
35SiMn	40 ~ 46	25 ~ 34	40MnB	50 ~ 55	28 ~ 40

（2）端淬试验法　根据 GB/T 225—2006《钢　淬透性的末端淬火试验方法（Jominy 试验）》，端淬试样采用标准尺寸 $\phi25mm \times 100mm$，经奥氏体化后，在专用试验设备上对其中一端面喷水冷却。冷却后沿轴线方向测出硬度-距水冷端距离的关系曲线，即淬透性曲线的试验方法。根据淬透性曲线可以对不同钢种的淬透性大小进行比较，推算出钢的临界淬火直径，确定钢件截面上的硬度分布情况等。这是淬透性测定的常用方法。

4. 淬透性对热处理后力学性能的影响

淬透性对钢的力学性能影响很大，如将淬透性不同的两种钢制成直径相同的轴进行调质处理，比较它们的力学性能可发现，虽然硬度相同，但其他性能有显著区别，如图 6-25 所示，淬透性高的，其力学性能沿截面是均匀分布的，而淬透性低的，心部力学性能低，韧性更低。这是因为，淬透性高的钢调质后其组织由表及里都是回火索氏体，有较高的韧性，而淬透性低的钢，心部为片状索氏体，韧性较低。因此，设计人员必须对钢的淬透性有所了解，以便能根据工件的工作条件和性能要求进行合理选材，制订热处理工艺，以提高工件的使用性能，具体应注意以下几点。

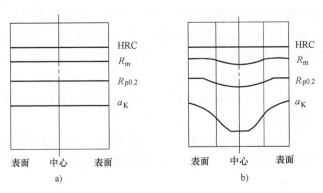

图 6-25　淬透性不同的钢调质后力学性能的对比
a）淬透　b）未淬透

1）要根据零件不同的工作条件合理确定钢的淬透性要求。并不是所有场合都要求淬透，截面较大、形状复杂及受力情况特殊的重要零件，如拉杆、锻模、锤杆等都要求表面和心部力学性能一致，应选淬透性好的钢；当某些零件的心部力学性能对其寿命的影响不大时，如受扭转或弯曲载荷的轴类零件，外层受力很大、心部受力很小，可选用淬透性较低的钢，获得一定的淬硬层深度即可；有些工件则不能或不宜选用淬透性高的钢，如焊接件，如果淬透性高，就容易在热影响区出现淬火组织，造成工件变形和开裂；又如承受强烈冲击和复杂应力的冷镦模，其工作部分常因全部淬硬而脆断，因此也不宜选用淬透性高的钢。

2）零件尺寸越大，淬火时零件的冷却速度越慢，因此淬透层越薄，性能越差，这种随工件尺寸增大而热处理强化效果减弱的现象称为钢材的"尺寸效应"。例如，40Cr 钢经调质后，当直径为 30mm 时，$R_m \geqslant 900MPa$；直径为 120mm 时，$R_m \geqslant 750MPa$；直径为 240mm 时，$R_m \geqslant 650MPa$。因此，不能根据手册中查到的小尺寸试样的性能数据用于大尺寸零件的强度计算。但是，合金元素含量高的淬透性大的钢，尺寸效应则不明显。

3）由于碳钢的淬透性低，在设计大尺寸零件时，有时用碳钢正火比调质更经济，而效果相似。例如，设计尺寸为 $\phi100mm$ 的零件时，用 45 钢调质后的 $R_m = 610MPa$，而正火也能达到 $R_m = 600MPa$。

（二）淬硬性

淬硬性是指钢在理想条件下进行淬火硬化（即得到马氏体组织）所能达到的最高硬度的能力。它主要取决于马氏体中的碳含量，碳含量越高，淬火后硬度越高，合金元素的含量则对它无显著影响。

淬硬性与淬透性是两个不同的概念，淬硬性好的钢淬透性不一定好，淬透性好的钢淬硬性也不一定高。例如，含碳量 $w_C = 0.3\%$、合金元素含量 $w = 10\%$ 的高合金模具钢 3Cr2W8V 的淬透性极好，但在 1100℃ 油冷淬火后的硬度约为 50HRC；而含碳量 $w_C = 1.0\%$ 的碳素工具钢 T10 钢的淬透性不高，但在 760℃ 水冷淬火后的硬度大于 62HRC。

淬硬性对于按零件使用性能要求选材及热处理工艺的制订同样具有参考作用。对于要求高硬度、高耐磨性的各种工模具可选用淬硬性高的高碳、高合金钢；要求较高综合力学性能即强韧性要求都较高的机械零件可选用淬硬性中等的中碳及中碳合金钢；对于要求高塑性、高韧性的焊接件及其他机械零件则应选用淬硬性低的低碳、低合金钢，当零件表面有高硬度、高耐磨性要求时则可配以渗碳工艺，通过提高零件表面的碳含量使其表面淬硬性提高。

三、回火

将淬硬后的钢重新加热到 Ac_1 以下某一温度，保温一定时间后冷却到室温的热处理工艺，称为回火。回火的主要目的有：

（1）降低脆性、消除或降低残留应力 钢经淬火后存在很大的内应力和脆性，如不及时回火，往往会使工件变形，甚至开裂。

（2）赋予工件所要求的力学性能 工件经淬火后，硬度高，脆性大，不宜直接使用，为了满足工件的不同性能要求，可以通过适当的回火配合来调整硬度，降低脆性，得到所需要的韧性、塑性。

（3）稳定工件尺寸 淬火马氏体和残留奥氏体都是不稳定的组织，它们会自发地向稳定组织转变，从而引起工件尺寸和形状的改变，利用回火处理可以使淬火组织转变为稳定组织，以保证工件在以后的使用过程中不再发生尺寸和形状的改变。

（一）淬火钢的回火转变

淬火钢在回火过程中，随着加热温度的提高，其组织和力学性能都将发生变化。以共析钢为例，其过程为：

1. 马氏体分解（200℃以下）

回火温度小于80℃时，淬火钢中没有明显的组织转变，80~200℃时，马氏体开始分解，马氏体中过饱和的碳以亚稳定的 ε-碳化物（$Fe_{2.4}C$）（正交晶格）形式析出，使马氏体中碳的过饱和度降低、正方度下降；由于这一阶段温度较低，从马氏体中仅析出了一部分过饱和的碳，所以它仍为碳在 α-Fe 中的过饱和固溶体。ε-碳化物极为细小，弥散分布于过饱和的 α 固溶体相界面上并与 α 固溶体保持共格关系（即两相界面上的原子，恰好是两相晶格的共用质点的原子），这种由过饱和度有所降低的 α 固溶体和与其共格的 ε-碳化物薄片组成的组织称为回火马氏体，用 $M_{回}$ 表示。回火马氏体仍保持原马氏体形态，其上分布有细小的 ε-碳化物，此时钢的硬度变化不大，但由于 ε-碳化物的析出，晶格畸变程度下降，内应力有所减小。

2. 残留奥氏体转变（200~300℃）

残留奥氏体从200℃开始分解，到300℃基本结束，一般转变为下贝氏体，此时 α 固溶体的碳含量降低为 $w_C = 0.15\% \sim 0.20\%$，淬火应力进一步降低。这一阶段，虽然马氏体继续分解为回火马氏体会降低钢的硬度，但由于原来比较软的残留奥氏体转变为较硬的下贝氏体，因此钢的硬度降低并不显著，屈服强度反倒略有上升。

3. 回火托氏体的形成（300~400℃）

此时，因为碳的扩散能力上升，碳从过饱和的 α 固溶体中继续析出，使之转变为铁素体，同时亚稳定的 ε-碳化物逐渐转变为渗碳体（细球状），并与 α 固溶体失去共格关系，得到针状铁素体和球状渗碳体组成的复相组织，称为回火托氏体，用 $T_{回}$ 表示。此时淬火应力大部分消除，钢的硬度、强度降低，塑性、韧性上升。

4. 渗碳体的聚集长大和铁素体的再结晶（400℃以上）

当回火温度大于400℃时，渗碳体球将逐渐聚集长大，形成较大的粒状渗碳体，回火温度越高，球粒越粗大；当回火温度上升到500~600℃时，铁素体逐渐发生再结晶，使针状铁素体转变为多边形铁素体，得到在多边形铁素体基体上分布着球状渗碳体的复相组织，这种复相组织称为回火索氏体，用S$_回$表示。这时，钢的强度、硬度进一步下降，塑性、韧性进一步上升。

图6-26所示为钢的硬度随回火温度的变化情况。

（二）回火的分类与应用

根据回火温度范围，可将回火分为以下几种：

1. 低温回火（150~250℃）

低温回火获得的组织为回火马氏体，回火后钢的硬度为58~64HRC，其目的是在尽可能保持高硬度、高耐磨性的同时降低淬火应力和脆性。适用于高碳钢和合金钢制作的各类刀具、模具、滚动轴承、渗碳及表面淬火的零件，如T12钢锉刀采用760℃水淬+200℃回火。

2. 中温回火（350~500℃）

中温回火获得的组织为回火托氏体，回火后钢的硬度为35~50HRC。中温回火的目的是获得较高的弹性极限和屈服强度，同时改善塑性和韧性。适用于各种弹簧及锻模，如65钢弹簧采用840℃油淬+480℃回火。

3. 高温回火（500~650℃）

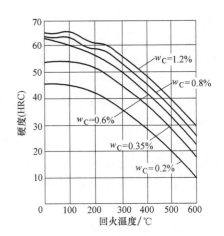

图6-26 钢的硬度随回火温度的变化情况

高温回火获得的组织为回火索氏体，回火后钢的硬度为25~35HRC，习惯上将淬火及高温回火的复合热处理工艺称为调质处理。高温回火的目的是在降低强度、硬度及耐磨性的前提下，大幅度提高塑性、韧性，得到较好的综合力学性能。适用于各种重要的中碳钢结构零件，特别是在交变载荷下工作的连杆、螺栓、齿轮及轴类等，如45钢小轴采用830℃水淬+600℃回火。也可作为某些精密零件如量具、模具等的预备热处理，因为在抗拉强度相近时，调质后的屈服强度、塑性和冲击韧度显著高于正火。

应当指出，钢经正火后和调质处理后的硬度值很接近，但由于调质后不仅硬度高，而且塑性和韧性更显著地超过了正火状态。所以，重要的结构零件一般都进行调质处理。

除了以上三种常用的回火方法外，生产中某些精密工件（如精密量具、精密轴承等），为了保持淬火后的高硬度及尺寸稳定性，常在100~150℃下保温10~50h，这种低温下长时间保温的热处理称为稳定化处理。

（三）回火脆性

一般来说，淬火钢回火时，随着回火温度的升高，强度、硬度降低，而塑性、韧性提高。但在某些温度区间回火时，钢的冲击韧度反而明显下降，如图6-27所示为钢的冲击韧度与回火温度的关系。这种淬火钢在某些温度区间回火或从回火温度缓慢冷却通过该温度区间的脆化现象称为回火脆性。回火脆性可分为第一类回火脆性和第二类回火脆性。

1. 第一类回火脆性

淬火后在 300℃ 左右回火时所产生的回火脆性称为第一类回火脆性，又称为不可逆回火脆性。几乎所有的钢都存在这类脆性。推断是因为回火时沿马氏体条或片的边界析出断续的薄壳状碳化物，降低了晶界的断裂强度。所以，一般工件都不在 250~350℃ 温度区回火。

2. 第二类回火脆性

含有 Cr、Mn、Ni 等元素的合金钢，在脆化温度（400~550℃）区回火或经更高温度回火后缓慢冷却通过该脆化温度区所产生的脆性称为第二类回火脆性。这种脆性可通过高于脆化温度的再次回火后快速冷却予以消除，消除后若再次在脆化温度区回火或经更高温度回火后缓慢冷

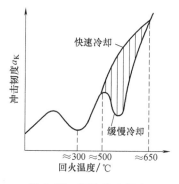

图 6-27　钢的冲击韧度与回火温度的关系

却通过脆化温度区，则会重复出现，所以又称为可逆回火脆性。产生的原因一般为 Sb、Sn、P 等杂质元素在原奥氏体晶界上偏聚，钢中 Ni、Cr 等合金元素促进杂质的这种偏聚，而且本身也向晶界偏聚，从而增大了产生回火脆性的倾向。防止的方法是：尽量减少钢中杂质元素的含量，或者加入 Mo 等能抑制晶界偏聚的元素；对中、小型工件，可通过回火后快速冷却来抑制这类回火脆性。

四、淬火、回火时工艺缺陷

（一）淬火缺陷

1. 淬火冷却变形

（1）原因　变形与开裂的根本原因是淬火时形成的内应力所致。

工件淬火冷却时，由于不同部位的温度差异及组织转变的不同时性所引起的应力称为淬火冷却应力。根据淬火应力形成的原因不同，可分为热应力和相变应力（组织应力）两种。其中热应力是工件在加热或冷却时，由于不同部位存在着温度差别而导致热胀和（或）冷缩不一致所引起的应力。相变应力则是在热处理过程中，由于各部位相转变的不同时性所引起的应力，又称为组织应力。

淬火冷却变形是淬火冷却过程中热应力与相变应力在零件形状、尺寸上的反映。当淬火应力大于钢的屈服强度时即产生变形。

（2）变形的基本规律　热应力引起的变形主要是淬火初期在心部受压应力时产生的，它使物体向球形发展。

直径小于高度的圆柱体在热应力作用下的变形规律是直径增大，高度减小，呈腰鼓形趋势；高度小于直径的扁平体零件，热应力作用的结果是直径收缩，厚度增凸，呈陀螺状；空心圆柱体外表面冷却较快，内孔处对流传热不充分，冷却较缓慢，使内孔心部分鼓凸；内径与外径均较大的套圈状零件热应力使高度与外径均有收缩，内孔收缩相对较大，内、外径均减小而高度增加。

淬火冷却过程中，过冷奥氏体发生由表及里的马氏体相变，因为马氏体的比体积明显大于奥氏体，体积将发生膨胀，由于这种体积效应所产生的应力即为相变应力。对尺寸较大的圆柱体零件，相变应力使直径与高度俱增。当尺寸大于一定值后，相变应力增加对圆柱体直

径与高度有不同影响：直径小于高度时，相变应力使高度增大而直径减小；直径大于高度时，则高度收缩而直径增大。对于空心圆柱体零件，尺寸较小时，内、外径与高度都增大，在尺寸较大时，相变应力使内径增大。

（3）减小变形的途径

1）合理选材和改进零件设计的结构工艺性。对于形状复杂、尺寸稳定性要求较高的零件，应选择淬裂敏感性小而淬透性较好的合金钢制作，以便可以在较为缓和的淬火冷却介质中冷却而减少淬火变形。设计零件时，应尽量减少截面尺寸的不均匀性，避免尖角和薄边等导致应力集中和易过热的部位。

2）选择合适的锻造和预备热处理工艺。高合金工具钢的碳化物不均匀分布或是呈网状均将增大淬火变形，应反复镦锻，使大量剩余碳化物弥散均匀分布，可减小淬火变形。对齿轮或轴类零件，锻造温度和锻造流线的分布对淬火变形也有影响。

淬火前的原始组织也对淬火变形有影响。用退火有助于减少淬火变形。

3）采用低淬火冷却变形的热处理工艺。能减少淬火变形的热处理方法有一次或多次预热，降低淬火加热温度，采用预冷淬火、分级淬火、等温淬火等。

4）对于已产生淬火变形的工件可采用各种矫正措施来弥补。

2. 淬火冷却开裂

淬火冷却开裂是指淬火冷却时应力超过材料在该温度下的抗拉强度时在工件上形成裂纹的现象。淬火裂纹可在冷却过程中产生，也可在零件刚从淬火冷却介质中取出时产生，或在存放一定时间后产生。

（1）淬火裂纹的类型

1）纵向裂纹。当淬火冷却时产生的拉应力超过材料的强度时即发生淬裂，如细长圆柱体零件。

2）横向裂纹。直径特别大或直径不太大但未能淬透的零件，心部的轴向拉应力远大于切向应力，经常发生横向开裂。

3）孔内壁面裂纹。管形零件或带孔零件往往由于孔内壁和其他部位存在冷却速度差异而形成孔内壁面处开裂。

（2）防止淬火裂纹的措施　防止或减少淬火裂纹的途径是降低冷却过程中的拉应力并尽量减少截面上各部位的温度差，尽量做到均匀冷却。

1）降低拉应力的具体方法有：尽量采用淬透性好的钢；在工件完全冷却到室温前即进行回火；采用双介质淬火、分级淬火或等温淬火。

2）使各部位均匀冷却的途径有：消除应力集中的各种因素，如锐角倒钝、倒角半径加大；尽量避免截面变化过大或加大截面过渡半径，保持形状的对称性；对圆筒形零件，当孔内壁不怕淬硬时，可先将内壁进行短时间的喷液冷却，然后再使整体浸入淬火冷却介质中冷却。

3. 软点与硬度不足

淬火后工件表面局部未被淬硬的区域称为软点。原始组织粗大不均，冷却水中混有油，零件表面有氧化皮或不清洁，零件在淬火冷却介质中未搅动等，均可能导致局部区域冷却速度过低，出现非马氏体组织，从而产生软点。

淬火后硬度不足，一般是由于加热温度偏低、表面脱碳、钢的淬透性不高或冷却速度过慢等因素造成的。

产生软点与硬度不足的零件应重新淬火，但在淬火前要进行退火或正火处理。

（二）回火缺陷

常见的回火缺陷有硬度过高或过低，硬度不均匀，以及回火产生变形及脆性等。其中，回火硬度过高主要由于回火温度过低、回火时间过短造成；回火硬度过低主要由于回火温度过高所造成；回火后硬度不均匀的原因可能是炉温不均匀，一次装炉量过多，或选用加热炉不当等。

回火后工件发生变形，常由于回火前工件内应力不平衡，回火时应力松弛或产生应力重分布所致。要避免回火后变形，可采用多次校直、多次加热，或采用压具回火。

回火时还应正确选择回火温度和冷却方式等，以避免出现回火脆性，一旦出现回火脆性，需要及时消除。此外，高速工具钢表面脱碳后在回火过程中可能形成网状裂纹。

第五节 钢的表面热处理和化学热处理工艺

生产中有很多零件是在动载荷、冲击载荷和摩擦条件下工作的，它们要求其表面具有高硬度和高耐磨性（甚至其他的特殊性能要求），而心部则要求具有足够的塑性和韧性。若选用高碳钢采用淬火+低温回火工艺，硬度高，耐磨性好，但心部韧性差；若选用中碳钢调质或低碳钢淬火，心部韧性好，但表面硬度低，耐磨性差。这时，单从选材方面考虑是无法满足这些零件的性能要求的。针对机械零件的这种表面和心部相互矛盾的性能要求（即表硬心韧），解决问题的途径是采用表面热处理或化学热处理等表面强化处理。

表面热处理是指仅对工件表面进行热处理以改变其组织和性能的工艺。其中仅对工件表层进行淬火的表面淬火工艺是最常用的处理工艺。

化学热处理是将工件置于一定温度的活性介质中保温，使一种或几种元素渗入其表层，以改变其化学成分、组织和性能的热处理工艺，主要作用是强化和保护金属表面。

一、表面淬火

表面淬火是通过快速加热与立即淬火冷却相结合的方法来实现的，即利用快速加热使工件表面很快地加热到淬火温度，在不等热量充分传到心部时，即迅速冷却，使表层得到马氏体而被淬硬，而心部仍保持为未淬火状态的组织，即原来塑性、韧性较好的退火、正火或调质状态的组织。常用的表面淬火方法有感应淬火、火焰淬火等。

（一）感应淬火

感应淬火是利用感应电流通过工件所产生的热效应，使工件表面加热并进行快速冷却的淬火工艺。

1. 感应淬火的基本原理

感应加热的主要依据是电磁感应、"趋肤效应"和热传导三项基本原理。如图 6-28 所示，在感应线圈中通入一定频率的交流电，使其内部和周围产生与电流频率相同的交变磁场，将工件置于感应线圈内时，工件内就会产生频率相同、方向相反的感应电流，这种电流在工件内自成回路，称为"涡流"。涡流在工件截面上的分布是不均匀的，表面密度大，而心部几乎为零，这种现象称为"趋肤效应"。由于钢本身具有电阻，集中于工件表面的涡流可使工件表面迅速被加热，几秒内即可使温度上升到淬火温度，而心部仍接近于常温，随后立即喷水冷却即达到了表面淬火的目的。

2. 感应淬火的分类与应用

电流透入工件的深度主要与电流频率有关，其关系可用近似经验公式表示：

$$\delta \approx 600/f^{1/2}$$

式中，δ 为电流透入的深度，单位为 mm；f 为电流频率，单位为 Hz。

可见，电流频率越高，电流透入的深度就越薄，得到的淬硬层就越浅。根据电流频率的不同，感应淬火主要分为以下四类：

（1）高频感应淬火 工作频率为 70～1000kHz，常用频率为 200～300kHz，淬硬深度为 0.5～2mm，适用于要求淬硬层深度较浅的中、小型零件，如中小模数齿轮、小型轴类零件等，是应用最广泛的表面淬火法。

（2）中频感应淬火 工作频率为 500～10000Hz，常用频率为 2500～8000Hz，淬硬深度一般为 2～10mm，适用于淬硬层要求较深的大、中型零件，如直径较大的轴类和较大模数的齿轮等。

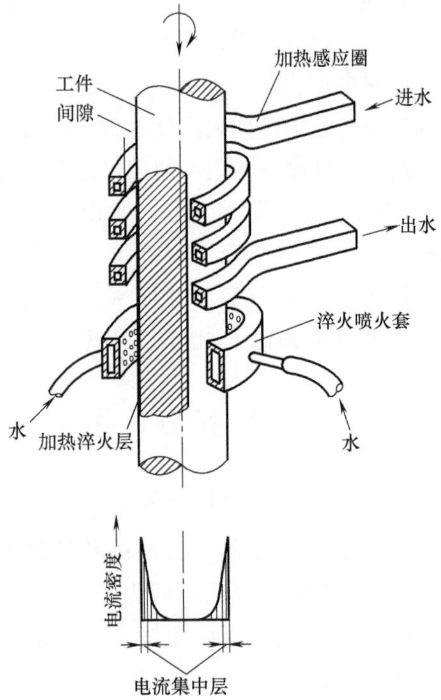

（3）工频感应淬火 工作频率为 50Hz（等于工业频率），无须专门的变频设备，淬硬深度可达 10～15mm，适用于大型零件，如直径大于 300mm 的轧辊及轴类零件等。

（4）超音频感应淬火 工作频率一般为 20～40kHz，稍高于音频（<20kHz），淬硬深度在 2mm 以上，适用于模数为 3～6 的齿轮及链轮、花键轴、凸轮等。

3. 表面淬火的工艺路线

为保证工件淬火后表面获得均匀细小的马氏体并减小淬火变形，改变心部的力学性能及可加工性，感应淬火前工件需进行预备热处理，重要件采用调质，非重要件采用正火。

工件在感应淬火后需进行 180～200℃ 的低温回火处理，以降低内应力和脆性，获得回火马氏体组织。回火方法有炉中加热回火、感应加热回火和自回火，生产中常采用"自回火"的方法，即当淬火冷却至 200℃ 时停止喷水，利用工件余热进行回火。

感应淬火件的常用工艺路线为：锻造→退火或正火→粗机械加工→调质或正火→精机械加工→感应淬火→低温回火→磨削。

4. 感应淬火的特点

与普通淬火相比，感应淬火主要有以下特点。

（1）加热速度极快 一般只需几秒至几十秒即可使工件达到淬火温度，使感应淬火温度 $[Ac_3+(80\sim150℃)]$ 比普通淬火高几十摄氏度。

（2）工件表面硬度高，脆性低 由于感应加热速度快，时间短，得到的奥氏体晶粒细小而均匀，淬火后可在表层获得极细马氏体或隐针马氏体，工件的表层硬度一般比普通淬火高出 2～3HRC，且脆性较低。

（3）疲劳极限高 由于感应淬火时工件表面发生马氏体转变，因体积膨胀而形成残留

图 6-28 感应淬火示意图

压应力，它能抵消循环载荷作用下产生的拉应力而显著提高工件的疲劳极限。

（4）工件表面质量好，变形小　因为加热速度快，保温时间极短，工件表面不易产生氧化、脱碳等缺陷，而且由于工件内部未被加热，淬火变形小。

（5）生产率高，适用于大批量生产　生产过程易于控制，加热温度、淬硬层深度等参数容易控制，容易实现机械化和自动化操作。

感应淬火也有不足之处：设备较贵、复杂零件的感应器不易制造，且不宜用于单件生产。

（二）火焰淬火

火焰淬火是应用氧-乙炔（或其他可燃气）火焰对零件表面进行加热，使其快速升温，随后立即喷水冷却的工艺，如图 6-29 所示。

火焰淬火的淬硬深度一般为 2 ~ 6mm。操作简单，成本低；但生产率低，加热不均，易造成工件表面过热，淬火质量不稳定，故而限制了它在工业生产中的应用，主要适用于单件或小批量生产的大型零件和需要局部淬火的工具及零件等。

火焰淬火零件的常用材料为中碳钢和中碳合金钢，如 35、45、40Cr、65Mn等，还可用于灰铸铁、合金铸铁等铸铁件。

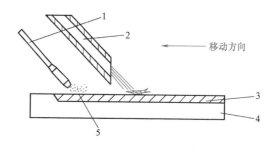

图 6-29　火焰淬火示意图
1—烧嘴　2—喷水管　3—淬硬层　4—工件　5—加热层

二、化学热处理

随渗入元素的不同，化学热处理方法可分为渗碳、渗氮、渗硼、渗铬、渗铝、渗硫、渗硅及碳氮共渗等。其中，渗碳、碳氮共渗可提高钢的表面硬度、耐磨性及疲劳性能；渗氮、渗硼、渗铬使工件表面特别硬，可显著提高耐磨性和耐蚀性；渗铝可提高耐热抗氧化性；渗硫可提高减摩性；渗硅可提高耐酸性等。在机械制造业中，最常用的是渗碳、渗氮和碳氮共渗及氮碳共渗。

化学热处理的基本过程大致为：加热——将工件加热到一定温度使之有利于吸收渗入元素活性原子；分解——由化合物分解或离子转变而得到渗入元素活性原子；吸收——活性原子被吸附并溶入工件表面形成固溶体或化合物；扩散——渗入原子在一定温度下，由表层向内部扩散形成一定深度的扩散层。

与表面淬火相比，化学热处理的主要特点是：表层不仅有组织的变化，而且有成分的变化，故性能改变的幅度大。

（一）钢的渗碳

将 $w_C = 0.10\% ~ 0.25\%$ 的钢件在渗碳介质中加热并保温，使碳原子渗入表层，可使零件的表层和心部分别具有高碳和低碳组织，经随后的淬火+低温回火热处理后，使高碳钢和低碳钢的不同性能结合在一个零件上，主要用于表面受严重磨损并在较大冲击载荷、交变载荷下工作的零件，如齿轮、活塞销、套筒及要求很高的喷油器偶件等。

渗碳件一般采用低碳钢或低碳合金钢，如20、20Cr、20CrMnTi等。

1. 渗碳方法

根据渗碳剂的状态不同，渗碳方法分为气体渗碳、液体渗碳和固体渗碳三种，其中气体渗碳应用最广，而液体渗碳则极少使用。

（1）气体渗碳

气体渗碳是指工件在含碳的气体中进行渗碳的工艺。目前国内应用较多的是滴注式渗碳，即将煤油、甲苯、甲醇、丙酮等有机液体渗碳剂直接滴入炉内裂解成富碳气氛，进行气体渗碳。图6-30所示为井式炉中的气体渗碳示意图，其过程为：将工件装在密封的渗碳炉中，加热到$900 \sim 950$℃，向炉内滴入煤油等有机液体，在高温下分解成CO、CO_2、H_2及CH_4等气体组成的渗碳气氛，与工件接触时，便在工件表面进行下列反应，生成活性碳原子：

$$2CO \rightarrow [C] + CO_2$$
$$CH_4 \rightarrow [C] + 2H_2$$
$$CO + H_2 \rightarrow [C] + H_2O$$

随后，活性碳原子被工件表面吸收而溶入奥氏体中，并向内部扩散而形成一定深度的渗碳层。

气体渗碳的优点是生产率高，劳动条件好，渗碳过程容易控制，容易实现机械化、自动化，适用于大批量生产。

（2）固体渗碳　固体渗碳是指将工件放在填充粒状渗碳剂的密封箱中进行渗碳的工艺。方法是：将工件和渗碳剂装入渗碳箱中，密封后放入炉中加热至$900 \sim 950$℃，保温渗碳。常用固体渗碳剂是碳粉和碳酸盐（$BaCO_3$或Na_2CO_3）的混合物，加热时发生下列反应：

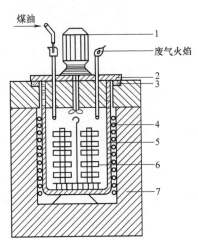

图6-30　井式炉中的气体渗碳示意图
1—风扇电动机　2—炉盖　3—砂封
4—电阻丝　5—炉罐　6—工件　7—炉体

$$2C + O_2 \rightarrow 2CO$$
$$BaCO_3 \text{ 或 } Na_2CO_3 \rightarrow BaO(\text{或} Na_2O) + CO_2$$
$$CO_2 + C \rightarrow 2CO$$
$$2CO \rightarrow [C] + CO_2$$

固体渗碳的优点是设备简单，容易实现，但生产率低，劳动条件差，质量不易控制，故应用不多，主要用于单件、小批量生产。

2. 渗碳工艺参数

主要有渗碳温度和渗碳时间。

由$Fe-Fe_3C$相图可知，奥氏体的溶碳能力很大。因此，渗碳温度必须在Ac_3以上，通常为$900 \sim 950$℃。渗碳温度过低，渗碳速度太慢，生产率低，且容易造成渗碳层深度不足；渗碳温度过高，虽然渗碳速度快，但易引起奥氏体晶粒显著长大，且易使零件在渗碳后的冷却过程中产生变形。渗碳时间则取决于所需的渗碳层厚度，但随渗碳时间的延长，渗碳层厚度的增加速度减缓，最终渗碳层厚度一般为$0.5 \sim 2.5$mm。生产中常采用随炉试样检查渗碳层厚度，以确定工件出炉时间。

对于渗碳零件，其设计技术条件应注明渗碳层深度、表面硬度、心部硬度及不允许渗碳的部位等，对于不允许渗碳的部位可采用镀铜的方法来防止渗碳，或预留加工余量，渗碳后去除该部分的渗碳层，或涂防渗碳涂料。

3. 渗碳后的组织与热处理

工件经渗碳后，其表面的碳含量最高（最好在 $w_C = 0.85\% \sim 1.05\%$ 范围内），由表及里，碳含量逐渐降低，直至原始碳含量。因此，工件从渗碳温度慢冷至室温后的组织如图 6-31 所示，从左到右依次为：过共析组织（$P+Fe_3C_{II}$）、共析组织（P）、过渡区亚共析组织

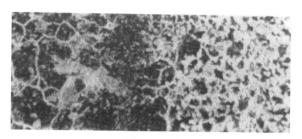

图 6-31　工件从渗碳温度慢冷至室温后的组织

（P+F）以及心部的原始亚共析组织（F+P）。对于碳钢，以从表面到过渡区亚共析组织一半处的深度为渗碳层的深度；对于合金钢，则把从表面到过渡区亚共析组织终止处的深度作为渗碳层的深度。渗碳层一般能按零件的轮廓均匀分布。

从渗碳后缓冷的组织可知，要使渗碳层发挥出应有的作用，渗碳后还需进行淬火＋低温回火处理。根据不同要求可选用下面三种淬火和回火工艺。

（1）**直接淬火法**　直接淬火法是指将渗碳后的工件自渗碳温度预冷至略高于 Ar_3 的 850~880℃后直接淬入油中或水中，然后在 180~200℃进行低温回火。预冷的目的是减少淬火变形及开裂，并使表层析出一些碳化物，降低奥氏体的碳含量，从而降低淬火后的残留奥氏体量，提高表层硬度。

直接淬火法操作简单，成本低，生产率高，但由于渗碳温度高，奥氏体晶粒粗大，影响淬火后工件的性能，故只适用于渗碳件的心部和表层都不过热的情况下；此外，预冷过程中，二次渗碳体沿奥氏体晶界呈网状析出，对工件淬火后的性能不利。大批量生产的汽车、拖拉机齿轮常用此法。

（2）**一次淬火法**　一次淬火法是指工件经渗碳空冷后，再重新加热至淬火温度（如 830~860℃）进行淬火，然后在 180~200℃进行回火。这种方法在工件重新加热时奥氏体晶粒得到了细化，使钢的力学性能得到提高。适用于比较重要的零件，如高速柴油机齿轮等。

（3）**二次淬火法**　二次淬火法指工件经渗碳空冷后，先加热到 Ac_3 以上某一温度（一般为 850~900℃）油淬，使心部组织细化，并消除表层网状渗碳体；然后再加热到 Ac_1 以上某一温度（一般为 750~800℃）油淬，最后在 180~200℃进行回火。二次淬火法使工件表层和心部组织被细化，从而获得较好的力学性能。但此法工艺复杂，生产周期长，成本高；而且工件经反复加热冷却后易产生变形和开裂，所以只适用于少数对性能要求特别高的工件。

渗碳工件经淬火＋低温回火后的表面组织为针状回火马氏体＋碳化物＋少量残留奥氏体，其硬度为 58~64HRC，而心部则随钢的淬透性而定。对于低碳钢，如 15 钢、20 钢，其心部组织为铁素体＋珠光体，硬度相当于 10~15HRC；对于低碳合金钢，如 20CrMnTi，心部组织为回火低碳马氏体＋铁素体，硬度为 35~45HRC。

渗碳工件的一般工艺路线为：锻造→正火→机械加工→渗碳→淬火＋低温回火→精加工。

（二）钢的渗氮

渗氮是指在一定温度下使活性氮原子渗入工件表面的化学热处理工艺，也称为氮化。其目的是提高工件表面硬度、耐磨性、耐蚀性、热硬性及疲劳强度。目前应用较多的有气体渗氮和离子渗氮。

1. 气体渗氮

在气体介质中进行渗氮的工艺称为气体渗氮。

把已脱脂净化后的工件放在渗氮炉内加热，并通入氨气，380℃以上，氨即可按下式分解出活性氮原子 [N]：

$$2NH_3 \rightarrow 3H_2 + 2[N]$$

活性氮原子 [N] 被工件表面吸收并溶入表面，在保温过程中逐渐向里扩散，形成一定深度的渗氮层。

由于氮在铁素体中有一定的溶解能力，无须加热到高温，所以常用的气体渗氮温度为550~570℃，远低于渗碳温度。渗氮时间则取决于渗氮层厚度，一般渗氮层的深度为0.4~0.6mm，渗氮时间需20~50h，故气体渗氮的生产周期比较长。

为保证渗氮零件的质量，渗氮零件需选用含与氮亲和力大的 Al、Cr、Mo、Ti、V 等合金元素的合金钢，如38CrMoAlA、35CrMo 等。

渗氮前需进行调质预处理，以改善机加工性能，并获得均匀的回火索氏体组织，保证较高的强度和韧性。

渗氮零件的一般工艺路线为：锻造→正火→粗加工→调质→精加工→去应力→粗磨→渗氮→精磨或研磨。

渗氮零件的设计技术要求应注明渗氮层深度、表面硬度、渗氮部位、心部硬度等，对于零件上不需渗氮的部位应镀锡或镀铜保护，或增加加工余量、渗氮后去除。

与渗碳相比，气体渗氮有以下特点：

1) 变形很小。由于渗氮温度低，且渗氮后又不需进行任何其他热处理，一般只需精磨或研磨、抛光即可。

2) 高硬度、高耐磨性。这是由于钢经渗氮后表面形成一层极硬的合金氮化物层，使渗氮层的硬度高达1000~1100HV，而且在600~650℃下保持不下降。

3) 疲劳极限高。由于渗氮层的体积增大造成工件表面产生残留压应力，可使疲劳极限提高15%~35%。

4) 高的耐蚀性能。这是由于渗氮层表面是由致密的耐蚀的氮化物组成的，使工件在水、过热的蒸汽和碱性溶液中都很稳定。

5) 生产周期长，成本高。

由于渗氮零件的这些性能特点，它主要应用于在交变载荷下工作并要求耐磨的重要结构零件，如高速传动的精密齿轮、高速柴油机曲轴、高精度机床主轴及在高温下工作的耐热、耐蚀、耐磨零件，如齿轮套、阀门、排气阀等。

2. 离子渗氮

在一定真空度下的渗氮气氛中，利用工件（阴极）和阳极之间产生的辉光放电进行渗氮的工艺称为离子渗氮，也称为辉光离子渗氮。

离子渗氮的基本工艺过程为：将工件置于离子渗氮炉中，将真空度抽到1.33~13.3Pa，慢慢通入氨气使气压维持在 $1.33 \times (10^2 \sim 10^3)$ 之间，以工件为阴极，炉壁为阳极，通过 400~750V 高压电，氨气被电离成氮和氢的正离子和电子，这时阴极（工件）表面形成一层紫色辉光。由于高能量的氮离子以很大的速度轰击工件表面，将离子的动能转化为热能，使工件表面温度升高到所需的渗氮温度（500~650℃）；氮离子在阴极上夺取电子后，还原成氮原子而渗入工件表面，并向里扩散形成渗氮层。在氮离子轰击工件表面的同时，还能产生阴极溅射效应而溅射出铁离子，铁离子形成氮化铁（FeN）附着在工件表面，在高温和离子轰击的作用下，依次分解为 Fe_2N、Fe_3N、Fe_4N，并放出氮原子向工件内部扩散，形成渗氮层。随着时间的延长，渗氮层逐渐加深。

离子渗氮的主要特点有：

（1）渗氮速度快，生产周期短　以 38CrMoAlA 渗氮为例，要达到 0.53~0.7mm 深的渗氮层，气体渗氮需 50h，而离子渗氮只需 15~20h。

（2）渗氮层质量好　由于阴极溅射有抑制生成脆性层的作用，所以渗氮层的韧性和疲劳强度得到了明显的提高。

（3）工件变形小　由于阴极溅射效应使工件尺寸略有减小，可抵消氮化物形成而引起的尺寸增大。故特别适用于处理精密零件和复杂零件，如 38CrMoAlA 钢制成的长度为 900~1000mm、外径为 27mm 的螺杆，渗氮后其弯曲变形小于 5μm。

（4）对材料的适应性强　对于一些含 Cr 的合金钢（如不锈钢），表面有一层稳定致密的钝化膜将阻止氮的渗入，但离子渗氮的阴极溅射能有效地去除这层钝化膜，克服了气体渗氮的局限性。因此，渗氮用钢、碳钢、合金钢和铸铁都能进行离子渗氮，但专用渗氮钢（如 38CrMoAlA）效果最佳。

目前，离子渗氮主要存在设备投资高，温度分布不均，测温困难和操作要求严格等问题，使适用性受到限制。

（三）钢的碳氮共渗

碳氮共渗是向钢的表面同时渗入碳和氮原子的过程，也称为氰化处理。分为液体碳氮共渗和气体碳氮共渗，其中，液体碳氮共渗的介质有毒，污染环境，劳动条件差，故很少应用；气体碳氮共渗应用得较为广泛，又分为中温气体碳氮共渗和低温气体氮碳共渗两类。

1. 中温气体碳氮共渗

实质上是以渗碳为主的共渗工艺。介质即渗碳和渗氮用的混合气，共渗温度一般为 820~860℃，共渗后还需要进行淬火和低温回火才能提高表面硬度和心部强度。与渗氮层相比，该共渗层的深度更深，表面脆性小，抗压强度高。

中温气体碳氮共渗所用的钢种大多为中、低碳的碳钢或合金钢，常用于处理汽车、机床的各种齿轮、蜗轮、蜗杆和轴类零件。

2. 低温气体氮碳共渗

实质上是以渗氮为主的共渗工艺，故又称为气体氮碳共渗，生产上习惯称之为软氮化。常用的共渗介质有氨加醇类液体（甲醇、乙醇）以及尿素、甲酰胺和三乙醇胺等。共渗温度一般为 540~570℃，时间为 2~3h，共渗后一般采用油冷或水冷，以获得 N 在 $\alpha-Fe$ 中的过饱和固溶体，在工件表面形成残留压应力，提高疲劳强度。

目前，低温气体氮碳共渗已广泛应用于刀具、模具、量具、曲轴、齿轮、气缸套等耐磨件的处理，但由于表层碳氮化合物层太薄，仅有 0.01~0.02mm，故不宜用于重载条件下工作的零件。

（四）其他化学热处理

在 900℃ 左右采用固体或液体方式向钢渗入硼（B）元素，钢表面形成几百微米厚以上的 Fe_2B 或 FeB 化合物层，其硬度较渗氮的还要高，一般为 1300HV 以上，有的高达 1800HV，抗磨损能力很高。

渗铬、渗钒等渗金属后，钢表层一般形成一层碳的金属化合物，如 Cr_7C_3、V_4C_3 等，硬度很高，如渗钒后硬度可高达 1800~2000HV，适合于工模具增强抗磨损能力。

第六节　热处理新技术和新工艺

随着科学技术的发展，热处理生产技术也发生着深刻的变化，它们对传统的热处理技术进行了改进，大大提高了钢材的表面质量和力学性能，现做简单介绍。

一、可控气氛热处理

向炉内通入一种或几种成分的气体，通过对这些气体成分的控制，使工件在热处理过程中不发生氧化和脱碳的热处理工艺，称为可控气氛热处理。一般可控气源由 CO、H_2、N_2 及微量的 CO_2、H_2O 与 CH_4 等气体组成，适当调节混合气体的成分，可以控制气氛的性质，达到无氧化脱碳缺陷及渗碳等目的。

目前，少品种、大批量生产中，尤其是碳钢和一般合金结构钢件的光亮淬火、光亮退火、渗碳淬火、碳氮共渗淬火、气体氮碳共渗仍以应用可控气氛为主要手段。所以，可控气氛热处理仍是先进热处理技术的主要组成部分。例如：光亮淬火，最适合在连续式作业炉［振底式炉、连（网）带炉、推杆炉等］、多用炉等中进行，广泛用于碳素结构钢、中碳合金结构钢等；光亮退火，能密封的炉型都可以进行，适合于碳素结构钢、中碳合金结构钢、低碳钢的完全退火、不完全退火、再结晶退火等。

可控气氛主要有四大类：放热式、吸热式、氨分解式、滴注式。

1. 放热式气氛

用煤气或丙烷等与空气按一定比例混合后进行的放热反应而形成，主要用于防止加热时的氧化，如低、中碳钢的光亮退火或光亮淬火等。

2. 吸热式气氛

用煤气、天然气或丙烷等与空气按一定比例混合后，通入发生器进行吸热反应而形成（外界加热），主要用于防止加热时的氧化、脱碳，或用于渗碳处理，如工件的光亮退火、光亮淬火、渗碳、碳氮共渗等。

3. 氨分解式气氛

将氨气加热分解为氮和氢，一般用来代替价格昂贵的纯氢作为保护气氛。主要用于含铬较高的合金钢（如不锈钢、耐热钢）的光亮退火、光亮淬火、钎焊等。

4. 滴注式气氛

用液体有机化合物（如甲醇、乙醇、丙醇和三乙醇胺等）混合滴入炉内所得到的气氛称为滴注式气氛。它容易获得，只需在原有的井式炉、箱式炉或连续炉上稍加改造即可使用。主要应用于渗碳、碳氮共渗、氮碳共渗、保护气氛淬火和退火等。

我国在掌握和推广可控气氛过程中，在解决气氛问题上走过了漫长的道路。最早的吸热式气氛发生炉主要用液化气，即纯度较高的丙烷或丁烷。近年已证实，我国的天然气资源丰富，为用甲烷制备吸热式气氛创造了良好的条件。

二、真空热处理

真空热处理是在 $1.33 \sim 0.0133$ Pa 真空介质中加热的，不仅可实现钢件的无氧化、无脱碳，而且可以实现生产的无污染和工件的少畸变，因此它还属于清洁和精密生产技术范畴。这种热处理可使钢脱氧和净化，获得光亮的表面，并可显著提高耐磨性和疲劳极限。此外，工件畸变小是真空热处理的一个非常重要的优点，据国内外经验，工件真空热处理的畸变量仅为盐浴加热淬火的三分之一。

目前，真空热处理主要应用于以下几个方面。

1. 真空退火

利用真空无氧化加热的效果进行光亮退火，主要用于冷拉钢丝的中间退火、不锈钢的退火及有色金属的退火等。

2. 真空淬火

真空淬火已广泛应用于各种钢的淬火处理，大大提高了工件的性能，特别是高合金工具钢，大多数工模具钢目前都可采取在真空中加热，然后在气体中冷却淬火的方式。为了使工件表面和内部都获得满意的力学性能，必须采用真空高压气淬技术。目前国际上真空气淬的气压已从 0.2MPa、0.6MPa 提高到 $1 \sim 2$ MPa 甚至 3MPa。

3. 真空渗碳

真空渗碳是实现高温渗碳的最可能的方式。工件在真空中加热并进行气体渗碳，称为真空渗碳，也称为低压渗碳。与传统渗碳方法相比，真空渗碳温度高（1000℃），可显著缩短渗碳时间，且渗层均匀，碳浓度变化平缓，表面光洁。

三、激光热处理

激光束的穿透能力极强，在工业上的应用越来越广，激光热处理就是其中一种。

1. 激光热处理技术原理

激光热处理就是利用高功率密度的激光束对金属进行表面处理的方法，用激光把金属表面加热到仅低于熔点的临界转变温度，使其表面迅速奥氏体化，然后急速自冷淬火，此时，金属表面迅速被强化，即发生了激光相变硬化。

2. 特点

高速加热，高速冷却，获得的组织细密，硬度高，耐磨性能好；淬火部位可获得较大的残留压应力，有助于提高疲劳性能；还可以进行局部选择性淬火，通过对多光斑尺寸的控制，更适合其他热处理方法无法胜任的不通孔、深沟、微区、夹角和刀具刃口等局部区域的硬化；激光可以远距离传送，可以实现一台激光器多工作台同时使用，采用计算机编程实现对激光热处理工艺过程的控制和管理，实现生产过程的自动化。

3. 应用

随着大功率 CO_2 激光器的发展，用激光就可以实现各种形式的表面处理，许多汽车关键件，如缸体、缸套、曲轴、凸轮轴、排气门、阀座、摇臂、铝活塞环槽等几乎都可以采用激光热处理。美国通用汽车公司用十几台千瓦级 CO_2 激光器，对转向器壳内壁局部硬化，日产3万套，提高工效四倍；我国采用大功率 CO_2 激光器对汽车发动机缸孔内壁进行强化处理，可延长发动机大修里程到15万 km 以上；激光热处理过的缸体、缸套淬硬带的耐磨性大幅度提高，未淬硬带可增加储油，改善润滑性能。

缸体激光热处理设备及生产线激光涂覆与激光合金化工艺相似，但不同的是不另外加入合金，使金属表面熔化随即冷却凝固，从而得到细微的接近均匀的表层组织，对于某些共晶合金，还可得到非晶态表层，具有极好的耐腐蚀性能。例如，在柴油发动机铸铁阀座上进行铬基表面涂覆，可获得良好的不锈钢表面。

四、形变热处理

形变热处理是将材料塑性变形与热处理有机地结合起来，同时发挥材料形变强化和相变强化作用的综合热处理工艺。这种方式不仅可以获得比普通热处理更优异的强韧化效果，而且能省去热处理时重新加热的工序，简化生产流程，节约能源，具有较高的经济效益。

钢的形变热处理强韧化的原因可分为三个方面。

1）形变热处理在塑性变形过程中细化了奥氏体晶粒，从而使热处理后得到细小的马氏体组织。

2）奥氏体在塑性变形时形成大量的位错，并成为马氏体转变核心，促使马氏体转变量增多并细化，同时又产生了大量新的位错，使位错的强化效果更显著。

3）形变热处理中，高密度位错为碳化物析出的高弥散度提供有利条件，产生碳化物弥散强化作用。

形变热处理的方式很多，根据形变与相变的相互关系，有相变前形变、相变中形变和相变后形变三种基本类型。现仅介绍相变前形变的高温形变热处理和低温形变热处理。

1. 高温形变热处理

它是将钢材加热到奥氏体区后进行塑性变形，然后立即进行淬火和回火，如锻热淬火和轧热淬火。此工艺能获得较明显的强韧化效果，与普通淬火相比，强度可提高 10%～30%，塑性可提高 40%～50%，韧性成倍提高。而且质量稳定，工艺简单，还减少了工件的氧化、脱碳和变形，适用于形状简单的零件或工具的热处理，如连杆、曲轴、模具和刀具等。

2. 低温形变热处理

它是将工件加热到奥氏体区后急冷至珠光体与贝氏体形成温度范围内（在 450～600℃热浴中冷却），立即对过冷奥氏体进行塑性变形（变形量一般为 70%～80%），然后再进行淬火和回火。此工艺与普通淬火比较，在保持塑性、韧性不降低的情况下，可大幅度地提高钢的强度、疲劳强度和耐磨性，特别是强度，可提高 300～1000MPa。因此，它主要用于要求高强度和高耐磨性的零件和工具，如飞机起落架、高速刀具、模具和重要的弹簧等。

此外，这种方法要求钢材具有较高的淬透性和较长的孕育期，如合金钢、模具钢。由于变形温度较低，要求变形速度快，故需用功率大的设备进行塑性变形。

习　题

6-1　名词解释：过冷奥氏体、淬火、回火、退火、正火、调质处理、冷处理、淬透性、淬硬性、表面淬火、氮碳共渗。

6-2 如图 6-32 所示，T12 钢加热到 Ac_1 以上，用图示的各种方法冷却，分析各自得到的组织。

6-3 为改善可加工性，确定下列钢件的预备热处理方法，并指出所得到的组织：

（1）20 钢钢板。

（2）T8 钢锯条。

（3）具有片状渗碳体的 T12 钢钢坯。

6-4 将同一棒料上切割下来的 4 块 45 钢试样，同时加热到 850℃，然后分别在水、油、炉、空气中冷却，说明：各是何种热处理工艺？各获得什么组织？排列一下硬度的大小顺序。

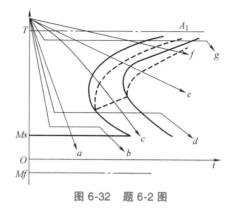

图 6-32 题 6-2 图

6-5 残留奥氏体对钢淬火后的性能有何影响？用什么方法可以减少残留奥氏体的数量？

6-6 现有一批丝锥，原定由 T12 钢制成，要求硬度为 60~64HRC。但生产时材料中混入了 45 钢，若混入的 45 钢在热处理时：

（1）仍按 T12 钢进行处理，问能否达到技术要求？为什么？

（2）按 45 钢进行处理后能否达到要求？为什么？

6-7 甲、乙两厂生产同一批零件，材料均选 45 钢，硬度要求为 220~250HBW。甲厂采用正火，乙厂采用调质，都达到硬度要求。试分析甲、乙两厂产品的组织和性能的差别。

6-8 现有三个形状、尺寸、材质（低碳钢）完全相同的齿轮，分别进行整体淬火、渗碳淬火和高频感应淬火，试用最简单的办法把它们区分出来。

6-9 仓库中有 45 钢、38CrMoAlA 钢和 20CrMnTi 钢，它们都可以用来制造齿轮，为了满足齿轮的使用要求，问各应进行何种热处理？并比较它们经热处理后在组织和性能上的不同。

6-10 某一用 45 钢制的零件，其加工路线如下：

备料→锻造→正火→粗机械加工→调质→精机械加工→高频感应淬火+低温回火→磨削

请说明各热处理工序的目的及热处理后的组织。

6-11 淬硬性和淬透性有什么不同？决定淬硬性和淬透性的因素是什么？试比较 T8 钢和 20CrMnTi 钢的淬硬性和淬透性。

6-12 选择下列零件的热处理方法并编写简明的工艺路线（各零件均选用锻造毛坯，且钢材具有足够的淬透性）。

（1）某机床变速箱齿轮（模数 $m=4$）要求齿面耐磨，心部强度和韧性要求不高，材料选用 45 钢。

（2）某机床主轴，要求有良好的综合力学性能，轴颈部分要求耐磨（50~55HRC），材料选用 45 钢。

（3）镗床镗杆，在重载荷下工作，精度要求极高，并在滑动轴承中运转，要求镗杆表面有极高的硬度，心部有较高的综合力学性能，材料选用 38CrMoAlA。

（4）M12 丝锥，要求刃部硬度为 60~62HRC，柄部硬度为 30~40HRC，材料选用 T12A。

注：本章中所涉及的钢牌号的意义，请自学"第七章钢铁材料"中相关内容。

第 七 章

钢铁材料

  铁是自然界中储藏量较多，冶炼较易，价格较低的金属元素，以铁为基的各种钢铁材料因其优良的力学性能、工艺性能和低成本的综合优势，仍将是 21 世纪乃至更长时间内的主要工程材料。

  钢铁材料是工业上钢和铸铁的总称，两者均是 Fe-C 合金，工程上一般以碳的质量分数为 2% 左右作为两者的界线。钢依据其中是否含合金元素可分为非合金钢（习惯上称为碳钢）和合金钢两大类。碳钢具有性能较好，加工容易，成本低廉的特点，是工程上应用最广、使用量最大（占钢总产量的 90% 左右）的重要金属材料；但碳钢存在着淬透性不高、耐回火性较差和不能满足更高的力学性能要求或某些特殊性能（如耐热、耐蚀）要求等缺点，故在某些重要或特殊场合难以应用。合金钢因其有意加入的合金元素的作用，克服了碳钢使用性能的不足，从而可在重要或某些特殊场合下使用，但也应认识到其成本升高，某些工艺性能恶化的缺点。铸铁虽然综合力学性能较钢差，但却具有优良的铸造性能、可加工性、减振减摩性等，且生产更方便，成本更低廉，故也是一种比较重要的金属材料。

第一节　钢中常存杂质元素对其性能的影响

  钢在其冶炼生产（炼铁、炼钢）过程中，因其原料（铁矿石、废钢铁、脱氧剂等）、燃料（如焦炭）、熔剂（如石灰石）和耐火材料等所带入或产生的又不可能完全除尽的少量杂质元素，如硅、锰、硫、磷、氢、氮、氧等，称为常存杂质元素。它们的必然存在显然会影响到钢的性能。

一、硅和锰的影响

  硅、锰均可固溶于铁素体中，使钢的强度、硬度升高，即固溶强化作用。硅在提高强度、硬度的同时，还显著地降低了钢的塑性、韧性；另外硅与氧容易生成脆性夹杂物 SiO_2，也对钢的性能不利。锰易与钢中的硫生成 MnS 塑性夹杂物，可降低硫的有害作用——热脆，但 MnS 量过多时也会恶化钢的性能。因此，作为杂质元素存在时，Si、Mn 量一般控制在规定值之下（$w_{Si} < 0.5\%$、$w_{Mn} < 0.8\%$），此时它们是有益元素。

二、硫和磷的影响

  硫不溶于铁，而与铁生成熔点为 1190℃ 左右的 FeS，且 FeS 常与 Fe 一起形成低熔点

（约 989℃）的共晶体，分布在奥氏体晶界上；当钢进行热加工时（如在 900~1200℃ 锻造或轧制、焊接等），共晶体将熔化，使钢的强度（尤其是韧性）大大下降而产生脆性开裂，这种现象称为热脆。热脆的减轻或防止措施有二：其一是采用精炼方法降低钢中的硫含量，但此举会增加钢的生产成本；其二是通过适当增加钢中的锰含量，使 S 与 Mn 优先生成高熔点（约 1620℃）的 MnS，从而避免热脆，这是降低硫的有害作用的主要手段。

磷主要溶于铁素体中，它虽然有明显的提高强度、硬度的作用，但也剧烈地降低了钢的塑性、韧性，尤其是低温韧性，并使冷脆转化温度升高；此外，过多的磷也会生成极脆的 Fe_3P 化合物，且易偏析于晶界上而增加脆性，这种现象称为冷脆。

由于硫、磷均增加了钢的脆性，故一般是有害元素，需要严格控制其含量。硫、磷含量高低大大地影响了钢的质量，据此，钢可分为普通质量钢、优质钢和高级优质钢。但在易切削钢中，硫、磷却是有益元素，它们改善了钢的可加工性，故其含量可以适当提高。

三、气体元素的影响

钢在冶炼或加工时还会吸收或溶解一部分气体，这些气体元素，如氢、氮、氧，对钢性能的影响却往往被忽视，实际上它们有时会给钢材带来极大的危害作用。

氢在钢中含量甚微，但对钢的危害极大。微量的氢即可引起"氢脆"，甚至在钢中产生大量的微裂纹（即"白点"或"发裂"缺陷），从而使零件在工作时出现灾难性的突然脆断。氢脆一般出现在合金钢的大型锻、轧件中，且钢的强度越高，氢脆倾向越大，如电站汽轮机主轴、钢轨、电镀刺刀等氢脆断裂。实际生产中，常通过锻后保温缓冷措施或预防白点退火工艺来降低钢件的氢脆倾向。

氮固溶于铁素体中将引起"应变时效"，即冷塑性变形的低碳钢在室温放置（或加热）一定时间后强度增加而塑性、韧性降低的现象。应变时效对锅炉、化工容器及深冲压零件极为不利，会增加零件脆性断裂的可能性。若钢含有与 N 亲和力大的 Al、V、Ti、Nb 等元素而形成细小弥散分布的氮化物，可细化晶粒，提高钢的强韧性，并能降低 N 的应变时效作用，此时 N 又变成了有益元素。

氧少部分溶于铁素体中，大部分以各种氧化物夹杂的形式存在，将使钢的强度、塑性与韧性，尤其是疲劳性能降低，故应对钢液进行脱氧。依据浇注前钢液脱氧程度不同，可将钢分为镇静钢（充分脱氧钢）、沸腾钢（不完全脱氧钢）和介于两者之间的半镇静钢。显然，镇静钢的质量和性能较佳，一般用于制造重要零件；而沸腾钢的成材率较高，可用于对力学性能要求不高的零件。

第二节 合金元素在钢中的主要作用

加入适当化学元素来改变金属性能的方法称为合金化。为了合金化（即改善和提高钢力学性能或使之获得某些特殊的物理、化学性能）而特定在钢中加入的、含量在一定范围的化学元素称为合金元素，这种钢即称为合金钢。

一、合金元素在钢中的存在形式

合金元素在钢中的存在形式对钢的性能（使用性能和工艺性能）有着显著的影响。根据合金元素的种类、特征、含量和钢的冶炼方法、热处理工艺不同，合金元素的存在形式主要有三种：固溶态、化合态和游离态。

（一）固溶体

合金元素溶入钢中的铁素体、奥氏体和马氏体中，以固溶体的溶质形式存在（Fe为溶剂）。此时，合金元素的直接作用是固溶强化，即钢的强度、硬度升高，而塑性、韧性下降，钢中常见合金元素对铁素体硬度和韧性的影响如图7-1所示。由图可见，P、Si、Mn的固溶强化效果最显著，但当其含量超过一定量后，铁素体的韧性将急剧下降，故应限制这些合金元素含量。值得提及的是，Ni元素在增加钢的强度、硬度的同时，不但不降低韧性，反而会提高韧性，是个重要的韧化元素。

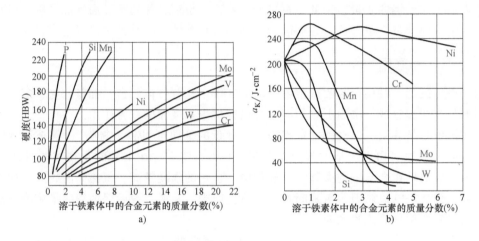

图7-1　合金元素对铁素体硬度和韧性的影响

a）对硬度的影响　b）对韧性的影响

应该强调指出的是，合金元素溶入奥氏体中从而提高钢的淬透性、溶入马氏体中从而提高耐回火性等间接作用对钢的性能影响程度，往往大于其固溶强化这种直接作用，理解此点对掌握合金钢的选用尤为重要。

（二）化合物

合金元素与钢中的碳、其他合金元素及常存杂质元素之间可以形成各种化合物，其中以它们和碳之间形成的碳化物最为重要。碳化物的主要形式有合金渗碳体，如（Fe、Mn）$_3$C等；特殊碳化物，如VC、TiC、WC、MoC、Cr$_7$C$_3$、Cr$_{23}$C$_6$等。由此可将合金元素分为两大类：碳化物形成元素，它们比Fe具有更强的亲碳能力，在钢中将优先形成碳化物，依其强弱顺序为Zr、Ti、Nb、V、W、Mo、Cr、Mn、Fe等，它们大多是过渡族元素，在元素周期表上均位于Fe的左侧；非碳化物形成元素，主要包括Ni、Si、Co、Al等，它们与碳一般不生成碳化物而固溶于固溶体中，或生成其他化合物，如AlN，在元素周期表中一般位于Fe的右侧。

碳化物一般具有硬而脆的特点，合金元素的亲碳能力越强，所形成的碳化物就越稳定，并具有高硬度、高熔点、高分解温度。碳化物稳定性由弱到强的顺序是：Fe$_3$C、M$_{23}$C$_6$、M$_6$C、MC（M代表碳化物形成元素）。合金元素形成碳化物的直接作用主要是弥散强化，即钢的强度、硬度与耐磨性提高，但塑性、韧性下降，并有可能获得某些特殊性能（如高温热强性）。这里同样需要强调的是碳化物的间接作用——阻碍钢加热时的奥氏体晶粒长大，所获细小晶粒而产生的细晶强韧化作用。在不少场合下，碳化物形成元素的间接作用也比其直接作用更为重要，对强碳化物形成元素 V、Ti、Nb 等尤为如此。

在某些高合金钢中，金属元素之间还可能形成金属间化合物，如 FeSi、FeCr、Fe_2W 等，它们在钢中的作用类似于碳化合物。而合金元素与钢中常存杂质元素（O、N、S、P 等）所形成的化合物，如 Al_2O_3、SiO_2、TiO_2 等，属于非金属夹杂物，它们在大多数情况下是有害的，主要是降低了钢的强度，尤其是韧性与疲劳性能，故应严格控制钢中夹杂物的级别。

（三）游离态

钢中有些元素，如 Pb、Cu 等，既难溶于铁，也不易生成化合物，而是以游离状态存在。在某些条件下，钢中的碳也可能以自由状态（石墨）存在。通常情况下，游离态元素将对钢的性能产生不利影响，故应尽量避免此种存在形式。

二、合金元素对铁碳相图的影响

（一）对临界温度的影响

1. 降低临界温度 A_1、A_3

凡扩大奥氏体相区的元素，如 Ni、Mn、Co、N 等，均可使钢的 A_1、A_3 点降低。若钢中这些元素的含量足够高，则将使 A_3 温度降至室温以下，此时钢具有单相奥氏体组织，即为奥氏体钢。这类钢具有某些特殊的性能，如 ZG100Mn13 具有高耐磨性，12Cr18Ni9 奥氏体不锈钢具有高的耐蚀、耐高温、耐低温性，并具有抗磁、无冷脆等特性。

2. 提高临界温度 A_1、A_3

凡扩大铁素体相区的元素，如 Si、Cr、W、Mo、V、Ti 等，均可使钢的 A_1、A_3 点升高。若钢中这些元素的含量足够高，则钢的组织就是单相铁素体，即铁素体钢。

（二）对 E、S 点位置的影响

E 点是钢与铸铁的分界点，碳含量超过此点（碳钢 E 点成分为 $w_C = 2.11\%$），便将出现共晶莱氏体组织，必然对钢的性能（主要是强韧性）和其加工工艺（如锻造）产生影响。几乎所有的合金元素均使 E 点左移，其中强碳化物形成元素如 W、Ti、V、Nb 的作用最强烈，对高合金钢 W18Cr4V（$w_C = 0.73\% \sim 0.83\%$）、Cr12MoV（$w_C = 1.45\% \sim 1.70\%$）等，铸态组织中有莱氏体存在，故称为莱氏体钢。

在大多数情况下，几乎所有的合金元素也将使 S 点左移，故像 40Cr13、3Cr2W8V 等钢的 w_C 虽小于 0.77%，但都已是过共析钢。在退火或正火处理时，碳含量相同的合金钢组织中比碳钢具有较多的珠光体，故其硬度和强度较高。

三、合金元素对钢热处理的影响

（一）对钢加热时奥氏体形成过程的影响

1. 对奥氏体化的影响

绝大多数合金元素（尤其是碳化物形成元素）对非奥氏体组织转变为奥氏体的形核与

长大、残余碳化物的溶解、奥氏体成分均匀化都有不同程度的阻碍与延缓作用。因此，大多数合金钢热处理时一般应有较高的加热温度和较长的保温时间，但对一些需要较多未溶碳化物的高碳合金工具钢，则不应采用过高的加热温度和过长的保温时间。

2. 对奥氏体晶粒度的影响

合金元素对奥氏体晶粒长大倾向的影响各不相同：Ti、V、Zr、Nb 等强碳化物形成元素可强烈阻止奥氏体晶粒长大，起细化晶粒的作用；W、Mo、Cr 等元素的阻止作用中等；非碳化物形成元素如 Ni、Si、Cu 等的作用微弱，可不予考虑；而 Mn、P 则促进奥氏体晶粒的长大倾向，故含 Mn 钢（如 65Mn、60Si2Mn）加热时应严格控制加热温度和保温时间，否则将会得到粗大的晶粒而降低钢的强韧性，即过热缺陷。

（二）对钢冷却时过冷奥氏体转变过程的影响

除 Co 外，固溶于奥氏体中的所有合金元素都将使奥氏体等温转变图右移，降低了钢的临界冷却速度，提高了淬透性。合金元素对钢淬透性的影响取决于该元素的作用强度和可溶解量。据此，钢中用以提高淬透性为主要作用的常用元素有 Cr、Ni、Si、Mn、B 等五种。Mo、W 元素虽对淬透性提高程度明显，但因其价格较高而一般不单纯作为提高淬透性元素使用；V、Ti、Nb 等强碳化物形成元素在钢加热时一般不溶入奥氏体中而以碳化物的形成存在，此时不但不能提高，反而降低了钢的淬透性。

除 Co、Al 外，固溶于奥氏体中的合金元素均可使马氏体转变时的 Ms、Mf 下降，增加钢淬火后的残留奥氏体量，某些高碳、高合金钢（如 W18Cr4V）淬火后残留奥氏体量高达 30%~40%，这显然会对钢的性能产生不利影响，如硬度降低，疲劳性能下降。为了将残留奥氏体量控制在适当范围，可通过淬火后冷处理和回火处理来实现。

（三）对淬火钢回火过程的影响

1. 提高钢的耐回火性（回火抗力）

耐回火性是指淬火钢对回火时所发生的组织转变和硬度下降的抗力，绝大多数合金元素均有此作用。表现较明显的有强碳化物形成元素（V、Nb、W、Mo、Cr）和 Si 元素，当钢中这类元素较多时，可使回火马氏体组织维持到相当高的温度（500~600°C）。耐回火性高表明钢在较高温度下的强度和硬度也较高；或者在达到相同硬度、强度的条件下，可在更高的温度下回火，故钢的韧性可进一步改善。所以合金钢与碳钢相比，具有更好的综合力学性能。

2. 产生二次硬化

当钢中含有较多量中强或强碳化物形成元素 Cr、W、Mo、V 等，并在 450~600°C 温度范围内回火时，因组织中析出了细小弥散分布的特殊合金碳化物（如 W_2C、Mo_2C、VC 等），这些碳化物硬度极高、热稳定性高且不易长大，此时，钢的硬度与强度不但不降低，反而会明显升高（甚至比淬火钢硬度还高），这就是"二次硬化"现象，如图 7-2 所示。二次硬化使钢在高温下能保持较高的硬度，这对工具钢极为重要，如高速工具钢（W18Cr4V、W6Mo5Cr4V2 等）的热硬性就与其二次硬化特性有关。

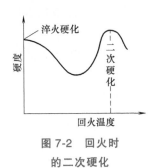

图 7-2　回火时的二次硬化

3. 影响了第二类回火脆性

某些合金钢淬火后在 $450 \sim 650°C$ 高温范围内回火并缓慢冷却后，出现冲击韧度急剧下降现象，这就是第二类回火脆性。含 Cr、Ni、Si、Mn 等淬透性元素的合金钢对第二类回火脆性最敏感；同时还发现在钢中加入适量的 Mo（$w_{Mo} \approx 0.5\%$）和 W（$w_W \approx 1\%$）会有效地抑制这类回火脆性。为了避免合金钢的回火脆性，生产上常采用回火快冷（如油冷，甚至水冷）的措施，但此后应再补充一次较低温度的回火来消除因快冷造成的内应力。对大截面工件，由于很难实现真正的快冷或不允许快冷，则应选用含 Mo 或 W 的钢来防止第二类回火脆性（如 40CrNiMo 钢）。

全面理解合金元素在钢中的作用是正确设计与合理选材的重要因素。不同的合金元素在钢中的作用既可能不同（如 9Mn2V 钢中 Mn 主要提高淬透性，V 则细化晶粒、提高耐磨性），也有可能相同（如 40CrNiMo 钢中 Cr、Ni 的主要作用均是提高淬透性）；同一合金元素在不同的钢中的作用也可不同，如 Cr 元素在 40Cr 钢中主要起提高淬透性作用，而在不锈钢（如 10Cr17、12Cr18Ni9）中则是起提高耐蚀性的作用。

第三节 钢的分类与牌号

对品种数量极多的钢进行科学的分类与准确合理的表示，不仅关系到钢产品的生产、加工、使用和管理等工作，对学习和掌握正确选用钢材也有重要意义。

一、钢的分类

依据分类标准不同，钢的分类方法有多种。按化学成分不同，分为碳钢和合金钢，其中碳钢按碳含量又可分为低碳钢（$w_C \leqslant 0.25\%$）、中碳钢（$w_C = 0.25\% \sim 0.6\%$）、高碳钢（$w_C > 0.6\%$）；合金钢按合金元素含量也可分为低合金钢（$w_M \leqslant 5\%$）、中合金钢（$w_M = 5\% \sim 10\%$）、高合金钢（$w_M > 10\%$）。按钢的质量等级分，有普通钢、优质钢和高级优质钢。按钢的主要用途分为结构钢（包括一般工程结构钢和机器零件结构钢）、工具钢（包括刀具、模具、量具）、特殊性能钢、专业用钢等。

我国关于钢分类的最新国家标准 GB/T 13304.1~2—2008，是参照国际标准 ISO 4948-1、4948-2 而制定的。据此，钢的分类有两部分：第一部分按化学成分分类；第二部分按主要质量等级、主要性能或使用特性分类。图 7-3 摘要归纳了新国标钢分类的关系。图中采用"非合金钢"一词代替传统的"碳素钢"。但在 GB/T 13304—1991 以前有关的技术标准中，均采用"碳素钢"，故"碳素钢"名称仍将沿用一段时间。普通质量钢是指生产过程中不规定需要特别控制质量要求的钢；优质钢是指生产过程中需要特别控制质量（如降低硫、磷含量）的钢；特殊质量钢是指生产过程中需要特别严格控制质量和性能的钢。

二、钢的牌号表示方法

（一）我国钢号表示方法简介

我国钢号的表示方法，根据 GB/T 221—2008 规定，由三大部分相结合组成：①化学元素符号，用以表示钢中所含化学元素种类（采用国际化学元素符号）；②汉语拼音字母，用以表示钢产品的名称、用途、冶炼方法等特点，常采用的缩写字母及含义见表 7-1；③阿拉伯数字，用以表示钢中主要化学元素含量（质量分数）或产品的主要性能参数或代号。

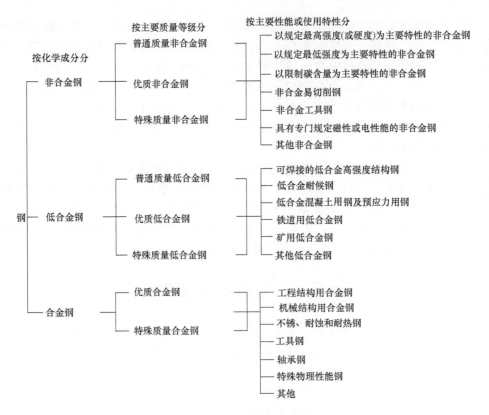

图 7-3　钢分类的关系图

表 7-1　我国钢号所用汉语拼音缩写字母及含义

编写字母	钢号中位置	代表含义	举例	编写字母	钢号中位置	代表含义	举例
A、B、C、D	尾	质量等级	Q235B 50CrVA	Q	首	屈服强度	Q235
b	尾	半镇静钢	08b	R	尾	锅炉和压力容器用钢	Q370R
DR	首	电工用热轧硅钢	DR400-50	T	首	碳素工具钢	T10
DR	尾	低温压力容器用钢	16MnDR	U	首	钢轨钢	U71Mn
DT	首	电磁纯铁	DT4A	H	首	焊接用钢	H08MnSi
F	尾	沸腾钢	08F	L	尾	汽车大梁用钢	370L
F	首	非调质机械结构钢	F45V	Y	首	易切削钢	Y15Pb
G	首	滚动轴承钢	GCr15	Z	尾	镇静钢	45AZ
ML	首	铆螺钢	ML40	ZG	首	铸钢	ZG200-400
				K	尾	矿用钢	20MnK

（二）我国钢号表示方法说明

我国主要钢号的表示方法说明见表7-2，详细内容可参照有关标准。

表 7-2　我国主要钢号的表示方法说明

钢类	钢号举例	表示方法说明
普通质量碳素结构钢	Q235AF	Q代表钢的屈服强度，其后数字表示最小屈服强度值（MPa），必要时数字后标出质量等级（A、B、C、D）和脱氧方法（F、Z、TZ），Z与TZ可以省略

（续）

钢类		钢号举例	表示方法说明
碳素铸钢		ZG200-400	ZG 代表铸钢，第一组数字代表屈服强度值最低值（MPa），第二组数字代表抗拉强度值最低值（MPa）
结构钢	优质碳素结构钢	08、45、40Mn	钢号头两位数代表以平均万分数表示的碳的质量分数；Mn 含量较高的钢在数字后标出"Mn"，脱氧方法或专业用钢也应在数字后标出
	合金结构钢	20Cr、40CrNiMoA、60Si2Mn	钢号头两位数代表以平均万分数表示的碳的质量分数；其后为钢中主要合金元素符号，其质量分数以百分之几数字标出，若其质量分数＜1.5%，则不标出，当其质量分数≥1.5%，≥2.5%，…则相应数字为2，3，…；若为高级优质钢，则在钢号上标"A"；若为特级优质钢，则在钢号后标"E"
	低合金高强度结构钢	Q390E、Q690	新标准（GB/T 1591—2008）表示方法同普通质量碳素结构钢（如 Q390E）
工具钢	碳素工具钢	T8、T8Mn、T8A	T 代表碳素工具钢，其后数字代表以名义千分数表示的碳的质量分数，含 Mn 较高者在数字后标出"Mn"，高级优质钢标出"A"
	合金工具钢	9SiCr、CrWMn	当平均 w_C≥1.0%时不标出；当平均 w_C＜1.0%时，以名义千分数标出碳的质量分数，合金元素及含量表示方法基本上与合金结构钢相同
	高速工具钢	W6Mo5Cr4V2、CW6Mo5Cr4V2	钢号中一般不标出碳含量，只标合金元素及含量，方法同合金工具钢。为了区别牌号，可在牌号头部加"C"表示高碳高速工具钢
轴承钢		GCr15、GCr15SiMn	G 代表（滚珠）轴承钢，碳含量不标出，Cr 的质量分数以千分之几数字标出，其他合金元素及含量表示方法同合金结构钢
不锈钢		12Cr18Ni9 06Cr19Ni10 022Cr19Ni13Mo3	用两位或三位数字表示碳含量（以万分之几或十万分之几计），合金元素含量同合金结构钢。钢中有意加入的铌、钛、锆、氮等合金元素，虽然含量很低，也应在牌号中标出

第四节　结　构　钢

结构钢是品种最多、用途最广、使用量最大的一类钢，按其主要用途一般分为工程结构用钢和机械制造用钢（或机械结构用钢）两大类。

工程结构用钢主要用于各种工程结构（如建筑、桥梁、船舶、石油化工、压力容器等）和机械产品中要求不高的结构零件，它们大多是普通质量钢，其冶炼较简单，成本低廉，工艺性能（如冷成形性、焊接性）优良，适合于工程结构用钢量大的特点。此类钢多数情况下不进行热处理而直接在热轧空冷（正火）状态下使用。

机械制造用钢主要用于制造各种机械零件（如轴、齿轮、弹簧、轴承等），它们通常是优质钢或特殊质量钢（高级优质钢），性能要求一般比工程结构用钢高，故通常需经热处理后使用。此类钢按其主要用途、热处理和性能特点不同，可分为表面硬化钢、调质钢、弹簧钢、轴承钢和超高强度钢等。

一、碳素结构钢

（一）普通质量碳素结构钢

简称普通碳素结构钢，占钢总产量的 70% 左右，其碳含量较低（平均 w_C 为 0.06%～

0.38%），对性能要求及硫、磷和其他残余元素含量的限制较宽。大多用作工程结构用钢，一般是热轧成钢板或各种型材（如圆钢、方钢、工字钢、钢筋等）供应；少部分也用于要求不高的机械结构。该类钢多在供应状态下使用，必要时根据需要可进行锻造、焊接成形和热处理调整性能。根据现行的国家标准，表7-3列出了这类钢的牌号、成分、力学性能及应用举例。

与碳素结构钢旧标准GB/T 700—1988相比，现行标准GB/T 700—2006主要变化有：取消原脱氧方法中的半镇静钢；取消原标准中Q255和Q275牌号；新增ISO 630：1995中E275牌号，并改为新的Q275；修改对钢中氮、硅含量的规定等。

表7-3　（普通）碳素结构钢的牌号、成分、力学性能及应用举例

牌号	等级	化学成分（%）			脱氧方法	力学性能			应用举例
		w_C	w_S	w_P		R_{eL}/MPa	R_m/MPa	A_5（%）	
Q195	—	≤0.12	≤0.040	≤0.035	F、Z	195	315～430	≥33	承受载荷不大的金属结构件、铆钉、垫圈、地脚螺栓、冲压件及焊接件
Q215	A	≤0.15	≤0.050	≤0.045	F、Z	215	335～450	≥31	
	B		≤0.045						
Q235	A	≤0.22	≤0.050	≤0.045	F、Z	235	370～500	≥26	金属结构件、钢板、钢筋、型钢、螺栓、螺母、短轴、心轴，Q235C、D可用作重要焊接结构件
	B	≤0.20	≤0.045						
	C	≤0.17	≤0.040	≤0.040	Z				
	D		≤0.035	≤0.035	TZ				
Q275	A	≤0.24	≤0.050	≤0.045	F、Z	275	410～540	≥22	强度较高，用于制造承受中等载荷的零件，如键、销、转轴、拉杆、链轮、链环片等
	B	≤0.21	≤0.045	≤0.045	Z				
	C	≤0.22	≤0.040	≤0.040	Z				
	D	≤0.20	≤0.035	≤0.035	TZ				

（二）优质碳素结构钢

这类钢必须同时保证成分和力学性能，其牌号体现成分。它的硫、磷含量较低（质量分数均不大于0.035%），夹杂物也较少，综合力学性能优于（普通）碳素结构钢，常以热轧材、冷轧（拉）材或锻材供应，主要作为机械制造用钢。为充分发挥其性能潜力，一般都需经热处理后使用。

优质碳素结构钢详见国家标准GB/T 699—2015，其基本性能和应用范围主要取决于钢的碳含量，另外钢中残余锰也有一定的影响。根据钢中Mn含量不同，分为普通锰含量钢（w_{Mn}=0.35%～0.80%）和较高锰含量钢（w_{Mn}=0.70%～1.2%）两组，由于锰能改善钢的淬透性，强化固溶体及抑制硫的热脆作用，因此较高锰含量钢的强度、硬度、耐磨性及淬透性较优，而其塑性、韧性几乎不受影响。表7-4列出了优质碳素结构钢的牌号、力学性能及应用举例。

二、低合金结构钢

低合金结构钢是在普通碳素结构钢的基础上添加合金元素（合金元素总量不超过5%，一般在3%以下）而得到的，主要用于制造桥梁、船舶、车辆、锅炉、高压容器、输油输气管道、大型钢结构等。与普通碳素结构钢相比，这类钢具有：①较高的强度、屈强比和足够

的塑性、韧性；②良好的焊接性和冷塑性加工性；③含有耐大气和海水腐蚀的元素（如 Cu、P）或细化晶粒的元素（如 Ti、V），故具有一定的耐蚀性、较低的冷脆转化温度和低的时效敏感性。主要包括低合金高强度结构钢和耐候钢。

（一）低合金高强度结构钢

1. 低合金高强度结构钢

低合金高强度钢 HSLA（High Strength Low Alloy Steel）曾称普低钢，在国家标准 GB/T 1591—2008 中对其牌号、尺寸、外形等做了明确的规定。表 7-5 列出了低合金高强度结构钢的牌号、力学性能与用途举例。

表 7-4　优质碳素结构钢的牌号、力学性能及应用举例

牌号	力学性能（不小于）					应用举例
	R_{eL}/MPa	R_m/MPa	A_5（%）	Z（%）	A_K/J	
08	195	325	33	60	—	低碳钢强度、硬度低,塑性、韧性高,冷塑性加工性和焊接性优良,可加工性欠佳,热处理强化效果不够显著。其中碳含量较低的钢（如 08、10）常轧制成薄钢板,广泛用于深冲压和深拉深制品;碳含量较高的钢（15 钢~25 钢）可用作渗碳钢,用于制造表硬心韧的中小尺寸的耐磨零件
10	205	335	31	55	—	
15	225	375	27	55	—	
20	245	410	25	55	—	
25	275	450	23	50	71	
30	295	490	21	50	63	中碳钢的综合力学性能较好,热塑性加工性和可加工性较佳,冷变形能力和焊接性中等。多在调质或正火状态下使用,还可用于表面淬火处理以提高零件的疲劳性能和表面耐磨性。其中 45 钢应用最广泛
35	315	530	20	45	55	
40	335	570	19	45	47	
45	355	600	16	40	39	
50	375	630	14	40	31	
55	380	645	13	35	—	
60	400	675	12	35	—	高碳钢具有较高的强度、硬度、耐磨性和良好的弹性,可加工性中等,焊接性能不佳,淬火开裂倾向较大。主要用于制造弹簧、轧辊和凸轮等耐磨件与钢丝绳等,其中 65 钢是一种常用的弹簧钢
65	410	695	10	30	—	
70	420	715	9	30	—	
75	880	1080	7	30	—	
80	930	1080	6	30	—	
85	980	1130	6	30	—	
15Mn	245	410	26	55	—	应用范围基本同相对应的普通锰含量钢,但因淬透性和强度较高,可用于制作截面尺寸较大或强度要求较高的零件,其中以 65Mn 最常用
20Mn	275	450	24	50	—	
25Mn	295	490	22	50	71	
30Mn	315	540	20	45	63	
35Mn	335	560	18	45	55	
40Mn	355	590	17	45	47	
45Mn	375	620	15	40	39	
50Mn	390	645	13	40	31	
60Mn	410	690	11	35	—	
65Mn	430	735	9	30	—	
70Mn	450	785	8	30	—	

注：表中数据摘自 GB/T 699—2015。

2. 性能要求

1）高强度。屈服强度一般在 300MPa 以上，高于普通碳素结构钢。

2）足够的塑性、韧性及低温韧性。

3）良好的焊接性和冷、热塑性加工性能。

表 7-5　低合金高强度结构钢的牌号、力学性能与主要用途

牌号	力学性能				主　要　用　途
	R_{eL}/MPa	R_m/MPa	$A(\%)$	A_K/J	
Q345(A~E)	345	470~630	≥20	≥27	桥梁、车辆、压力容器、化工容器、船舶、建筑结构
Q390(A~E)	390	490~650	≥20	≥34	桥梁、船舶、压力容器、电站设备、起重设备、管道
Q420(A~E)	420	520~680	≥19	≥34	大型桥梁、高压容器、大型船舶
Q460(C~E)	460	550~720	≥17	≥34	大型重要桥梁、大型船舶

3. 成分特点

1) 低碳。$w_C \leq 0.2\%$，以满足塑性和韧性、焊接性和冷塑性加工性能的要求。

2) 低合金。主加合金元素为锰，Mn 具有明显的固溶强化作用，细化了铁素体和珠光体尺寸，增加了珠光体的相对量并抑制了硫的有害作用，故 Mn 既是强化元素，又是韧化元素；辅加合金元素为 V、Ti、Nb、Al 等强碳（氮）化合物形成元素，所产生的细小化合物质点既可通过弥散强化进一步提高强度，又可细化钢基体晶粒而起到细晶强韧化（尤其是韧化）作用；其他特殊元素（如 Cu、P）提高了耐大气腐蚀能力，微量稀土元素 RE 可起到脱硫、去气，改善夹杂物形态与分布的作用，从而进一步提高钢的力学性能和工艺性能。

4. 热处理特点

这类钢大多在热轧空冷状态下使用，考虑到零件加工特点，有时也可在正火、正火+高温回火或冷塑性变形状态下使用。

5. 典型钢号

与普通碳素结构钢 Q235 相比，Q345 和 Q420 的屈服强度分别提高到 345MPa 和 420MPa。例如，武汉长江大桥采用 Q235 制造，其主跨跨度为 128m；南京长江大桥采用 Q345 制造，其主跨跨度增加到 160m；而九江长江大桥采用 Q420 制造，其主跨跨度提高到 216m。

（二）耐候钢

即耐大气、海水腐蚀钢，又称为耐蚀钢。它是在普通低碳钢基础上加入少量的 Cu、Cr、Ni、P 等合金元素，提高钢基体的电极电位并在其表面形成一层保护膜，以改善钢材的耐候性（耐蚀性）。根据 GB/T 4171—2008《耐候结构钢》，耐候钢可以分为高耐候钢（如 Q295GNH、Q310GNH 等）和焊接耐候钢（如 Q235NH、Q550NH 等）。

三、表面硬化钢

表面硬化钢适于制造通过某种表面热处理工艺使零件表面坚硬耐磨而心部韧性适当（即表硬心韧）的零件，由于表层通常还伴有较高的残留压应力，故疲劳性能也可显著提高。这类零件主要是在摩擦力、交变接触应力、弯曲扭转应力和冲击载荷条件下工作，如汽车和机床齿轮、发动机曲轴、凸轮轴等。根据获取表硬心韧的表面热处理工艺不同，可分为渗碳钢、渗氮钢和表面淬火用钢（含低淬透性钢）三类，其中以渗碳钢最重要。

（一）渗碳钢

渗碳钢是指经渗碳（或碳氮共渗）淬火、低温回火后使用的钢，一般为低碳碳素结构钢（如 15、20 钢）和低碳合金结构钢（如 20CrMnTi）。主要用于制造要求高耐磨性、承受高接触应力和冲击载荷的重要零件。

1. 性能要求

性能要求有：①表层高硬度（≥58HRC）和高耐磨性。②心部良好强韧性。③优良的热处理工艺性能，如较好的淬透性以保证渗碳件的心部性能，在高的渗碳温度（一般为930℃）和长的渗碳时间下奥氏体晶粒长大倾向小以便于渗碳后直接淬火。

2. 成分特点

成分特点为：①低碳。一般 $w_C = 0.1\% \sim 0.25\%$，以保证零件心部足够的塑性和韧性，抵抗冲击载荷。②合金元素。主加合金元素为 Cr、Mn、Ni、B 等，以提高渗碳钢的淬透性，保证零件的心部为低碳马氏体，从而具有足够的心部强度；辅加合金元素为微量的 Mo、W、V、Ti 等强碳化物形成元素，以形成稳定的特殊合金碳化物阻止渗碳时奥氏体晶粒长大。

3. 热处理特点

渗碳钢的热处理是渗碳后直接淬火+低温回火，但对渗碳时晶粒长大倾向大的钢种（如20 钢、25MnB 等）或渗碳性能要求较高的零件，也可采用渗碳缓冷后重新加热淬火工艺，但此举生产周期加长，成本增高。渗碳件热处理后其表层组织为细针状回火高碳马氏体+粒状碳化物+少量残留奥氏体，硬度一般为 58～64HRC；心部组织依据钢的淬透性不同为铁素体+珠光体，或回火低碳马氏体+铁素体，硬度为 35～45HRC。由于渗碳工艺的温度高、时间长，故渗碳件的变形较大，零件尺寸精度要求高时应进行磨削精加工。

4. 常用渗碳钢

常用主要渗碳钢的牌号、热处理工艺、力学性能和用途见表 7-6，详见相关国家标准。按其淬透性（或强度等级）不同，渗碳钢可分为三大类：

（1）低淬透性渗碳钢　即低强度渗碳钢（强度级别 $R_m < 800MPa$），这类钢的水淬临界直径一般不超过 20～35mm，典型钢种有 20 钢、20Cr、20Mn2、20MnV 等，只适合于制造对心部性能要求不高的、承受轻载的小尺寸耐磨件，如小齿轮、活塞销、链条等。

（2）中淬透性渗碳钢　即中强度渗碳钢（强度级别 $R_m = 800 \sim 1200MPa$），这类钢的油淬临界直径为 25～60mm，典型钢种为 20CrMnTi、20CrMnMo 等。由于淬透性较高、力学性能和工艺性能良好，故而大量用于制造承受高速中载、冲击和剧烈摩擦条件下工作的零件，如汽车与拖拉机变速齿轮、离合器轴等。

（3）高淬透性渗碳钢　即高强度渗碳钢（强度级别 $R_m > 1200MPa$），这类钢的油淬临界直径在 100mm 以上，典型钢种 18Cr2Ni4WA，主要用于制造大截面的、承受高载及要求高耐磨性与良好韧性的重要零件，如飞机、坦克的曲轴与齿轮。

（二）渗氮钢

1. 渗氮钢的性能特点

与渗碳钢相比，其特点有：①极高的表面硬度与耐磨性，咬合与擦伤倾向小；②疲劳性能大幅提高，零件缺口敏感性大大降低；③有一定的耐热性（在低于渗氮温度下可保持较高的硬度）和一定的耐蚀性；④由于处理温度较低（470～570℃），故热处理变形小，适合于尺寸精度要求较高的零件，如机床丝杠、镗杆等。

表 7-6　常用主要渗碳钢的牌号、热处理工艺、力学性能和用途

种类	牌号	热处理工艺				力学性能(不小于)					用途举例
		渗碳	第一次淬火温度/℃	第二次淬火温度/℃	回火温度/℃	R_{eL}/MPa	R_m/MPa	A_5(%)	Z(%)	$A_K(a_K)$/ $J(J\cdot cm^{-2})$	
低淬透性渗碳钢	15		~920空气	—	—	225	375	27	55	—	形状简单、受力小的小型渗碳件
	20		~900空气	—	—	245	410	25	55	—	
	20Mn2		850水、油	—	200水、空气	590	785	10	40	47(60)	代替20Cr
	15Cr		880水、油	780水~820油	200水、空气	490	735	11	45	55(70)	船舶主机螺钉、活塞销、凸轮、机车小零件及心部韧性高的渗碳零件
	20Cr	900~950℃	880水、油	780水~820油	200水、空气	540	835	10	40	47(60)	机床齿轮、齿轮轴、蜗杆、活塞销及门挺杆等
中淬透性渗碳钢	20MnV		880水、油	—	200水、空气	590	785	10	40	55(70)	代替20Cr
	20CrMnTi		880油	870油	200水、空气	853	1080	10	45	55(70)	工艺性优良，用于制作汽车、拖拉机的齿轮、凸轮，是Cr-Ni钢代用品
	12CrNi3		860油	780油	200水、空气	685	930	11	50	71(90)	大齿轮、轴
	20CrMnMo		850油	—	200水、空气	885	1175	10	45	55(70)	代替含镍较高的渗碳钢做大型拖拉机齿轮、活塞销等大截面渗碳件
	20MnVB		860油	—	200水、空气	885	1080	10	45	55(70)	代替20CrMnTi、20CrNi
高淬透性渗碳钢	12Cr2Ni4		860油	780油	200水、空气	835	1080	10	50	71(90)	大齿轮、轴
	20Cr2Ni4		880油	780油	200水、空气	1080	1175	10	45	63(80)	大型渗碳齿轮、轴及飞机发动机齿轮
	18Cr2Ni4WA		950空气	850空气	200水、空气	835	1175	10	45	78(100)	同20Cr2Ni4，做高级渗碳零件

注：力学性能试验用试样尺寸——碳钢直径25mm，合金钢直径15mm。

2. 常用渗氮钢简介

试验研究与生产实践表明，通过渗氮处理来改善性能的钢种与零件很多（包括某些铸铁）；从碳钢到合金钢，从低碳钢到高碳钢，从结构钢到工具钢甚至特殊性能钢均可。但渗氮性能和质量优良的专用渗氮钢多为碳含量偏下限的中碳铬钢，典型的有 38CrMoAlA，表 7-7 列举了几种主要的渗氮钢牌号与化学成分。

表 7-7 渗氮钢牌号与化学成分

牌号	化学成分 $w(\%)$					
	C	Mn	Si	Cr	Mo	Al
38CrMoAlA	0.35~0.42	0.30~0.60	0.20~0.45	1.35~1.65	0.15~0.25	0.70~1.10
35CrMo	0.32~0.40	0.40~0.70	0.17~0.37	0.80~1.10	0.15~0.25	—
40CrV	0.37~0.44	0.50~0.80	0.17~0.37	0.80~1.10	—	—

（三）表面淬火钢

传统上表面淬火钢采用的是中碳碳素结构钢（如 45 钢）和中碳合金结构钢（如 40Cr）等调质钢制造，其 w_C 大多在 0.40%~0.50% 范围内，这对圆柱形或形状简单的零件可获得较均匀的表面硬化层。但对形状较复杂的零件（如齿轮）采用一般的调质钢表面淬火，其表层硬化层很难沿零件轮廓均匀分布；中小模数齿轮的整个齿心部硬度往往超过 50HRC，承受冲击载荷时轮齿常常脆性折断。为保证心部韧性，必须降低表面淬火钢的淬透性，由此研制的钢即为低淬透性钢。

低淬透性钢（如 55Tid）的成分特点是：降低钢中对淬透性有提高作用的常存杂质元素 Si、Mn 和残余元素 Cr、Ni 等含量，并适当加入强碳化物形成元素 Ti（$w_{Ti} = 0.1\%~0.3\%$）进一步降低淬透性并保证晶粒细小。用低淬透性钢表面淬火代替渗碳钢渗碳淬火，其工艺过程简单，零件生产成本下降，且零件使用性能与寿命甚至有可能提高，在变速箱二、三速齿轮上已有成功的应用。

四、调质钢

经调质处理（淬火+高温回火）得到回火索氏体组织，从而具有优良的综合力学性能（即强度和韧性的良好配合）的中碳钢（碳钢与合金钢）即为调质钢，它主要用于制造受力复杂（交变应力、冲击载荷等）的重要零件，如发动机连杆、曲轴、机床主轴等。此类钢是机械制造用钢的主体。

（一）成分特点

1. 碳含量

w_C 在 0.25%~0.5% 中碳范围内，多为 0.4% 左右，以保证调质处理后优良的强度和韧性的配合。

2. 合金元素

合金元素主要包括：①主加元素 Mn、Si、Cr、Ni、B 等，其主要作用是提高调质钢的淬透性，如 40 钢的水淬临界直径仅为 10~15mm，而 40CrNiMo 钢的油淬临界直径便已超过了 70mm；次要作用是溶入固溶体（铁素体）起固溶强化作用。②辅加元素为 Mo、W、V 等强碳化物形成元素，其中 Mo、W 的主要作用是抑制含 Cr、Ni、Mn、Si 等合金调质钢的第二类回火脆性，次要作用是进一步改善了淬透性；V的主要作用是形成碳化物，阻碍奥氏体晶粒长大，起细晶强韧化和弥散强化作用。几乎所有的合金元素均提高了调质钢的耐回火性。

（二）热处理特点

1. 预备热处理

调质钢预备热处理的主要目的是保证零件的可加工性，依据其碳含量和合金元素的种类、数量不同，可进行正火处理（碳及合金元素含量较低，如40钢）、退火处理（碳及合金元素含量较高，如42CrMo），甚至正火+高温回火处理（淬透性高的调质钢，如40CrNiMo）。

2. 最终热处理

最终热处理即淬火+高温回火，淬火冷却介质和淬火方法根据钢的淬透性和零件的形状尺寸选择确定。回火温度的选择取决于调质零件的硬度要求，由于零件硬度可间接反映强度与韧性，故技术文件上一般仅规定硬度数值，只有很重要的零件才规定其他力学性能指标；调质硬度的确定应考虑到零件的工作条件、制造工艺要求、生产批量特点及形状尺寸等因素。当调质零件还有高耐磨性要求并希望进一步提高疲劳性能时，可在调质处理后进行渗氮处理、表面淬火强化和表面形变强化（如曲轴轴颈的滚压强化）。

（三）常用调质钢

GB/T 699—2015、GB/T 3077—2015和GB/T 5216—2014中所列的中碳钢均可作为调质钢使用。表7-8为部分常用调质钢的牌号、热处理、力学性能和用途（成分见相应国家标准）。

表7-8　常用调质钢的牌号、热处理、力学性能和用途

种类	牌号	热处理		力学性能(不小于)					用途举例
		淬火温度/℃	回火温度/℃	R_{eL}/MPa	R_m/MPa	A_5(%)	Z(%)	A_K/J	
低淬透性调质钢	45	840 水	600 空	335	600	16	40	39	形状简单、尺寸较小、中等韧性零件,如主轴、曲轴、齿轮
	40Mn	840 水	600 水、油	355	590	15	45	47	比45钢强韧性要求稍高的调质件
	40Cr	850 油	520 水、油	785	980	9	45	47	重要调质件,如轴类、连杆螺栓、齿轮
	45Mn2	840 油	550 水、油	735	885	10	45	47	代替 φ < 50mm 的 40Cr 做重要调质件
	40MnB	850 油	500 水、油	785	980	10	45	47	
	40MnVB	850 油	520 水、油	785	980	10	45	47	可代替 40Cr 及部分代替 40CrNi
	35SiMn	900 水	570 水、油	735	885	15	45	47	除低温韧性稍差外,可全面代替 40Cr 和部分代替 40CrNi

（续）

种类	牌号	热处理		力学性能（不小于）					用途举例
		淬火温度 /℃	回火温度 /℃	R_{eL}/MPa	R_m/MPa	$A_5(\%)$	$Z(\%)$	A_K/J	
中淬透性调质钢	40CrNi	820 油	520 水、油	785	980	10	45	55	做较大截面和重要的曲轴、主轴、连杆
	40CrMn	840 油	550 水、油	835	980	9	45	47	代替 40CrNi 做冲击载荷不大零件
	35CrMo	850 油	550 水、油	835	980	12	45	63	代替 40CrNi 做大截面重要零件
	30CrMnSi	880 油	520 水、油	885	1080	10	45	39	高强度钢，做高速载荷轴、齿轮
	38CrMoAlA	940 水、油	640 水、油	835	980	14	50	71	高级渗氮钢，做重要丝杠、镗杆、蜗杆、高压阀门
高淬透性调质钢	37CrNi3	820 油	500 水、油	980	1130	10	50	47	高强韧性的大型重要零件
	25Cr2Ni4WA	850 油	550 水	930	1080	11	45	71	受冲击载荷的高强度大型重要零件，也可做高级渗碳钢
	40CrNiMoA	850 油	600 水、油	835	980	12	55	78	高强韧性的大型重要零件，如飞机起落架、航空发动机轴
	40CrMnMo	850 油	600 水、油	785	980	10	45	63	部分代替 40CrNiMoA

注：力学性能试验用毛坯试样直径尺寸：除 38CrMoAlA 为 ϕ30mm 外均为 ϕ25mm。

（四）调质零件用钢新发展

1. 中碳微合金化非调质钢

近年来，为了节约能源，简化工艺，降低成本，发展了不进行调质处理而是通过控制锻造（锻造温度、锻造比及锻后冷却速度）即可获得具有高强韧性的钢材，这就是非调质钢，也称为微合金锻造钢、控制轧制钢。此类钢的成分特点是：在中碳钢（$w_C = 0.30\% \sim 0.50\%$）中加入微量 V、Ti、Nb 等强碳化物形成元素（一般含量 w 为 0.10% 左右，通常是加 V），其主要作用是形成细小弥散的特殊碳化物质点，在加热时阻碍奥氏体晶粒长大，起细晶强韧化和弥散强化作用；适当提高含量的 Mn 元素（$w_{Mn} = 0.8\% \sim 1.5\%$）的作用与在低合金高强度钢中的作用相同；由于在锻造后直接进行机加工，故通常还含有微量易切削元素硫、铅。在一些发达国家，非调质钢已成功用于汽车连杆、曲轴，国内也有一些应用报道，其经济效益显著，发展前景广阔。表 7-9 为部分非调质钢的牌号与力学性能。

2. 低碳马氏体钢

低碳马氏体是具有高密度位错的板条马氏体，其内部有自回火或低温回火析出的细小弥散的碳化物，并有少量的残留奥氏体薄膜，因而具有高的强韧性。低碳马氏体钢即是指低碳钢或低碳合金结构钢经淬火、低温回火后使用的钢材，此时不仅具有高强度和良好塑性、韧性相结合的特点（常规力学性能甚至优于调质钢），而且具有低的缺口敏感性、低的冷脆转化温度和优良的冷成形性、焊接性。表7-10列举了部分低碳马氏体钢和调质钢的力学性能。采用低碳马氏体钢代替调质钢具有显著的经济效益，在我国已成功地用于石油钻机用吊环、吊卡，汽车用高强度螺栓，矿用圆环链等重要零件。

表7-9　非调质钢的牌号与力学性能

牌号	力学性能(不小于)			
	R_{eL}/MPa	R_m/MPa	$A(\%)$	A_K/J
F40VS	420	640	16	37
F45VS	440	685	15	35
F40MnVS	490	785	15	32
F45MnVS	510	835	13	28

注：摘自 GB/T 15712—2016《非调质机械结构钢》。

表7-10　部分低碳马氏体钢和调质钢的力学性能

牌号	热处理工艺	硬度(HRC)	R_{eL}/MPa	R_m/MPa	$A_5(\%)$	$Z(\%)$	$a_K/J \cdot cm^{-2}$
20	910℃水淬+200℃回火	44	1310	1530	11.1	45	41
20Cr	880℃水淬+200℃回火	45	1200	1450	10.5	49	71
20MnV	880℃水淬+200℃回火	45	1245	1435	12.4	52.5	83
15MnVB	880℃水淬+200℃回火	43	1133	1353	12.6	51	95
45	840℃水淬+600℃回火	36	495	686	16	40	56.0

五、弹簧钢

弹簧钢是专门用来制造各种弹簧和弹性元件或类似性能要求的结构零件的主要材料。在各种机械系统中，弹簧的主要作用是通过弹性变形储存能量（即弹性变形功），从而传递力（或能）和机械运动，或缓和机械的振动与冲击，如汽车、火车上的各种板弹簧和螺旋弹簧，仪表弹簧等，通常是在长期的交变应力下承受拉压、扭转、弯曲和冲击条件下工作。

（一）性能要求

1. 高的弹性极限和屈强比

以保证优良的弹性性能，即吸收大量的弹性能而不产生塑性变形。

2. 高的疲劳极限

疲劳是弹簧的最主要破坏形式之一，疲劳性能除与钢的成分结构有关以外，还主要地受钢的冶金质量（如非金属夹杂物）和弹簧表面质量（如脱碳）的影响。

3. 足够的塑性和韧性

以防止冲击断裂。

4. 其他性能

如良好的热处理和塑性加工性能，特殊条件下工作的耐热、耐蚀性等。

（二）成分特点

1. 中、高碳

一般地，碳素弹簧钢 $w_C = 0.6\% \sim 0.9\%$，合金弹簧钢 $w_C = 0.45\% \sim 0.70\%$，经淬火+中温

回火后得到回火托氏体组织，能较好地保证弹簧的性能要求。近年来，又开发应用了综合性能优良的低碳马氏体弹簧钢，在淬火低温回火的板条马氏体组织下使用。

2. 合金元素

普通用途的合金弹簧钢一般是低合金钢。主加元素为 Si、Mn、Cr 等，其主要作用是提高淬透性，固溶强化基体并提高耐回火性；辅加元素为 Mo、W、V 等强碳化物形成元素，主要作用有防止 Si 引起的脱碳缺陷、Mn 引起的过热缺陷，并提高耐回火性及耐热性等。特殊用途的弹簧因耐高低温、耐蚀、抗磁等方面的特殊性能要求，必须选用特殊弹性材料，包括高合金钢和弹性合金。高合金弹簧钢包括不锈钢、耐热钢、高速工具钢等，其中不锈钢应用最多、最广。

3. 常用弹簧钢

表 7-11 为我国常用主要弹簧钢的牌号、性能特点和主要用途，其化学成分、热处理工艺和力学性能可参照有关国家标准（见 GB/T 1222—2016）。

（1）碳素弹簧钢（即非合金弹簧钢） 其价格便宜但淬透性较差，适合于截面尺寸较小的非重要弹簧，其中以 65、65Mn 最常用。

（2）合金弹簧钢 根据主加合金元素种类不同可分为两大类：Si-Mn 系（即非 Cr 系）弹簧钢和 Cr 系弹簧钢。前者淬透性较碳钢高，价格不很昂贵，故应用最广，主要用于截面尺寸不大于 25mm（直径）的各类弹簧，60Si2Mn 是其典型代表。后者的淬透性较好，综合力学性能高，弹簧表面不易脱碳，但价格相对较高，一般用于截面尺寸较大的重要弹簧，50CrVA 是其典型代表。

表 7-11 我国常用主要弹簧钢的牌号、性能特点和主要用途

种类		牌号	性能特点	主要用途
碳素弹簧钢	普通 Mn 量	65	硬度、强度、屈强比高,但淬透性差,耐热性不好,承受动载和疲劳载荷的能力低	价格低廉,多应用于工作温度不高的小型弹簧(<12mm)或不重要的较大弹簧
		70		
		85		
	较高 Mn 量	65Mn	淬透性、综合力学性能优于碳钢,但对过热比较敏感	价格较低,用量大,制造各种小截面(<15mm)的扁簧、发条、减振器与离合器簧片、制动轴等
合金弹簧钢	Si-Mn 系	60Si2Mn	强度高,弹性好,耐回火性佳;但易脱碳和石墨化。含 B 钢淬透性明显提高	主要的弹簧钢类,用途很广,可制造各种中等截面(<25mm)的重要弹簧,如汽车、拖拉机板簧、螺旋弹簧等
		55SiMnVB		
	Cr 系	50CrVA	淬透性好,耐回火性高,脱碳与石墨化倾向低;综合力学性能佳,有一定的耐蚀性,含 V、Mo、W 等元素的弹簧具有一定的耐高温性;由于均为高级优质钢,故疲劳性能进一步改善	用于制造载荷大的重型大型尺寸(50~60mm)的重要弹簧(如发动机阀门弹簧、常规武器取弹钩弹簧、破碎机弹簧)和耐热弹簧(如锅炉安全阀弹簧、喷油器弹簧、气缸胀圈等)
		60CrMnA		
		60CrMnBA		
		60CrMnMoA		
		60Si2CrA		
		60Si2CrVA		

4. 热处理特点

弹簧钢的热处理取决于弹簧的加工成形方法，一般可分为热成形弹簧和冷成形弹簧两

大类。

（1）热成形弹簧 截面尺寸大于10mm的各种大型和形状复杂的弹簧均采用热成形（如热轧、热卷），如汽车、拖拉机、火车的板簧和螺旋弹簧。其简明加工路线为：扁钢或圆钢下料→加热压弯或卷绕→淬火+中温回火→表面喷丸处理，使用状态组织为回火托氏体。喷丸可强化表面并提高弹簧表面质量，显著改善疲劳性能。近年来，热成形弹簧也可采用等温淬火获得下贝氏体，或形变热处理，对提高弹簧的性能和寿命也有较明显的作用。

（2）冷成形弹簧 截面尺寸小于10mm的各种小型弹簧可采用冷成形（如冷卷、冷轧），如仪表中的螺旋弹簧、发条及弹簧片等。这类弹簧在成形前先进行冷拉（冷轧）、淬火中温回火或铅浴等温淬火后冷拉（轧）强化；然后再进行冷成形加工，此过程中将进一步强化金属，但也产生了较大的内应力和脆性，故在其后应进行低温去应力退火（一般为200~400℃）。

六、轴承钢

轴承钢是用于制造各种（滚动）轴承的滚动体（滚珠、滚柱）和内外套圈的专用钢种，也可用于制作精密量具、冷冲模、机床丝杠及油泵油嘴的精密偶件如针阀体、柱塞等耐磨件。

（一）性能要求

由于滚动轴承要承受高达3000~5000MPa的交变接触应力和极大的摩擦力，还将受到大气、水及润滑剂的侵蚀，其主要损坏形式有接触疲劳（麻点剥落）、磨损和腐蚀等。故对轴承钢提出的主要性能要求有：①高的接触疲劳极限和弹性极限；②高的硬度和耐磨性；③适当的韧性和耐蚀性。

（二）成分特点

传统的轴承钢是一种高碳低铬钢，它是轴承钢的主要材料，其成分特点如下：

1. 高碳

一般 $w_C = 0.75\% \sim 1.05\%$，用以保证轴承钢的高硬度和高耐磨性。

2. 合金元素

一般是低合金钢，其基本元素是铬，且 $w_{Cr} = 1.30\% \sim 1.95\%$，它的主要作用是增加钢的淬透性，并形成合金渗碳体 $(Fe、Cr)_3C$ 以提高接触疲劳极限和耐磨性。为了制造大型轴承，还需加入Si、Mn、Mo等元素以进一步提高淬透性和强度；对无铬轴承钢还应加入V元素，形成VC以保证耐磨性并细化钢基体晶粒。

3. 高纯度、高均匀性

统计表明，因原材料质量问题而引起的轴承失效高达65%，故轴承钢的杂质含量规定很低（$w_S < 0.020\%$、$w_P < 0.025\%$），夹杂物级别应低，成分和组织均匀性（尤其是碳化物均匀性）应高，这样才能保证轴承钢的高接触疲劳极限和足够的韧性。

除传统的铬轴承钢外，生产中还发展了一些特殊用途的轴承钢，如为节省铬资源的无铬轴承钢、抗冲击载荷的渗碳轴承钢、耐蚀用途的不锈轴承钢、耐高温用途的高温轴承钢。

（三）常用轴承钢与热处理特点

国际标准ISO 683/Part 将已纳入标准的轴承钢分为四大类：高碳铬轴承钢（即全淬透性轴承钢）、渗碳轴承钢、不锈轴承钢和高温轴承钢。我国常用主要轴承钢的类别、牌号、主要特点及用途举例见表7-12，其具体成分与热处理工艺详见相应的国家标准。

高碳铬轴承钢（如GCr15）是最常用的轴承钢，其主要热处理是：①预备热处理——球化退火，其目的是改善可加工性并为淬火做组织准备；②最终热处理——淬火+低温回火，它是决定轴承钢性能的关键，目的是得到高硬度（62~66HRC）和高耐磨性。为了较彻底地消除残留奥氏体与内应力，稳定组织，提高轴承的尺寸精度，还可在淬火后进行一次冷处理（-80~-60℃），在磨削加工后进行低温时效处理等。

表 7-12　我国常用主要轴承钢的类别、牌号、主要特点及用途举例

类别	牌号	主要特点	用途举例
高碳铬轴承钢	GCr15	一定的淬透性、耐磨性和耐回火性	一般工作条件下的中等尺寸的各类滚动体和套圈
	GCr15SiMn	淬透性高，耐磨性好，接触疲劳性能优良	一般工作条件下的大型或特大型轴承套圈和滚动体
渗碳轴承钢	G20CrNiMoA	钢的纯洁度和组织均匀性高，渗碳后表面硬度为 58~62HRC，心部硬度为 25~40HRC，工艺性能好	承受冲击载荷的中小型滚子轴承，如发动机主轴承
	G20Cr2Ni4A		承受高冲击的和高温下的轴承，如发动机的高温轴承
	G20Cr2Mn2MoA		承受大冲击的特大型轴承，也用于承受大冲击、安全性高的中小型轴承
不锈轴承钢	G95Cr18	高的耐蚀性，高的硬度、耐磨性、弹性和接触疲劳性能	制造耐水、水蒸气和硝酸腐蚀的轴承及微型轴承
	G102Cr18Mo		
	06Cr19Ni10	极优良的耐蚀性、耐低温性、冷塑性成形性和可加工性好	车制保持架，高耐蚀性要求的防锈轴承，经渗氮处理后可制作高温、高速、高耐蚀、高耐磨的低负荷轴承
	07Cr17Ni7Al		
高温轴承钢	W18Cr4V	高温强度、硬度、耐磨性和疲劳性能好，抗氧化性较好，但抗冲击性较差	制造耐高温轴承，如发动机主轴承，对结构复杂、冲击负荷大的高温轴承，应采用 G20Cr2Ni4 渗碳轴承钢制造
	W6Mo5Cr4V2		
其他轴承钢	50CrVA	中碳合金钢具有较好的综合力学性能（强韧性配合），调质处理后若进行表面强化，则疲劳性能和耐磨性改善	用于制造转速不高，较大载荷的特大型轴承（主要是内外套圈），如挖掘机、起重机、大型机床上的轴承
	5CrMnMo		
	30CrMo		

七、超高强度钢

超高强度钢是一种较新发展的结构材料。随着航天航空技术的飞速发展，对结构轻量化的要求越加突出，这意味着材料应有高的比强度和比刚度。超高强度钢就是在合金结构钢的基础上，通过严格控制冶金质量、成分和热处理工艺而发展起来的，以强度为首要要求辅以适当韧性的钢种。工程上一般将 R_{eL} 超过 1380MPa 或 R_m 超过 1500MPa 的钢称为超高强度钢，主要用于制造飞机起落架、机翼大梁、火箭及发动机壳体与武器的炮筒、枪筒、防弹板等。

（一）性能要求

1. 很高的强度和比强度（其比强度与铝合金接近）

为了保证极高的强度要求，这类钢材充分利用了马氏体强化、细晶强化、化合物弥散强化与固溶强化等多种机制的复合强化作用。

2. 足够的韧性

评价超高强度钢韧性的合适指标是断裂韧度，而改善韧性的关键是提高钢的纯净度（降低 S、P 杂质含量和非金属夹杂物含量），细化晶粒（如采用形变热处理工艺），并减小对碳的固溶强化的依赖程度（故超高强度钢一般是中低碳，甚至是超低碳钢）。

（二）常用牌号及热处理

按化学成分和强韧化机制不同，超高强度钢可分为低合金超高强度钢、二次硬化型超高强度钢、马氏体时效钢和超高强度不锈钢等四类。表7-13列举了部分常用超高强度钢的牌号、热处理工艺与力学性能（具体成分见相应国家标准）。

1. 低合金超高强度钢

此类钢是在合金调质钢基础上发展起来的，其碳含量 $w_C = 0.30\% \sim 0.45\%$，合金元素总含量 $w_M \leqslant 5\%$，常加入 Ni、Cr、Si、Mn、Mo、V 等元素，其主要作用是提高淬透性、耐回火性和固溶强化。常经淬火（或等温淬火）、低温回火处理后，在回火马氏体（或下贝氏体+回火马氏体）组织状态使用。此类钢的生产成本较低，用途广泛，可制作飞机结构件、固体火箭发动机壳体、炮筒、高压气瓶和高强度螺栓。典型钢种为 30CrMnSiNi2A、40CrNi2MoA。

2. 二次硬化型超高强度钢

此类钢是通过淬火、高温回火处理后，析出特殊合金碳化物而达到弥散强化（即二次硬化）的超高强度钢。主要包括两类：Cr-Mo-V 型中碳中合金马氏体热作模具钢（4Cr5MoSiV、5Cr5MoSiV1，相当于美国牌号 H11、H13 钢）和高韧性 Ni-Co 型低碳高合金超高强度钢（如 20Ni9Co4Mo1V 钢）。由于是在高温回火状态下使用，故此类钢还具有良好的耐热性。

3. 马氏体时效钢

此类钢是超低碳高合金（Ni、Co、Mo）超高强度钢，具有极佳的强韧性。通过高温固溶处理（820℃左右）得到高合金的超低碳单相板条马氏体，然后再进行时效处理（480℃左右）析出金属间化合物（如 Ni_3Mo）起弥散强化作用。这类钢不仅力学性能优良，而且工艺性能良好，但价格昂贵，主要用于固体火箭发动机壳体、高压气瓶等。

4. 超高强度不锈钢

在不锈钢基础上发展起来的超高强度不锈钢，具有较高的强度和耐蚀性。依据其组织和强化机制不同，也可分为马氏体沉淀硬化不锈钢、半奥氏体沉淀硬化不锈钢和马氏体时效不锈钢等。由于其 Cr、Ni 合金元素含量较高，故其价格也很昂贵，通常用于对强度和耐蚀性都有很高要求的零件。

表7-13 部分常用超高强度钢的牌号、热处理工艺与力学性能

种类与钢号	热处理工艺	$R_{p0.2}$/MPa	R_m/MPa	A_5(%)	Z(%)	K_{IC}/(MPa·m$^{1/2}$)
低合金超高强度钢 30CrMnSiNi2A	900℃油淬 260℃回火	1430	1795	11.8	50.2	67.1
40CrNi2MoA	840℃油淬 200℃回火	1605	1960	12.0	39.5	67.7
二次硬化型超高强度钢 4Cr5MoSiV	1010℃空冷 550℃回火	1570	1960	12	42	37
20Ni9Co4CrMo1V	850℃油淬 550℃回火	1340	1380	15	55	143

（续）

种类与钢号	热处理工艺	$R_{p0.2}$/MPa	R_m/MPa	A_5(%)	Z(%)	K_{IC}/(MPa·m$^{1/2}$)
马氏体时效钢 00Ni18Co9Mo5TiAl （18Ni）	815℃固溶空冷 480℃时效	1400	1500	15	68	80~180
超高强度不锈钢 05Cr17Ni4Cu4Nb （17-4PH）	1040℃水冷 480℃时效	1275	1375	14	50	—

八、其他专用结构钢

（一）铸钢

铸钢是冶炼后直接铸造成形而不需锻轧成形的钢种。一些形状复杂、综合力学性能要求较高的大型零件，在加工时难于用锻轧方法成形，在性能上又不允许用力学性能较差的铸铁制造，即可采用铸钢。目前铸钢在重型机械制造、运输机械、国防工业等部门应用广泛。理论上，凡用于锻件和轧材的钢号均可用于铸钢件，但考虑到铸钢对铸造性能、焊接性和可加工性的良好要求，铸钢的碳含量一般为 $w_C = 0.15\% \sim 0.60\%$。为了提高铸钢的性能，也可进行热处理（主要是退火、正火，小型铸钢件还可进行淬火、回火处理）。生产上的铸钢主要有两大类：碳素铸钢和低合金铸钢。

1. 碳素铸钢

按用途分为一般工程用碳素铸钢和焊接结构用碳素铸钢，前者在国家标准 GB/T 11352—2009 中列有 5 个钢号；后者的焊接性良好，在国家标准 GB/T 7659—2010 中列有 5 个钢号。表 7-14 列出了碳素铸钢的牌号、力学性能与用途举例。

2. 低合金铸钢

低合金铸钢是在碳素铸钢的基础上，适当提高 Mn、Si 含量，以发挥其合金化的作用，另外还可添加低含量的 Cr、Mo 等合金元素，常用牌号有 ZG40Cr、ZG40Mn、ZG35SiMn、ZG35CrMo 和 ZG35CrMnSi 等。低合金铸钢的综合力学性能明显优于碳素铸钢，大多用于承受较重载荷、冲击和摩擦的机械零部件，如各种高强度齿轮、水压机工作缸、高速列车车钩等。为充分发挥合金元素的作用以提高低合金铸钢的性能，通常应对其进行热处理，如退火、正火、调质和各种表面热处理。

表 7-14 碳素铸钢的牌号、力学性能与用途举例

种类与牌号	力学性能（不小于）					用途举例
	R_{eL}/MPa	R_m/MPa	A_5(%)	Z(%)	A_{KV}/J	
一般工程用碳素铸钢 ZG200-400	200	400	25	40	30	良好的塑性、韧性、焊接性，用于受力不大、要求高韧性的零件
ZG230-450	230	450	22	32	25	一定强度和较好韧性、焊接性，用于受力不大、要求高韧性的零件
ZG270-500	270	500	18	25	22	较高的强韧性，用于受力较大且有一定韧性要求的零件，如连杆、曲轴

（续）

种类与牌号	力学性能(不小于)					用途举例
	R_{eL} /MPa	R_m /MPa	A_5 (%)	Z (%)	A_{KV} /J	
ZG310-570	310	570	15	21	15	较高的强度和较低的韧性,用于载荷较高的零件,如大齿轮、制动轮
ZG340-640	340	640	10	18	10	高的强度、硬度和耐磨性,用于齿轮、棘轮、联轴器、叉头等
焊接结构用碳素铸钢 ZG200-400H	200	400	25	40	45	由于碳含量偏下限,故焊接性优良,其用途基本同 ZG200-400、ZG230-450 和 ZG270-500 等
ZG230-450H	230	450	22	35	45	
ZG270-480H	270	480	20	35	40	
ZG300-500H	300	500	20	21	40	
ZG340-550H	340	550	15	21	35	

（二）易切削钢

易切削钢是具有优良可加工性的专用钢种。它是在钢中加入了某一种或几种元素,利用其本身或与其他元素形成一种对切削加工有利的夹杂物的作用,从而使切削抗力下降,切屑易断易排,零件表面质量改善且刀具寿命提高。目前使用最广泛的元素是 S、P、Pb、Ca 等,这些元素一方面改善了钢的可加工性;但另一方面又不同程度地损害了钢的力学性能（主要是强度,尤其是韧性）和压力加工与焊接性能,这就意味着易切削钢一般不用作重要零件,如在冲击载荷或疲劳交变应力下工作的零件。

易切削钢主要适用于在高效自动机床上进行大批量生产的非重要零件,如标准件和紧固件（螺栓、螺母）、自行车与照相机零件。国家标准 GB/T 8731—2008《易切削结构钢》中将易切削钢分为硫系易切削钢（如 Y08、Y15Mn 等）、铅系易切削钢（如 Y08Pb、Y15Pb 等）、锡系易切削钢（如 Y08Sn、Y45Sn 等）和钙系易切削钢（如 Y45Ca）。随着合金易切削钢的研制与应用,汽车工业上的齿轮和轴类零件也开始使用这类钢材,如用加 Pb 的 20CrMo 钢制造齿轮,可节省加工时间和加工费用达 30% 以上,显示了采用合金易切削钢的优越性。

（三）冷镦钢

在多工位冷镦机上高速高效冷镦成形的标准件和紧固件（如螺栓、螺钉）,应采用专用冷镦钢来制造。此类钢多为低、中碳钢（碳钢或低合金钢）,其冷镦成形性优良,即屈服强度低,屈强比小,塑性高。为此应控制钢中的 S、P、Si 等元素的含量,通过合适的热处理来改善组织（如采用球化退火获得球状珠光体组织）。国家标准 GB/T 6478—2015 中列出了我国常用冷镦钢的成分和性能,其典型牌号有 ML08Al、ML20、ML45、ML20Cr、ML40Cr、ML15MnVB 等。在选用冷镦钢来制造紧固件时,可参照国家标准 GB/T 3098.1—2010 中有关规定。

（四）冲压用钢

采用冲压工艺生产零件,便于组织流水生产,材料利用率高,能冲制形状复杂、互换性好的零件。以汽车工业为例,冲压用钢占其钢材总用量的 50%~70%。适用于冲压工艺的钢材要求有优良的冲压成形性能，如低的屈服强度和屈强比、高的塑性、高的形变强化能力和低的时效性等。为此，冲压用钢的碳含量应低（一般为低碳或超低碳），氮含量低并加入强碳、氮化合物形成元素 Ti、Nb、Al，严格控制 S、P 杂质和非金属夹杂物含量。具有代表性的冲压用钢是：①08F 钢（第一代冲压用钢），可用作一般的冲压零件用钢；②08Al钢（第二代冲压用钢），可用作深冲压零件用钢；③IF 钢（第三代冲压用钢），即超低碳无间隙元素钢，用于超深冲压零件用钢。

第五节 工 具 钢

工具钢是用于制造各类工具的一系列高品质钢种。**按化学成分，分为**碳素工具钢（也称为非合金工具钢）和合金工具钢两大类。碳素工具钢虽然价格低廉、加工容易，但其淬透性低，耐回火性差，综合力学性能不高，多用于手动工具或低速机用工具；合金工具钢则可适用于截面尺寸大，形状复杂，承载能力高且要求热稳定性好的工具。按工具的使用性质和主要用途，又可分为刃具钢、模具钢和量具钢三类，但这种分类的界限并不严格，因为某些工具钢（如低合金工具钢 CrWMn）既可做刃具又可做模具和量具。故在实际应用中，通过分析只要某种钢能满足某种工具的使用需要，即可用于制造该种工具。

虽然工具的种类多种多样，其工作条件也千差万别，它们对所用材料也均有各自不同的多种要求；但工具钢的共性要求均是：硬度与耐磨性高于被加工材料，能耐热、耐冲击且具有较长的使用寿命。

一、刃具钢

刃具是用来进行切削加工的工具，包括各种手用和机用的车刀、铣刀、刨刀、钻头、丝锥和板牙等。刃具在切削过程中，切削刃与工件及切屑之间的强烈摩擦将导致严重的磨损和切削热（这可使刀具刃部温度升至很高）；刃口局部区域极大的切削力及刀具使用过程中的过大的冲击与振动，将可能导致刀具崩刃或折断。

（一）性能要求

1）高的硬度（60~66HRC）和高的耐磨性。

2）高的热硬性，即钢在高温下（如 500~600℃）保持高硬度（60HRC 左右）的能力，这是高速切削加工刀具必备的性能。

3）适当的韧性。

（二）成分与组织特点

为了满足上述性能要求，刃具钢均为高碳钢（碳钢或合金钢），这是刀具获取高硬度、高耐磨性的基本保证。在合金工具钢中，加入合金元素的主要作用视其种类和数量不同，可提高淬透性和耐回火性，进一步改善钢的硬度和耐磨性（主要是耐磨性），细化晶粒，改善韧性并使某些刃具钢产生热硬性。刃具钢使用状态的组织通常是回火马氏体基体上分布着细小均匀的粒状碳化物。由于下贝氏体组织具有良好的强韧性，故刃具钢采用等温淬火获得以下贝氏体为主的组织，在硬度变化不大的情况下，耐磨性尤其是韧性改善，淬火内应力低、开裂倾向小，用于形状复杂并受冲击载荷较大的刀具可明显提高其使用寿命。

(三) 常用刃具钢与热处理特点

1. 碳素工具钢

表 7-15 列出了碳素工具钢的牌号、成分与用途举例。碳素工具钢的 w_C 一般为 0.65% ~ 1.35%，随着碳含量的增加（从 T7 到 T13），钢淬火后的硬度无明显变化，但耐磨性增加而韧性下降。

表 7-15 碳素工具钢的牌号、成分与用途举例

| 牌号 | 化学成分 w(%) | | | 退火状态硬度（HBW）不小于 | 试样淬火后硬度[1]（HRC）不小于 | 用途举例 |
	C	Si	Mn			
T7 T7A	0.65 ~ 0.74	≤0.35	≤0.40	187	800 ~ 820℃水 62	承受冲击，韧性较好、硬度适当的工具，如扁铲、手钳、大锤、旋具、木工工具
T8 T8A	0.75 ~ 0.84	≤0.35	≤0.40	187	780 ~ 800℃水 62	承受冲击，要求较高硬度的工具，如冲头、压缩空气工具、木工工具
T8Mn T8MnA	0.80 ~ 0.90	≤0.35	0.40 ~ 0.60	187	780 ~ 800℃水 62	同上，但淬透性较大，可制造断面较大的工具
T9 T9A	0.85 ~ 0.94	≤0.35	≤0.40	192	760 ~ 780℃水 62	韧性中等、硬度高的工具，如冲头、木工工具、凿岩工具
T10 T10A	0.95 ~ 1.04	≤0.35	≤0.40	197	760 ~ 780℃水 62	不受剧烈冲击，高硬度耐磨的工具，如车刀、刨刀、冲头、丝锥、钻头、手锯条
T11 T11A	1.05 ~ 1.14	≤0.35	≤0.40	207	760 ~ 780℃水 62	不受冲击，高硬度耐磨的工具，如车刀、刨刀、冲头、丝锥、钻头
T12 T12A	1.15 ~ 1.24	≤0.35	≤0.40	207	760 ~ 780℃水 62	不受剧烈冲击，要求高硬度耐磨的工具，如锉刀、刮刀、精车刀、丝锥、量具
T13 T13A	1.25 ~ 1.35	≤0.35	≤0.40	217	760 ~ 780℃水 62	同 T12，要求更耐磨的工具，如刮刀、剃刀

[1] 淬火后硬度不是指用途举例中各种工具硬度，而是指碳素工具钢材料在淬火后的最低硬度。

碳素工具钢的预备热处理一般为球化退火，其目的是降低硬度（<217HBW），便于切削加工，并为淬火做组织准备。但若锻造组织不良（如出现网状碳化物缺陷），则应在球化退火之前先进行正火处理，以消除网状碳化物。其最终热处理为淬火+低温回火（回火温度一般为 180 ~ 200℃），正常组织为隐晶回火马氏体+细粒状渗碳体及少量残留奥氏体。

碳素工具钢的优点是：成本低，冷热加工工艺性能好，在手用工具和机用低速切削工具上有较广泛的应用。但碳素工具钢的淬透性低，组织稳定性差且无热硬性，综合力学性能（如耐磨性）欠佳，故一般只用作尺寸不大，形状简单，要求不高的低速切削工具。

2. 低合金工具钢

为了弥补碳素工具钢的性能不足，在其基础上添加各种合金元素，如 Si、Mn、Cr、W、Mo、V 等，并对其碳含量做了适当调整，以提高工具钢的综合性能，这就是合金工具钢。低合金工具钢的合金元素总含量一般为 $w_M<5\%$，其主要作用是提高钢的淬透性和耐回火性，进一步改善刀具的硬度和耐磨性。强碳化物形成元素（如 W、V 等）所形成的碳化物除对

耐磨性有提高作用外，还可细化基体晶粒，改善刀具的强韧性。适用于刃具的高碳低合金工具钢种类很多，根据国家标准 GB/T 1299—2014，表 7-16 列出了部分常用低合金工具钢的牌号、热处理工艺、性能特点和用途举例。其中最典型的钢号有 9SiCr、CrWMn 等。

表 7-16 部分常用低合金工具钢的牌号、热处理工艺、性能特点和用途举例

| 牌号 | 试样淬火 | | 退火状态硬度（HBW） | 性能特点 | 用途举例 |
	淬火温度 /℃	硬度（HRC）不小于			
Cr06	780~810 水	64	241~187	低合金铬工具钢，其差别在于 Cr、C 含量，Cr06 中 C 含量最高，Cr 含量最低，硬度、耐磨性高但较脆；9Cr2 中 C 含量较低，韧性好	Cr06 可用作锉刀、刮刀、刻刀、剃刀；Cr2 和 9Cr 中 2 除用作刀具外，还可用作量具、模具、轧辊等
Cr2	830~860 油	62	229~179		
9Cr2	820~850 油	62	217~179		
9SiCr	820~860 油	62	241~197	应用最广泛的低合金工具钢，其淬透性较高，耐回火性较好；8MnSi 可节省 Cr 资源	常用于制造形状复杂、切削速度不高的刀具，如板牙、梳刀、搓丝板、钻头及冷作模具
8MnSi	800~820 油	60	≤229		
CrWMn	800~830 油	62	255~207	淬透性高，变形小，尺寸稳定性好，是微变形钢。缺点是易形成网状碳化物	可用作尺寸精度要求较高的成形刀具，但主要适用于量具和冷作模具
9CrWMn	800~830 油	62	241~197		
W	800~830 水	62	229~187	淬透性不高，但耐磨性较好	低速切削硬金属的刀具，如麻花钻、车刀等

低合金工具钢的热处理特点基本上同碳素工具钢，只是由于合金元素的影响，其工艺参数（如加热温度、保温时间、冷却方式等）有所变化。

低合金工具钢的淬透性和综合力学性能优于碳素工具钢，故可用于制造尺寸较大，形状较复杂，受力要求较高的各种刀具。但由于其内的合金元素主要是淬透性元素，而不是强碳化物形成元素（W、Mo、V 等），故仍不具备热硬性特点，刀具刃部的工作温度一般不超过 250℃，否则硬度和耐磨性迅速下降，甚至丧失切削能力，因此这类钢仍然属于低速切削刃具钢。

3. 高速工具钢

为了适应高速切削而发展起来的具有优良热硬性的工具钢就是高速工具钢，它是金属切削刀具的主要材料，也可用作模具材料。

（1）性能特点 高速工具钢与其他工具钢相比，其最突出的性能特点是高的热硬性，它可使刀具在高速切削时，刃部温度上升到 600℃，其硬度仍然维持在 55~60HRC。高速工具钢还具有高硬度和高耐磨性，从而使切削时刀刃保持锋利（故也称为"锋钢"）。高速工具钢的淬透性优良，甚至在空气中冷却也可得到马氏体（故又称为"风钢"）。因此，高速工具钢广泛应用于制造尺寸大，形状复杂，负荷重，工作温度高的各种高速切削刀具。

（2）高速工具钢的分类 习惯上将高速工具钢分为两大类：一类是通用型高速工具钢

（又称为普通高速工具钢），它以钨系 W18Cr4V（简称 T1，常以 18-4-1 表示）和钨钼系 W6Mo5Cr4V2（简称 M2，常以 6-5-4-2 表示）为代表，还包括成分稍做调整的高钒型 W6Mo5Cr4V3（6-5-4-3）和 W9Mo3Cr4V，目前 W6Mo5Cr4V2 应用最广泛，而 W18Cr4V 将逐步淘汰；另一类是高性能高速工具钢，其中包括高碳高钒型（CW6Mo5Cr4V3）、超硬型（如含 Co 的 W6Mo5Cr4V2Co5、含 Al 的 W6Mo5Cr4V2Al）。在国家标准 GB/T 9943—2008 中列出的高速工具钢共有 19 个钢号。按其成分特点不同，可将高速工具钢分为钨系和钨钼系两类。钨系高速工具钢（W18Cr4V）发展最早，但脆性较大，它将逐步被韧性较好的钨钼系高速工具钢（以 W6Mo5Cr4V2 为主）淘汰，但后者过热和脱碳倾向较大，热加工时应予以注意；W6Mo5Cr4V2Al 的硬度、耐磨性、热硬性最好，适用于加工难切削材料，但其脆性最大，不宜制作薄刃刀具。表 7-17 为我国部分常用高速工具钢的牌号、成分、热处理和主要性能。

表 7-17　我国部分常用高速工具钢的牌号、成分、热处理和主要性能

种类	牌号	化学成分 $w(\%)$						热处理		硬度		热硬性[①]（HRC）
		C	Cr	W	Mo	V	其他	淬火温度/℃	回火温度/℃	退火（HBW）≤	淬火回火 HRC 不小于	
钨系	W18Cr4V（18-4-1）	0.73~0.83	3.80~4.50	17.20~18.70	—	1.00~1.20	—	1250~1270	550~570	255	63	61.5~62
钨钼系	CW6Mo5Cr4V2	0.86~0.94	3.80~4.50	5.90~6.70	4.70~5.20	1.75~2.10	—	1190~1210	540~560	255	64	
	W6Mo5Cr4V2（6-5-4-2）	0.80~0.90	3.80~4.40	5.50~6.75	4.50~5.50	1.75~2.20	—	1200~1220	540~560	255	64	60~61
	W6Mo5Cr4V3（6-5-4-3）	1.15~1.25	3.80~4.50	5.90~6.70	4.70~5.20	2.70~3.20	—	1190~1210	540~560	262	64	64
	W6Mo5Cr4V2Al	1.05~1.15	3.80~4.40	5.50~6.75	4.50~5.50	1.75~2.20	Al0.80~1.20	1200~1220	550~570	269	65	65

① 热硬性是将淬火回火试样在 600℃加热 4 次，每次 1h 的条件下测定的。

（3）成分特点与合金元素的作用　高速工具钢的 $w_C = 0.73\% \sim 1.6\%$，其主要作用是强化基体并形成各种碳化物来保证钢的硬度、耐磨性和热硬性。铬的含量大多为 $w_{Cr} = 4.0\%$ 左右，其主要作用是提高淬透性（即淬透性元素）和耐回火性，增加钢的抗氧化、耐蚀性和耐磨性，并有微弱的二次硬化作用。钨、钼的作用主要是产生二次硬化而保证钢的热硬性（故称为热硬性元素），此外也有提高淬透性和热稳定性、进一步改善钢的硬度和耐磨性的作用。由于 W 量过多会使钢的脆性加大，故采用 Mo 来部分代替 W（一般 $1\%w_W \approx 1.6\% \sim 2.0\%w_{Mo}$）可改善钢的韧性，因此钨钼系高速工具钢（W6Mo5Cr4V2）现已成为主要的常用高速工具钢。钒的作用是形成细小稳定的 VC 来细化晶粒（否则高速工具钢高温加热时晶粒极易长大，韧性急剧下降而产生脆性断裂，得到一种沿晶界断裂的"萘状断口"），同时也有加强热硬性，进一步提高硬度和耐磨性的作用。钴、铝是超硬高速工具钢中的非碳化物形成元素，对它们的作用及机理的研究还不太全面，但 Co、Al 能进一步提高钢的热硬性和耐磨性，降低韧性也是肯定的。

（4）高速工具钢的加工处理 高速工具钢的成分复杂，因此其加工处理工艺也相当复杂，与碳素工具钢和低合金工具钢相比，有较明显的不同。

1）锻造。由于高速工具钢属于莱氏体钢，故铸态组织中有大量的不均匀分布的粗大共晶碳化物，其形状呈鱼骨状，难于通过热处理来改善，将显著降低钢的强度和韧性，引起工具的崩刃和脆断，故要求进行严格的锻造以改善碳化物的形态与分布。其锻造要点有："两轻一重"——开始锻造和终止锻造时要轻锻，中间温度范围要重锻；"两均匀"——锻造过程中温度和变形量的均匀性；"反复多向锻造"等。

2）普通热处理。锻造之后高速工具钢的预备热处理为球化退火，其目的是降低硬度（207~255HBW），便于切削加工并为淬火做组织准备，组织为索氏体+细粒状碳化物，为节省工艺时间可采用等温退火工艺。高速工具钢的最终热处理为淬火+高温回火，由于高速工具钢的导热性较差，故淬火加热时应预热1~2次（这对尺寸较大、形状复杂的工具尤为重

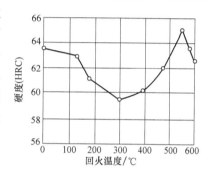

图 7-4 W18Cr4V 高速工具钢的硬度与回火温度的关系

要）。淬火加热温度应严格控制，过高则晶粒粗大，过低则奥氏体合金度不够而引起热硬性下降。冷却方式可采用直接冷却（油冷或空冷）、分级淬火等，其组织为隐晶马氏体+未溶细粒状碳化物+大量残留奥氏体（30%左右），硬度为 61~63HRC。淬火后可通过冷处理（-80℃左右）来减少残留奥氏体，也可直接进行回火处理。为充分减少残留奥氏体量，降低淬火钢的脆性和内应力，更重要的是通过产生二次硬化来保证高速工具钢的热硬性，通常采用550~570℃高温回火2~4次、每次1h，W18Cr4V 高速工具钢的硬度与回火温度的关系如图7-4所示。高速工具钢正常回火组织为隐晶回火马氏体+粒状碳化物+少量残留奥氏体（<3%），硬度升高至 63~66HRC。图 7-5 所示为 W18Cr4V 高速工具钢的全部热处理工艺曲线示意图。

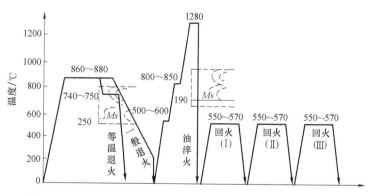

图 7-5 W18Cr4V 高速工具钢的全部热处理工艺曲线示意图

3）表面强化处理。表面强化处理可有效地提高高速工具钢刀具（包括模具）的切削效率和寿命，因而受到了普遍重视和广泛的应用。可进行的表面强化处理方法很多，常见的有表面化学热处理（如渗氮）、表面气相沉积（如物理气相沉积 TiN 涂层）和激光表面处理等，刀具寿命少则提高百分之几十，多则提高几倍甚至十倍以上。

（5）新型高速工具钢的研究与应用　高速工具钢的使用已经历近百年而不衰，主要是因为在现阶段，与其他硬质材料（如硬质合金刀具、陶瓷刀具）相比具有好的韧性和工艺性能，且价格低廉；与碳素工具钢和低合金工具钢相比有优良的热硬性和耐磨性。因此，世界各国都非常重视开发应用更高性能或节约资源的新型高速工具钢。

1）低合金高速工具钢。在有些国家又称为"半高速工具钢"。它是在相应的通用型高速工具钢基体成分的基础上，采用较低合金含量和较高碳含量来产生二次硬化。例如，我国在 W6Mo5Cr4V2 高速工具钢基础上开发的几种低合金高速工具钢 301（W3Mo2Cr4VSi）、F205（W4Mo3Cr4VSi）和 D101（瑞典的 D950 钢）等，其特点有：①节约合金资源，W、Mo 降低了近一半，故钢成本较低；②碳化物细小均匀，故综合力学性能和工艺性能得到改善；③在中低速切削条件下，其热硬性与通用高速工具钢相当。

2）时效硬化高速工具钢。这类钢的成分是低碳高合金度（高 W、高 Co），它是通过金属间化合物析出（而不是碳化物析出）来获取高硬度、热硬性和耐磨性的。时效硬化高速工具钢特别适合于制作尺寸较小，形状复杂，精度高和表面粗糙度值低的高速切削刀具（或超硬精密模具），是解决如钛合金、镍基高温合金等难加工材料的成形切削与精加工的较理想工具材料；其主要问题是价格昂贵。

3）粉末冶金高速工具钢。与常规方法生产的高速工具钢相比，粉末冶金高速工具钢基本上解决了碳化物的不均匀性问题，其优点有：①碳化物均匀细小，故钢的强韧性、热硬性和磨削工艺性能显著改善，这对制造大型复杂刀具显示出特殊的优越性；②成分可大幅度高合金化，在用于加工高硬度难切削材料时更有独特效果；③可直接压制成形得到刀具的最终几何形状，省去了刀具制造时的锻造和粗加工工序。但粉末冶金高速工具钢目前的制造成本较高，对其经济上的合理性尚存在争论。

（四）超硬刃具材料简介

为了适应高硬度难切削材料的加工，可采用硬度、耐磨性、热硬性更好的刃具材料。主要有：硬质合金刃具材料（如钢结硬质合金、普通硬质合金）和超硬涂层刃具材料（如 TiN 涂层、金刚石涂层等），其中硬质合金刃具材料（尤其是钢结硬质合金）的应用最重要。与刃具钢相比，超硬刃具材料具有更高的切削效率和寿命，但存在脆性大，工艺性能差，价格较高的缺点，限制了其应用程度。这说明刃具钢占据了刃具材料的主导地位，其中最主要的是高速工具钢。

二、模具钢

模具是用于进行压力加工的工具，根据其工作条件及用途不同，常分为冷作模具、热作模具和成形模具（其中主要是塑料模）等三大类。模具品种繁多，性能要求也多种多样，可用于模具的钢种也很多，如碳素工具钢、（低）合金工具钢、高速工具钢、轴承钢、不锈钢和某些结构钢等。我国模具钢已基本形成系列。

（一）冷作模具钢

1. 工作条件与性能要求

冷作模具钢是指在常温下使金属材料变形成形的模具用钢，使用时其工作温度一般不超过 200~300℃。由于在冷态下被加工材料的变形抗力较大且存在加工硬化效应，故模具的工作部分承受很大的载荷及摩擦、冲击作用；模具类型不同，其工作条件也有差异。冷作模具的正常失效形式是磨损，但若模具选材、设计与处理不当，也会因变形、开裂而出现早期失效。为使冷作模具耐磨损、不易开裂或变形，冷作模具钢应具有高硬度、高耐磨性、高强度和足够的韧性，这是与刃具钢相同之处；考虑到冷作模具与刃具在工作条件和形状尺寸上的差异，冷作模具对淬透性、耐磨性尤其是韧性方面的要求应高一些，而对热硬性的要求较低或基本上没有要求。据此，冷作模具钢应是高碳成分并多在回火马氏体状态下使用；鉴于下贝氏体的优良强韧性，冷作模具钢通过等温淬火以获得下贝氏体为主的组织，在防止模具崩刃、折断等脆性断裂失效的方面应用越来越受重视。

2. 冷作模具钢的类型

通常按化学成分将冷作模具钢分为碳素工具钢、低合金工具钢、高铬和中铬冷作模具钢及高速工具钢类冷作模具钢等。

（1）碳素工具钢　表 7-15 所列的碳素工具钢均可用来制造冷作模具，且一般选用高级优质钢如 T10A，以改善模具的韧性。根据模具的种类和具体工作条件不同，对耐磨性要求较高，不受或受冲击较小的模具可选用 T13A、T12A；对受冲击要求较高的模具则应选择 T7A、T8A；而对耐磨性和韧性均有一定要求的模具（如冷镦模）可选择 T10A。这类钢的主要优点是加工性能好，成本低，突出缺点是淬透性低，耐磨性欠佳，淬火变形大，使用寿命低，故一般只适合制造尺寸小，形状简单，精度低的轻负荷模具。其热处理特点同碳素刃具钢。

（2）低合金工具钢　国家标准 GB/T 1299—2014 所列的低合金工具钢均可制造冷作模具，其中应用较广泛的钢号有 9Mn2V、9SiCr、CrWMn。与碳素工具钢相比，低合金工具钢具有较高的淬透性、较好的耐磨性和较小的淬火变形，因其耐回火性较好而可在稍高的温度下回火，故综合力学性能较佳，常用来制造尺寸较大，形状较复杂，精度较高的低中负荷模具。由于低合金工具钢的网状碳化物倾向较大，其韧性不足而可能导致模具的崩刃或折断等早期失效，现已开发了一些高强韧性的低合金模具专用钢，如 6CrMnNiMoSiV（代号 GD 钢），来代替常用的低合金工具钢 CrWMn、9SiCr 及部分高铬模具钢 Cr12 型钢，用于易崩刃、开裂或折断的模具，已取得了较明显的效果。

（3）高铬和中铬冷作模具钢　相对于碳素工具钢和低合金工具钢，这类钢具有更高的淬透性、耐磨性和承载强度，且淬火变形小，广泛用于尺寸大、形状复杂、精度高的重载冷作模具。这是一种重要的专用冷作模具钢，其牌号和具体成分详见 GB/T 1299—2014。

高铬模具钢 Cr12 型常用的有两个牌号：Cr12 和 Cr12MoV。Cr12 的 w_C 高达 2.00% ~ 2.30%，属于莱氏体钢，具有优良的淬透性和耐磨性，但韧性较差，其应用正逐步减少；Cr12MoV 的 w_C 降至 1.45% ~ 1.70%，在保持 Cr12 钢优点的基础上，其韧性得以改善，通过二次硬化处理（1100 ~ 1120℃ 高温淬火 + 500 ~ 520℃ 高温回火三次）还具有一定的热硬性，在用于对韧性不足而易于开裂、崩刃的模具上，已取代 Cr12 钢。Cr12 型若采用一次硬化处理（980 ~ 1030℃ 低温淬火 + 150 ~ 180℃ 低温回火），则其晶粒细小、强度和韧性较好，且热处理变形较小，有微变形钢之称。

中铬模具钢是针对 Cr12 型高铬模具钢的碳化物多而粗大且分布不均匀的缺点发展起来的，典型的钢种有 Cr4W2MoV、Cr5Mo1V，其中 Cr4W2MoV 最重要。此类钢的 w_C 进一步降至 1.12% ~ 1.25%，突出的优点是韧性明显改善，综合力学性能较佳。用于代替 Cr12 型钢制造易崩刃、开裂与折断的冷作模具，其寿命大幅度提高。

随着高速压力机和多工位压力机的使用日益增多，对模具的综合性能要求很高：既要有高的硬度与耐磨性，又要有优良的强韧性。新型高强韧性冷作模具钢的研究和应用受到了广泛的重视，其中 7Cr7Mo2V2Si（LD 钢）较为成熟。

（4）高速工具钢类冷作模具钢　与 Cr12 型钢一样，高速工具钢也可用于制造大尺寸、复杂形状、高精度的重载冷作模具，但其耐磨性、承载能力更优，故特别适合于工作条件极为恶劣的钢铁材料冷挤压模。但冷作模具一般对热硬性无特别要求，而必须具备比刃具更高的强韧性。通用高速工具钢（如 W6Mo5Cr4V2）经普通热处理后的主要缺点是韧性不足（而热硬性有余），为此，作为冷作模具钢使用的高速工具钢应在成分和工艺上进行适当调整，方可实现最佳的效果。

从成分上，可采用在 W6Mo5Cr4V2 的基础上研制的低碳高速工具钢（如 6W6Mo5Cr4V，代号 6W6）和低合金高速工具钢（如代号 301、F205 和 D101），由于其碳含量或合金元素含量下降，碳化物数量减少且均匀性提高，故钢的强韧性明显改善。代替通用高速工具钢或 Cr12 型钢制作易折断或劈裂的冷挤压冲头或冷镦冲头，其寿命将成倍地提高；若能再进行渗氮等表面强化处理来弥补耐磨性的损失，则使用效果更佳。若对成分进行更大幅度的调整，得到相当于高速工具钢淬火组织中基体成分的钢种，这就是所谓的基体钢，其典型钢号有 6Cr4W3Mo2VNb（代号 65Nb）。基体钢具有更加优良的强韧性，不仅可用作冷模具钢，也可用作热作模具钢。

从工艺上，可对高速工具钢采用低温淬火或等温淬火来提高钢的强韧性。尤其是等温淬火获得强韧性优良的下贝氏体组织的工艺，对其他类型的模具钢也同样适用，在解决因韧性不足而导致的崩刃、折断或开裂的模具早期失效问题时，有明显的效果，应引起足够的重视。

（二）热作模具钢

1. 工作条件与性能要求

热作模具钢是使热态金属（固态或液态）成形的模具用钢。热作模具在工作时，因与热态金属相接触，其工作部分的温度会升高到 300~400℃（热锻模，接触时间短）、500~900℃（热挤压模，接触时间长），甚至近 1000℃（钢铁材料压铸模，与高温液态金属接触时间长），并因交替加热冷却的温度循环产生交变热应力；此外还有使工件变形的机械应力和与工件间的强烈摩擦作用。故热作模具常见的失效形式有变形、磨损、开裂和热疲劳等，由此要求模具钢应具有良好的高温强韧性、高的热疲劳和热磨损抗力、一定的抗氧化性和耐蚀性等。

热作模具钢的成分与组织应保证以上性能要求，其 w_C 一般在 0.30%~0.60% 的中碳范围内，过高则韧性降低、导热性变差损坏疲劳抗力，过低则强度、硬度及耐磨性不够。常加入 Cr、W、Mo、V、Ni、Si、Mn 等合金元素，提高钢的淬透性和耐回火性，保证钢的高温强度、硬度、耐磨性和热疲劳抗力。热作模具的使用状态组织可以是强韧性较好的回火索氏体或回火托氏体，也可以是高硬度、高耐磨性的回火马氏体基体。

2. 常用热作模具钢

按模具种类不同，热作模具钢可分为热锻模用钢、热挤压模用钢和压铸模用钢三大类；而按照热作模具钢的主要性能不同，则可分为高韧性热作模具钢和高耐热性（或高热强性）热作模具钢。它们之间的适应关系及常用钢号列入表 7-18 中。应该说明的是其界限并不是十分严格的，存在一钢多用的现象，如压铸模既可采用 3Cr2W8V 钢，也可用 4Cr5MoSiV 钢。

表 7-18 常用热作模具钢及类型

按模具类型分类	按主要性能分类	常用钢号
热锻模 （含大型压力机锻模）	高韧性热作模具钢	5CrMnMo、5CrNiMo、5Cr2NiMoVSi
热挤压模 （含中小型压力机锻模）	高耐热性热作模具钢	Cr 系：4Cr5MoSiV（H11）、4Cr5MoSiV1（H13） Cr-Mo 系：3Cr3Mo3W2V（HMI）、4Cr3Mo3SiV（H10） W 系：3Cr2W8V（H21）
压铸模		

（1）热锻模 热锻模用钢应考虑两个突出问题：其一是工作时受冲击负荷大而工作温度不太高，故它应是高韧性钢；其二是热锻模的截面尺寸一般较大，故要求其淬透性良好。常用钢种有 5CrMnMo 和 5CrNiMo。5CrMnMo 适用于制作形状简单、载荷较轻的中小型模具，而 5CrNiMo 则用于制作形状复杂、重载的大型或特大型锻模。热锻模淬火后，根据需要可在中温或高温下回火，得到回火托氏体组织或回火索氏体组织，硬度可在 34~48HRC 之间选择，以保证模具对强度和韧性的不同要求。

（2）热挤压模 热挤压模因与工件接触时间长或工件温度较高，其工作部位的温度较高（低则达 500℃，如铝合金挤压模；高则可达 900℃，如钢铁材料热挤压模），故它应采用高耐热性热作模具钢制造，较常用的有 3Cr2W8V 和 4Cr5MoSiV。3Cr2W8V 的耐热性虽好，但韧性和热疲劳抗力较差，现已应用较少；4Cr5MoSiV 的韧性和热疲劳性优良，故应用最广。Cr-Mo 系热作模具钢（如 3Cr3Mo3V）因具有两者的优点（高韧性和高耐热性），是一种很有前途的新型热作模具钢。

（3）压铸模 压铸模的工作温度最高，故压铸模用钢应以耐热性要求为主，应用最广的是 3Cr2W8V 钢。但实际生产中常根据压铸对象材料不同来选择压铸模用钢，如对熔点低的 Zn 合金压铸模，可选 40Cr、40CrMo、30CrMnSi 等；Al、Mg 合金压铸模，则多选用 4Cr5MoSiV；而对 Cu 合金压铸模，则多采用 3Cr2W8V，或采用热疲劳性能更佳的 Cr-Mo 系热作模具钢如 3Cr3Mo3V 制造，其寿命将大幅度提高；对钢铁材料压铸模，因其压铸温度高，工作条件极为恶劣，采用一般的钢制模具难以满足使用要求，此时应采用熔点高的高温合金来制造，如钼基高温合金、钨基高温合金，或采用高热导率材料制造，如铜基合金。

（三）成形模具用钢（主要讨论塑料模具用钢）

成形模包括塑料模、橡胶模、粉末冶金模、陶土模、石棉制品模等，这里只讨论生产中使用最广泛的塑料模。

1. 工作条件与性能要求

无论是热塑性塑料还是热固性塑料，其成形过程都是在加热加压条件下完成的。但一般加热温度不高（150~250℃），成形压力也不大（大多为 40~200MPa），故与冷、热模具相比，塑料模具用钢的常规力学性能要求不高。然而塑料制品形状复杂，尺寸精密，表面光洁，成形加热过程中还可能产生某些腐蚀性气体，因此要求塑料模具用钢具有优良的工艺性能（可加工性、冷挤成形性和表面抛光性），较高的硬度（约 45HRC）和耐磨耐蚀性以及足够的强韧性。

2. 塑料模具用钢种类

常用的塑料模具用钢包括工具钢、结构钢、不锈钢和耐热钢等。发达工业国家已有适应于各种用途的塑料模具用钢系列，我国机械行业标准 JB/T 6057—2017 推荐了普通的、常用的一部分塑料模具用钢，但尚不够齐全。通常按模具制造方法分为两大类：切削成形塑料模具用钢和冷挤压成形塑料模具用钢。

（1）切削成形塑料模具用钢　这类模具主要是通过切削加工成形，故对钢的切削加工性能有较高的要求。它包括三小类：①调质钢，其 w_C 在 0.30%～0.60% 之间，典型钢种有 3Cr2Mo（美国牌号 P20）；②易切削预硬钢，典型牌号 5CrNiMnMoVSCa（代号 5NiSCa）、8Cr2MnWMoS（代号 8Cr2S）；③时效硬化型，典型牌号有马氏体时效钢（如 18Ni）和低镍时效钢（如 10Ni3MoCuAl，代号 PMS）。

（2）冷挤压成形塑料模具用钢　此类钢的碳含量是低碳、超低碳或是无碳的，以保证高的冷挤压成形性，经渗碳淬火后提高表面硬度和耐磨性。典型牌号有工业纯铁、低碳钢或低碳合金钢以及专用钢 LJ08Cr3NiMoV（代号 LJ）等，这类钢适合于制造形状复杂的塑料模。

由于塑料模具用钢涉及面广，它几乎包括了所有的钢材：从纯铁到高碳钢，从普通钢到专用钢，甚至还可用有色金属（如铜合金、铝合金、锌合金等）。实际生产中应根据塑料制品的种类、形状、尺寸大小与精度以及模具使用寿命和制造周期来选用钢材。例如，塑料成形时若有腐蚀性气体放出，则多用不锈钢（30Cr13、40Cr13）制模，若用普通钢材则需进行表面镀铬；若对添加有玻璃纤维或石英粉等增强物质的塑料成形，则应选硬度与耐磨性较好的钢材（如碳素工具钢或合金工具钢），若采用低、中碳钢则需进行表面渗碳或渗氮处理；塑料制品产量小时，可采用一般结构钢（如 45、40Cr 钢），甚至铝、锌合金制造模具。

三、量具钢

（一）工作条件与性能要求

量具是度量工件尺寸形状的工具，是计量的基准，如卡尺、量块、塞规及千分尺等。由于量具使用过程中常受到工件的摩擦与碰撞，且本身必须具备极高的尺寸精度和稳定性，故量具钢应具备以下性能。

1）高硬度（一般为 58～64HRC）和高耐磨性。

2）高的尺寸稳定性（这就要求组织稳定性高）。

3）一定的韧性（防撞击与折断）和特殊环境下的耐蚀性。

（二）常用量具钢

量具并无专用钢种，根据量具的种类及精度要求，可选不同的钢种来制造。

1. 低合金工具钢

低合金工具钢是量具最常用的钢种，典型钢号有 CrWMn。CrWMn 是一种微变形钢，而 GCr15 的尺寸稳定性及抛光性能优良。此类钢常用于制造精度要求高、形状较复杂的量具。

2. 其他钢种选择

主要有以下三类。

（1）碳素工具钢（T10A、T12A 等）　碳素工具钢的淬透性小、淬火变形大，故只适合于制造精度低、形状简单、尺寸较小的量具。

（2）表面硬化钢　表面硬化钢经处理后可获得表面高硬度和高耐磨性，心部高韧性，适合于制造使用过程中易受冲击、折断的量具。包括渗碳钢（如 20Cr）渗碳、调质钢（如 55 钢）表面淬火及专用渗氮钢（38CrMoAlA）渗氮等，其中 38CrMoAlA 钢渗氮后具有极高的表面硬度和耐磨性、尺寸稳定性和一定的耐蚀性，适合于制造高质量的量具。

（3）不锈钢　不锈钢 40Cr13 或 95Cr18 具有极佳的耐蚀性和较高的耐磨性，适合于制造在腐蚀条件下工作的量具。

（三）热处理特点

量具钢的热处理基本上可依照其相应钢种的热处理规范进行。但由于量具对尺寸稳定性要求很高，这就要求量具在处理过程中应尽量减小变形，在使用过程中组织稳定（组织稳定方可保证尺寸稳定），因此热处理时应采取一些附加措施。

1）淬火加热时进行预热，以减小变形，这对形状复杂的量具更为重要。

2）在保证力学性能的前提条件下降低淬火温度，尽量不采用等温淬火或分级淬火工艺，减少残留奥氏体的量。

3）淬火后立即进行冷处理以减小残留奥氏体量，延长回火时间，回火或磨削之后进行长时间的低温时效处理等。

第六节　特殊性能钢

特殊性能钢是指以某些特殊物理、化学或力学性能为主的钢种，其类型很多，在工程上常用的主要有不锈钢、耐热钢和耐磨钢。

一、不锈钢

零件在各种腐蚀环境下造成的不同形态的表面腐蚀损害，是其失效的主要原因之一。为了提高工程材料在不同腐蚀条件下的耐蚀能力，开发了低合金耐蚀钢、不锈钢和耐蚀合金。

不锈钢通常是不锈钢（耐大气、蒸汽和水等弱腐蚀介质腐蚀的钢）和耐酸钢（耐酸、碱、盐等强腐蚀介质腐蚀的钢）的统称，全称为不锈耐酸钢，广泛用于化工、石油、卫生、食品、建筑、航空、原子能等行业。

（一）性能要求

1）优良的耐蚀性。耐蚀性是不锈钢的最重要性能。应指出的是，不锈钢的耐蚀性对介质具有选择性，即某种不锈钢在特定的介质中具有耐蚀性，而在另一种介质中则不一定耐蚀，故应根据零件的工作介质来选择不锈钢的类型。

2）合适的力学性能。

3）良好的工艺性能，如冷塑性加工性、可加工性、焊接性等。

（二）成分特点

1. 碳含量

不锈钢的碳含量很宽，$w_C = 0.03\% \sim 1.70\%$。从耐蚀性角度考虑，碳含量越低越好，因为碳易于与铬生成碳化物（如 $Cr_{23}C_6$），这样将降低基体的 Cr 含量进而降低了电极电位并增加微电池数量，从而降低了耐蚀性，故大多数不锈钢的 $w_C \approx 0.1\% \sim 0.2\%$；从力学性能角度考虑，增加碳含量虽然损害了耐蚀性，但可提高钢的强度、硬度和耐磨性，可用于制造要求耐蚀的刀具、量具和滚动轴承。

2. 合金元素

不锈钢是高合金钢，其合金元素的主要作用有提高钢基体电极电位、在基体表面形成钝化膜及影响基体组织类型等，这些是不锈钢具有高耐蚀性的根本原因。

（1）提高基体电极电位 铬元素是不锈钢中最主要的元素。研究结果表明，当钢基体中 $w_{Cr}>11.7\%$ 时，钢基体电极电位由 $-0.56V$ 突增至 $+0.12V$，耐蚀性显著提高；而当钢基体中 $w_{Cr}<11.7\%$ 时，钢的电极电位、耐蚀性提高不明显。因此，若不考虑碳与铬的相互作用，则不锈钢的铬含量极限值不低于 $w_{Cr}=11.7\%$，由于碳可能会与铬生成碳化物，故不锈钢的铬含量一般应超过 $w_{Cr}=13\%$。顺便指出的是，Cr12 或 Cr12MoV 钢中的铬含量虽然高于 11.7%，但因其碳含量极高而不能保证钢基体中的铬含量高于 11.7%，故它们不是不锈钢。

（2）基体表面形成钝化膜 合金元素 Cr、Al、Si 可在钢表面生成致密的钝化膜 Cr_2O_3、Al_2O_3、SiO_2，其中以 Cr 最有效；Mo 与 Cu 元素可进一步增强不锈钢的这种钝化作用，加入少量的 Mo 与 Cu 便可明显改善不锈钢在某些腐蚀介质中的耐蚀性。

（3）影响基体组织类型 钢基体组织是获得良好耐蚀性和力学性能的保证，若使用状态下不锈钢具有单相组织（如单相奥氏体、铁素体等），则微电池数目可减少，钢的耐蚀性得以提高。C、Ni、Mn、N 是奥氏体形成元素，由于 C 损害了不锈钢的耐蚀性，故通常情况下采用 Ni 来保证不锈钢在使用状态下为单相奥氏体组织。为了节约 Ni 资源，以 Mn、N 代 Ni 的 Cr-Mn-N 不锈钢已有一定范围的应用。Cr、Si、Ti、Nb、Mo 是铁素体形成元素，其中 Cr 的作用最显著。

不锈钢中强碳化物形成元素 Mo、Nb、Ti 还可生成碳化物在晶内析出，从而防止 $Cr_{23}C_6$ 在晶界上析出，故可改善不锈钢的耐蚀性（防止晶间腐蚀）并在一定程度上提高钢的强度。

（三）不锈钢分类与常用牌号

不锈钢按其正火组织不同可分为马氏体型、铁素体型、奥氏体型、双相型及沉淀硬化型等五类，其中以奥氏体型不锈钢应用最广泛，它占不锈钢总产量的 70% 左右。表 7-19 为常用主要不锈钢的类型、牌号、主要化学成分、力学性能及应用举例，详见相关国家标准。

1. 马氏体不锈钢

这类钢的碳含量范围较宽，$w_C=0.1\%\sim1.0\%$，铬含量 $w_{Cr}=12\%\sim18\%$。由于合金元素单一，故此类钢只在氧化性介质（如大气、海水、氧化性酸）中耐蚀，而在非氧化性介质（如盐酸、碱溶液等）中耐蚀性很低。钢的耐蚀性随铬含量的降低和碳含量的增加而受到损害，但钢的强度、硬度和耐磨性则随碳的增加而得以改善。实际应用时，应根据具体零件对耐蚀性和力学性能的不同要求，来选择不同 Cr、C 含量的不锈钢。

常见的马氏体不锈钢有低、中碳的 Cr13 型（如 12Cr13、20Cr13、30Cr13、40Cr13）和高碳的 Cr18 型（如 95Cr18、90Cr18MoV 等）。此类钢的淬透性良好，即空冷或油冷便可得到马氏体，锻造后须经退火处理来改善其可加工性。工程上，一般将 12Cr13、20Cr13 进行调质处理，得到回火索氏体组织，作为结构钢使用（如汽轮机叶片、水压机阀等）；对 30Cr13、40Cr13 及 95Cr18 进行淬火+低温回火处理，获得回火马氏体组织，用以制造高硬度、高耐磨性和高耐蚀性结合的零件或工具（如医疗器械、量具、塑料模及滚动轴承等）。

马氏体不锈钢与其他类型不锈钢相比，具有价格最低，可热处理强化（即力学性能较好）的优点，但其耐蚀性较低，塑性加工性与焊接性较差。

2. 铁素体不锈钢

这类钢的碳含量较低（$w_C < 0.15\%$）、铬含量较高（$w_{Cr} = 12\% \sim 30\%$），故耐蚀性优于马氏体不锈钢。此外 Cr 是铁素体形成元素，致使此类钢从室温到高温（1000℃左右）均为单相铁素体，这一方面可进一步改善耐蚀性，另一方面说明它不可进行热处理强化，故强度与硬度低于马氏体不锈钢，而塑性加工性、可加工性和焊接性较优。因此，铁素体不锈钢主要用于对力学性能要求不高，而对耐蚀性和抗氧化性有较高要求的零件，如耐硝酸、磷酸结构和抗氧化结构。

常见的铁素体不锈钢有 10Cr17、022Cr12、10Cr15 等。为了进一步提高其耐蚀性，也可加入 Mo、Ti、Cu 等其他合金元素（如 10Cr17Mo、06Cr11Ti）。铁素体不锈钢一般是在退火或正火状态使用，热处理或其他热加工过程中（焊接与锻造）应注意的主要问题是其脆性问题（如晶粒粗大导致的脆性、σ 相析出脆性、475℃脆性等）。

表 7-19 常用主要不锈钢的类型、牌号、主要化学成分、力学性能及应用举例

类型	牌号	主要化学成分 $w(\%)$			热处理	力学性能					应用举例
		C	Cr	Ni		R_m /MPa	R_{eL} /MPa	A_5 (%)	Z (%)	硬度 (HRC)	
马氏体型	12Cr13	0.15	11.5 ~ 13.5		1000 ~ 1050℃ 油或水淬 700 ~ 790℃ 回火	≥600	≥420	≥20	≥60		制作能抗弱腐蚀性介质、能承受冲击载荷的零件，如汽轮机叶片、水压机阀、结构架、螺栓、螺母等
	20Cr13	0.16 ~ 0.25	12 ~ 14		1000 ~ 1050℃ 油或水淬 700 ~ 790℃ 回火	≥660	≥450	≥16	≥55		
	30Cr13	0.26 ~ 0.35	12 ~ 14		1000 ~ 1050℃ 油淬 200 ~ 300℃ 回火					48	制作具有较高硬度和耐磨性的医疗工具、量具、滚动轴承等
	40Cr13	0.36 ~ 0.45	12 ~ 14		1000 ~ 1050℃ 油淬 200 ~ 300℃ 回火					50	
	95Cr18	0.90 ~ 1.00	17 ~ 19		950 ~ 1050℃ 油淬 200 ~ 300℃ 回火					55	不锈切片机械刀具，剪切刀具，手术刀片，高耐磨、耐蚀件
铁素体型	10Cr17	0.12	16 ~ 18		750 ~ 800℃ 空冷	≥400	≥250	≥20	≥50		制作硝酸工厂设备，如吸收塔、热交换器、酸槽、输送管道，及食品工厂设备等
奥氏体型	06Cr19Ni10	0.08	18 ~ 20	8 ~ 11	1050 ~ 1100℃ 水淬 （固溶处理）	≥500	≥180	≥40	≥60		具有良好的耐蚀及耐晶间腐蚀性能，是化学工业用的良好耐蚀材料
	12Cr18Ni9	0.15	17 ~ 19	8 ~ 10	1100 ~ 1150℃ 水淬 （固溶处理）	≥560	≥200	≥45	≥50		制作耐硝酸、冷磷酸、有机酸及盐、碱溶液腐蚀的设备零件

（续）

类型	牌号	主要化学成分 w(%)			热处理	力学性能					应用举例
		C	Cr	Ni		R_m /MPa	R_{eL} /MPa	A_5 (%)	Z (%)	硬度 (HRC)	
双相型	12Cr21Ni5Ti	0.09~ 0.14	20~ 22	4.8~ 5.8	950~1100℃ 水、空冷	600	350	20	40		硝酸与硝铵设备及管道
沉淀硬化型	07Cr17Ni7Al	0.09	16~ 18	6.50~ 7.75	1050℃ 水、空冷 565℃时效	1160	980	5	25		制作高强度、高硬度且又耐蚀的化工机械设备与零件,如轴、弹簧、齿轮、螺栓等
	07Cr15Ni7Mo2Al	0.09	14~16	6.50~ 7.75	1050℃ 水、空冷 565℃时效	1230	1120	7	25		

　　铁素体不锈钢的成本虽略高于马氏体不锈钢,但因其不含贵金属元素 Ni,故其价格远低于奥氏体不锈钢,经济性较佳,适用于民用设备,其应用仅次于奥氏体不锈钢。

　　3. 奥氏体不锈钢

　　这类钢原是在 Cr18-Ni8（简称 18-8）基础上发展起来的,具有低碳（绝大多数钢 $w_C<$ 0.12%）、高铬（$w_{Cr}>17\%\sim25\%$）和较高镍（$w_{Ni}=8\%\sim29\%$）的成分特点。据此可知,此类钢具有最佳的耐蚀性,但相应地价格也较高。Ni 的存在使得钢在室温下为单相奥氏体组织,这不仅可进一步改善钢的耐蚀性,而且赋予了奥氏体不锈钢优良的低温韧性、高的加工硬化能力、耐热性和无磁性等特性,其冷塑性加工性和焊接性较好,但可加工性稍差。

　　奥氏体不锈钢的品种很多,其中以 Cr18-Ni8 普通型奥氏体不锈钢用量最大,典型牌号有 12Cr18Ni9、06Cr19Ni10 等。加入 Mo、Cu、Si 等合金元素,可显著改善不锈钢在某些特殊腐蚀条件下的耐蚀性,如 06Cr17Ni12Mo2。因 Mn、N 与 Ni 同为奥氏体形成元素,为了节约 Ni 资源,国内外研制了许多节镍型和无镍型的奥氏体不锈钢,如无镍型的 Cr-Mn 不锈钢、Cr-Mn-N 不锈钢和节镍型的 Cr-Mn-Ni-N 不锈钢 12Cr18Mn9Ni5N 等。奥氏体不锈钢的可加工性较差,为此还发展了改善可加工性的易切削不锈钢 Y12Cr18Ni9、Y12Cr18Ni9Se 等。

　　奥氏体不锈钢的主要缺点有:①强度低。奥氏体不锈钢退火组织为奥氏体+碳化物（该组织不仅强度低,而且耐蚀性也有所下降）,其正常使用状态组织为单相奥氏体,即固溶处理（高温加热、快速冷却）组织,其强度很低（$R_m\approx600$MPa）,限制了它作为结构材料使用。奥氏体不锈钢虽然不可热处理（淬火）强化,但因其具有强烈的加工硬化能力,故可通过冷变形方法使之显著强化（R_m 升至 1200～1400MPa）,随后必须进行去应力退火（300～350℃加热空冷）,以防止应力腐蚀现象。②晶间腐蚀倾向大。奥氏体不锈钢的晶间腐蚀是指在450～850℃范围内加热时,由于在晶界上析出了 $Cr_{23}C_6$ 碳化物,造成了晶界附近区域贫铬（$w_{Cr}<12\%$）,当受到腐蚀介质作用时,便沿晶界贫铬区产生腐蚀的现象。此时若稍许受力,就会导致突然的脆性断裂,危害极大。防止晶间腐蚀的主要措施有二:其一是降低钢中的碳含量（如 $w_C<0.06\%$）,使之不形成铬的碳化物;其二是加入适量的强碳化物形成元素 Ti 和 Nb,在稳定化处理时优先生成 TiC 和 NbC,而不形成 $Cr_{23}C_6$ 等铬的碳化物,即不产生贫铬区（此举对防止铁素体不锈钢的晶间腐蚀同样有效）。此外,在焊接、热处理等热加工冷却过程中,应注意以较快的速度通过850～450℃温度区间,以抑制 $Cr_{23}C_6$ 的析出。

4. 双相不锈钢

主要指奥氏体-铁素体双相不锈钢，它是在 Cr18-Ni8 的基础上调整 Cr、Ni 含量，并加入适量的 Mn、Mo、W、Cu、N 等合金元素，通过合适的热处理而形成奥氏体-铁素体双相组织。双相不锈钢兼有奥氏体不锈钢和铁素体不锈钢的优点，如良好的韧性、焊接性，较高的屈服强度和优良的耐蚀性，是近年来发展很快的钢种。常用典型双相不锈钢有 12Cr21Ni5Ti 等。

5. 沉淀硬化不锈钢

前述马氏体不锈钢虽然有较高的强度，但低碳型（12Cr13、20Cr13）的强度仍不够高，而中、高碳型（30Cr13、40Cr13、95Cr18）的韧性又太低；奥氏体不锈钢虽可通过冷变形予以强化，但对尺寸较大、形状复杂的零件，冷变形强化的难度较大，效果欠佳。为了解决以上问题，在各类不锈钢中单独或复合加入硬化元素（如 Ti、Al、Mo、Nb、Cu 等），并通过适当的热处理（固溶处理后时效处理）而获得高的强度、韧性，并具有较好的耐蚀性，这就是沉淀硬化不锈钢，包括马氏体沉淀硬化不锈钢（由 Cr13 型不锈钢发展而来，如 04Cr13Ni8Mo2Al）、马氏体时效不锈钢、奥氏体-马氏体沉淀硬化不锈钢（由 18—8 型不锈钢发展而来，如 07Cr17Ni7Al）。

（四）耐蚀合金简介

为了解决一般不锈钢无法解决的工程腐蚀问题，研制开发了耐蚀合金，如 Monel 合金（Ni70Cu30）可算是最早的耐蚀合金。根据合金的基本成形方式，耐蚀合金可分为变形耐蚀合金和铸造耐蚀合金；根据合金的基本组成元素，耐蚀合金可分为铁镍基耐蚀合金和镍基耐蚀合金。铁镍基耐蚀合金含镍量为 30%~50% 且镍加铁不小于 60%，镍基耐蚀合金含镍量不小于 50%。根据合金的主要强化特征，耐蚀合金可分为固溶强化型耐蚀合金和时效硬化型耐蚀合金。耐蚀合金牌号及化学成分见 GB/T 15007—2017。例如，NS3202、NS3303 分别在盐酸和氧化还原性介质中具有优良的耐蚀性。NS3310 中较高的铁含量可适当降低耐蚀合金的成本，还有钛基耐蚀合金，如 Ti-6Al-4V、Ti-5Mo-5V-2Cr-3Al 等，在中性、氧化性介质，尤其是在海水中，其耐蚀性优于各种不锈钢，甚至超过了镍基耐蚀合金，是目前对上述介质耐蚀性能最好的金属材料，但相应的成本也是最高的。

二、耐热钢

在高温下具有高的热化学稳定性和热强性的特殊钢称为耐热钢，它广泛用于制造工业加热炉、热工动力机械（如内燃机）、石油及化工机械与设备等高温条件工作的零件。

（一）性能要求

1. 高的热化学稳定性

指钢在高温下对各类介质的化学腐蚀抗力，其中最基本且最重要的是抗氧化性。所谓抗氧化性则是指材料表面在高温下迅速氧化后能形成连续而致密的牢固的氧化膜，以保护其内部金属不再继续被氧化。

2. 高的热强性（高温强度）

指钢在高温下抵抗塑性变形和断裂的能力。高温零件长时间承受载荷时，一般而言强度将大大下降。与室温力学性能相比，高温力学性能还要受温度和时间的影响。常用的高温力学性能指标有：①蠕变极限，材料在高温长期载荷下对缓慢塑性变形（即蠕变）的抗力；

②持久强度，材料在高温长期载荷下对断裂的抗力。

（二）成分与组织特点

成分合金化和组织稳定性是保证耐热钢上述两个主要性能的关键。

1. 提高抗氧化性

提高抗氧化性对成分的要求为：①Cr、Al、Si 是常用的抗氧化性元素，因其在钢表面生成致密、稳定、连续而牢固的 Cr_2O_3、Al_2O_3、SiO_2 氧化膜，其中 Al、Si 会明显增加钢的脆性，故很少单独加入，而常与 Cr 一起加入。Cr 是最主要的元素，试验证明：当 w_{Cr} = 5% 时，耐热钢工作温度达 600~650℃；当 w_{Cr} = 28% 时，工作温度可达 1100℃。②微量稀土（RE）元素如钇（Y）、镧（La）等，因其能防止高温晶界的优先氧化现象，可明显改善耐热钢的抗氧化性。③渗金属表面处理（如渗 Cr、Al、Si）是提高钢抗氧化性的有效途径。

2. 提高热强性

提高热强性主要依靠：①基体固溶强化元素 Cr、Ni、W、Mo 等，其主要作用是固溶强化、形成单相组织并提高再结晶温度（增加基体组织稳定性）。②第二相沉淀强化元素 V、Ti、Nb、Al 等，其作用是形成细小弥散分布的稳定碳化物（如 VC、TiC、NbC 等）或稳定性更高的金属间化合物（如 Ni_3Ti、Ni_3Nb、Ni_3Al 等），获得第二相沉淀强化效果并提高组织稳定性。③微量晶界强化元素硼（B）与稀土（RE）元素，起净化晶界或填充晶界空位的作用。

（三）耐热钢的分类与常用钢号

按使用特性不同，耐热钢分为抗氧化钢和热强钢；按组织不同，耐热钢又可分为铁素体类耐热钢（又称为 α-Fe 基耐热钢，包括珠光体钢、马氏体钢和铁素体钢）和奥氏体类耐热钢（又称为 γ-Fe 基耐热钢）。

1. 抗氧化钢

抗氧化钢又称为不起皮钢，指高温下有较好抗氧化性并有适当强度的耐热钢，主要用于制作在高温下长期工作且承受载荷不大的零件，如热交换器和炉用构件等。包括两类：

（1）铁素体型抗氧化钢　这类钢是在铁素体不锈钢的基础上加入了适量的 Si、Al 而发展起来的。其特点是抗氧化性强，但高温强度低、焊接性差、脆性大。常用铁素体型抗氧化钢有 06Cr13Al、10Cr17、16Cr25N 等。

（2）奥氏体型抗氧化钢　这类钢是在奥氏体不锈钢的基础上加入了适量的 Si、Al 等元素而发展起来的。其特点是比铁素体型抗氧化钢的热强性高，工艺性能改善，因而可在高温下承受一定的载荷。典型钢号有 Cr-Ni 型（如 12Cr16Ni35、16Cr25Ni20Si2 等）、Cr-Mn-C-N 型（如 26Cr18Mn12Si2N、22Cr20Mn10Ni2Si2N 等）、Fe-Al-Mn 型（如 06Mn28Al7TiRE、06Mn28Al8TiRE 等）。

2. 热强钢

热强钢指高温下不仅具有较好的抗氧化性（包括其他耐蚀性）还应有较高的强度（即热强性）的耐热钢。一般情况下，耐热钢多是指热强钢，主要用于制造热工动力机械的转子、叶片、气缸、进气阀与排气阀等既要求抗氧化性能又要求高温强度的零件。热强钢包括以下三类：

（1）珠光体热强钢 此类钢在正火状态下的组织为细片珠光体+铁素体，广泛用于在600℃以下工作的热工动力机械和石油化工设备。其碳含量为低中碳，$w_C = 0.10\% \sim 0.40\%$；常加入耐热性合金元素 Cr、Mo、W、V、Ti、Nb 等，其主要作用是强化铁素体并防止碳化物的球化、聚集长大乃至石墨化现象，以保证热强性。典型钢种有：①低碳珠光体钢，如 12CrMo、15CrMo，具有优良的冷热加工性能，主要用作锅炉管线等（故又称为锅炉管子用钢），常在正火状态下使用；②中碳珠光体钢，如 35CrMo、35CrMoV 等，在调质状态下使用，具有优良的高温综合力学性能，主要用作耐热的紧固件和汽轮机转子（主轴、叶轮等），故又称为紧固件及汽轮机转子用钢。

（2）马氏体热强钢 此类钢淬透性良好，空冷即可形成马氏体，常在淬火+高温回火状态下使用。包括两小类：①低碳高铬型，它是在 Cr13 型马氏体不锈钢基础上加入 Mo、W、V、Ti、Nb 等合金元素而形成的，常用牌号有 14Cr11MoV、15Cr12WMoV 等，因这种钢还有优良的消振性，最适宜制造工作温度在 600℃以下的汽轮机叶片，故又称为叶片钢；②中碳铬硅钢，常用牌号有 42Cr9Si2、40Cr10Si2Mo 等，这种钢既有良好的高温抗氧化性和热强性，还有较高的硬度和耐磨性，最适合于制造工作温度在 750℃以下的发动机排气阀，故又称为气阀钢。

（3）奥氏体热强钢 此类钢是在奥氏体不锈钢的基础上加入了热强元素 W、Mo、V、Ti、Nb、Al 等，它们强化了奥氏体并能形成稳定的特殊碳化物或金属间化合物。具有比珠光体热强钢和马氏体热强钢更高的热强性和抗氧化性，此外还有高的塑性、韧性及良好焊接性、冷塑性成形性。常用牌号有 06Cr18Ni11Ti、45Cr14Ni14W2Mo 等，主要用于工作温度高达 800℃的各类紧固件与汽轮机叶片、发动机气阀，使用状态为固溶处理状态或时效处理状态。

（四）耐热合金（高温合金）简介

耐热钢在较高载荷下的最高使用温度一般是在 800℃以下。而对航空、航天工业的某些耐热零构件（如喷气式发动机）却是在 800℃以上的高温下长期承受一定的工作载荷，耐热钢已不能满足抗氧化性尤其是热强性要求，此时便应采用高温合金，它包括铁基、镍基、钴基和难熔金属（如钽、钼、铌等）基。以下简介铁基和镍基两类高温合金。

1. 铁基高温合金

此类合金是在奥氏体不锈钢的基础上增加了 Cr 或 Ni 含量并加入了 W、Mo、Ti、V、Nb、Al 等合金元素而形成的，铁基高温合金具有更高的抗氧化性和热强性，并有良好的冷塑性加工性和焊接性，用于制造形状复杂的、需经冷压和焊接成形的、工作温度高达 800～900℃的零件，使用状态为固溶或固溶+时效。常用牌号如 GH1131，其主要合金元素含量为 $w_{Cr} = 20\%$、$w_{Ni} = 28\%$、$w_W = 5\%$、$w_{Mo} = 4\%$ 左右。

2. 镍基高温合金

此类合金是以 Ni 为基，加入 Cr、W、Mo、Co、V、Ti、Nb、Al 等耐热合金元素形成以 Ni 为基的面心立方晶格的固溶体（也称为奥氏体）。其基本性能与热处理类似于铁基高温合金，但热强性和组织稳定性稍优；其缺点是价格昂贵。典型牌号如 GH3030，含有高达 $w_{Cr} = 20\%$ 的 Cr，微量的 Ti、Al 等元素。

常用铁基高温合金、镍基高温合金的牌号、化学成分、力学性能及用途可参见国家标准 GB/T 14992—2005。

三、低温钢

低温钢是指用于工作温度低于0℃（也有认为-40℃）的零件的钢种，广泛用于钢铁冶金、化工、冷冻设备、液体燃料的制备与贮运装置、海洋工程与极地机械设施等。

（一）性能要求

1）冷脆转化温度低、低温冲击韧度高。

2）一定的强度及对所接触介质的耐蚀性。

3）优良的焊接性能与冷塑性成形性能。

（二）成分与组织特点

1）低碳，一般 $w_C < 0.20\%$。

2）主要合金元素：Mn、Ni对低温韧性有利，尤其是Ni最明显；V、Ti、Nb、Al等元素可细化晶粒而进一步改善低温韧性。

3）严格控制损害韧性的P、Si等元素含量。

4）面心立方结构（如奥氏体钢、铝、铜金属）的低温韧性良好，而体心立方结构（如铁素体）的冷脆现象较明显。

（三）低温钢的种类与常用钢号

低温钢可按其使用温度等级、组织类型或主要化学成分不同来进行分类，表7-20为根据 GB/T 3531—2014 摘录的常用低温钢牌号、热处理及力学性能。

表 7-20　常用低温钢牌号、热处理及力学性能

牌号	温度/℃	热处理	力学性能			
			R_{eL}/MPa	R_m/MPa	$A(\%)$	A_K/J
16MnDR	-40	正火或正火+回火	315	490~620	21	47
09MnNiDR	-70		300	400~570	23	60
08Ni3DR	-100	正火或正火+回火或淬火+回火	320	490~620	21	60
06Ni9DR	-196	淬火+回火	560	680~820	18	100

注：摘自 GB/T 3531—2014《低温压力容器用钢板》。

四、耐磨钢

耐磨钢是指用于制造高耐磨性零件的特殊钢种，目前尚未形成独立的钢类。广义上，高碳工具钢、一部分结构钢（主要是硅、锰结构钢）及合金铸钢均可用于制造耐磨零件，其中最重要的是高锰耐磨钢。

（一）高锰钢

高锰钢的化学成分特点是高碳（$w_C = 0.90\% \sim 1.50\%$）、高锰（$w_{Mn} = 11\% \sim 14\%$）。其铸态组织为粗大的奥氏体+晶界析出碳化物，此时脆性很大，耐磨性也不高，不能直接使用。经固溶处理（1060~1100℃高温加热、快速水冷）后可得到单相奥氏体组织，此时韧性很高（故又称为"水韧处理"）。高锰钢固溶状态硬度虽然不高（约200HBW），但当其受到高的冲击载荷和高应力摩擦时，表面发生塑性变形而迅速产生强烈的加工硬化并诱发产生

马氏体（A→M），从而形成硬（>500HBW）而耐磨的表面层（深度 10~20mm），心部仍为高韧性的奥氏体。随着硬化层的逐步磨损，新的硬化层不断向内产生、发展，故维持良好的耐磨性。而在低冲击载荷和低应力摩擦下，高锰钢的耐磨性并不比相同硬度的其他钢种高。因此，高锰钢主要用于耐磨性要求特别好并在高冲击与高压力条件下工作的零件，如坦克、拖拉机、挖掘机的履带板，破碎机牙板，铁路道岔等。

高锰钢的加工硬化能力极强，故冷塑性加工性和可加工性较差；且又因其热裂纹倾向较大、导热性差，故焊接性也不佳。一般而言，大多数高锰钢零件都是铸造成形的。

根据国家标准 GB/T 5680—2010，奥氏体锰钢共分为 10 个牌号，部分见表 7-21。其Mn/C 比不同，力学性能有些差异，一般 Mn/C = 9~11。对耐磨性较高、冲击韧度较低、形状不复杂的零件，Mn/C 比取下限；反之，Mn/C 比取上限。为适应不同工况的要求，可通过调整基本成分和加入其他合金元素以提高耐磨性，如 70Mn15Cr2Al3WMoV2 等。

表 7-21　奥氏体锰钢的牌号和主要化学成分（摘自 GB/T 5680—2010）

牌　　号	主要化学成分（质量分数）（%）				
	C	Mn	Si	P	S
ZG100Mn13	0.90~1.05	11~14	0.3~0.9	≤0.060	≤0.040
ZG120Mn13	1.05~1.35	11~14	0.3~0.9	≤0.060	≤0.040
ZG120Mn13Cr2	1.05~1.35	11~14	0.3~0.9	≤0.060	≤0.040
ZG120Mn13W1	1.05~1.35	11~14	0.3~0.9	≤0.060	≤0.040
ZG120Mn13Ni3	1.05~1.35	11~14	0.3~0.9	≤0.060	≤0.040

（二）低合金耐磨钢

低合金耐磨钢包括某些合金结构钢（主要代表为 Si - Mn 结构钢，如 40SiMn2、65SiMnRE 等）和一些工具钢（如 Cr06）。其合金元素含量少，成本低廉，加工成形性能改善，具有耐磨性和韧性相结合的综合性能，适宜于农业机械和矿山机械推广使用。

（三）石墨钢

石墨钢是一种高碳低合金铸钢，兼有铸钢和铸铁的综合性能，其组织是由钢基体+二次渗碳体+游离点状石墨（体积分数为 0.2%~0.4%）组成的。其特点是耐磨性好，成本低且易于切削加工，在低应力磨损条件下，耐磨性优于高锰钢。主要用于小型热轧辊、冲模、球磨机衬板与磨球等。典型材质代码 GS150（w_C = 1.40%~1.60%）。

第七节　铸　　铁

铸铁是应用广泛的一种铁碳合金材料，基本上以铸件形式使用，但近年来连铸铸铁板材、棒材的应用也日益增多。除了铁和碳以外，铸铁中还含有硅、锰、磷、硫及其他合金元素（w>0.1%）和微量元素（w<0.1%）。碳除极少量固溶于铁素体中外，还因铸铁成分、熔炼处理工艺和结晶条件的不同，或以游离状态（即石墨，常用 G 表示），或以化合形态（即渗碳体或其他碳化物）存在，也可以两者共存。铸铁的使用价值与铸铁中碳的存在形式有着密切的关系。一般来说，铸铁中的碳以石墨形态存在时，才能被广泛地应用。当碳主要以渗碳体等化合物形式存在时，铸铁断口呈银白色，此为白口铸铁。白口铸铁具有硬而脆的

基本特性，生产中主要用作炼钢原料和生产可锻铸铁的毛坯，在冲击载荷不大的情况下，可作为耐磨材料使用。当碳主要以石墨形式存在时，铸铁断口呈暗灰色，此为灰铸铁，这是工业上广泛应用的铸铁。当碳部分以石墨、部分以渗碳体存在时，即为麻口铸铁，工业用途不大。

一、铸铁的石墨化

（一）铁碳合金双重相图

铁碳合金的渗碳体具有复杂的斜方结构，而石墨具有特殊的简单六方晶格，如图 7-6 所示，晶体中碳原子呈层状排列，同一层上的原子间为共价键结合，原子间距小（0.142nm），结合力很强，而层与层之间为分子键，面间距大（0.304nm），结合力较弱。故石墨的强度、塑性、韧性极低，几乎为零，硬度仅为3HBW。石墨的存在相当于完整的钢基体上出现了"孔洞"或"裂纹"。

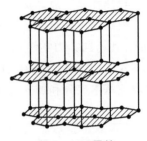

图 7-6　石墨的晶体结构

渗碳体为亚稳定相，在一定条件下能分解为铁和石墨，即$Fe_3C \rightarrow 3Fe+G$，其中石墨为稳定相。所以在不同情况下，描述铁碳合金组织转变的相图实际上有两个：一个是亚稳定平衡的 $Fe-Fe_3C$ 系相图，另一个是稳定平衡的 Fe-G 系相图，把两者叠合在一起，就得到一个双重相图，如图 7-7 所示。图中实线表示 $Fe-Fe_3C$ 系相图，虚线加上部分实线表示 Fe-G 系相图。铁碳合金究竟按哪个相图变化，取决于其加热或冷却条件获得的平衡的性质（亚稳定平衡还是稳定平衡）。若按 $Fe-Fe_3C$ 系相图进行结晶，则得到白口铸铁；若按 Fe-G 系相图进行结晶，则析出和形成石墨，即发生石墨化过程。

（二）石墨化过程

铸铁的石墨化就是铸铁中碳原子析出并形成石墨的过程。石墨既可以直接从铁液和奥氏体中析出，也可以通过渗碳体分解来获得。灰铸铁和球墨铸铁中的石墨主要从铁液中析出，可锻铸铁中的石墨则完全由白口铸铁经长时间高温退火，由渗碳体的分解得到。按照 Fe-G 系相图，铸铁的石墨化分为三个阶段：

第一阶段（液态阶段）——从铁液中直接析出石墨，包括从过共晶液态中直接析出一次石墨 G_I 和在 1154℃ 通过共晶反应形成共晶石墨 $G_{共晶}$（$L_{C'} \rightarrow A_{E'} + G_{共晶}$）。

第二阶段（共晶-共析阶段）——在 1154~738℃ 范围内奥氏体冷却过程中沿 $E'S'$ 线析出二次石墨 G_{II}。

第三阶段（共析阶段）——在

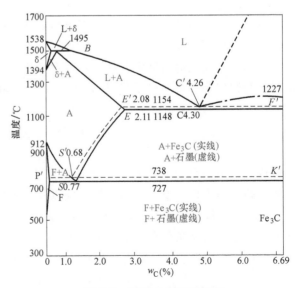

图 7-7　铁碳合金双重相图

738℃（$P'S'K'$线）共析反应析出共析石墨（$A_{S'} \rightarrow F_{P'} + G_{共析}$）。

（三）影响石墨化的因素

影响铸铁石墨化过程的因素主要有铸铁的成分和结晶过程的冷却条件（如冷却速度）。

1. 化学成分

按对石墨化的作用，化学元素（主要是合金元素）可分为两大类：第一类是促进石墨化元素，如 C、Si、Al、Cu、Ni、Co 等，尤以 C、Si 作用最强烈。生产中调整 C、Si 含量是控制铸铁组织与性能的基本措施。碳既促进石墨化又影响石墨的数量、大小和分布。第二类是阻碍石墨化元素，如 Cr、W、Mo、V、Mn 等，以及杂质元素 S。硫强烈促进铸铁的白口化，并使力学性能和铸造性能恶化，因此一般控制在 0.15% 以下。

生产中常用碳当量（C_E）来评价铸铁的石墨化能力。因 C、Si 是影响（促进）石墨化最主要的两个元素，且实践证明 Si 的作用程度相当于 C 的 1/3，故一般碳当量 $C_E = w_C + 1/3 w_{Si}$。由于共晶成分的铸铁具有最佳的铸造性能，故通常将其铸铁的成分配置在共晶成分附近。

2. 温度及冷却速度

铸铁件在高温慢冷的条件下，过冷度较小，由于碳原子能充分扩散，通常按 Fe-G 系相图结晶；否则，按 $Fe-Fe_3C$ 系相图结晶。因此，在实际生产中，铸铁的缓慢冷却或在高温下长时间保温，都有利于石墨化过程。

（四）铸铁组织与性能特点

除白口铸铁外，铸铁组织基本上由与钢相似的基体组织及石墨两部分组成。因铸铁成分及冷却速度等条件不同，石墨化过程可能全部或部分地受抑制，也可能不受抑制，所以其基体组织可以是铁素体、珠光体或铁素体+珠光体，见表 7-22。而石墨对铸铁性能的影响取决于它在铸铁中存在的形状、分布与数量。一般根据石墨的形态对工业铸铁进行分类：具有片状石墨的铸铁为灰铸铁，具有球状石墨的铸铁为球墨铸铁，具有团絮状石墨的铸铁为可锻铸铁，具有蠕虫状石墨的铸铁为蠕墨铸铁。

表 7-22　铸铁经不同程度石墨化后所得到的组织

铸铁名称	石墨化第一阶段	石墨化第二阶段	石墨化第三阶段	显微组织
灰铸铁	充分进行	充分进行	充分进行	F+G
	充分进行	充分进行	部分进行	F+P+G
	充分进行	充分进行	不进行	P+G
麻口铸铁	部分进行	部分进行	不进行	Ld'+P+G
白口铸铁	不进行	不进行	不进行	Ld'+P+Fe_3C

各种铸铁的力学性能见表 7-23。与钢比较，铸铁的强度、塑性、韧性等力学性能较低。

表 7-23　各种铸铁的力学性能

材料种类	组织	抗拉强度 R_m/MPa	屈服强度 $R_{p0.2}$/MPa	抗弯强度 σ_{bb}/MPa	断后伸长率 A（%）	冲击韧度 a_K/J·cm^{-2}	硬度（HBW）
铁素体灰铸铁	F+G$_{片}$	100~150	—	260~330	<0.5	1.0~11.0	143~229

（续）

材料种类	组织	抗拉强度 R_m/MPa	屈服强度 $R_{p0.2}$/MPa	抗弯强度 σ_{bb}/MPa	断后伸长率 A(%)	冲击韧度 a_K/J·cm^{-2}	硬度（HBW）
珠光体灰铸铁	P+G$_片$	200~250	—	400~470	<0.5	1.0~11.0	170~240
孕育铸铁	P+G$_{细片}$	300~400	—	540~680	<0.5	1.0~11.0	207~296
铁素体可锻铸铁	F+G$_团$	300~370	190~280	—	6~12	15.0~29.0	120~163
珠光体可锻铸铁	P+G$_团$	450~700	280~560	—	2~5	5.0~20.0	152~270
铁素体球墨铸铁	F+G$_球$	400~500	250~350	—	5~20	>20.0	147~241
珠光体球墨铸铁	P+G$_球$	600~800	420~560	—	>2	>15.0	229~321
白口铸铁	Ld′+P+Fe$_3$C	230~480	—	—	—	—	375~530
铁素体蠕墨铸铁	F+G$_虫$	>286	>204	—	>3	—	>120
珠光体蠕墨铸铁	P+G$_虫$	>393	>286	—	>1	—	>180

由于存在石墨，铸铁具有以下特殊性能。

1）因石墨能造成脆性断屑，铸铁的可加工性优异。

2）铸铁的铸造性能良好。

3）因石墨有良好的润滑作用，并能储存润滑油，故铸铁具有较好的减摩、耐磨性。

4）因石墨对振动的传递起削弱作用，故铸铁具有良好的减振性能。

5）大量石墨对基体组织的割裂作用，使铸铁对缺口不敏感，具有低的缺口敏感性。

二、灰铸铁

（一）灰铸铁的成分、组织、性能特点与应用

灰铸铁是价格便宜、应用最广泛的铸铁材料，占铸铁总量的80%以上。它的化学成分一般为：w_C=2.7%~4.0%，w_{Si}=1.0%~3.0%，w_{Mn}=0.25%~1.0%，w_P=0.05%~0.50%，w_S=0.02%~0.2%，其中Mn、P、S总含量一般不超过2.0%。在灰铸铁中，碳将近80%以片状石墨析出。

我国灰铸铁的牌号和力学性能见表7-24。"HT"表示"灰铁"二字的汉语拼音首字母，而后面的数字为最低抗拉强度。灰铸铁牌号共六种，其中HT100、HT150、HT200为普通灰铸铁，HT250、HT300、HT350为孕育铸铁，经过了孕育处理。常用的孕育剂有两种，一类是硅类合金，如硅铁合金、硅钙合金；另一类是石墨粉、电极粒等。铁液中加入孕育剂后，同时生成大量均匀分布的石墨晶核，石墨片变细，基体组织细化，铸铁强度提高，还避免了铸件边缘及薄壁处出现白口组织，最终其显微组织是在细珠光体基体上分布着细小片状

石墨。

灰铸铁的基体有三种：铁素体基体、珠光体基体和铁素体+珠光体基体。HT100 主要用于低载荷和不重要零件，如盖、外罩、手轮、支架、重锤等；HT150 适用于中等载荷的零件，如支柱、底座、齿轮箱、刀架、阀体、管路附件等；HT200、HT250 适用于较大载荷和重要零件，如气缸体、齿轮、飞轮、缸套、活塞、联轴器、轴承座等；HT300、HT350 适用于承受高载荷的重要零件，如齿轮、凸轮、高压油缸、滑阀壳体等。

灰铸铁件能否得到灰口组织和得到何种基体，主要视灰铸铁在结晶过程中的石墨化程度如何，其中最重要的影响因素是灰铸铁的成分和铸件的实际冷却速度。

表 7-24　我国灰铸铁的牌号和力学性能（摘自 GB/T 9439—2010）

牌号	抗拉强度 R_m/MPa	抗压强度 R_{mc}/MPa	显微组织	
	不小于		基体	石墨
HT100	100	500	F+P(少)	粗片
HT150	150	600	F+P	较粗片
HT200	200	720	P	中等片
HT250	250	840	细 P	较细片
HT300	300	960	S 或 T	细小片
HT350	350	1080	S 或 T	细小片

1. 灰铸铁化学成分

控制铸铁成分是控制铸件组织和性能的基本方法，生产上主要是控制碳、硅的含量。碳、硅强烈地促进石墨化，铸铁中碳和硅的含量越高，便越容易石墨化。硫不仅强烈地阻止石墨化，而且会降低灰铸铁的力学性能和流动性，故其含量应尽量低，一般应在 $w_S = 0.1\% \sim 0.15\%$ 以下。而锰因可与硫形成 MnS，减弱了硫的有害作用，尽管锰也是阻止石墨化的元素，但允许其含量略高至 $w_{Mn} = 0.5\% \sim 1.4\%$。

2. 铸件冷却速度

铸件的冷却速度对石墨化的影响很大，即冷却速度越慢，越有利于扩散，对石墨化越有利。在铸造时，除了造型材料和铸造工艺会影响冷却速度外，铸件的壁厚不同，也会具有不同的冷却速度，得到不同的组织。图 7-8 所示为在一般砂型铸造条件下，铸件壁厚和碳及硅的含量对铸铁组织（即石墨化程度）的影响。在生产中，对于不同壁厚的铸件，常根据这一关系调整铸铁中的碳及硅的含量，以保证得到所需要的灰口组织，这

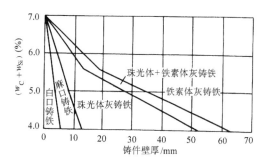

图 7-8　铸件壁厚和碳及硅的
含量对铸铁组织的影响

是与铸钢件截然不同的。在对不同壁厚的铸件调整其碳及硅的含量时，还要注意控制碳当量 C_E 在 4.0 左右，即接近于共晶成分，此时流动性最佳。

通过以上分析，可以把灰铸铁看作是"钢的基体"加上片状石墨的夹杂；因为石墨片的强度极低，故又可近似地把它看作是一些"微裂纹"。由于这些"微裂纹"的存在，不仅割断了基体的连续性，而且在其尖端处还会引起应力集中，故灰铸铁的力学性能远低于钢。

（二）灰铸铁的热处理

灰铸铁可以进行热处理，但热处理不会改变石墨的形状、大小和分布，对提高灰铸铁件的力学性能作用不大。因此，生产中热处理主要用来消除内应力，稳定铸件尺寸和改善可加工性，提高铸件的表面硬度和耐磨性等。通常多应用以下三种处理。

1. 去应力退火

铸件在铸造冷却过程中容易产生内应力而引发变形和裂纹，因此一些大型、复杂的铸件或精度要求较高的铸件，如机床床身、柴油机气缸体，在铸件开箱前或切削加工前，通常都要进行一次去应力退火，其工艺规定是：加热温度为 500~550℃，温度不宜过高，以免发生共析渗碳体的球化和石墨化；保温时间则取决于加热温度和铸件壁厚；炉冷至 150~220℃后出炉空冷。因其温度低于共析温度，此工艺又称为低温退火，也称为人工时效。

2. 改善可加工性的退火

灰铸铁件的表层及一些薄壁处，由于冷速较快（特别是用金属型浇注时），可能会出现白口，致使切削加工难以进行，需要退火降低硬度。工艺是：加热到 850~900℃，保温 2~5h，然后随炉冷却至 250~400℃后出炉空冷。因其温度高于共析温度，此工艺又称为高温退火。高温退火后铸件的硬度可下降 20~40HBW。

3. 表面淬火

有些铸件，如机床导轨、缸体内壁，其工作表面需要有较高的硬度和耐磨性，可进行表面淬火处理，如高频表面淬火、火焰表面淬火、接触电阻加热表面淬火等。淬火后表面硬度可达 50~55HRC。

三、球墨铸铁

球墨铸铁是 20 世纪 50 年代发展起来的一种高强度铸铁材料，其综合性能接近于钢，正是基于其优异的性能，球墨铸铁已迅速发展为仅次于灰铸铁的、应用十分广泛的铸铁材料。所谓"以铁代钢"，主要就是指球墨铸铁。

（一）球墨铸铁的生产

球墨铸铁的成分要求比较严格，一般范围是：$w_C = 3.6\% \sim 3.9\%$，$w_{Si} = 2.0\% \sim 2.8\%$，$w_{Mn} = 0.6\% \sim 0.8\%$，$w_S < 0.07\%$，$w_P \leq 0.1\%$。与灰铸铁相比，球墨铸铁的碳当量较高，一般为过共晶成分，通常在 4.5%~4.7% 范围内变动，以利于石墨球化。

球墨铸铁的球化处理必须伴随以孕育处理，通常是在铁液中加入一定量的球化剂和孕育剂。国外使用的球化剂主要是金属镁。实践证明，铁液中含 $w_{Mg} = 0.04\% \sim 0.08\%$ 时，石墨就能完全球化。我国普遍使用稀土镁球化剂，加入量很少，而使用的孕育剂是 75% 硅铁或硅钙合金等。球墨铸铁中石墨的体积分数约为 10%，其形态大部分近似球状。在石墨球化良好的前提下，球墨铸铁的大多数性能取决于其基体组织。控制化学成分、铁液处理工艺和铸件的冷却速度，或者采用热处理，加入合金元素等措施，可以得到不同的基体组织。在非合金化或低合金球墨铸铁中常见的基体组织类型有：①铁素体基体；②珠光体类基体（包括淬火+高温回火组织）；③珠光体+铁素体基体（铁素体有牛眼状和碎块状两种形态，后者经部分奥氏体化正火获得）；④下贝氏体基体；⑤奥氏体+贝氏体基体；⑥回火马氏体基体。

球墨铸铁中还可能出现一些不正常组织，如球化剂残余量过高或孕育效果不好所造成的一次渗碳体、正火温度过高所造成的网状二次渗碳体、珠光体量过高所造成的磷共晶等。这些组织都严重降低球墨铸铁的韧性，应对其严格控制。

（二）球墨铸铁的牌号、性能与应用

我国球墨铸铁的牌号、力学性能与应用举例见表7-25。"QT"表示"球铁"二字的汉语拼音首字母，其后两组数字分别表示最低抗拉强度和最小断后伸长率。

表7-25 我国球墨铸铁的牌号、力学性能与应用举例（摘自GB/T 1348—2009）

牌号	力学性能				应用举例
	R_m/MPa	$R_{p0.2}$/MPa	A（%）	硬度（HBW）	
	不小于				
QT400-18	400	250	18	120~175	农机具（如收割机上导架），汽车、拖拉机零件（如离合器壳、拨叉），通用机械（阀体、阀盖），其他（电动机机壳、齿轮箱）
QT400-15	400	250	15	120~180	
QT450-10	450	310	10	160~210	
QT500-7	500	320	7	170~230	机油泵齿轮，铁路机车车辆轴瓦，机器传动轴、飞轮，电动机架
QT600-3	600	370	3	190~270	柴油机、汽油机曲轴，部分磨床、车床、铣床主轴，空压机、冷冻机缸体与缸套，桥式起重机大小滚轮
QT700-2	700	420	2	225~305	
QT800-2	800	480	2	245~335	
QT900-2	900	600	2	280~360	汽车与拖拉机传动齿轮、曲轴、凸轮轴、连杆，农机上的犁铧

球墨铸铁的性能主要有以下几个特点：①高的抗拉强度和接近于钢的弹性模量，特别是屈强比高，为0.7~0.8，而正火45钢的屈强比才为0.59~0.60；②基体为铁素体时，具有良好的塑性和韧性，退火状态下断后伸长率达18%以上；③铸造性能优于铸钢，可铸成轮廓清晰、表面光洁的铸件；④耐磨性优于碳钢，适于制造运动速度较高、载荷较大的摩擦零件；⑤可加工性良好，接近于灰铸铁；⑥铸件的尺寸和重量几乎不受限制，数十吨乃至一百多吨的重型球墨铸铁件已经问世，可锻铸铁无法与之比拟；⑦可靠性良好，在重载、低温、剧烈振动、高粉末等严酷的运行条件下（如汽车底盘），均表现出足够的安全可靠性。⑧高合金球墨铸铁还有耐磨、耐热、耐蚀等特殊性能。

球墨铸铁在管道、汽车、机车、机床、动力机械、工程机械、冶金机械、机械工具等方面用途广泛。例如，在机械制造业中，球墨铸铁成功地代替了不少碳钢、合金钢和可锻铸铁，用来制造一些受力复杂，强度、韧性和耐磨性要求高的零件，如具有高强度与高耐磨性的珠光体球墨铸铁，常用来制造拖拉机或柴油机中的曲轴、连杆、凸轮轴、各种齿轮，机床的主轴、蜗杆、蜗轮，轧钢机的轧辊、大齿轮及大型水压机的工作缸、缸套、活塞等；具有高的韧性和塑性的铁素体球墨铸铁，常用来制造受压阀门、机器底座、汽车的后桥壳等。

一般而言，长期承受循环弯曲、扭转或弯曲-扭转载荷的零件，对球墨铸铁疲劳极限有较高的要求，一般可选用珠光体球墨铸铁、回火索氏体球墨铸铁。珠光体球墨铸铁的扭转疲劳极限达189MPa，比正火45钢还高。对于承受冲击载荷的零件，应根据载荷性质选择合适的球墨铸铁，承受小能量冲击的零件建议选用强度较高的珠光体球墨铸铁或回火索氏体球墨铸铁；承受大能量冲击的零件最好选用铁素体球墨铸铁；而在低温下承受冲击的零件一般选用低硅铁素体球墨铸铁更合适。要求高耐磨性、高疲劳极限和高冲击抗力的零件，可以选用回火索氏体球墨铸铁或奥-贝球墨铸铁。韧性要求不高但耐磨性要求很高的零件，可以选用马氏体球墨铸铁、下贝氏体球墨铸铁。要求耐热、耐蚀的零件，可以选用铁素体球墨铸铁。

（三）球墨铸铁的热处理

球墨铸铁应用广泛的一个重要原因是其能通过合金化和热处理改变其基体组织，从而保证球墨铸铁达到所要求的力学性能。钢的热处理温度主要由碳含量决定，而球墨铸铁的热处理温度则主要由硅含量确定。硅使共析转变温度范围提高，因此球墨铸铁的奥氏体化温度也相应高于碳钢。高的碳、硅含量，再加上高的锰含量及其他合金元素，使球墨铸铁的奥氏体等温转变图右移，并形成两个"鼻尖"，以致球墨铸铁的淬透性比碳钢好，使用空淬、油淬比用水淬更为合适，而且较易实现等温淬火工艺，以获得下贝氏体基体。与碳钢相似的是，在保证完全奥氏体化的条件下，应尽量采用较低的加热温度，因为高的加热温度和长的保温时间，会使以石墨形式存在的碳较多地溶入奥氏体中，淬火后就会得到较粗大的淬火马氏体和数量较多的残留奥氏体。

球墨铸铁的热处理主要有退火、正火、淬火+回火、等温淬火等。

1. 退火

退火的目的是使球墨铸铁得到铁素体，获得高韧性。球化剂会增大铸件的白口倾向，当铸件薄壁处出现自由渗碳体和珠光体时，为了获得塑性好的铁素体基体，并改善可加工性，消除铸造应力，根据铸造组织可采用两种退火工艺：一是高温退火，当存在自由渗碳体时，为使其分解，必须进行高温退火，即将铸件加热到 920~980℃，保温 2~5h，随炉冷却至600℃左右空冷；二是低温退火，当铸态组织为铁素体+珠光体+石墨，而无自由渗碳体时，为使珠光体中的渗碳体分解，必须进行低温退火，即加热至 700~760℃，保温3~6h，随炉冷却至 600℃后出炉空冷。

2. 正火

正火的目的在于得到珠光体基体（占基体75%以上）并细化组织，提高强度和耐磨性。根据加热温度不同，分高温正火（完全奥氏体化）和低温正火（不完全奥氏体化）两种。高温正火是将球墨铸铁件加热到880~950℃，保温1~3h，然后出炉空冷，最终得到珠光体型的基体组织。低温正火是将球墨铸铁件加热到860~880℃，保温1~2h，然后出炉空冷，最终得到珠光体+铁素体的基体组织，其强度比高温正火略低，但塑性和韧性较高。低温正火要求原始组织中无自由渗碳体，否则将影响力学性能。在正火时，为了提高基体组织中珠光体的含量，还可采用风冷、喷雾冷却以加快冷却速度，进而保证铸铁的强度。

3. 淬火+回火

淬火+回火的目的是获得回火马氏体或回火索氏体组织，以便提高强度、硬度和耐磨性。其工艺为：加热到 860~920℃，保温 20~60min，出炉油淬后进行不同温度的回火。

4. 等温淬火

等温淬火的目的是获得最佳的综合力学性能。例如，为了获得奥-贝球墨铸铁，即得到贝氏体型铁素体+奥氏体基体组织，保证高的硬度和高的韧性，需采用的工艺是：加热到860~890℃，保温 1~2h 后，在 340~390℃盐浴中等温 1h，然后取出空冷。由于盐浴的冷却能力有限，一般仅用于截面不大的零件，如受力复杂的齿轮、曲轴、凸轮轴等。

此外，为提高球墨铸铁件的表面硬度和耐磨性，还可以采用表面淬火、氮碳共渗等工艺。应该说，碳钢的热处理工艺对于球墨铸铁基本上均是适用的。

采用适当的焊接技术可使球墨铸铁与钢、与球墨铸铁等结合起来，且焊缝能具有一定的强度，并能满足某些特定性能。球墨铸铁的焊接通常用于球墨铸铁与其他材料的复合件、球墨铸铁件表面增加耐磨耐蚀合金保护层、修复磨损的球墨铸铁件或焊补铸件缺陷。

四、其他铸铁

（一）可锻铸铁

可锻铸铁是由白口铸铁坯件经石墨化退火而得到的一种铸铁材料，其强度和韧性近似于球墨铸铁，而减振性和可加工性则优于球墨铸铁。因可锻铸铁中的石墨呈团絮状，大大减轻了石墨对基体组织的割裂作用，故可锻铸铁不但比灰铸铁有较高的强度，而且具有较高的塑性（A 可达 15%）和韧性（a_K 值可达 $30J \cdot cm^{-2}$），但可锻铸铁仍然不可锻造。可锻铸铁分为黑心可锻铸铁（即铁素体可锻铸铁）、珠光体可锻铸铁和白心可锻铸铁。白心可锻铸铁的生产周期长，性能较差，应用较少。目前使用的大多是黑心可锻铸铁和珠光体可锻铸铁，常用可锻铸铁的牌号、力学性能与应用举例见表 7-26。黑心可锻铸铁因其断口为黑绒状而得名，以 KTH 表示，其基体为铁素体；珠光体可锻铸铁以 KTZ 表示，基体为珠光体。其中"KT"表示"可铁"的拼音字首，"H"和"Z"分别表示"黑"和"珠"的拼音字首，代号后的第一组数字表示最低抗拉强度值，第二组数字表示最小断后伸长率。

可锻铸铁生产必须经两个过程，首先是要浇注成白口铸铁件，然后再经长时间石墨化退火处理，使渗碳体分解出团絮状的石墨。为此必须使铸铁的成分有较低的碳含量和硅含量，并且为了缩短石墨化退火周期，锰含量不宜过高。

如果采用加入合金元素和不同的热处理工艺，可锻铸铁可获得不同基体组织（如奥氏体、马氏体、贝氏体等），可满足各种零件的特殊性能要求。总体上说，可锻铸铁的性能远优于灰铸铁，适用于大量生产的形状比较复杂、壁厚在 30mm 以下的中小零件。例如，在制造尺寸很小、形状复杂和壁厚特别薄的零件时，若用铸钢或球墨铸铁则生产上会十分困难；若用灰铸铁则强度和韧性不足，还有形成白口的可能；若用焊接则很难大量生产，成本又高，因此还是选用可锻铸铁件比较合适。在特殊情况下，通过工艺上的适当调控，也可生产壁厚达 80mm 或重达 150kg 以上的可锻铸铁件。

表 7-26　常用可锻铸铁的牌号、力学性能与应用举例（摘自 GB/T 9440—2010）

牌号	力学性能				应用举例
	R_m /MPa	$R_{p0.2}$ /MPa	A （%）	硬度 （HBW）	
	不小于				
KTH300-06	300	—	6	≤150	一定强韧性、气密性好，做弯头、三通等管件
KTH330-08	330	—	8		农机犁刀、犁柱、螺纹扳手，铁道扣板等
KTH350-10	350	200	10		汽车与拖拉机前后轮壳、制动器，弹簧钢板支座，船用电动机壳等
KTH370-12	370	—	12		
KTZ450-06	450	270	6	150~200	承受较高的动载荷和静载荷，在磨损条件下工作，要求有较高冲击抗力、强度和耐磨性的零件，如曲轴、凸轮轴、连杆、齿轮
KTZ550-04	550	340	4	180~230	
KTZ700-02	700	530	2	240~290	

（二）蠕墨铸铁

蠕墨铸铁是 20 世纪 60 年代开始发展并逐步受到重视的一种新的铸铁材料，因其石墨呈蠕虫状而得名，又称为 C/V 铸铁（Compacted/Vermicular Graphite Cast Iron）。

蠕墨铸铁的石墨呈蠕虫状，其牌号、力学性能及主要基体组织见表 7-27。"RuT"是"蠕铁"二字的拼音字首，所跟的数字表示最低抗拉强度。蠕墨铸铁的显微组织由蠕虫状石墨+基体组织组成，其基体组织与球墨铸铁相似，在铸态下一般是珠光体和铁素体的混合基体，经过热处理或合金化才能获得铁素体或珠光体基体。通过退火可使蠕墨铸铁获得 85%以上的铁素体基体或消除薄壁处的游离渗碳体。通过正火可增加珠光体量，从而提高强度和耐磨性。蠕墨铸铁是一种综合性能良好的铸铁材料，其力学性能介于球墨铸铁与灰铸铁之间，如抗拉强度、屈服强度、断后伸长率、弯曲疲劳极限均优于灰铸铁，接近于铁素体球墨铸铁；而导热性、可加工性均优于球墨铸铁，与灰铸铁相近。

表 7-27　蠕墨铸铁的牌号、力学性能及主要基体组织

牌号	力学性能				主要基体组织
	$R_{p0.2}$/MPa	R_{m}/MPa	$A(\%)$	布氏硬度（HBW）	
RuT300	210	300	2.0	140～210	铁素体
RuT350	245	350	1.5	160～220	铁素体+珠光体
RuT400	280	400	1.0	180～240	珠光体+铁素体
RuT450	315	450	1.0	200～250	珠光体
RuT500	350	500	0.5	220～260	珠光体

（三）特殊性能铸铁

除一般的力学性能以外，工业上还常要求铸铁具有良好的耐磨、耐蚀或耐热性等特殊性能。为此，在铸铁中加入某些合金元素，就得到了一些具有各种特殊性能的合金铸铁，又称为特殊性能铸铁。特殊性能铸铁主要分为三类：抗磨铸铁、耐热铸铁和耐蚀铸铁。

1. 抗磨铸铁

在干摩擦条件下，工作时要求耐磨性能的铸铁称为抗磨铸铁。抗磨铸铁往往受严重磨损且承受很大负荷，它应具有均匀的高硬度组织。

冷硬铸铁也称为激冷铸铁，是一种抗磨铸铁，用于制造具有高硬度、高抗压强度及耐磨性的工作表面，同时需要有一定的强度和韧性的零件，如轧辊、车轮等。

白口铸铁硬度高，具有很高的耐磨性能，可制造承受干摩擦及在磨粒磨损条件下工作的零件。但白口铸铁由于脆性较大，应用受到一定的限制，不能用于承受大的动载荷或冲击载荷的零件。若在白口铸铁中加入少量的铜、铬、钼、钒、硼等合金元素，可形成合金渗碳体，耐磨性有所提高，但韧性改进仍不大。当加入 $w_{Ni} = 3.0\% \sim 5.0\%$、$w_{Cr} = 1.50\% \sim 3.50\%$后即得到以马氏体和碳化物为主的组织，这种铸铁称为镍铬马氏体白口铸铁，又称为镍硬铸铁，其硬度和力学性能均比普通白口铸铁优越，但其脆性依然较大。当加入大量的铬（$w_{Cr} > 10\%$）后，在铸铁中可形成团块状的碳化物（Cr_7C_3），其硬度比渗碳体更高，耐磨性显著提高，又因其呈团块状，韧性得到很好改善，这种铸铁便是高铬铸铁。在高铬铸铁中，一般同时或分别加入钼、镍、铜、锰等合金元素，以便提高其淬透性，经过热处理后可得到

马氏体，从而进一步提高韧性和耐磨性。抗磨白口铸铁的成分、组织、性能与应用范围可参见 GB/T 8263—2010，典型牌号有 BTMCr9Ni5、BTMCr2、BTMCr26 等。

中锰球墨铸铁也是一种抗磨铸铁，其基体以马氏体和奥氏体为主，并有块状或断续网状渗碳体。可用于制造矿山、水泥、煤前加工设备和农机的一些耐磨零件。

奥-贝球墨铸铁经等温淬火，可获得由贝氏体型铁素体和体积分数为 20%~40% 的奥氏体组成的基体，具有高韧性兼有高强度，抗拉强度可达 1000MPa，断后伸长率能接近 10%，其在磨损条件下也能取得满意的使用效果。

2. 耐热铸铁

耐热铸铁具有良好的耐热性，可代替耐热钢用作加热炉炉底板、马弗罐、坩埚、废气管道、换热器及钢锭模等，长期在高温下工作。所谓铸铁的耐热性是指其在高温下抗氧化，抗生长，保持较高的强度、硬度及抗蠕变的能力。由于一般铸铁的高温强度比较低，耐热性主要是指抗氧化和抗生长的能力。

普通灰铸铁在高温下除了表面会发生氧化外，还会发生"热生长"，即铸铁的体积会产生不可逆的胀大，严重时甚至胀大 10% 左右。热生长是其内部氧化和石墨化所引起的，内部氧化是导致热生长的主要原因。氧在高温下通过铸件上的微孔、裂纹及石墨边缘渗入到铸铁内部，使铁、硅、锰等元素氧化而生成氧化物，因其比体积大而引起体积膨胀。而渗碳体分解时体积膨胀，且石墨越多，相当于氧化通道越多。当铸铁承受反复加热和冷却，特别是通过相变温度范围时，由于应力导致形成微裂纹，也会使铸铁内部形成氧化通道而引起生长。相应地，提高铸铁耐热性的措施有：①加入硅、铝、铬等元素，使铸铁在高温下表面形成一层致密的氧化膜，如 SiO_2、Al_2O_3、Cr_2O_3 等；②尽量使石墨由片状成为球状，或减少石墨数量；③加入合金元素，使基体为单一的铁素体或奥氏体。

目前，耐热铸铁大都采用单相铁素体基体铸铁，以免出现渗碳体分解；并且最好采用球墨铸铁，其球状石墨呈孤立分布，互不相连，不至构成氧化通道。按所加合金元素种类不同，耐热铸铁主要有硅系、铝系、铝硅系、铬系、高镍系等铸铁。耐热铸铁的成分、力学性能与应用可参见 GB/T 9437—2009，典型牌号有 HTRCr2、QTRSi4、QTRAl4Si4、QTRAl22 等。

3. 耐蚀铸铁

铸铁的耐蚀性主要是指在酸、碱条件下耐腐蚀的能力。当铸铁受周围介质的作用时，会发生化学腐蚀和电化学腐蚀。化学腐蚀是指铸铁和干燥气体及非电解质发生直接的化学作用而引起的腐蚀，主要发生在表层范围以内。电化学腐蚀是由于铸铁本身是一种多相合金（含石墨、渗碳体、铁素体等），在电解质中有不同的电极电位，电极电位高的构成阴极（如石墨的电极电位为 +0.37V），电极电位低的构成阳极（如铁素体的电极电位为 -0.44V），组成原电池，构成阳极的材料不断被腐蚀。普通铸铁就是如此，这种局部腐蚀会深入到铸铁内部，危害十分严重。

提高铸铁耐蚀性的主要途径有三方面：一是在铸铁中加入硅、铝、铬等合金元素，使之在铸铁表面形成一层连续致密的保护膜；二是在铸铁中加入铬、硅、钼、铜、氮、磷等合金元素，提高铁素体的电极电位；三是通过合金化，获得单相基体组织，减少铸铁中的微电池。这三方面的措施与耐蚀钢是基本一致的。

耐蚀铸铁的成分、力学性能与应用可参见相关标准，典型牌号有 HTSSi15R、HTS-

Si15Cr4R 等。在我国应用最多的是高硅耐蚀铸铁，当 w_{Si} = 14.20% ~ 14.75%时，其耐蚀性最佳。

习　题

7-1　说明硫在钢中的存在形式，分析它在钢中的可能作用。

7-2　分析 15CrMo、40CrNiMo、W6Mo5Cr4V2 和 10Cr17Mo 钢中 Mo 元素的主要作用。

7-3　请给出凸轮的三种不同设计方案（材料及相应的处理工艺），并说明各自的特点。

7-4　若某钢在使用状态下为单相奥氏体组织，试全面分析其力学性能、物理性能和工艺性能的特点。

7-5　为普通自行车的下列零件选择其合适材料：①链条；②座位弹簧；③大梁；④链条罩；⑤前轴。

7-6　你认为自行车链条的主要成形方法是什么？所用的成形工具应选何种材料？指出该工具使用状态的组织和大致硬度。

7-7　某厂原用 40Cr 生产高强韧性螺栓，现该厂无此钢，但库房尚有 15 钢、20Cr、60CrMn、9Cr2，试问这四种钢中有无可代替上述 40Cr 螺栓的材料？若有，应怎样进行热处理？其代用的理论依据是什么？

7-8　试比较 T9、9SiCr、W6Mo5Cr4V2 作为切削刀具材料的热处理、力学性能特点及适用范围，并由此得出一般性结论。

7-9　从 Cr12→Cr12MoV→Cr4W2MoV 的演变过程，谈谈冷作模具钢的成分、组织、使用性能及应用之间的关系。

7-10　高速工具钢冷作模具有哪些特点？其主要缺点是什么？并对此提出可能的解决措施。

7-11　试全面分析选定一塑料模具材料时应考虑的主要因素。

7-12　一般而言，奥氏体不锈钢具有优良的耐蚀性，试问它是否在所有的处理状态和使用环境均是如此？为什么？由此得出一般性结论。

7-13　全面比较分析灰铸铁的成分、组织与性能及应用特点。

7-14　灰铸铁具有低缺口敏感性，请说明这一特性的工程应用意义。

7-15　"以铸代锻、以铁代钢"可适用于哪些场合？试举两例说明。

7-16　为什么铸造生产中，化学成分如具有三低（碳、硅、锰的含量低）一高（硫含量高）特点的铸铁易形成白口？而在同一铸铁中，往往在其表面或薄壁处易形成白口？

7-17　现有形状和尺寸完全相同的白口铸铁、灰铸铁和低碳钢棒料各一根，如何用最简便的方法将它们迅速区分出来？

7-18　机床的床身、床脚和箱体为什么宜采用灰铸铁铸造？能否用钢板焊接制造？试就两者的实用性和经济性做简要的比较。

7-19　为什么可锻铸铁适宜制造壁厚较薄的零件？而球墨铸铁却不宜制造壁厚较薄的零件？

7-20　为下列零件或构件确定主要性能要求、适用材料及简明工艺。

①机床丝杠；②大型桥梁；③载重汽车连杆；④载重汽车连杆锻模；⑤机床床身；⑥加热炉炉底板；⑦汽轮机叶片；⑧铝合金门窗挤压模；⑨汽车外壳；⑩手表外壳。

第 八 章

有色金属材料

通常，人们将铁、铬、锰及其合金称为黑色金属。除此以外的所有其他金属统称为有色金属。与黑色金属相比，有色金属具有许多优良的特性，从而决定了其在国民经济中的重要地位。例如，铝、镁、钛等金属及其合金，具有相对密度小、比强度高的特点，在飞机制造、汽车制造、船舶制造等工业上应用非常广泛；又如，银、铜、铝等有色金属，导电性和导热性优良，是电气工业和仪表工业不可缺少的材料；再如，钨、钼、钽、铌及其合金是制造1300℃以上使用的高温零件及电真空元件的理想材料。

本章将扼要介绍目前工程上广泛应用的铝、铜、钛、镁、锌及其合金，以及轴承合金。

第一节　铝及其合金

一、纯铝

铝是地壳中蕴藏量最多的金属元素。纯铝具有银白色金属光泽，密度为 $2.72\mathrm{g \cdot cm^{-3}}$，约为铁的 1/3。铝的熔点约为 660℃，具有面心立方结构，无同素异构转变。铝具有优良的导电、导热性，其导电性仅次于银和铜，居第三位。

铝在大气中具有优良的耐蚀性。铝在室温中即能与空气中的氧化合，表面生成一层薄而致密并与基体金属牢固结合的氧化膜，阻止氧向金属内部扩散而起保护作用。但在碱和盐的水溶液中铝的氧化膜会很快被破坏，故铝在碱和盐的溶液中耐蚀性不好。此外，铝的氧化膜在热的稀硝酸中也极易被溶解。

纯铝的强度很低（R_{m} 仅为 80~100MPa），但塑性很高（$A=35\%\sim40\%$，$Z=80\%$），因此纯铝和许多铝合金可以进行各种冷、热加工，轧制成很薄的铝箔和冷拔成极细的丝。纯铝中含有少量铁、硅等杂质元素，它们会降低铝的导电性、导热性、塑性和耐蚀性。

纯铝的主要用途是替代较贵金属制作导线，配制铝合金，以及制作要求质轻、导热或耐大气腐蚀但抗拉强度要求不高的器具。

根据 GB/T 16474—2011《变形铝及铝合金牌号表示方法》，铝含量不低于 99.00% 时即为纯铝，采用国际四位数字体系牌号，即 1×××，第二位数字表示对杂质范围的修改，若是 0，表示杂质范围为产品生产中的正常范围，若为 1~9 中的自然数，表示生产中应对某一种或几种杂质或合金元素加以专门控制；最后两位数字表示最低铝百分含量，与最低铝百分含量中小数点后面的两位数字相同，如 1060、1350 等。对未命名为国际四位数字体系牌号的变形纯铝应采用四位字符牌号表示，也为 1×××，最后两位数字仍是最低铝百分含量中小数点后面的两位，但牌号第二位为大写英文字母，字母 A 表示原始纯铝，字母 B～Y（C、I、L、N、O、P、Q、Z 除外）表示原始纯铝的改型，此时元素含量略有改变，如 1A99、1A85 等。

根据 GB/T 8063—2017《铸造有色金属及其合金牌号表示方法》，铸造纯铝牌号由"Z+铝化学元素符号+铝的最低百分含量的数字"表示，如 ZAl99.5。

二、铝合金

纯铝的强度和硬度都很低，虽然可以通过冷作硬化的方式强化，但也不能直接用于制作结构件。通过向铝中加入适量的 Si、Cu、Mg、Zn、Li（主加）和 Cr、Ti、Zr、Ni、Ca、B、RE（辅加）等元素形成铝合金，不仅能保持纯铝的基本性能，还能提高强度，乃至获得良好的综合性能。

（一）铝合金的分类

根据合金元素的含量和加工工艺性能特点，铝合金可分为变形铝合金和铸造铝合金两类。以铝为基的合金，其相图大多属于共晶型，如图 8-1 所示。图 8-1 中成分在 D' 点以左的合金，加热到固溶线以上温度可以得到均匀的单相固溶体，塑性好，适于进行锻造、轧制等压力加工，称为变形铝合金。变形铝合金又可以分为两类：成分在 F 点以左的合金，其固溶体成分不随温度而变化，故不能用热处理方法使之强化，称为不可热处理强化铝合金；成分在 F 点～D' 点的合金，其固溶体成分随温度而变化，可通过热处理强化，称为可热处理强化铝合金。成分在 D' 点以右的合金，存在共晶组织，塑性较差，不宜压力加工，但流动性好，适宜铸造，称为铸造铝合金。

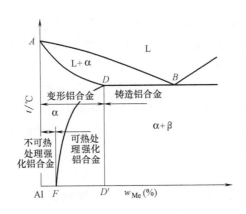

图 8-1　铝合金分类示意图

（二）铝合金的热处理

铝合金常用的热处理工艺主要有退火、淬火和时效。

1. 退火

铝合金的退火工艺主要有去应力退火、再结晶退火和均匀化退火。

（1）去应力退火　铝合金去应力退火常采用 $180\sim300℃$ 保温后空冷，以消除铝合金经塑性变形后产生的内应力。

（2）再结晶退火　在再结晶温度以上保温后空冷，用于消除铝合金经冷塑性变形后产生的加工硬化现象，便于后续成形加工。

（3）均匀化退火　在高温长时间保温后空冷，用于消除铸锭或铸件的成分偏析及内应力，提高塑性。

2. 淬火

纯铝无同素异构转变，因此铝合金的热处理机理与钢不同。铝合金淬火加热时由 α 固溶体加第二相转变为单相 α 固溶体，快冷后转变成单相的过饱和 α 固溶体，在此过程中固溶体的晶体结构不发生转变，所以，铝合金的淬火处理又称为固溶处理。此时由于硬脆的第二相消失，合金塑性有所提高。过饱和的 α 固溶体虽由于固溶强化效应强度、硬度有所提高，但并不明显。所以往往铝合金经固溶后还需时效处理。

3. 时效

淬火后的过饱和固溶体，重新加热到一定温度并保温一定时间后，强度、硬度显著提高，而塑性明显降低，铝合金的这种处理称为时效处理。室温放置过程中使合金产生强化的效应称为自然时效，高于室温加热过程中使合金产生强化的效应称为人工时效。时效的实质是第二相从不稳定的过饱和 α 固溶体中析出和长大，且由于第二相与母相（α 相）的共格程度不同，使母相产生晶格畸变而强化。人工时效温度高，其处理时间通常比自然时效时间短得多。

由此可见，铝合金的强化处理包括固溶处理与时效处理。虽然其工艺操作与钢基本相似，但强化机理与钢有本质上的不同，铝合金是依靠时效过程来强化的。

（三）变形铝合金

变形铝合金是铸锭经过冷、热压力加工后形成的各种型材。这些变形铝合金由于重量轻、比强度高，在航空工业中占有特殊的地位，是机械工业和航空工业中重要的结构材料。

根据 GB/T 16474—2011《变形铝及铝合金牌号表示方法》，变形铝合金采用国际四位数字体系牌号，即 2×××~8×××，其中第一位数字 2~8 依次表示以铜、锰、硅、镁、镁和硅、锌、其他合金为主要合金元素的铝合金，第二位数字表示对合金的修改，若为 0，表示原始合金，若为 1~9 中的任一整数，表示对合金的修改次数；最后两位数字无特殊意义，仅表示同一系列中的不同合金，如 2014、3203、4047 等，其具体化学成分见 GB/T 3190—2008《变形铝及铝合金化学成分》。对未命名为国际四位数字体系牌号的变形铝合金则应采用四位字符牌号表示，也为 2×××~8×××，最后两位数字仍无特殊意义，但第二位为大写英文字母，字母 A 表示原始合金，字母 B~Y（C、I、L、N、O、P、Q、Z 除外）表示原始合金的改型合金，此时化学成分发生变化，如 2A06（表示主要合金元素为铜的 6 号原始合金）、2B50、6A02 等。

变形铝合金中，不能热处理强化铝合金由于具有良好的耐蚀性，称为防锈铝合金，主要包括 Al-Mn 系和 Al-Mg 系两种。这类合金不能进行热处理强化，力学性能比较低，可用冷加工方法使其强化。由于防锈铝合金的切削加工工艺性能差，故适用制作焊接管道、容器、铆钉以及其他冷变形零件；可热处理强化铝合金由于能通过热处理显著提高力学性能，这类铝合金包括硬铝（Al-Cu-Mg 系）、超硬铝（Al-Zn-Mg-Cu 系）和锻铝（Al-Mg-Si 系）。常见变形铝合金的牌号、化学成分及力学性能见表 8-1。通常在变形铝合金牌号后面还附有表示合金状态的代号（详见 GB/T 16475—2008《变形铝及铝合金状态代号》），表 8-2 为变形铝及铝合金状态代号。

表 8-1 常见变形铝合金的牌号、化学成分及力学性能

（摘自 GB/T 16474—2011、GB/T 3190—2008）

类别	合金系统	新牌号（曾用牌号）	化学成分 w（%）					产品状态	力学性能		
			Cu	Mg	Mn	Zn	其他		R_m /MPa	A（%）	硬度（HBW）
防锈铝合金	Al-Mg	5A02（LF2）		2.0~2.8	0.15~0.4			O	195	17	47
								HX8	265	3	68
		5A05（LF5）		4.8~5.5	0.3~0.6			O	280	20	70
	Al-Mn	3A21（LF21）			1.0~1.6			O	130	20	30
								HX8	190	1	53
硬铝合金	Al-Cu-Mg	2A01（LY1）	2.2~3.0	0.2~0.5				线材 T4	300	24	70
		2A11（LY11）	3.8~4.8	0.4~0.8	0.4~0.8			包铝板材 T4	420	18	100
		2A12（LY12）	3.8~4.9	1.2~1.8	0.3~0.9			包铝板材 T4	470	17	105
	Al-Cu-Mn	2A16（LY16）	6.0~7.0		0.4~0.8		Ti0.1~0.2	包铝板材 T4	400	8	100
超硬铝合金	Al-Zn-Mg-Cu	7A04（LC4）	1.4~2.0	1.8~2.8	0.2~0.6	5.0~7.0	Cr0.10~0.25	包铝板材 T6	600	12	150
		7A09（LC9）	1.2~2.0	2.0~3.0	0.15	5.1~6.1	Cr0.16~0.30	包铝板材 T6	680	7	190
锻铝合金	Al-Cu-Mg-Si	2A50（LD5）	1.8~2.6	0.4~0.8	0.4~0.8		Si0.7~1.2	包铝板材 T6	420	13	105
		2A14（LD10）	3.9~4.8	0.4~0.8	0.4~1.0		Si0.6~1.2	包铝板材 T6	480	19	135
	Al-Cu-Mg-Fe-Ni	2A70（LD7）	1.9~2.5	1.4~1.8			Ti0.02~0.10 Ni0.9~1.5 Fe0.9~1.5	包铝板材 T6	415	13	120

表 8-2 变形铝及铝合金状态代号（摘自 GB/T 16475—2008）

状态代号	状态名称	状态代号	状态名称
F	自由加工状态	W	固溶热处理状态
O	退火状态	T5	高温成形+人工时效
T	不同于 F、O 或 H 状态的热处理状态	T6	固溶热处理+人工时效
T1	高温成形+自然时效	T7	固溶热处理+过时效
T2	高温成形+冷加工+自然时效	T8	固溶热处理+冷加工+人工时效
T3	固溶热处理+冷加工+自然时效	T9	固溶热处理+人工时效+冷加工
T4	固溶热处理+自然时效	T10	高温成形+冷加工+人工时效
H	加工硬化状态	—	—

1. 防锈铝合金

（1）Al-Mn 系防锈铝合金 Al-Mn 系防锈铝合金以 Mn 为主要合金元素，Mn 和 Al 可形成金属化合物 $MnAl_6$，细小的 $MnAl_6$ 有一定的弥散强化作用，但主要靠 Mn 的固溶强化及加工硬化提高合金强度。但当锰含量超过 1.6% 时，合金中会生成大量的脆性 $MnAl_6$，合金塑性显著降低，压力加工性能较差，所以防锈铝合金中锰含量一般不超过 1.6%。另外，由于铝的 α 固溶体与 $MnAl_6$ 相的电极电位几乎相等，因此合金的耐蚀性较好。Al-Mn 系合金常用来制造需要弯曲、冷拉或冲压的零件。

Al-Mn 系防锈铝合金因时效强化效果不佳，故不采用时效处理，常见的热处理工艺主要是退火。例如，3A21 防锈铝合金在冷变形后进行退火处理，完全再结晶的退火温度为 350～500℃，退火后可消除加工硬化现象；若为保留部分冷作硬化可进行 250～280℃ 低温退火，属于半硬化状态。

得到广泛应用的 Al-Mn 系合金是 3003 合金，其塑性好，加工过程中可采用大的变形程度加工成薄板，主要用于制作飞机油箱和饮料罐等。在 3003 合金基础上添加大约 1.2% Mg 即为 3004 合金，用其薄板冲制饮料罐是铝合金的主要应用领域之一。

（2）Al-Mg 系防锈铝合金 Al-Mg 系防锈铝合金以 Mg 为主要合金元素，当镁含量低于5% 时，镁固溶于 α 相形成单相合金，随镁含量的增加，合金强度提高。经均匀化退火及冷变形后退火等热处理，组织和成分较均匀，耐蚀性较好；当镁含量高于 5% 时，合金退火后会出现脆性的 β（Mg_5Al_8）相，该相电极电位低于 α 固溶体，导致合金耐蚀性变差，塑性和焊接性也变差。Al-Mg 系合金多用来制造管道、容器、铆钉及承受中等载荷零件，广泛应用于航空、建筑、食品等工业。

相对于 Al-Mn 系合金，Al-Mg 系合金的固溶强化效应更为显著，其强度更高些。在 Al-Mg 系合金中加入少量 Mn，可改善合金的耐蚀性，并提高强度；加入少量的 Ti 或 V 可细化晶粒，提高合金强度和塑性；加入稀土元素可减少合金的偏析，增加液体的流动性，减少疏松，改善热塑性，提高耐蚀性；Fe、Cu、Zn 对 Al-Mg 系合金的耐蚀性和工艺性能不利，应严格控制。

Al-Mg 系合金在大气、海洋中的耐蚀性优于 Al-Mn 系合金 3A21，与纯铝相当；在酸性和碱性介质中比 3A21 合金稍差。各种牌号的 Al-Mg 系防锈铝合金中应用最广的是低镁的5A02 和 5A03。

2. 可热处理强化铝合金

（1）硬铝合金 硬铝属于 Al-Cu-Mg 系合金，经时效处理后具有很高的硬度和强度，故称为硬铝合金，广泛应用于航空工业和仪表制造业，如制造飞机蒙皮、框架、螺旋桨等。

不同成分的硬铝合金具有不同的相组成和时效硬化的能力。Al-Cu-Mg 系中可能存在 θ（$CuAl_2$）、S（$CuMgAl_2$）、T（Al_6CuMg_4）和 β（Mg_5Al_6）四种金属化合物相，其中前两个相强化效果最大，T 相强化效果微弱，β 相不起强化作用。当铜与镁的比值一定时，铜和镁总量越高，强化相数量越多，强化效果越大。据此，硬铝合金按合金元素含量及性能不同，可分为四种类型：低强度硬铝，如 2A01、2A10 等；中强度硬铝，如 2A11 等；高强度硬铝，如 2A12 等；耐热硬铝，如 2A02 等。其中 2A12 是使用最广的高强度硬铝合金，常用的淬火温度为 495～500℃。需要注意的是，硬铝合金人工时效比自然时效具有更大的晶间腐蚀倾向，所以除高温用件外，硬铝合金都采用自然时效。另外，为了减少淬火过程中 θ 相沿晶界大量析出，由此降低自然时效强化效果和增大晶间腐蚀倾向，在保证工件不变形开裂的前提下，淬火冷却速度越快越好。

（2）超硬铝合金 超硬铝属于 Al-Zn-Mg-Cu 系合金，是目前室温强度最高的一类铝合金，其抗拉强度高达 500~700MPa，超过高强度硬铝合金 2A12，故称为超硬铝合金。这类合金除了强度高外，韧性储备也很高，又具有良好的工艺性能，是飞机工业中重要的结构材料。

超硬铝合金中，主要合金元素是 Zn、Mg、Cu，强化相除了 θ（$CuAl_2$）和 S（$CuMgAl_2$）外，还有 η（$MgZn_2$）和 T（$Al_2Mg_3Zn_3$），因而具有显著的时效强化效果，但 Zn 和 Mg 含量过高时，塑性和抗应力腐蚀性会变差，铜含量超过 3% 时也会降低合金耐蚀性。超硬铝中还常加入少量的 Mn、Cr、Ti 等，其中，Mn 主要起固溶强化作用，同时改善合金的抗晶间腐蚀性能，Cr 和 Ti 可形成弥散分布的金属化合物，强烈提高超硬铝的再结晶温度，阻止晶粒长大。

超硬铝的淬火温度为 450~480℃，一般经人工时效后使用，且采用分级时效处理。例如，7A04 的固溶温度为（470±5）℃，第一次时效 120℃×3h，第二次时效 160℃×3h，此时合金达到最大强化状态。

超硬铝的主要缺点是耐蚀性差，疲劳强度低。为了提高合金的耐蚀性能，一般在板材表面包铝。此外，超硬铝的耐热强度不如硬铝，只能在低于 120℃ 使用。

（3）锻铝合金 锻铝属于 Al-Mg-Si 系合金，可分为 Al-Mg-Si 系普通锻铝、Al-Mg-Si-Cu 系普通锻铝和 Al-Cu-Mg-Fe-Ni 系耐热锻铝。这类合金的特点是热塑性好，具有优良的锻造性能，适于制作外形复杂的锻件，故称之为锻铝。锻铝自然时效的强化效果较差，一般采用人工时效，且淬火后在室温停留的时间不宜过长，否则会显著降低人工时效的强化效果。

Al-Mg-Si 系锻铝应用最广的是 6063，强化相主要为 Mg_2Si 相，具有优良的挤压性能和低的淬火敏感性，易氧化着色，在建筑型材方面得到广泛应用。

Al-Mg-Si-Cu 系锻铝牌号有 2A50、2B50、2A14、6A02，主要强化相还是 Mg_2Si 相，其次还有 S 相（$CuMgAl_2$）、θ 相（$CuAl_2$）和 W 相（$Cu_4Mg_5Si_4Al_4$）。铜的加入会降低合金的耐蚀性和工艺性能，因此一般还同时加入少量的 Mn 和 Cr，以提高耐蚀性。这类合金适于锻造、挤压、轧制等，可用来制造叶轮、框架、支杆等要求中等强度、较高塑性及耐蚀性的零件。

Al-Cu-Mg-Fe-Ni 系锻铝牌号有 2A70、2A80、2A90，主要耐热相为 $FeNiAl_9$ 相，主要用来制作压气机和鼓风机的涡轮叶片等耐热零件。

（四）铸造铝合金

铸造铝合金除要求具备一定的使用性能外，还要求具有优良的铸造工艺性能。处于共晶成分的合金具有最佳铸造性能，但由于此时合金组织中出现大量硬脆的化合物，使合金的脆性急剧增大。因此，实际使用的铸造铝合金并非都是共晶合金，它与变形铝合金相比较只是合金元素含量高一些。

根据 GB/T 8063—2017《铸造有色金属及其合金牌号表示方法》，铸造铝合金的牌号由"ZAl+主要合金化学元素符号（其中混合稀土元素符号用 RE 表示）+合金化元素名义百分含量的数字"组成。在牌号后面标注大写英文字母"A"表示优质，如 ZAlSi9MgA 表示铸造优质铝硅镁合金。

根据 GB/T 1173—2013《铸造铝合金》，铸造铝合金的代号由铸铝的汉语拼音字母"ZL"及其后面的三个数字组成。第一位数字表示合金系列，1、2、3、4 分别表示铝硅、铝铜、铝镁、铝锌系列合金，第二、三位数字表示合金的顺序号。优质合金在其代号后加字母"A"，如 ZL104A 表示优质 4 号铝硅系铸造铝合金，此合金对应牌号即 ZAlSi9MgA。表 8-3 为常用铸造铝合金的牌号、代号、化学成分及力学性能。表 8-4 为合金铸造方法、变质处理和热处理状态代号。

表 8-3　常用铸造铝合金的牌号、代号、化学成分及力学性能（摘自 GB/T 1173—2013）

类别	牌号	代号	化学成分 w(%)					状态代号	铸造方法	力学性能（不低于）		
			Si	Cu	Mg	Mn	其他			R_m/MPa	A(%)	硬度(HBW)
铝硅合金	ZAlSi12	ZL102	10.0~13.0					F	SB、KB、RB、JB	145	4	50
								F	J	155	2	50
								T2	SB、KB、RB、JB	135	4	50
								T2	J	145	3	50
	ZAlSi9Mg	ZL104	8.0~10.5		0.17~0.35	0.2~0.5		T1	J	200	1.5	65
								T6	J、JB	240	2	70
	ZAlSi5Cu1Mg	ZL105	4.5~5.5	1.0~1.5	0.4~0.6			T5	J	235	0.5	70
								T7	S、J、R、K	175	1	65
	ZAlSi12Cu1Mg1Ni1	ZL109	11.0~13.0	0.5~1.5	0.8~1.3		Ni0.8~1.5	T1	J	195	0.5	90
								T6	J	245	—	100
铝铜合金	ZAlCu5Mg	ZL201		4.5~5.3		0.6~1.0	Ti0.15~0.35	T4	S、J、R、K	295	8	70
								T5		335	4	90
	ZAlCu4	ZL203		4.0~5.0				T4	S、R、K	195	6	60
								T5		215	3	70
铝镁合金	ZAlMg10	ZL301			9.5~11.0			T4	S、J、R	280	9	60
	ZAlMg5Si1	ZL303	0.8~1.3		4.5~5.5	0.1~0.4		F	S、J、R、K	143	1	55
铝锌合金	ZAlZn11Si7	ZL401	6.0~8.0		0.1~0.3		Zn9.0~13.0	T1	J	245	1.5	90
	ZAlZn6Mg	ZL402			0.5~0.65		Cr0.4~0.6 Zn5.0~6.5 Ti0.15~0.25	T1	J	235	4	70

表 8-4　合金铸造方法、变质处理和热处理状态代号

铸造方法、变质处理	代号	热处理状态	代号
砂型铸造	S	铸态	F
金属型铸造	J	人工时效	T1
熔模铸造	R	退火	T2
壳型铸造	K	固溶处理加自然时效	T4
变质处理	B	固溶处理加不完全人工时效	T5
—	—	固溶处理加完全人工时效	T6
—	—	固溶处理加稳定化处理	T7
—	—	固溶处理加软化处理	T8

1. 铝硅铸造合金

铝硅铸造合金是以 Al-Si 为基，含有少量杂质或其他合金元素的二元或多元合金，俗称硅铝明，是用途最广的铝合金。铝硅铸造合金具有极好的流动性，小的铸造收缩率，小的线膨胀系数和优良的焊接性、耐蚀性以及足够的力学性能。但合金的致密度较小，适宜制造致密度要求不太高的、形状复杂的铸件。

（1）Al-Si 铸造合金 简单的二元 Al-Si 合金，即 ZAlSi12（ZL102），硅的质量分数为 10%~13%，该成分恰为共晶成分，几乎全部得到共晶组织，因而铸造性能好。但铸造后组织是少量的板块状初晶硅以及由粗大的针状硅和铝基固溶体（α 固溶体）组成的共晶体共同构成，组织中粗大的针状共晶硅使得合金的力学性能不高。因此，Al-Si 铸造合金一般需要采用变质处理，即浇注前在熔融合金中加入占合金总重量 2~3% 的变质剂（如 2/3NaF+1/3NaCl 混合物），改变硅的形态，细化组织，提高合金强度和塑性。ZL102 合金变质处理前后的显微组织如图 8-2 所示。经变质处理后的 ZL102 组织是细小均匀的共晶体以及初生 α 固溶体。

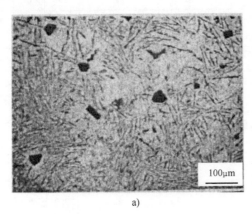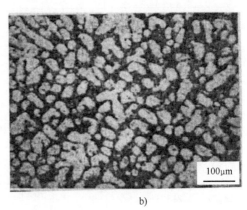

a)　　　　　　　　　　　　　　　　　b)

图 8-2　ZL102 合金变质处理前后的显微组织

a）未变质处理　b）变质处理

（2）Al-Si-Mg 铸造合金 Al-Si 铸造合金经变质处理后，可以提高力学性能。但由于硅在铝中的固溶度变化大，且硅在铝中的扩散速度很快，极易从固溶体中析出并聚集长大，时效处理时不能起强化作用，故二元 Al-Si 铸造合金的强度不高。

为了提高 Al-Si 铸造合金的强度，常加入 Mg 和 Cu 等合金元素，形成强化相 $CuAl_2$、Mg_2Si、Al_2CuMg 等，并采用时效处理以提高合金的强度。例如，ZAlSi9Mg（ZL104）的强度最高，可以制造工作温度低于 200℃ 的高载荷、形状复杂的工件，如发动机气缸体、发动机机壳等。再如，ZAlSi12Cu1Mg1Ni1（ZL109）的密度小、耐蚀性好、线膨胀系数较小，强度、硬度较高，耐磨性、耐热性及铸造性能较好，是常用铸造铝活塞材料，在汽车、拖拉机及各种内燃机的发动机上应用甚广。

若适当减少硅含量而加入铜和镁可进一步改善合金的耐热性，获得 Al-Si-Cu-Mg 铸造合金，其强化相除了 Mg_2Si、$CuAl_2$ 外，还有 Al_2CuMg 等，经时效处理后，可制作受力较大的零件，如 ZAlSi5Cu1Mg（ZL105）可制作在 250℃ 以下工作的耐热零件，ZAlSi9Cu2Mg（ZL111）可铸造形状复杂的内燃机气缸等。

2. 铝铜铸造合金

铝铜铸造合金的主要强化相是 $CuAl_2$，这类合金最大的特点是耐热性高，是所有铸造合金中耐热最高的一类合金。随着合金中铜含量的增加，合金的高温强度提高，但合金的质量密度增大，耐蚀性降低，铸造性能变差。铝铜铸造合金的牌号共有七个，其中 ZAlCu4（ZL203）合金的热处理强化效果最大，是常用的铝铜铸造合金。

3. 铝镁铸造合金

铝镁铸造合金的优点是密度小，强度和韧性较高，并具有优良的耐蚀性、切削性和抛光性，适用于造船、食品及化学工业。但由于铝镁合金结晶温度范围宽，故流动性差，形成疏松的倾向大，其铸造性能不如铝硅合金好。为了改善铝镁铸造合金的铸造性能，可加入 $0.8\% \sim 1.3\%$ 的 Si，以提高合金的流动性。铝镁铸造合金的牌号共有三个，其中镁含量为 $9.5\% \sim 11.5\%$ 的 ZAlMg10（ZL301）具有最佳的强度与塑性综合性能，但合金时效强化效果较差，且时效时耐蚀性和塑性大大降低，因此 ZL301 常以淬火状态使用。

4. 铝锌铸造合金

在铝锌二元合金中，不形成金属化合物相，锌在铝中的溶解度很大，极限溶解度为 31.6%。当锌含量达到 13% 时，可获得较大的固溶强化效果，故铝锌铸造合金具有较高的强度，是最便宜的一种铸造铝合金。其主要缺点是耐蚀性差。铝锌铸造合金的牌号共有两个，即 ZAlZn11Si7（ZL401）和 ZAlZn6Mg（ZL402）。其中，ZL401 的铸造性能好，耐热性差，强度不好，有中等耐蚀性，适于压铸工作温度不高于 $200\,℃$ 的压铸件；ZL402 在 ZL401 的基础上取消了硅，增加了镁含量，同时加入了少量铬和钒，细化了晶粒，改善了耐蚀性，也提高了强度和塑性，适于砂型铸造空压机活塞、气缸座和仪表壳等铸件。

第二节　铜及其合金

一、纯铜

铜是极其宝贵的有色金属，也是人类最早使用的金属材料之一。纯铜呈玫瑰红色，表面形成氧化膜后呈紫色。纯铜的密度为 $8.9\mathrm{g} \cdot \mathrm{cm}^{-3}$，属于重金属，熔点为 $1083\,℃$，具有面心立方结构，无同素异构转变，无磁性。纯铜导电、导热性能好，仅次于银。纯铜具有优良的冷热加工性能，化学稳定性高，在大气、淡水中有良好的耐蚀性，但在氨盐、氯盐及氧化性的硝酸、浓硫酸中耐蚀性很差。

纯铜分为两大类，一类为含氧铜，即普通工业纯铜，主要用于配制铜合金，制作导电、导热材料及耐蚀器件；另一类为无氧铜，主要用作真空器件。根据 GB/T 29091—2012《铜及铜合金牌号和代号表示方法》，铜的牌号为"T+顺序号"或"T+第一主添加元素化学符号+各添加元素含量（数字间以'-'隔开）"，如 T2 表示铜含量 $\geqslant 99.90\%$ 的二号纯铜，TAg0.1-0.01 表示银含量为 $0.08\% \sim 0.12\%$、磷含量为 $0.004\% \sim 0.012\%$ 的银铜；无氧铜以"TU+顺序号"或"TU+添加元素的化学符号+各添加元素含量"命名，如 TU1 表示氧含量 $\leqslant 0.002\%$ 的一号无氧铜，TUAg0.2 表示银含量为 $0.15\% \sim 0.25\%$、氧含量 $\leqslant 0.003\%$ 的无氧银铜；还有一种磷脱氧铜，以"TP+顺序号"命名，用作焊接铜材，制作热交换器、排水管、冷凝管等，如 TP2 表示磷含量为 $0.015\% \sim 0.040\%$ 的二号磷脱氧铜。另外，铜的代号由

"铜"的汉语拼音第一个大写字母"T"或英文第一个大写字母"C"和五位阿拉伯数字组成，如 TU1 的代号为 T10150。具体加工铜及铜合金牌号和化学成分见 GB/T 5231—2012。铸造纯铜牌号也根据 GB/T 8063—2017《铸造有色金属及其合金牌号表示方法》确定，如 ZCu99 表示铜含量≥99.0% 的 99 铸造纯铜，其主要元素化学成分见 GB/T 1176—2013《铸造铜及铜合金》。

二、铜合金

纯铜尽管有很多优良的性能，但其强度、硬度低，耐磨性差，切削性能等工艺性能也满足不了工业发展的需要。因此，通过向铜中添加锌、铝、锡、锰、镍、铁、铍等合金元素形成铜合金，既保持了纯铜的优良特性，又有了较好的其他性能，更能适应各方面的要求。铜合金按化学成分可分为黄铜、白铜和青铜三大类，按照生产加工方式可分为压力加工产品（简称加工产品）和铸造产品。

（一）黄铜

黄铜是以锌为主要合金元素的铜合金。黄铜具有美丽的颜色、较高的力学性能、耐蚀、耐磨、易切削、低成本、良好工艺性能等优势，是应用最广泛的铜合金。由于铜无同素异构转变，且铜锌二元相图中锌在铜中的溶解度随温度降低而增大，故普通黄铜不能热处理强化。因此，黄铜的热处理主要采用再结晶退火和去应力退火。

1. 普通黄铜

最简单的黄铜就是铜锌二元合金，简称普通黄铜。普通黄铜以"H+铜含量"命名，如 H65 表示铜含量为 63.5%~68.0% 的普通黄铜（见 GB/T 29091—2012）。普通黄铜中，$w_{Zn}<39\%$ 的称为单相黄铜，如 H68、H70 等，它们的强度低、塑性好，一般冷塑性加工成板材、线材、管材等，主要用作弹壳和精密仪器；$w_{Zn}=39~45\%$ 的称为两相黄铜，如 H59、H62 等，它们的热塑性好，一般热轧为棒材、板材，主要用作水管、油管、散热器、螺钉等。

普通黄铜具有良好的耐蚀性，但冷加工后的黄铜在海水、湿气、氨的环境中容易产生应力腐蚀开裂，故需进行去应力退火。

2. 复杂黄铜

在普通黄铜的基础上加入铝、硅、铅、锡、锰等元素，称为复杂黄铜（或特殊黄铜），相应地称为铝黄铜、硅黄铜、铅黄铜、锡黄铜、锰黄铜等。复杂黄铜以"H+第二主添加元素化学符号+铜含量+除锌以外的各添加元素含量（数字间以'－'隔开）"命名，如 HPb59-1 表示铅含量为 0.8%~1.9%、铜含量为 57.0%~60.0% 的铅黄铜（见 GB/T 29091—2012）。

（1）铝黄铜　在黄铜中加入少量铝，可在其表面形成与基体结合牢固的致密氧化膜，提高其耐蚀性，尤其是在高速海水中的耐蚀性。铝在黄铜中的固溶强化作用，进一步提高合金的强度和硬度。例如，$w_{Al}=1.8\%~2.5\%$、$w_{Cu}=76.0\%~79.0\%$ 的铝黄铜（即 HAl77-2）具有最高的热塑性，可制成强度高、耐蚀性好的应用广泛的管材，用于海轮和热电站的冷凝器等。再如，$w_{Al}=0.7\%~1.5\%$、$w_{Fe}=0.7\%~1.5\%$、$w_{Cu}=58.0\%~61.0\%$ 的铝黄铜（即 HAl60-1-1）用于制造光学仪器中的齿轮、涡轮、衬套、轴及要求耐腐蚀的零件。

（2）硅黄铜　在黄铜中加入 1.5%~4.0% 的硅能显著提高其在大气和海水中的耐蚀性以及应力腐蚀破裂能力，改善合金的力学性能和铸造性能，并能与钢铁材料焊接。HSi80-3 硅黄铜具有较高的力学性能和优良的耐蚀性，适宜冷、热加工或压铸，且在超低温（-183℃）

仍具有较高的强度和韧性，主要用于舰船制造、耐蚀零件和接触蒸汽的配件等。

（3）铅黄铜 在黄铜中加入铅能提高其切削性能和耐磨性。铅在黄铜中的溶解量小于0.03%，在单相黄铜中以金属夹杂物形式分布在枝晶间，会引起热脆，但在双相黄铜中铅颗粒会转移到晶粒内，从而减轻危害，甚至不产生热脆。黄铜的锌含量越高，允许的铅含量越大，在$w_{Zn}=40\%$的黄铜中加入1%~2%的铅，不仅无害，还能提高切削性能。HPb59-1的切削性能特别好，加上其具有足够的强度、耐磨性和耐蚀性，广泛用于钟表的机芯部件、电器插座、汽车及拖拉机的零件（如衬套、螺钉）等。

（4）锡黄铜 在黄铜中加入0.5%~1.5%的锡能提高其在海水中的耐蚀性，抑制脱锌，并能提高强度。例如，HSn70-1锡黄铜又称为"海军黄铜"，用于舰船。

（5）锰黄铜 在黄铜中加入一定量的锰有细化晶粒的作用，并能在不降低塑性的条件下提高其强度、硬度及在海水和热蒸汽中的耐蚀性。例如，HMn58-2用于制造海船零件及电信器材。

需要注意的是，黄铜按生产工艺不同也可分为压力加工黄铜和铸造黄铜。上述牌号表示为压力加工黄铜，其代号也可由"T"或"C"和五位阿拉伯数字组成（见 GB/T 29091—2012、GB/T 5231—2012）。而铸造黄铜的牌号表示方法（见 GB/T 8063—2017）与铸造铝合金类似，如 ZCuZn38（称为38黄铜）、ZCuZn21Al5Fe2Mn2（称为21-5-2-2铝黄铜），其具体合金牌号和代号、合金名称及化学成分详见 GB/T 1176—2013。常用黄铜的牌号（代号）、力学性能及用途见表8-5。

表8-5 常用黄铜的牌号（代号）、力学性能及用途（摘自 GB/T 5231—2012、GB/T 1176—2013）

类别	牌号（代号）	加工状态或铸造方法	力学性能			用途举例
			R_m /MPa	A (%)	硬度 (HBW)	
普通黄铜	H62	M	330	49	56	铆钉、销钉、螺钉、螺母、垫圈、弹簧、夹线板、导管、散热器等
	(T27600)	Y	600	3	164	
	H68	M	320	55	54	复杂的冲压件、散热器外壳、弹壳、导管、波纹管、轴套等
	(T26300)	Y	660	3	150	
	H80	M	320	52	53	造纸网、薄壁管、皱纹管、建筑装饰用品
	(C24000)	Y	640	5	145	
特殊黄铜	HPb59-1	M	420	45	75	用于热冲压和切削加工零件，如销子、螺钉、垫圈、衬套、喷嘴等
	(T38100)	Y	550	5	149	
	HMn58-2	M	400	40	90	主要用于船舶和精密电器制造工业
	(T67400)	Y	700	10	178	
	HSn90-1	M	280	40	58	汽车、拖拉机弹性套管及其他耐蚀减摩零件
	(T41900)	Y	520	4	148	
	HAl59-3-2	M	380	50	75	船舶、电动机及其他在常温下工作的高强度耐蚀零件
	(T69250)	Y	650	15	150	
铸造黄铜	ZCuZn38	S	295	30	60	一般结构件及耐蚀零件，如法兰、阀座、螺杆、螺母、支架、手柄、日用五金等
		J	295	30	70	
	ZCuZn38Mn2Pb2	S	245	10	70	一般用途结构件，船舶、仪表上外形简单的铸件，如套筒、衬套、滑块、轴瓦等
		J	345	18	80	
	ZCuZn31Al2	S、R	295	12	80	适于压力铸造，如电动机、仪表等压铸件及船舶、机械制造业的耐蚀零件
		J	390	15	90	
	ZCuZn16Si4	S、R	345	15	90	接触海水工作的管配件，水泵、叶轮、旋塞和在空气、淡水、油、燃料中工作的铸件
		J	390	20	100	

（二）白铜

白铜是以镍为主要合金元素的铜合金，由于呈银白色，故名白铜。白铜按用途可以分为结构白铜和电工白铜，按成分可以分为普通白铜和复杂白铜（或特殊白铜）。普通白铜即为简单的Cu-Ni二元合金，以"B+镍含量"命名，如B30表示镍的质量分数为29%～33%的白铜。复杂白铜是在普通白铜的基础上添加锰、铁、锌、铝等元素，分别称其为锰白铜、铁白铜、锌白铜、铝白铜等。其中，铜为余量的复杂白铜，以"B+第二主添加元素化学符号+镍含量+各添加元素含量（数字间以'-'隔开）"命名，如BFe10-1-1表示镍含量为9.0%～11.0%、铁含量为1.0%～1.5%、锰含量为0.5%～1.0%的铁白铜；锌为余量的锌白铜，以"B+Zn元素化学符号+第一主添加元素（镍）含量+第二主添加元素（锌）含量+第三主添加元素含量（数字间以'-'隔开）"命名，如BZn15-21-1.8表示铜含量为60.0%～63.0%、镍含量为14.0%～16.0%、铅含量为1.5%～2.0%、锌为余量的含铅锌白铜，详见GB/T 29091—2012《铜及铜合金牌号和代号表示方法》。

1. 结构白铜

由于铜镍两组元组成合金时符合形成无限固溶体的诸条件（电负性、尺寸因素、点阵类型等），可形成无限固溶体。普通白铜的室温组织为单相固溶体，不能热处理强化，其硬度、强度、电阻率随溶质浓度的升高而增加，塑性、电阻温度系数随之降低。常用牌号有B5、B19、B30等，由于在大气、海水、过热蒸汽和高温下有优良的耐蚀性，而且冷热加工性良好，可用于制造在高温和强腐蚀介质中工作的零部件，如在蒸汽和海水环境下工作的精密机械、船舶仪器零件、化工机械及医疗器械等。

锌、铝、铁、锰等作为合金元素均可提高白铜的强度和耐蚀性，同时节约了价格较高的镍。锌的固溶强化作用可以使锌白铜的强度和弹性相当好，耐蚀性很高，而且具有美丽的银白色光泽，如BZn15-20广泛用于医疗器械、艺术制品等；铝在铜镍合金中能产生沉淀强化效应，铝白铜经时效处理后是强度最高的白铜，且弹性和耐蚀性也相当好，还能在-183℃下保持较好的力学性能，如BAl13-3可制作舰船冷凝器等；铁的最高加入量不超过1.5%（质量百分数），能显著细化晶粒，增加白铜的强度又不降低塑性，尤其提高在流动海水中发生冲蚀的耐蚀性。同时加入少量锰，可脱氧和脱硫，还能增加合金的强度，如BFe10-1-1可用来制作舰船的冷凝器等。

2. 电工白铜

电工白铜的特点是具有特殊的热电性，即电阻率大、电阻温度系数小和热电势大等，广泛应用于电工仪器、仪表、变阻器、热电偶和电热器等。

$w_{Ni}=40\%$、$w_{Mn}=1.5\%$的锰白铜，即BMn40-1.5，又称为康铜，具有高电阻、低电阻温度系数，与铜、铁、银配对成热电偶时，能产生高的热电势，组成铜-康铜、铁-康铜、银-康铜热电偶，其热电势与温度间的线性关系良好，测温精确，工作温度为-200～600℃。

$w_{Ni}=43\%$、$w_{Mn}=0.5\%$的锰白铜，即BMn43-0.5，又称为考铜，具有高电阻，与铜、铁、镍铬合金配对成热电偶时，能产生高的热电势，其热电势与温度间的线性关系良好。考铜-镍铬热电偶的测温范围为-253℃（液氢沸点）～室温。

$w_{Ni}=0.6\%$的白铜，即B0.6，在100℃以下与铜线配成对时，其热电势与铂铑-铂热电偶的热电势相同，可用作铂铑-铂热电偶的补偿导线。

（三）青铜

最早青铜指的是铜和锡的合金，现在青铜是除黄铜和白铜之外的铜合金总称，并以主加元素冠于青铜之前来命名，如锡青铜、铝青铜、铍青铜等。青铜以"Q+第一主添加元素化学符号+各添加元素含量（数字间以'-'隔开）"命名，如 QAl5 表示铝含量为 4.0%～6.0%的铝青铜，QSn6.5-0.1 表示锡含量为 6.0%～7.0%、磷含量为 0.10%～0.25%的锡磷青铜（见 GB/T 29091—2012）。与黄铜类似，加工青铜也有代号，如 T60700 即 QAl5。铸造青铜的牌号表示方法同铸造黄铜，如 ZCuPb30 表示铅平均质量分数为 30%的铸造铅青铜。常用青铜的牌号（代号）、力学性能及用途见表 8-6。

表 8-6　常用青铜的牌号（代号）、力学性能及用途（摘自 GB/T 5231—2012、GB/T 1176—2013）

类别	牌号（代号）	加工状态或铸造方法	力学性能			用　　途
			R_m/MPa	A（%）	硬度（HBW）	
锡青铜	QSn4-3（T50800）	M	350	40	60	弹性元件，化工设备的耐磨、耐蚀零件，抗磁零件
		Y	550	4	160	
	QSn6.5-0.4（T51520）	M	400	65	80	造纸业用铜网，弹簧及耐磨零件
		Y	750	10	180	
铝青铜	QAl7（C61000）	M	420	70	70	弹簧及其他耐蚀弹性元件
		Y	1000	4	154	
	QAl10-4-4（T61780）	M	650	40	150	高强度耐磨零件和 500℃ 以下工作的零件及其他重要耐磨、耐蚀零件
		Y	1000	10	200	
铍青铜	TBe2	M	500	40	90	重要的弹簧及弹性元件，耐磨零件及在高速、高压、高温下工作的轴承
		Y	1250	3	330	
硅青铜	QSi3-1（T64730）	M	400	50	80	弹簧及弹性元件，耐蚀零件，以及蜗轮、蜗杆、齿轮等耐磨零件
		Y	700	5	180	
铸造青铜	ZCuSn10Pb1	S、R	220	3	80	高载荷和高滑动速度下工作的耐磨零件，如连杆、轴瓦、衬套、齿轮、蜗轮等
		J	310	2	90	
	ZCuAl9Mn2	S、R	390	20	85	耐磨、耐蚀零件，形状简单的大型铸件，管路配件
		J	440	20	95	
	ZCuPb15Sn8	S	170	5	60	表面高压且有侧压的轴承，冷轧机的铜冷却管，内燃机双金属轴承、轴瓦，活塞销套
		J	200	6	65	

1. 锡青铜

Cu-Sn 系合金称为锡青铜，是历史上应用最早的一种合金，也是常用的有色合金之一。锡青铜的力学性能与含锡量有关。当 $w_{Sn} \leqslant 5\%～6\%$ 时，Sn 溶于 Cu 中形成面心立方晶格的 α 固溶体，随着含锡量的增加，合金的强度和塑性都增加；当 $w_{Sn} \geqslant 5\%～6\%$ 时，合金组织中出现硬而脆的 δ 相（以复杂立方结构的电子化合物 $Cu_{31}Sn_8$ 为基的固溶体），虽然强度会继续升高，但塑性却下降；当 $w_{Sn} > 20\%$ 时，过多的 δ 相使合金变得很脆，强度也显著下降。因此，工业上用的锡青铜的含锡量一般为 3%～14%，其中，$w_{Sn} < 5\%$ 的锡青铜适宜于冷加工，$w_{Sn} = 5\%～7\%$ 的锡青铜适宜于热加工，$w_{Sn} > 10\%$ 的锡青铜适宜于铸造。

除 Sn 以外，锡青铜中一般含有少量 Zn、Pb、P、Ni 等元素。其中，Zn 能提高低锡青铜的力学性能和流动性；Pb 能改善青铜的耐磨性能和切削加工性能，但会降低力学性能；P 能提高青铜的韧性、硬度、耐磨性和流动性；Ni 能细化青铜的晶粒，提高力学性能和耐蚀性。

锡青铜铸造性能的优点是铸件收缩率小，适宜于形状复杂、壁厚变化大的零件，但锡青铜易形成分散缩孔，致密性差，不适于制造密封性高的铸件。此外，锡青铜合金凝固时铸锭中易出现反偏析现象，严重时会在表面出现灰白色斑点的"锡汗"。锡青铜在大气、海水、淡水和蒸汽中的耐蚀性都比黄铜高，广泛用于蒸汽锅炉、海船的铸件。但锡青铜在亚硫酸钠、氨水和酸性介质中极易被腐蚀。

2. 铝青铜

Cu-Al 系合金称为铝青铜。由于锡的价格昂贵，人们很早以前就产生了用其他合金来代替锡青铜的想法。铝青铜的强度和耐蚀性比黄铜和锡青铜还高，是应用最广的一种铜合金，也是锡青铜的重要代用品。但铝青铜的铸造性能和焊接性能较差。主要用于制造耐磨、耐蚀和弹性零件，如齿轮、轴套、弹簧以及船舶制造中的特殊设备等。

铝含量对铝青铜的力学性能有较大的影响。随着铝含量的增加，强度和硬度明显提高，但塑性下降。当 w_{Al} 大于 7% ~ 8% 时，塑性强烈下降；当 w_{Al} 大于 10% ~ 11% 时，不仅塑性降低，而且强度也随之降低。所以，工业用铝青铜中，$w_{Al} \leq 12\%$。压力加工用铝青铜的 $w_{Al} \leq$ 5% ~ 7%，$w_{Al} > 7\%$ 的铝青铜适合于热加工或铸造。QAl5、QAl7 等主要用于耐腐蚀弹性元件，QAl9-4、QAl9-2 等主要用于齿轮、轴承、摩擦片等。

工业用铝青铜中常加入铁、锰、镍等元素，以进一步改善合金的力学性能。铁可在液相中形成 $FeAl_3$ 质点，凝固时形核率大大增加，细化铸造组织，从而改善合金的热塑性。但当 $w_{Fe} > 5\%$ 时，合金的力学性能和耐蚀性都会降低。锰在铝青铜中的溶解度较大，可起到强烈的固溶强化效应，且锰含量不高时，合金在得到强化的同时不降低塑性。镍能显著提高铝青铜的强度、热稳定性和耐蚀性。在铝青铜中同时加入镍、铁或锰元素可实现合金元素的复合效应，强化效果更好。例如，QAl10-4-4（Al-Fe-Ni 青铜）用于制造受力大、转速高的耐磨、耐热零件，如排气门座、齿轮、轴承、摩擦片、涡轮、螺旋桨等。

3. 铍青铜

Cu-Be 系合金称为铍青铜，它是青铜中强度、硬度最高的合金。

铍青铜一般 $w_{Be} = 1.5 \sim 2.5\%$，铜铍二元合金中主要含有 α、γ_1 和 γ_2 相。α 相是 Be 固溶于 Cu 中的固溶体，面心立方结构，塑性好；γ_1 相是以电子化合物 CuBe 为基的无序固溶体，体心立方结构，高温有良好的塑性；γ_2 相是以电子化合物 CuBe 为基的有序固溶体，体心立方结构，硬而脆。在铸造条件下，$w_{Be} = 1.5\% \sim 2.5\%$ 的合金由于非平衡结晶得到 $\alpha + \gamma_2$ 室温组织。Be 在 866℃、605℃及室温时的溶解度分别为 2.7%、1.55%、0.16%。因此，铍青铜具有强烈的时效硬化效果，经固溶及时效处理后，能得到高的强度和弹性极限，且稳定性好，弹性滞后小。此外，铍青铜具有良好的导电和导热性能、耐蚀、耐磨、无磁性，受冲击时不产生火花，可用于制造各种重要弹性元件、特殊耐磨元件（如钟表齿轮，高温、高压、高速下的轴承）和防爆工具，以及电气转向开关和电接触器等。

铍青铜中加入少量的镍（0.2% ~ 0.5%）可抑制淬火时 α 过饱和固溶体的分解，提高热处理效果。但过高的镍会降低铍在铜中的溶解度，影响时效后合金的力学性能。微量钛（0.1% ~ 0.25%）可降低铍的溶解度，其抑制过饱和固溶体分解的作用比镍还好。微量钛还能改善工艺性能，细化组织，提高强度，保持高硬度，并减少弹性滞后。因此，镍和钛是铍青铜中常用的微量元素。

铍具有强毒性，在熔炼时应严格操作。铍为稀有金属，价格昂贵，因此低铍青铜不断得以发展，钛青铜作为代用品的研究也日益深入。常用铍青铜牌号有 TBe2、TBe1.9、TBe1.9-0.1、TBe1.7、TBe0.3-1.5 等。

第三节　其他有色金属及合金

一、镁及其合金

（一）纯镁

镁是地壳中储量最丰富的金属之一，约占地壳质量的 2.5%。纯镁呈银白色，密度仅为 1.74g·cm^{-3}，是常用结构材料中最轻的金属。镁的熔点为 651℃，具有密排六方结构，塑性较低，冷变形能力差。但当温度升高至 150~225℃时，滑移可以在次滑移系上进行，高温塑性好，可进行各种热加工。

镁的电极电位很低，耐蚀能力差，在大气、淡水及大多数酸、盐介质中易受腐蚀。但镁在氢氟酸水溶液和碱类以及石油产品中具有比较高的耐蚀性。镁的化学活性很高，在空气中极易氧化，形成的氧化膜疏松多孔，不能起到保护作用。

纯镁强度低，不能直接用作结构材料，主要用于制造镁合金的原料、化工和冶金生产的还原剂以及烟火工业。根据 GB/T 5153—2016《变形镁及镁合金牌号和化学成分》，纯镁牌号以 Mg 加数字的形式表示，Mg 后的数字表示 Mg 的质量分数。

（二）镁合金

纯镁强度低，无法在工程上使用。加入铝、锌、锰、锆和稀土元素等合金元素制成镁合金，由于合金元素加入产生的固溶强化、细晶强化、沉淀强化等作用，使镁合金的力学性能、耐蚀性能及耐热性能得到提高。且镁合金的密度小，比强度、比刚度高，尺寸稳定性和热导率高，机械加工性能好，产品易回收利用，使得镁合金成为 21 世纪重要的商用轻质结构材料。

工业用镁合金按成形工艺可分为变形镁合金和铸造镁合金两大类。

1. 变形镁合金

变形镁合金主要有 Mg-Al 系、Mg-Zn 系、Mg-Mn 系、Mg-RE 系、Mg-Gd 系、Mg-Y 系和 Mg-Li 系。变形镁合金的牌号以英文字母加数字再加英文字母的形式表示，前面的英文字母是其最主要的合金组成元素代号（见表 8-7），其后的数字表示其最主要的合金组成元素的大致含量，最后的英文字母为标识代号，用以标识各具体组成元素相异或元素含量有微小差别的不同合金（见 GB/T 5153—2016《变形镁及镁合金牌号和化学成分》）。例如，AZ41M 表示 Al 和 Zn 含量大致分别为 4% 和 1% 的镁铝合金。常用变形镁合金的牌号和化学成分见表 8-8，其中，以 Mg-Al 和 Mg-Zn 为基础的 Mg-Al-Zn 和 Mg-Zn-Zr 三元系，即人们通常所说的 AZ 和 ZK 系列最为常见。

（1）Mg-Al 系镁合金　Mg-Al 系镁合金中主要合金元素为铝，铝的加入可改善合金的铸造性能，有效提高合金的强度和硬度。因此，Mg-Al 系镁合金具有良好的力学性能、铸造性能和抗大气腐蚀性能，是室温下应用最广的镁合金，典型牌号如 AZ61A、AZ31B、AZ80A 等。其中铝含量为 8% 的 AZ80 是唯一可进行淬火时效强化的高强度合金，但应力腐蚀倾向严重，已被 Mg-Zn-Zr 合金代替。

表 8-7 常见化学元素名称及其元素代号

元素名称	元素代号	元素名称	元素代号
铝	A	锆	K
锰	M	铜	C
镍	N	镉	D
硅	S	稀土	E
钇	W	钙	G
锌	Z	锡	T
锂	L	锑	Y
锶	J	铅	P

表 8-8 常用变形镁合金的牌号和化学成分

合金组别	牌号	主要化学成分(质量分数)(%)			
		Al	Zn	Mn	RE
MgAl	AZ61A	5.8~7.2	0.40~1.5	0.15~0.50	—
	AZ61M	5.5~7.0	0.50~1.5	0.15~0.50	—
	AM41M	3.0~5.0	—	0.50~1.50	—
	AT51M	4.5~5.5	—	0.20~0.50	—
MgZn	ZM21N	0.02	1.3~2.4	0.3~0.9	0.10~0.60Ce
	ZW62M	0.01	5.0~6.5	0.20~0.80	0.12~0.25Ce
	ZK60A	—	4.8-6.2	—	—
MgMn	M2M	0.20	0.30	1.3~2.5	—
MgRE	EZ22M	0.001	1.2~2.0	0.01	2.0~3.0Er
MgGd	VW83M	0.02	0.10	0.05	—
MgY	WE83M	0.01	—	0.10	2.4~3.4Nd
MgLi	LA43M	2.5~3.5	2.5~3.5	—	—

  Mg-Al 系镁合金中一般还会添加锌及少量的锰。锌可以产生固溶强化效应,提高合金的室温强度,并略微提高耐蚀性,但在铝含量为 7%~10% 的镁合金中添加大于 1% 的锌会增加合金的热脆性;锰可以提高合金的耐蚀性。

  (2) Mg-Zn 系镁合金　Mg-Zn 系镁合金中主要合金元素为锌,锌除了起固溶强化作用外,还可消除镁合金中铁、镍等杂质元素对腐蚀性能的不利影响。因此,Mg-Zn 二元合金具有较强的固溶强化、时效强化效应,并且具有较好的耐腐蚀性能,但其晶粒粗大,合金中易产生微孔洞,力学性能差,在生产实际中很少应用。

  Mg-Zn 合金中添加少量锆,能显著细化晶粒,提高合金强度;添加少量钙可以形成高熔点化合物,提高合金的高温性能,可以细化晶粒,提高 Mg-Zn 合金的可加工性,可在合金表面形成保护性氧化膜以提高耐蚀性;添加铜可以显著提高合金的塑性和时效强化程度。

  2. 铸造镁合金

  铸造镁合金牌号由"Z+镁及主要合金元素的化学符号+数字"组成(见 GB/T 1177—2018《铸造镁合金》),主要合金元素后面跟有表示其名义百分含量的数字,若合金元素的含量低于 1%,则一般不标数字,如 ZMgZn5Zr。铸造镁合金代号由"ZM+数字"组成,数字表示合金的顺序号，如 ZM1，即为 ZMgZn5Zr。铸造镁合金有 10 个牌号，主要合金的牌号、代号及力学性能见表 8-9。

表 8-9 铸造镁合金的牌号、代号及力学性能

合金牌号	合金代号	热处理状态	R_m/MPa	$R_{p0.2}$/MPa	$A(\%)$
			不小于		
ZMgZn5Zr	ZM1	T1	235	140	5.0
ZMgZn4RE1Zr	ZM2	T1	200	135	2.0
ZMgRE3ZnZr	ZM3	F	120	85	1.5
		T2	120	85	1.5
ZMgRE3Zn2Zr	ZM4	T1	140	95	2.0
ZMgAl8Zn	ZM5	F	145	75	2.0
		T4	230	75	6.0
		T6	230	100	2.0
ZMgNd2ZnZr	ZM6	T6	230	135	3.0
ZMgZn8AgZr	ZM7	T4	265	110	6.0
		T6	275	150	4.0
ZMgAl10Zn	ZM10	F	145	85	1.0
		T4	230	85	4.0
		T6	230	130	1.0

常用的高强度铸造镁合金主要有 ZM1、ZM2 和 ZM5，这些合金具有较高的强度，良好的塑性和铸造工艺性能，适于铸造各种类型的零部件。但由于耐热性不足，一般使用温度低于 150℃。其中，ZM5 合金是航空航天工业中应用最广的铸造镁合金，一般在淬火或淬火加人工时效下使用，可用于飞机、卫星、仪表等承受较高载荷的结构件或壳体等，如飞机轮毂、方向舵的摇臂支架等。

在铸造镁合金中加稀土元素，可提高镁合金熔体的流动性，降低微孔率，减轻疏松和热裂纹倾向，并提高合金的耐热性。例如，Mg-Y-Nd-Zr 合金系列具有比其他合金高得多的室温强度和高温抗蠕变性能，使用温度可高达 300℃。此外，经热处理后的 Mg-Y-Nd-Zr 合金的耐蚀性优于其他镁合金。

二、钛及其合金

(一) 纯钛

纯钛是灰白色金属，密度为 4.507g·cm^{-3}，熔点高达 1688℃，在 882.5℃发生同素异构转变 α-Ti↔β-Ti，α-Ti 具有密排六方结构，存在于 882.5℃以下，而 β-Ti 具有体心立方结构，存在于 882.5℃以上。

纯钛的强度低，塑性好，易于冷加工成形，其退火状态的力学性能与纯铁相近。但钛的比强度高，低温韧性好，在 −235℃下仍具有较好的综合力学性能。钛的耐蚀性好，其抗氧化能力优于大多数奥氏体不锈钢。

钛的性能受杂质的影响很大，少量的杂质就会使钛的强度激增，塑性显著下降。工业纯

钛中常存杂质有 N、H、O、Fe、Mg 等，常用于制作 350℃ 以下工作、强度要求不高的零件及冲压件，如热交换器、海水净化装置、石油工业中的阀门等。工业纯钛牌号共有 13 个，其化学成分详见 GB/T 3620.1—2016《钛及钛合金牌号和化学成分》。

（二）钛合金

纯钛的塑性高，但强度低，因而限制了它在工业上的应用。在钛中加入合金元素形成钛合金，可使纯钛的强度明显提高。不同合金元素对钛的强化作用、同素异构转变温度及相稳定性的影响都不同。有些元素在 α-Ti 中固溶度较大，形成 α 固溶体，并使钛的同素异构转变温度升高，这类元素称为 α 稳定元素，如 Al、C、N、O、B 等；有些元素在 β-Ti 中固溶度较大，形成 β 固溶体，并使钛的同素异构转变温度降低，这类元素称为 β 稳定元素，如 Fe、Mo、Mg、Mn、V 等；有些元素在 α-Ti 和 β-Ti 中固溶度都很大，对钛的同素异构转变温度影响不大，这类元素称为中性元素，如 Sn、Zr 等。

钛合金的牌号、品种很多，分类方法也很多，常根据退火状态的组织将钛合金分为三类：α 型钛合金（用 TA 表示）、β 型钛合金（用 TB 表示）和（α+β）型钛合金（用 TC 表示），合金牌号在 TA、TB、TC 后加上顺序号，如 TA5、TB2、TC4 等。

1. α 型钛合金

当钛合金中加入 Al、B 等 α 稳定元素及中性元素 Sn、Zr 等，有时还加入少量 β 相稳定元素 Cu、Mo、V、Nb 等，退火状态下的室温组织为单相 α 固溶体或 α 固溶体加微量金属间化合物。α 型钛合金不能热处理强化，只能进行退火处理，室温强度中等。由于合金中含 Al、Sn 量较高，因此耐热性较高，600℃ 以下具有良好的热强性和抗氧化能力。α 型钛合金还有优良的焊接性能，并可用高温锻造的方法进行热成形加工。

TA7（名义化学成分为 Ti-5Al-2.5Sn）是常用的 α 型钛合金。该合金具有较高的室温强度、高温强度及优越的抗氧化和耐蚀性，还具有优良的低温性能，在 -253℃ 下 R_m = 1575MPa、$R_{p0.2}$ = 1505MPa、A = 12%，主要用于制造使用温度不超过 500℃ 的零件，如航空发动机压气机叶片和管道，导弹的燃料缸，超音速飞机的涡轮机匣及火箭、飞机的高压低温容器等。TA5（名义化学成分为 Ti-4Al-0.005B）、TA6（名义化学成分为 Ti-5Al）主要用作钛合金的焊丝材料。

2. β 型钛合金

β 型钛合金中加入了大量的 β 稳定元素，如 Mo、Cr、V、Mn 等，同时还加入一定量的 Al 等 α 稳定元素。此类合金淬火后的强度不高（R_m = 850~950MPa），塑性好（A = 18%~20%），具有良好的成形性。通过时效处理，合金中 β 相析出细小的 α 相粒子，大大提高合金的强度（480℃ 时效后，R_m = 1300MPa），塑性下降（A = 5%）。但由于合金化学成分偏析严重，加入的合金元素又多为重金属，失去了钛合金的优势，主要用于制造使用温度在 350℃ 以下的结构零件和紧固件，如空气压缩机叶片、轮盘、轴类等重载荷旋转件以及飞机构件。

3.（α+β）型钛合金

（α+β）型钛合金是目前最重要的一类钛合金，也是低温和超低温的重要结构材料。合金中同时加入 α 稳定元素和 β 稳定元素，如 Al、V、Mn 等，合金退火组织为 α+β，且以 α 相为主，β 相的数量通常不超过 30%。此类合金强度高、塑性好，耐热强度高，耐蚀性和耐低温性好，具有良好的压力加工性能，并可通过淬火时效强化大幅度提高合金强度，但热稳定性较差，焊接性能不如 α 型钛合金。

TC4（名义化学成分为 Ti-6Al-4V）是用途最广、使用量最大（占钛总用量的50%以上）的（α+β）型钛合金。由于 Al 对 α 相的固溶强化及 V 对 β 相的固溶强化，TC4 在退火状态就具有较高的强度和良好的塑性（R_m=950MPa，A=30%），经930℃加热淬火和540℃时效2h后，其 R_m 可达1274MPa，A>13%，并有较高的蠕变抗力，良好的低温韧性和耐蚀性，适于制造400℃以下和低温下工作的零件，如火箭发动机外壳、火箭和导弹的液氢燃料箱部件等。

三、锌及其合金

（一）纯锌

锌是一种白而略带蓝灰色的金属，具有金属光泽，密度为 7.1g·cm^{-3}，熔点为419℃，具有密排六方结构，无同素异构转变。锌的再结晶温度较低，位于室温附近，铸态组织经热加工后在室温中很容易塑性变形。板、棒、线等塑性加工半成品织构明显，具有明显的各向异性。

锌是一种比较软的金属，仅比铅、锡硬。纯锌在干燥大气中较耐腐蚀，但电极电位低（-0.76V），在潮湿大气中即能发生化学反应，腐蚀速度加快，但形成的碱性碳酸盐膜呈白色，俗称"白锈"，有一定的保护作用，可以减慢腐蚀速度。高纯锌表面形成保护性氧化膜后，在大气和海水中有合格的耐蚀性。

锌在淡水中相当稳定，但与酸性有机物（如食品）接触时会产生有毒的盐类，因此不能用锌做食品工业的设备和用具。纯锌主要用于配置各种合金和钢板表面镀锌。

（二）锌合金

锌合金的主要合金化元素有 Cu、Mg、Al，它们有强烈的强化效应。锌合金具有较低的摩擦因数，较高的承载能力，较高的耐磨性，成本低，做轴瓦材料用比铜合金更经济。锌合金还具有较高的导电、导热性，良好的铸造成形性。

锌合金的分类方法有多种。按合金成分可以分为 Zn-Al 系、Zn-Cu 系等；按加工方法可以分为铸造锌合金、变形锌合金和镀用锌合金。锌合金是重要的压铸合金，其成本低，熔点仅为380℃，对压铸模无不利影响，而且能制成强度特性好、尺寸稳定性好的合金；按性能和用途可以分为抗蠕变锌合金（即 Zn-Cu-Ti 合金）、超塑性锌合金、阻尼锌合金、模具锌合金、耐磨锌合金、防腐锌合金和结构锌合金。锌及锌合金的牌号见 GB/T 8063—2017《铸造有色金属及其合金牌号表示方法》、GB/T 13818—2009《压铸锌合金》、GB/T 2056—2005《电镀用铜、锌、镉、镍、锡阳极板》、GB/T 3610—2010《电池锌饼》等。

1. Zn-Cu 系合金

铜能明显提高锌合金的硬度、强度、冲击韧性和再结晶温度，但会降低塑性和流动性。含铜量较高的锌合金自较高温度缓冷或在某一温度长时间时效时，锌基固溶体中大量析出 $CuZn_3$，引起晶格常数改变，导致产品体积明显收缩，这是锌合金普遍存在的缺点，也是妨碍锌合金大量应用的原因。Zn-Cu 合金体积不稳定的现象可通过加入少量 Mg 或 Mn 来改善。

2. Zn-Al 系合金

微量铝（0.02%）能减轻锌的氧化倾向，提高铸锭表面质量；w_{Al}=0.1%能抑制 $FeZn_7$ 化合物形成，减轻铸锭脆性，还能减轻锌对铁模壁的侵蚀作用；微量铝还有细化晶粒和提高强度的作用；增加铝含量能显著提高锌的强度和冲击韧性，加入4%~5%Al 的合金综合性能最好。

Zn-Al 合金的最大缺点是在潮湿大气中容易发生晶间腐蚀，杂质 Pb、Sn、Cd 等会加速这种腐蚀。铅含量小于 0.02% 时，可加入少量镁来抵消铅的有害作用。Zn-Al 合金在受腐蚀时还会发生体积收缩，杂质铅含量高时还能产生膨胀现象。

3. Zn-Al-Cu 系合金

Zn-Al-Cu 系合金是应用最广的锌基合金。加入 1%～5%Cu 能明显提高合金强度，降低晶间腐蚀敏感性。在 Zn-Al-Cu 合金中加入 0.02%～0.05%Mg，能阻止合金体积变化，细化晶粒，减轻晶间腐蚀和杂质（Pb、Sn、Cd）对晶间腐蚀的不利影响，但过多的镁会损害合金的高温塑性。

4. Zn-Ti 系合金

在锌中加入 0.08%～0.12%Ti 能细化晶粒，提高再结晶温度，形成的弥散硬化相 $TiZn_{15}$ 能提高合金的硬度、强度和蠕变强度。在 Zn-Ti 合金中加入 0.5%Cu 和少量 Mn 或 Cr 能改善耐蚀性，加入 0.01%～0.04%Al 能改善铸造性能。

Zn-Ti 系合金可以加工成各种产品，甚至可以代替黄铜做冲压件，用于汽车、坦克、电动机、仪表和日用五金等工业部门。

第四节　轴承合金

机器轴承可分为滚动轴承和滑动轴承。制造滚动轴承一般是用钢铁材料（见第七章，如 GCr15），而制造滑动轴承的材料就是轴承合金。滑动轴承一般由轴承体和轴瓦构成，轴瓦支承着转动轴。与滚动轴承相比，滑动轴承具有承压面积大、工作平稳、无噪声以及拆卸方便等优点，广泛用于机床主轴、发动机轴承以及其他动力设备的轴承上。轴承合金就是用来制造滑动轴承轴瓦及其内衬的，按主要化学成分可分为锡基、铅基、铝基和铜基轴承合金。铸造轴承合金牌号由"Z+基体金属元素符号+主要合金元素符号+数字"组成，其中，数字表示主要合金元素的百分含量。常用铸造轴承合金的牌号和化学成分见表 8-10，详见 GB/T 1174—1992《铸造轴承合金》。

表 8-10　常用铸造轴承合金的牌号和化学成分

种　类	合金牌号	主要化学成分（质量分数）（%）			
		Pb	Cu	Sb	Sn
锡基	ZSnSb12Pb10Cu4	9.0～11.0	2.5～5.0	11.0～13.0	余量
	ZSnSb11Cu6	0.35	5.5～6.5	10.0～12.0	余量
	ZSnSb4Cu4	0.35	4.0～5.0	4.0～5.0	余量
铅基	ZPbSb16Sn16Cu2	余量	1.5～2.0	15.0～17.0	15.0～17.0
	ZPbSb15Sn10	余量	0.7	14.0～16.0	9.0～11.0
	ZPbSb15Sn5	余量	0.5～1.0	14.0～15.5	4.0～5.5
铜基	ZCuPb10Sn10	8.0～11.0	余量	0.5	9.0～11.0
	ZCuPb30	27.0～33.0	余量		1.0
铝基	ZAlSn6Cu1Ni1		0.7～1.3	—	5.5～7.0

一、锡基和铅基轴承合金

锡基和铅基轴承合金又称为巴氏合金，属于软基体加硬质点型的合金，熔点较低。由于它们的强度都较低，生产上常采用离心浇注法将它们镶铸在低碳钢（常用 08 钢）轴瓦上，形成一层薄而均匀的内衬，以提高承载能力及使用寿命，并节约轴承合金材料。

1. 锡基轴承合金

锡基轴承合金是以 Sn 为主并加入少量 Sb、Cu 等元素组成的合金，具有较高的耐磨性、导热性、耐蚀性和韧性，铸造性能好，摩擦因数小，但疲劳极限较低。锡的熔点较低，其工作温度一般不超过 150℃。锡较稀少，锡基轴承合金价格较昂贵，常用于最重要的轴承，如汽车发动机、气体压缩机、涡轮机、内燃机的高速轴承。

2. 铅基轴承合金

铅基轴承合金是以 Pb-Sb 为基础，加入少量的锡、铜等元素组成的合金，其强度、硬度、韧性、导热性和耐蚀性都比锡基轴承合金低，摩擦因数较大，但高温强度较好，价格较便宜，所以在工业上能得到广泛应用。铅基轴承合金常用来制造承受低、中载荷的中速轴承，如汽车、拖拉机曲轴、连杆、轴承及电动机轴承等。

二、铜基轴承合金

常用的铜基轴承合金有 ZCuSn10P1、ZCuSn5Pb5Zn5 等锡青铜和 ZCuPb30 等铅青铜。前者是一种软基体硬质点轴承合金，强度高，承受载荷较大，适于制造中速、中载下工作的轴承，如电动机、泵上的轴承；后者是一种硬基体（Cu）、软质点（颗粒状 Pb）类型的轴承合金，与巴氏合金相比，具有高的疲劳强度和承载能力、良好的耐磨性和导热性以及低的摩擦因数，能在较高温度（250℃）下工作，适于制造高速、重载下工作的轴承，如高速柴油机、汽轮机上的轴承。由于铜基轴承合金价格较高，有被新型滑动轴承合金取代的趋势。

三、铝基轴承合金

铝基轴承合金的基本元素为铝，主加锑、锡两类元素。铝基轴承合金资源丰富，价格低廉，密度小，导热性好，耐磨性和疲劳极限高，化学稳定性高，但线膨胀系数较大，运转时容易与轴咬合，抗咬合性低于巴氏合金。而且铝基轴承合金本身硬度较高，容易伤轴，因此只适于制作低速、不重要的轴承。

常用的高锡铝基轴承合金是硬基体软质点型，具有良好的耐热性、耐磨性、耐蚀性及高疲劳强度，在汽车、拖拉机、内燃机上广泛应用。

习　题

8-1　铝合金的热处理强化和钢的淬火强化有何不同？

8-2　铝合金是如何分类的？

8-3　简述纯铝及各类铝合金的牌号表示方法、性能特点及应用。

8-4　如果铝合金的晶粒粗大，能否用重新加热的方法细化？

8-5　简述纯铜及各类铜合金的牌号表示方法、性能特点及应用。

8-6　简述钛合金、镁合金、锌合金的牌号表示方法、性能特点及应用。

8-7　简述巴氏合金的牌号表示方法、性能特点及应用。

8-8　柴油机活塞常采用铝合金制造，试选用合适的铝合金。

8-9　试选用合适的材料制造内燃机的曲轴轴承及连杆轴承。

8-10　试选用合适的材料制造音响用塑料外壳的模具。

8-11　试选用合适的材料制造在高速、中载、无冲击条件下工作的磨床砂轮箱齿轮。

8-12　简述轻合金在汽车上的主要应用。

第 九 章

高分子材料

第一节 概 述

高分子材料是以高分子化合物为主要成分，与各种添加剂配合而形成的材料。高分子化合物是指相对分子质量高达几千到几百万的有机化合物。常见高分子材料的相对分子质量在 $10^4 \sim 10^6$ 之间。严格地讲，高分子化合物和高分子材料的含义是不同的，但工业上并未严格区分。

一、高分子化合物的组成

高分子化合物是由大量的大分子构成的，而大分子是由一种或多种低分子化合物通过聚合连接起来的链状或网状的分子，因此高分子化合物又称为高聚物或聚合物。由于分子的化学组成、空间排布及聚集状态不同，而形成性能各异的高聚物。

组成高分子化合物的低分子化合物称为单体。大分子链中的重复单元称为链节，链节的重复数目称为聚合度。一个大分子的相对分子质量（M）是其链节相对分子质量（m）与聚合度（n）的乘积，即 $M = mn$。由于聚合度不同，因此高分子化合物的相对分子质量是一个平均值，称为平均分子量。例如，聚氯乙烯大分子是由氯乙烯重复连接而成的，其单体为 $CH_2{=}CHCl$，链节为 $+CH_2{-}CHCl+$，$m = 62.5$，n 为 $800 \sim 2400$，可以算出 M 为 $50000 \sim 150000$。

二、高分子化合物的合成方法

由低分子化合物合成为高分子化合物的反应称为聚合反应，按原理分为连锁聚合反应和逐步聚合反应。

（一）连锁聚合反应

由不饱和单体借助于引发剂，在热、光或辐射的作用下活化产生活性种，不饱和键打开，相互加成而连接成大分子链，这种反应称为连锁聚合反应。按照活性种的类型，连锁聚合又可分为自由基聚合、离子聚合（含阳离子聚合和阴离子聚合）及配位聚合。工业上80%的高聚物是利用连锁聚合反应制备的。连锁聚合反应一般按链式反应机理进行，不会停留在中间阶段，聚合物是唯一的反应产物，聚合物的化学组成与所用单体相同。整个反应过程可分为链引发、链增长、链终止和链转移四个基元反应。

若连锁聚合反应的单体为一种，反应称为均聚反应，产品为均聚物；若单体为两种或两种以上，反应称为共聚反应，产品为共聚物。

自由基聚合的实施方法有本体聚合、溶液聚合、悬浮聚合和乳液聚合四种。自由基聚合是连锁聚合中最主要的方法。

(二) 逐步聚合反应

低分子转变为高分子是缓慢逐步进行的，每步反应的速率和活化能大致相同，具有上述特征的反应称为逐步聚合反应，包括缩聚和非缩聚的逐步聚合，工业上以缩聚反应为主。由含有两种或两种以上官能团（可以发生化学反应的原子团，如羟基—OH、羧基—COOH、氨基—NH_2 等）的单体相互缩合聚合而形成聚合物的反应称为缩聚反应，其实施方法主要有熔融缩聚和溶液缩聚两种。缩聚反应过程中，会析出水、氨、醇、氯化氢等小分子物质。缩聚反应可停留在中间而得到中间产品。聚合物的化学组成与所用单体不同。

若缩聚反应的单体为一种，反应称为均缩聚反应，产品为均缩聚物；若缩聚反应的单体为多种，反应称为共缩聚反应，产品为共缩聚物。

三、高分子化合物的结构

高分子化合物的结构可分为大分子链（或高分子链）结构和聚集态结构。

(一) 大分子链结构

1. 大分子链的化学组成

不是所有元素都能结合成链状大分子，只有 B、C、N、O、Si、P、S、As 等元素才能组成大分子链，大分子链的组成不同，高聚物的性能也不同。

2. 结构单元的序列结构和链的空间构型

（1）序列结构　结构单元的序列结构很多，如头-尾连接、头-头连接、尾-尾连接、无规共聚、交替共聚、嵌段共聚及接枝共聚等。序列结构取决于单体的合成反应的性质，其也对材料性能产生显著影响。

（2）空间构型　空间构型是指大分子链中原子或原子团在空间的排列形式。以乙烯类聚合物 $\left(CH_2-CH\right)_n$ 为例，其大分子链有三种手性构型：全同立构、间同立构、无规立构，如图 9-1 所示。取代基 R（其他原子或原子团）全部分布在主链的一侧，称为全同立构；取代基 R 相间地分布在主链的两侧，称为间同立构；取代基 R 无规则地分布在主链的两侧，称为无规立构。分子的空间构型决定了聚合物的性能。

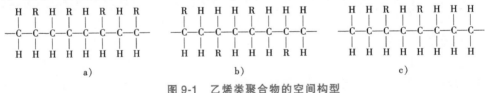

图 9-1　乙烯类聚合物的空间构型

a）全同立构　b）间同立构　c）无规立构

当分子链中含有双键时，由于与双键连接的碳原子不能绕主链旋转，会形成顺式和反式两种几何异构。

3. 大分子链的几何形状

大分子链的几何形状主要分线型、支化型和体型（网型或交联型）三种，如图 9-2 所示。

（1）线型分子链　分子链的各链节以共价键连接成线型长链，像一根长线，通常呈卷曲或团状。

（2）支化型分子链　在大分子主链的两侧有许多长短不一的小支链。

（3）体型分子链　大分子链之间通过支链或化学键连接成一个三维空间网状大分子。

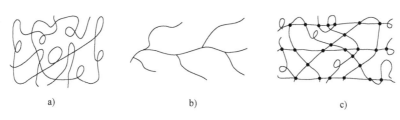

图 9-2　大分子链的几何形状

a）线型分子链　b）支化型分子链　c）体型分子链

具有线型和支化型分子链结构的聚合物称为线型聚合物，可溶于溶剂中，加热时可熔融塑化，具有较高的弹性和热塑性，可反复使用。具有体型分子链结构的聚合物称为体型聚合物，具有较好的耐热性、难溶性、强度和热固性，但弹性、塑性低，易老化，不可反复使用。

4. 大分子链的柔顺性

和小分子一样，大分子也在不停地进行热运动。大分子链是由大量原子经共价键连接而成，其中有许多单键，每个单键都可绕邻近单键做旋转（内旋），如图 9-3 所示，从而使大分子链出现不同的空间形象，称为大分子链的构象。大分子链的这种能通过单键内旋改变其构象而获得不同卷曲程度的特性称为柔顺性，这是聚合物材料许多性能不同于其他固体材料的根本原因。影响大分子链柔顺性的因素有大分子链的结构、温度、外力、介质等。当大分子链主链全部由单键组成时，分子链的柔顺性最好；当主链中含有芳杂环时，柔顺性差。主链所带侧基的极性不同。柔顺性也不同。侧基极性越强，分子链间作用力越大，单键内旋越困难，柔顺性越差；当温度升高时，分子链热运动加剧，内旋容易，柔顺性增加。

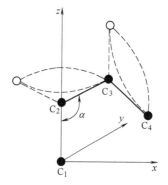

图 9-3　大分子链的单键内旋示意图

（二）聚集态结构

高聚物的聚集态结构是指在分子间力作用下大分子链相互聚集所形成的几何排列和堆砌方式，一般可分为晶态、非晶态、液晶态、取向态等。

1. 晶态结构

线型高聚物固化时可以结晶，但由于分子链运动较困难，不可能完全结晶。所以，晶态高聚物实际为晶区（分子有规律排列）和非晶区（分子无规律排列）两相结构，一般结晶度（晶区所占有的质量分数）只有 50%～85%，特殊情况可达到 98%。在晶态高聚物中，晶区与非晶区相互穿插，紧密相连，一个大分子链可以同时穿过许多晶区和非晶区。

2. 非晶态结构

高聚物凝固时，分子不能规则排列，呈长程无序、近程有序状态。非晶态高聚物分子链的活动能力大，弹性和塑性较好。由于其聚集态结构是均相的，因而材料各个方向的性能相同。

3. 液晶态结构

液晶态是介于晶态和液态之间的热力学稳定态相。其物理状态为液体，但同时具有晶体的有序性。液晶有许多特殊的性质，如有些液晶具有灵敏的电响应特性和光学特性，广泛应用于显示技术中。刚性高聚物溶致性液晶具有高浓度、低黏度和低剪切应力下的高度取向的特性，利用该特性进行纺丝可制成高强度的纤维，如芳纶纤维。

4. 取向态结构

在外力作用下，卷曲的大分子链沿外力方向平行排列而形成的定向结构。有单轴（一个方向）和双轴（相互垂直的两个方向）两种取向。取向后高聚物呈现明显的各向异性，材料的强度大大增加。取向对高聚物的光学性质、热性质等也会产生影响。

四、高分子化合物的分类

高分子化合物的种类很多，性能各异。常见的分类方法有：

1）按高聚物的来源可分为天然高聚物和合成高聚物。

2）按高聚物所制成材料的性能和用途可分为塑料、橡胶、纤维、胶粘剂和涂料等。

3）按高聚物的加工性能可分为热塑性塑料和热固性塑料。

4）按主链结构可分为碳链、杂链和元素有机高聚物。碳链高聚物的大分子主链完全由碳原子组成；杂链高聚物大分子主链中除碳原子外，还有氧、氮、硫等原子；元素有机高聚物大分子主链中没有碳原子，主要由硅、硼、氧、氮、硫等原子组成，侧基由有机基团组成。

第二节　高分子材料的性能

一、高分子材料的力学性能

（一）高弹性

轻度交联的高分子材料在玻璃化温度以上时具有典型的高弹性，即变形大，弹性模量小，而且弹性随温度的升高而增大。橡胶是典型的高弹性材料。

（二）黏弹性

高分子材料的黏弹性是指高分子材料既具有弹性材料的一般特性，又具有黏性流体的一些特性，即受力同时发生高弹性变形和黏性流动，变形与时间有关。高分子材料的黏弹性主要表现在蠕变、应力松弛、滞后和内耗等现象上。

1. 蠕变和应力松弛

在一恒定温度和应力作用下，应变随时间延长而增加的现象称为蠕变。应力松弛是在应变恒定的情况下，应力随时间延长而衰减的现象。在外力的作用下，高分子材料大分子链的构象发生变化和位移，由原来的卷曲态变成较为伸直的形态，从而产生蠕变。而随时间的延长，大分子链构象逐步调整，又趋向于比较稳定的卷曲状态，从而产生应力松弛。

2. 滞后和内耗

滞后是指在交变应力的作用下，变形速度跟不上应力变化的现象。这是由于高聚物形变时，链段的运动受内摩擦力的影响跟不上外力的变化，所以形变总是落后于应力，产生滞后。在克服内摩擦时，一部分机械能被损耗，转化为热能，即内耗。滞后越严重，内耗越大。内耗大对减振和吸声有利，但内耗会引起发热，导致高聚物老化。

（三）强度和断裂

1. 强度

高分子材料的强度比金属材料低很多，如塑料的拉伸强度一般低于100MPa。但高分子材料的密度较小，只有钢的 $1/4 \sim 1/8$，所以其比强度比一些金属材料高。

2. 断裂

非晶态高分子材料的断裂是银纹产生和发展的结果，晶态高分子材料的断裂是微裂纹产生和发展的结果。某些高分子材料在一定的介质中，在小应力下即可断裂，称为环境应力断裂。

3. 韧性

塑料的韧性用冲击强度表示。各类塑料的冲击强度相差很大，脆性塑料的冲击强度一般都小于 $0.2J \cdot cm^{-2}$，韧性塑料的冲击强度值一般都大于 $0.9J \cdot cm^{-2}$。

（四）耐磨性

高分子材料的硬度低，但耐磨性高。例如，塑料的摩擦因数小，有些还具有自润滑性能，在无润滑和少润滑的摩擦条件下，它们的耐磨、减摩性能要比金属材料高很多。

二、高分子材料的物理化学性能

（一）电学性能

高分子材料内原子间以共价键相连，没有自由电子和离子，因此介电常数小，介电损耗低，具有高的电绝缘性。

（二）热性能

高分子材料在受热过程中，大分子链和链段容易产生运动，因此其耐热性较差。由于高分子材料内部无自由电子，因此具有低的导热性能。高分子材料的线胀系数较大。

（三）化学稳定性

高分子材料大分子链以共价键结合，没有自由电子，因此不发生电化学反应，也不易与其他物质发生化学反应。所以大多数高分子材料具有较高的化学稳定性，对酸、碱溶液具有优良的耐腐蚀性能。

三、高分子材料的老化及防止

高分子材料在长期存放和使用过程中，由于受光、热、氧、机械力、化学介质和微生物等因素的长期作用，性能逐渐变差，如变硬、变脆、变色，直到失去使用价值的过程称为老化。老化的主要原因是在外界因素作用下，大分子链发生交联或裂解。

防止老化的措施主要有以下方法：①对高聚物改性，改变大分子的结构，提高其稳定性；②进行表面处理，在材料表面镀上一层金属或喷涂一层耐老化涂料，隔绝材料与外界的接触；③加入各种稳定剂，如热稳定剂、抗氧化剂等。

四、高分子材料的改性方法

（一）填充改性

在高分子材料中加入有机或无机填料，可使高分子材料的硬度、耐磨性、热性能等得到改善的方法，称为填充改性。不同的填料具有不同的作用，常用的填料有碳酸钙、云母、石棉、高岭土、二氧化硅、陶土等。

（二）增强改性

在高分子材料中加入增强材料，显著提高高分子材料的强度的方法，称为增强改性。增强材料有尼龙纤维、玻璃纤维、碳纤维、硼纤维、碳化硅纤维、炭黑、白炭黑等。

（三）共混改性

将两种或两种以上性能互补且具有较好相容性的高分子材料均匀混在一起，形成具有较高综合性能的高聚物共混物的方法，称为共混改性。

（四）化学改性

用共聚、扩链、交联等化学反应的方法改变高分子材料的化学组成与结构，从而提高高分子材料的性能，称为化学改性。

第三节　常用高分子材料

一、塑料

（一）塑料的组成及分类

1. 塑料的组成

塑料是以合成树脂为主要成分，添加能改善性能的填充剂、增塑剂、稳定剂、润滑剂、交联剂、发泡剂、阻燃剂、防老剂等添加剂制成的。添加剂的使用根据塑料的种类和性能要求而定。

（1）树脂　广义上讲，树脂是指作为塑料制品加工原料的任何聚合物，占塑料总质量的 40%～100%，如聚乙烯、尼龙、聚氯乙烯、聚酰胺、酚醛树脂等。大多数塑料以所用树脂命名。

（2）填充剂　用来增加容量，降低成本，也可提高强度和硬度。常用填充剂有云母粉、石墨粉、炭粉、氧化铝粉、木屑、玻璃纤维、碳纤维等。

（3）增塑剂　用来增加树脂的塑性和柔韧性，改善加工性能。常用增塑剂有甲酸酯类、磷酸酯类、氯化石蜡等。近几年新发展的增塑剂有聚酯类，如聚己二酸、2-丙二醇酯等。

（4）稳定剂　包括热稳定剂和光稳定剂。常用热稳定剂有硬脂酸盐、环氧化合物和铅的化合物等。光稳定剂有炭黑、氧化锌等遮光剂，水杨酸酯类、二苯甲酮类等紫外线吸收剂，金属络合物类猝灭剂和受阻胺类自由基捕获剂。

（5）润滑剂　用以降低摩擦副的摩擦阻力，减缓磨损的润滑介质。常用润滑剂有硬脂酸、硬脂酸盐类等。

（6）交联剂　能将高分子化合物由线型结构转变为交联结构的物质，如六次甲基四胺、过氧化二苯甲酰等。

（7）发泡剂　受热时会分解放出气体的有机化合物，用于制备泡沫塑料等。常用有机发泡剂为偶氮二甲酰胺。

2. 塑料的分类

常用分类方法有以下两种：

（1）按塑料受热时的性质　分为热塑性塑料和热固性塑料。

热塑性塑料受热时软化或熔融、冷却后硬化，并可反复多次进行。它包括聚乙烯、聚氯乙烯、聚苯乙烯、聚丙烯、聚酰胺、聚甲醛、聚碳酸酯、聚苯醚、聚砜、聚四氟乙烯等。

热固性塑料在加热、加压并经过一定时间后即固化为不溶不熔的坚硬制品，不可再生。常用热固性塑料有酚醛树脂、环氧树脂、氨基树脂、呋喃树脂、有机硅树脂等。

（2）按塑料的功能和用途　分为通用塑料、工程塑料和特种塑料。

通用塑料是指产量大、用途广、价格低的塑料，主要包括聚乙烯、聚氯乙烯、聚苯乙烯、聚丙烯、酚醛塑料、氨基塑料等，产量占塑料总产量的75%以上。

工程塑料是指具有较高性能，能替代金属用于制造机械零件和工程构件的塑料。主要有聚酰胺、ABS、聚甲醛、聚碳酸酯、聚砜、聚四氟乙烯、环氧树脂等。

特种塑料是指具有特殊性能的塑料，如导电塑料、导磁塑料、感光塑料等。

（二）塑料的成型及加工方法

1. 成型方法

塑料的成型方法很多，常用的有注射、挤出、吹塑、浇注、模压成型等。根据所用的材料及制品的要求选用不同的成型方法。

（1）注射成型　注射成型又称为注塑成型，是指将塑料原料在注射机机筒内加热熔化，通过推杆或螺杆向前推压至喷嘴并迅速注入封闭模具内，冷却后即得塑料制品。注射成型主要用于热塑性塑料，也可用于流动性较大的热固性塑料，能生产形状复杂、薄壁、有金属嵌件或非金属嵌件的塑料制品。

（2）挤出成型　挤出成型又称为挤塑成型。塑料原料在挤出机内受热熔化的同时通过螺杆向前推压至机头，通过不同形状和结构的口模连续挤出，获得不同形状的型材，如管、棒、带、丝、板及各种异型材，还可用于电线、电缆的塑料包覆等。挤出成型主要用于热塑性塑料。

（3）吹塑成型　吹塑成型指将塑料型坯通过挤出或注射成型后，置于模具内，用压缩空气将此坯料吹胀，使其紧贴模内壁成型而获得中空制品。

（4）浇注成型　浇注成型指在液态树脂中加入适量交联剂（或固化剂），然后浇入模具型腔中，在常压或低压及常温或适当加热条件下固化成型。此法主要用于生产大型制品，设备简单，但生产率低。

（5）模压成型　模压成型是指将塑料原料放入成型模加热熔化，通过热压机对模具加压，使塑料充满整个型腔，同时发生交联反应而固化，脱模后即得压塑制品。模压成型主要用于热固性塑料，适用于形状复杂或带有复杂嵌件的制品，但生产率低。

2. 加工方法

塑料制品可以进行二次加工，主要方法有机械加工、焊接、粘接、表面喷涂、电镀、镀膜、彩印等。

塑料可进行各种机械加工，由于塑料强度低、弹性大、导热性差，塑料切削加工时刀刃应锋利，刀具的前角与后角要大，速度要高，切削用量要小，装夹不宜过紧，冷却要充分。

（三）常用塑料

常用塑料的性能见表 9-1。

表 9-1　常用塑料的性能

类别	名称	代号	性　能			
			密度/ $g \cdot cm^{-3}$	拉伸强度/ MPa	缺口冲击强度/ $J \cdot cm^{-2}$	使用温度/ ℃
热塑性 塑料	聚乙烯	PE	0.910~0.965	3.9~38	>0.2	-70~100
	聚氯乙烯	PVC	1.16~1.58	10~50	0.3~1.1	-15~55
	聚苯乙烯	PS	1.04~1.10	50~80	1.37~2.06	-30~75
	聚丙烯	PP	0.900~0.915	30~31	0.50~1.07	-35~120
	聚酰胺	PA	1.05~1.36	55~180	0.30~2.68	<120
	聚甲醛	POM	1.41~1.43	58~75	0.65~0.88	-40~100
	聚碳酸酯	PC	1.18~1.20	61~70	6.5~8.5	-100~130
	聚砜	PSU	1.24~1.60	70~84	0.69~0.79	-100~160
	丙烯腈-丁二烯-苯乙烯塑料	ABS	1.05~1.08	21~63	0.6~5.3	-40~90
	聚四氟乙烯	PTFE	2.1~2.2	15~28	1.6	-180~260
	聚甲基丙烯酸甲酯	PMMA	1.17~1.20	50~77	0.16~0.27	-60~80
热固性 塑料	酚醛树脂	PF	1.37~1.46	35~62	0.05~0.82	<200
	环氧树脂	EP	1.11~2.10	28~137	0.44~0.50	-50~180

1. 聚乙烯

聚乙烯无毒、无味、无臭，呈半透明状。聚乙烯强度较低，耐热性不高，易燃烧，抗老化性能较差。具有良好的耐化学腐蚀性，除强氧化剂外与大多数药品都不发生作用。具有优良的电绝缘性能，特别是高频绝缘，吸水率很小。根据密度可分为低密度聚乙烯（LDPE）和高密度聚乙烯（HDPE）。HDPE 的各项性能都优于 LDPE。

LDPE 主要用于制造日用品、薄膜、软质包装材料、层压纸、层压板、电线电缆包覆等材料。HDPE 主要用于制造硬质包装材料、化工管道、储槽、阀门、高频电缆绝缘层、各种异型材、衬套、小负荷齿轮、轴承等材料。

2. 聚氯乙烯

聚氯乙烯具有较高的机械强度、较好的刚性、良好的电绝缘性、良好的耐化学腐蚀性，能溶于四氢呋喃和环己酮等有机溶剂，具有阻燃性；但热稳定性较差，使用温度较低，介电常数、介电损耗较高。根据增塑剂用量的不同可分为硬质聚氯乙烯和软质聚氯乙烯。

硬质聚氯乙烯主要用于工业管道系统、给排水系统、板件、管件、建筑及家居用防火材料，化工防腐设备及各种机械零件。软质聚氯乙烯主要用于薄膜、人造革、墙纸、电线电缆包覆及软管等。

3. 聚苯乙烯

聚苯乙烯无毒、无味、无臭，呈无色的透明状。吸水性低，电绝缘性优良，介电损耗极小；耐化学腐蚀性优良，但不耐苯、汽油等有机溶剂；硬度高，脆性大，不耐冲击，耐热性差，易燃，常改性后使用。

聚苯乙烯主要用于日用品、装潢材料、包装及工业制品，如仪器仪表外壳、灯罩、光学零件、装饰件、透明模型、玩具、化工储酸槽、包装及管道的保温层、冷冻绝缘层等。

4. 聚丙烯

聚丙烯无毒、无味、无臭，呈半透明蜡状，密度小，力学性能高于聚乙烯，耐热性良好，化学稳定性好，但不耐芳香族和氯化烃溶剂，耐寒性差，易老化。

聚丙烯主要用于生产化工管道、容器、医疗器械、家用电器零件、家具、薄膜、绳缆、丝织网、电线电缆包覆等，以及汽车及机械零部件，如保险杠、仪表盘、转向盘、齿轮、接头等。

5. 聚酰胺

聚酰胺又称为尼龙。具有较高的强度和韧性，耐磨性和自润滑性好，摩擦因数小。具有较好的电绝缘性，良好的耐油、耐溶剂性，良好的阻燃性。但吸水性高，热膨胀系数大，耐热性不高。不同种类的聚酰胺性能有差异。

聚酰胺主要用于制造机械、化工、电气零部件，如轴承、齿轮、凸轮、泵叶轮、高压密封圈、阀门零件、包装材料、输油管、储油容器、丝织品及汽车保险杠、门窗手柄等。

6. 聚甲醛

具有较高的强度、硬度、刚性、韧性、耐磨性和自润滑性，耐疲劳性能高，吸水性小，摩擦因数小，耐化学腐蚀性好，电绝缘性能良好，但热稳定性差，易燃。聚甲醛具有较高的综合性能，因此可以用来替代一些金属和聚酰胺。

聚甲醛主要用于制造轴承、齿轮、凸轮、叶轮、垫圈、法兰、活塞环、导轨、阀门零件、仪表外壳、化工容器、汽车部件等，特别适于制造无润滑的轴承、齿轮等。

7. 聚碳酸酯

聚碳酸酯是无毒、无味、无臭的透明状物体。具有优良的耐热性和冲击强度，耐低温性好，尺寸稳定性高，绝缘性良好，吸水性小，透光率高，阻燃性好，但化学稳定性差，耐磨性和抗疲劳性较差，容易产生应力开裂。

聚碳酸酯广泛用于制造轴承、齿轮、蜗轮、蜗杆、凸轮、透镜、风窗玻璃、防弹玻璃、防护罩、仪表零件、设备外壳、绝缘零件、医疗器械等。

8. 聚砜

聚砜具有优良的耐热性，蠕变抗力高，尺寸稳定性好，电绝缘性能和耐蒸煮性能优良，耐热老化性能和耐低温性能也很好。聚砜耐化学腐蚀性能较好，但不耐某些有机极性溶剂。

聚砜主要用于制造高强度、耐热、抗蠕变的结构零件，耐腐蚀零件及电气绝缘件，如齿轮、凸轮、仪表壳罩、电路板、家用电器部件、医疗器具等。

9. ABS

ABS 由丙烯腈（A）-丁二烯（B）-苯乙烯（S）三种单体共聚而成，不同的组分可获得不同的性能。丙烯腈能提高强度、硬度、耐热性和耐腐蚀性，丁二烯能提高韧性，苯乙烯能提高电性能和成型加工性能。ABS 塑料具有较好的抗冲击性能、尺寸稳定性和耐磨性，成型性好，不易燃，耐腐蚀性好，但不耐酮、醛、酯、氯代烃类等溶剂。

ABS 主要用于制造电器外壳，汽车部件，轻载齿轮、轴承，各类容器、管道等。

10. 聚四氟乙烯

聚四氟乙烯为氟塑料中的一种。聚四氟乙烯具有优良的化学稳定性，除熔融态金属钠和氟外，不受任何腐蚀介质的腐蚀。耐热性、耐寒性和电绝缘性能优良，热稳定性高，耐候性好，吸水性小，摩擦因数小，自润滑性优异，但强度低，尺寸稳定性差。

聚四氟乙烯主要用于制造减摩密封零件（如垫圈、密封圈、活塞环等），化工耐蚀零件（如管道、阀门、内衬、过滤器等），绝缘材料（如电子仪器、高频电缆、线圈等的绝缘，印制电路板底板等），医疗器械（如代用血管、人工心肺装置、消毒保护器等）。

11. 聚甲基丙烯酸甲酯

聚甲基丙烯酸甲酯又称为有机玻璃。和无机硅玻璃相比，具有较高的强度和韧性。聚甲基丙烯酸甲酯具有优良的光学性能，透光率比普通硅玻璃好；优良的电绝缘性，是良好的高频绝缘材料；耐化学腐蚀性好，但溶于芳烃、氯代烃等有机溶剂；耐候性好，热导率低，但硬度低，表面易擦伤，耐磨性差，耐热性不高。

聚甲基丙烯酸甲酯主要用于制造飞机、汽车的窗玻璃和罩盖，光学镜片，仪表外壳，装饰品，广告牌，灯罩，光学纤维，透明模型，标本，医疗器械等。

12. 聚酰亚胺

聚酰亚胺是耐热性最高的塑料，使用温度为-180～260℃，强度高，抗蠕变性、减摩性及电绝缘性都优良，耐辐射，不燃烧，但有缺口敏感性，不耐碱和强酸。

聚酰亚胺主要用于制造高温自润滑轴承、轴套、齿轮、密封圈、活塞环等，低温零件，防辐射材料，漆包线、印制电路板底板与其他绝缘材料，粘接剂等。

13. 酚醛塑料

酚醛塑料以酚醛树脂为基，加入填料及其他添加剂而制成，具有一定的机械强度和硬度，良好的耐热性、耐磨性、耐腐蚀性及电绝缘性，热导率低。

根据填料不同分为粉状、纤维状、层状塑料。以木粉为原料的酚醛塑料粉又称为胶木粉或电木粉，它价格低廉，但性脆、耐光性差，用于制造手柄、瓶盖、灯头、开关、插座等。以云母粉、石英粉、玻璃纤维为填料的塑料粉可用来制造电闸刀、电子管插座、汽车点火器等。以石棉为填料的酚醛塑料粉可用于制造电炉、电熨斗等设备上的耐热绝缘部件。以玻璃布、石棉布等为填料的酚醛层状塑料可用于制造轴承、齿轮、带轮、各种壳体等。

14. 环氧塑料

环氧塑料以环氧树脂为基，加入填料及其他添加剂而制成。环氧树脂的强度较高，成型性好，具有良好的耐热性、耐腐蚀性、尺寸稳定性，优良的电绝缘性能。

环氧塑料主要用于仪表构件、塑料模具、精密量具、电子元件的密封和固定、粘合剂、复合材料等。

15. 氨基塑料

氨基塑料硬度高，耐磨性和耐腐蚀性良好，具有优良的电绝缘性和耐电弧性，不易燃。有粉状和层压材料。氨基塑料粉又称为电玉粉，制品无毒、无臭。

氨基塑料主要用于制造家用及工业器皿、各种装饰材料、餐具材料、家具材料、密封件、传动带、开关、插头、隔热吸声材料、胶粘剂等。

16. 有机硅塑料

有机硅塑料具有优良的耐热性、耐寒性和电绝缘性，吸水性低，抗辐射，但强度低。

有机硅塑料主要用于电气、电子元件和线圈的灌封和固定，以及制造耐热零件、绝缘零件、耐热绝缘漆、高温胶粘剂、密封件和医用材料等。

（四）几类典型塑料零件的选材

1. 一般结构件

主要要求一定的机械强度和耐热性，一般选用价廉、成型性好的塑料，如聚乙烯、聚氯乙烯、聚苯乙烯、聚丙烯、ABS 等；常与热水、蒸汽接触的或要求较高刚性的较大的壳体零件，可选用聚碳酸酯、聚砜等；要求透明的零件可选用有机玻璃、聚苯乙烯或聚碳酸酯等。要求表面处理的零件，可选用 ABS 等。

2. 摩擦传动零件

对齿轮、蜗轮、凸轮等受力较大的零件，可选用尼龙、聚甲醛、聚碳酸酯、增强聚丙烯、夹布酚醛等制造。对轴承、导轨、活塞环等受力较小、要求摩擦因数小、自润滑性好的零件，可选用聚甲醛、聚四氟乙烯填充聚甲醛、尼龙 1010 等制造。

3. 电气零件

对于工频低压条件下的电气元件，可选用酚醛塑料、氨基塑料、环氧塑料等制造。对于高压电气元件可选用交联聚乙烯、聚碳酸酯、氟塑料、环氧塑料等制造。对于高频电气元件可选用氟塑料、有机硅塑料、聚砜、聚苯醚、聚酰亚胺等。

二、橡胶

（一）橡胶的组成

橡胶是以生胶为主要成分，添加各种配合剂和骨架材料制成的。

1. 生胶

生胶是指无配合剂、未经硫化的橡胶。按原料来源有天然橡胶和合成橡胶。

2. 配合剂

用来改善橡胶的某些性能。常用配合剂有硫化剂、硫化促进剂、活化剂、填充剂、增塑剂、防老剂、着色剂等。

（1）硫化剂　硫化剂用来使生胶的结构由线型转变为交联体型结构，从而使生胶变成具有一定强度、韧性、高弹性的硫化胶。常用硫化剂有硫黄和含硫化合物、有机过氧化物、胺类化合物、树脂类化合物、金属氧化物等。

（2）硫化促进剂　硫化促进剂的作用是缩短硫化时间，降低硫化温度，改善橡胶性能。常用硫化促进剂有二硫化氨基甲酸盐、黄原酸盐类、噻唑类、硫脲类和部分醛类及醛胺类等有机物。

（3）活化剂　活化剂用来提高硫化促进剂的作用。常用活化剂有氧化锌、氧化镁、硬脂酸等。

（4）填充剂　填充剂用来提高橡胶的强度、改善工艺性能和降低成本。能提高性能的填充剂称为补强剂，如炭黑、二氧化硅等；用于减少橡胶用量而降低成本的有滑石粉、硫酸钡等。

（5）增塑剂　增塑剂用来增加橡胶的塑性和柔韧性。常用增塑剂有石油系列、煤油系列和松焦油系列增塑剂，如凡士林、石蜡、硬脂酸等。

（6）防老剂　防老剂用来防止或延缓橡胶老化，主要有石蜡、胺类和酚类防老剂。

3. 骨架材料

骨架材料主要有纤维织品、钢丝加工制成的帘布、丝绳、针织品等类型。

（二）橡胶的成型加工工艺

橡胶的成型加工一般包括塑炼、混炼、压延与压出、成型、硫化五个工序。

（1）塑炼　生胶具有很高的弹性，难以加工。塑炼是生胶在机械或化学作用下，部分橡胶长分子链被切断，相对分子质量降低，塑性增加的过程。通常在炼胶机中进行。

（2）混炼　混炼是将生胶和配合剂混合均匀的过程。混炼的加料顺序是：塑炼胶、防老剂、填充剂、增塑剂及硫化剂等。混炼时要注意严格控制温度和时间。

（3）压延与挤出　混炼胶通过压延与挤出等工艺，可以制成一定形状的橡胶半成品。

（4）成型　成型是把橡胶半成品通过粘贴、压合等方法制成成品形状的过程。

（5）硫化　硫化是胶料大分子结构由线型转变为交联体型结构的过程。硫化后即得制品。

（三）常用橡胶

表 9-2 为常用橡胶的性能。

表 9-2　常用橡胶的性能

名称代号	性能			名称代号	性能		
	密度/ $g \cdot cm^{-3}$	拉伸强度 /MPa	使用温度 /℃		密度/ $g \cdot cm^{-3}$	拉伸强度 /MPa	使用温度 /℃
天然橡胶 （NR）	0.90~0.95	17~25	-55~70	丁腈橡胶 （NBR）	0.96~1.20	3~5	-10~120
丁苯橡胶 （SBR）	0.92~0.94	<4	-45~100	聚氨酯橡胶 （UR）	1.09~1.30	<20	-30~70
丁基橡胶 （IIR）	0.91~0.93	10~11	-40~130	氟橡胶 （FPM）	1.80~1.85	12~15	-10~280
顺丁橡胶 （BR）	0.91~0.94	<2	-70~100	硅橡胶 （Q）	0.95~1.40	<1	-100~250
氯丁橡胶 （CR）	1.15~1.30	20~22	-40~120	聚硫橡胶 （T）	1.35~1.41	9~15	-10~70
三元乙丙橡胶 （EPDM）	0.86~0.87	<3	-50~130				

1. 天然橡胶

天然橡胶由橡胶树上流出的乳胶提炼而成，具有较好的综合性能，拉伸强度高于一般合成橡胶，弹性高，具有良好的耐磨性、耐寒性和工艺性能，电绝缘性好，价格低廉；但耐热性差，不耐臭氧，易老化，不耐油。

天然橡胶广泛用于制造轮胎、输送带、减振制品、胶管、胶鞋及其他通用制品。

2. 丁苯橡胶

丁苯橡胶是用量最大的合成橡胶，由丁二烯和苯乙烯共聚而成。耐磨性好，透气性差，耐臭氧性、耐老化性、耐热性比天然橡胶好，介电性、耐腐蚀性和天然橡胶相近，但生胶强度差，加工性能差。丁苯橡胶按制法分为乳聚丁苯和溶聚丁苯两种，还可以按苯乙烯含量、门尼黏度和填充剂种类分为不同牌号，如低温乳聚丁苯中1500、1600和1700分别代表一般品种、充炭黑品种和充油品种。

丁苯橡胶可与天然橡胶及其他橡胶混用，可以部分或全部替代天然橡胶，主要用于制造轮胎、胶板、胶布、胶鞋及其他通用制品，不适用于制造高速轮胎。

3. 丁基橡胶

丁基橡胶是由异丁烯和少量异戊二烯低温共聚而成。丁基橡胶的气密性极好，耐老化性、耐热性和电绝缘性均较高，耐水性好，耐酸碱，具有很好的抗多次重复弯曲的性能。但强度低，加工性能差，硫化慢，易燃，不耐辐射，不耐油，对烃类溶剂的抵抗力差。

丁基橡胶主要用于制造内胎、外胎以及化工衬里、绝缘材料、减振及防撞击材料等。

4. 顺丁橡胶

顺丁橡胶是顺式1，4-聚丁二烯橡胶的简称，是丁二烯在特定催化剂作用下，由溶液聚合而制得。顺丁橡胶的弹性和耐寒性优良，耐磨性好，在交变压力作用下内耗低。拉伸强度较低，加工性能和耐老化性较差，与油亲和性好。

顺丁橡胶一般与天然橡胶和丁苯橡胶混合使用，用于制造耐寒制品、减振制品、轮胎。

5. 氯丁橡胶

氯丁橡胶是由氯丁二烯以乳液聚合法制成。氯丁橡胶的物理、力学性能良好，耐油耐溶剂性和耐老化性良好，耐燃性好，电绝缘性差，加工时易粘辊、粘模，相对成本较高。

氯丁橡胶主要用于制造电缆护套、胶管、胶带、胶粘剂、门窗嵌条、一般橡胶制品。

6. 乙丙橡胶

乙丙橡胶是由乙烯和丙烯共聚而制得。乙丙橡胶具有优异的耐老化性、耐候性、耐臭氧性、耐水性、化学稳定性、耐热性、耐寒性、弹性、绝缘性能，但拉伸强度较差，耐油性差，不易硫化。为了提高其硫化性能，通常加入含双键的第三单体进行共聚，形成三元乙丙橡胶（EPDM）。

乙丙橡胶主要用于制造电线电缆护套、胶管、胶带、汽车配件、车辆密封条、防水胶板及其他通用制品。

7. 丁腈橡胶

丁腈橡胶由丁二烯与丙烯腈共聚而成，耐油性、耐热性好，气密性与耐水性较好，耐老化性好，耐磨性接近天然橡胶。耐寒性、耐臭氧性差，硬度高，不易加工。

丁腈橡胶主要用于制造各种耐油密封制品，如耐油胶管、燃料桶、液压泵密封圈、耐油胶粘剂、油罐衬里等。

8. 聚氨酯橡胶

聚氨酯橡胶是氨基甲酸酯橡胶的简称，耐磨性高于其他各类橡胶，拉伸强度最高，弹性高，耐油、耐溶剂性优良，耐热、耐水、耐酸碱性差。

聚氨酯橡胶主要用于制造胶轮、实心轮胎、同步带及胶辊、液压密封圈、鞋底、冲模减振零件。

9. 氟橡胶

氟橡胶是主链或侧链上含有氟原子的橡胶的总称，具有优良的耐热性能，耐酸、碱、油及各种强腐蚀性介质的侵蚀，具有良好的介电性能和耐大气老化性能，但耐低温性能差，加工性能差。氟橡胶主要用于制造飞行器中的胶管、垫片、密封圈、燃料箱衬里等，耐腐蚀衣服和手套以及涂料、胶粘剂等。

10. 硅橡胶

硅橡胶由硅氧烷聚合而成。硅橡胶耐高温及低温性突出，化学惰性大，电绝缘性优良，耐老化性能好，但强度较低，价格较贵。硅橡胶主要用于制造耐高低温密封绝缘制品、印模材料、医用制品等。

11. 聚硫橡胶

聚硫橡胶是甲醛或二氯化合物和多硫化钠的缩聚产物，耐各种介质腐蚀性优良，耐老化性好，但强度很低，变形大。聚硫橡胶主要用于制造油箱和建筑密封腻子。

三、合成纤维

纤维是指长度比直径大许多倍，具有一定柔韧性的纤细物质。合成纤维是由合成高分子化合物加工制成的纤维。

（一）合成纤维的分类

合成纤维的品种很多，根据大分子主链的化学组成，可分为杂链纤维和碳链纤维。

杂链纤维有聚酰胺纤维（锦纶）、聚酯纤维（涤纶）、聚氨酯弹性纤维、聚脲纤维、聚甲醛纤维、聚酰亚胺纤维等。碳链纤维有聚丙烯腈纤维（腈纶）、聚乙烯醇纤维（维尼纶）、聚氯乙烯纤维（氯纶）、聚丙烯纤维（丙纶）、聚乙烯纤维、聚四氟乙烯纤维等。最主要的是涤纶、锦纶和腈纶三大类。

（二）纤维的加工工艺

纤维加工过程包括纺丝液的制备、纺丝及初生纤维的后加工等过程。

1. 纺丝液制备

将高聚物用溶剂溶解或加热熔融成黏稠的纺丝液。

2. 纺丝

将纺丝液用纺丝泵连续、定量、均匀地从喷丝头小孔压出，形成的黏液经凝固或冷凝成纤维。纺丝方法很多，有熔融法、溶液法、干湿法、液晶法、冻胶法、相分离法、反应法、裂膜法、乳液法及喷射法等。

3. 后加工

纺丝制出的纤维不能直接用于纺织加工，必须进行一系列的加工处理。短纤维的后加工包括集束、牵伸、水洗、上油、干燥、热定型、卷曲、切断、打包等工序。长纤维的后加工包括拉伸、加捻、复捻、热定型、络丝、分级、包装等工序。锦纶和涤纶长丝经特殊的变形热处理，可得到富有弹性的弹力丝。弹力丝的主要加工方法为假捻法。腈纶短纤维经特殊处理后可得到蓬松柔软、保暖性好的膨体纱。

（三）常用合成纤维

1. 涤纶纤维

涤纶纤维耐热性好，弹性模量、强度高，冲击强度高，耐疲劳性好，耐磨性仅次于锦纶纤维，耐光性仅次于腈纶纤维而好于锦纶纤维；但染色性差，吸水性低，织物易起球。主要用于制造电机绝缘材料、运输带、传送带、输送石油软管、水龙带、绳索、工业用布、滤布、轮胎帘子线、渔网、人造血管等。

2. 锦纶纤维

锦纶纤维强度高，耐磨性好，耐冲击性好，弹性高，耐疲劳性能好，密度小，耐腐蚀，染色性好，但弹性模量小，耐热性和耐光性较差。主要用于制造工业用布、轮胎帘子线、传动带、帐篷、绳索、渔网、降落伞、宇宙飞行服等。品种主要有锦纶-6（尼龙-6）、锦纶-66（尼龙-66）。

3. 腈纶纤维

腈纶纤维的弹性模量仅次于涤纶纤维，比锦纶纤维高 2~3 倍，耐光性与耐候性仅次于氟纤维，耐热性能较好，能耐酸、氧化剂、有机溶剂，但耐碱性差，染色性和纺丝性能较差。腈纶纤维蓬松柔软，保暖性好，广泛用来生产羊毛混纺及纺织品，还可用于制造帆布、帐篷及制备碳纤维等。

4. 维尼纶纤维

维尼纶纤维吸水性大，强度较高，耐化学腐蚀、耐光及耐虫蛀等性能都很好，但耐热水性不够好，弹性较差，染色性较差，主要用于制造绳缆、渔网、帆布、滤布、自行车或拖拉机轮胎帘子线、输送带、运输盖布、炮衣。

5. 丙纶纤维

丙纶纤维的密度为 $0.91\mathrm{g\cdot cm^{-3}}$，是合成纤维中最小的，吸水性很小，耐磨性接近于锦纶纤维，具有良好的耐腐蚀性，特别对无机酸、碱有显著的稳定性，绝缘性好，但耐光性及染色性差，耐热性不高。主要用于生产混纺衣料、绳索、滤布、填充材料、帆布、包装袋等。

6. 氯纶纤维

氯纶纤维的耐磨性、弹性、耐化学腐蚀性、耐光性、保暖性都很好，不燃烧，绝缘性好，但耐热性和染色性较差，主要用于制造针织品、衣料、毛毯、地毯、绳索、滤布、帐篷、绝缘布等。

7. 芳纶纤维

芳纶纤维是芳香族聚酰胺纤维的商品名称，国外名 Kevlar。常用品种有 Kevlar-29（芳纶1414）和 Kevlar-49（芳纶 14）等。Kevlar-49 性能比 Kevlar-29 好，强度高，密度小，刚性非常好，弹性模量很高，耐寒、耐热、耐辐射、耐疲劳、耐腐蚀，主要用作高强度复合材料的增强材料，广泛用作飞机、船体的结构材料。

四、胶粘剂

胶粘剂是能把两个固体表面粘合在一起，并且在胶接面处具有足够强度的物质。胶粘剂是以各种树脂、橡胶、淀粉等为基体材料，添加各种辅料而制成的。常用辅料有增塑剂、固化剂、填料、溶剂、稳定剂、稀释剂、偶联剂、着色料等。

（一）胶粘剂的分类

胶粘剂按基体材料的分类见表 9-3。

表 9-3　胶粘剂按基体材料的分类

	动物胶	皮胶、骨胶等
天然胶粘剂	植物胶	淀粉、松香、酪素胶等
	矿物胶	沥青、地蜡、硫黄等
	热固性树脂类	酚醛、环氧、聚氨酯、丙烯酸酯等
合成胶粘剂	热塑性树脂类	聚乙烯醇缩醛、聚乙酸乙烯酯、聚丙烯、聚酰胺、聚氯乙烯等
	橡胶类	丁腈、氯丁、聚硫等
	混合型	环氧-酚醛、环氧-丁腈、酚醛-缩醛、酚醛-丁腈、丙烯酸酯-聚氨酯等

（二）常用胶粘剂

1. 环氧树脂胶粘剂

具有很高的粘接性能（超过其他胶粘剂），而且操作简便，不需外力即可粘接；有良好的耐酸、碱、油及有机溶剂的性能，但固化后胶层较脆。改性的环氧树脂胶粘剂，如环氧-聚硫、环氧-丁腈，具有较高的韧性，环氧-酚醛具有较高的耐热性，环氧-缩醛具有较高的韧性和耐热性。

环氧树脂胶粘剂对金属、玻璃、陶瓷、塑料、橡胶、混凝土等均具有较好的粘合能力，常用于以上物品之间的粘接和修补，也可用于竹木和皮革、织物、纤维之间的粘接。

2. 酚醛树脂胶粘剂

具有较强的粘接能力，耐高温，但韧性低，剥离强度差。酚醛树脂胶粘剂主要用于木材、胶合板、泡沫塑料等，也可用于粘接金属、陶瓷。

改性的酚醛-丁腈胶粘剂可在-60~150℃使用，广泛用于机器、汽车、飞机结构部件的粘接，也可用于粘接金属、玻璃、陶瓷、塑料等材料。改性的酚醛-缩醛胶粘剂具有较好的粘接性能和耐热性，主要用于金属、玻璃、陶瓷、塑料的粘接，也可用于玻璃纤维层压板的粘接。

3. 聚氨酯树脂胶粘剂

聚氨酯树脂胶的初黏性大，常温触压即可固化，有利于粘接大面积柔软材料及难以加压的工件，耐低温性能很好，在-250℃以下仍能保持较高的剥离强度，而且其剪切强度随着温度下降而显著提高。聚氨酯树脂胶粘剂毒性大，固化时间长，耐热性不高，易与水反应。聚氨酯树脂胶粘剂不但对金属、玻璃、陶瓷、橡胶、木材、皮革和极性塑料有很强的粘接性能，对非极性的材料如聚苯乙烯等也有很高的粘接性能，故以上物品之间的粘接都可采用这种胶，特别是超低温工件的粘接。

4. α-氰基丙烯酸酯胶粘剂

α-氰基丙烯酸酯胶粘剂具有透明性好、黏度低、粘接速度极快等特点，使用很方便。但它不耐水，性脆，耐温性和耐久性较差，有一定气味。α-氰基丙烯酸酯胶广泛用于金属、陶瓷、玻璃及大多数塑料和橡胶制品的粘接及日常修理。市场上销售的"501"胶和"502"胶就属于这类胶粘剂。

5. 氯丁橡胶胶粘剂

氯丁橡胶胶粘剂具有良好的弹性和柔韧性，初黏性高。但强度较低，耐热性不高，贮存稳定性较差，耐寒性不佳，溶剂有毒。氯丁橡胶胶粘剂使用方便，价格低廉，广泛用于橡胶与橡胶、金属、纤维、木材、塑料之间的粘接。

6. 聚醋酸乙烯乳液胶粘剂

聚醋酸乙烯乳液胶粘剂即白乳胶，无毒、黏度小、价格低、不燃，但耐水性和耐热性较差，主要用于粘接木材、纤维、纸张、皮革、混凝土、瓷砖等。

习　题

9-1　简述高分子材料大分子链的结构特点及液晶态结构的特点。

9-2　简述高分子材料的力学性能和物理化学性能特点。

9-3　什么是高分子材料的老化？如何防止老化？高分子材料改性方法有哪些？

9-4　为什么垂直吊挂重物的橡皮筋长度会随时间延长而逐渐伸长？为什么连接管道的法兰盘密封圈长时间工作后会发生渗漏？

9-5　简述常用塑料的种类、性能特点及应用。

9-6　用塑料制造轴承，应选用什么材料？选用依据是什么？

9-7　简述常用橡胶的种类、性能特点及应用。橡胶的成型加工经过哪些工序？

9-8　简述常用合成纤维及胶粘剂的种类、性能特点及应用。

9-9　制约高分子材料大量广泛应用的因素是什么？通过哪些途径可进一步提高其性能、扩大其使用范围？

9-10　简述废旧高分子材料回收再生的途径和意义。

第十章

陶瓷材料

第一节 概　　述

一、陶瓷材料的概念

传统的陶瓷材料是黏土、石英、长石等硅酸盐类材料；而现代陶瓷材料是无机非金属材料的统称，其原料已不再是单纯的天然矿物材料，而是扩大到了人工合成化合物（Al_2O_3、SiO_2、ZrO_2 等）。

二、陶瓷材料的分类

（一）按化学成分分类

（1）氧化物陶瓷　有 Al_2O_3、SiO_2、ZrO_2、MgO、CaO、BeO、Cr_2O_3、CeO_2、ThO_2 等。

（2）碳化物陶瓷　有 SiC、B_4C、WC、TiC 等。

（3）氮化物陶瓷　有 Si_3N_4、AlN、TiN、BN 等。新型氮化物陶瓷有 C_3N_4 等。

（4）硼化物陶瓷　有 TiB_2、ZrB_2 等。应用不广，主要作为其他陶瓷的第二相或添加剂。

（5）复合瓷、金属陶瓷等　复合瓷有 $3Al_2O_3 \cdot 2SiO_2$（莫来石）、$MgAl_2O_3$（尖晶石）、$CaSiO_3$、$ZrSiO_4$、$BaTiO_3$、$PbZrTiO_3$、$BaZrO_3$、$CaTiO_3$ 等；金属陶瓷如 $WC\text{-}Co$ 基金属陶瓷。

（二）按原料分类

可分为普通陶瓷（硅酸盐材料）和特种陶瓷（人工合成材料）。特种陶瓷按化学成分分为氧化物陶瓷、碳化物陶瓷、氮化物陶瓷、硼化物陶瓷、金属陶瓷、纤维增强陶瓷等。

（三）按用途和性能分类

按用途可分为日用陶瓷、结构陶瓷和功能陶瓷等。按性能可分为高强度陶瓷、高温陶瓷、耐磨陶瓷、耐酸陶瓷、压电陶瓷、光学陶瓷、半导体陶瓷、磁性陶瓷、生物陶瓷等。

第二节　陶瓷材料的结构和性能

一、陶瓷材料的结构

陶瓷材料是多相多晶材料，一般由晶相、玻璃相和气相组成。其显微结构是由原料、组成和制造工艺所决定的。

晶相是陶瓷材料的主要组成相，是化合物或固溶体。晶相分为主晶相、次晶相和第三晶相等，主晶相对陶瓷材料的性能起决定性作用。陶瓷中的晶相主要有硅酸盐、氧化物、非氧化物三种。硅酸盐的基本结构是硅氧四面体（SiO_4），4个氧离子构成四面体，硅离子位于四面体间隙中，四面体之间的连接方式不同，构成不同结构的硅酸盐，如岛状、链状、层状、立体网状等。大多数氧化物的结构是氧离子密堆的立方和六方结构，金属离子位于其八面体或四面体间隙中。

玻璃相是一种低熔点的非晶态固相。它的作用是粘接晶相，填充晶相间的空隙，提高致密度，降低烧结温度，抑制晶粒长大等。玻璃相的组成随着坯料组成、分散度、烧结时间以及炉（窑）内气氛的不同而变化。玻璃相会降低陶瓷的强度、耐热耐火性和绝缘性，故陶瓷中玻璃相的体积分数一般为 20%～40%。

气相（气孔）是指陶瓷孔隙中的气体。陶瓷的性能受气孔的含量、形状、分布等的影响。气孔会降低陶瓷的强度，增大介电损耗，降低绝缘性，降低致密度，提高绝热性和抗振性，同时对功能陶瓷的光、电、磁等性能也会产生影响。普通陶瓷的气孔率为 5%～10%（体积分数），特种陶瓷和功能陶瓷为 5% 以下。

二、陶瓷材料的性能

（一）力学性能

陶瓷材料具有极高的硬度和优良的耐磨性，其硬度一般为 1000～5000HV，而淬火钢一般不超过 800HV。陶瓷的弹性模量高，刚度大，是各种材料中最高的。由于晶界的存在，陶瓷的实际强度比理论值要低得多，其强度和应力状态有密切关系。陶瓷的拉伸强度很低；弯曲强度稍高；压缩强度很高，一般比拉伸强度高 10 倍。陶瓷的塑性、韧性低，脆性大，在室温下几乎没有塑性。

（二）物理化学性能

陶瓷的熔点很高，大多在 2000℃ 以上，因此具有很高的耐热性能。陶瓷的线胀系数小，导热性和抗热振性都较差，受热冲击时容易破裂。陶瓷的化学稳定性高，抗氧化性优良，对酸、碱、盐具有良好的耐腐蚀性。陶瓷有各种电学性能，大多数陶瓷具有高电阻率，少数陶瓷具有半导体性质。许多陶瓷具有特殊的性能，如光学性能、电磁性能等。

第三节　陶瓷的生产工艺与粉末冶金

粉末冶金法是一种用金属粉末（或掺入部分非金属粉末）制备，压制成形并经烧结而制成零件的方法。陶瓷的生产工艺和粉末冶金的生产工艺一般都经过原料配制、坯料成形、制品烧结、后加工处理等四个阶段，因此粉末冶金法可看成是陶瓷生产工艺在冶金中的应用。

一、陶瓷生产与粉末冶金生产的工艺

（一）原料配制

原料配制包括粉末制取、配料、混料、制成坯料等步骤。粉末制取是通过机械、物理及

化学的方法制备粉末。机械法有球磨法、雾化法等，物理化学法有还原法、电解法、化学置换法等。粉末的形状、粒度、纯度以及混料混合的均匀程度都会对产品的质量产生显著影响。一般，粉末越细、越纯、越均匀，产品的性能越好。

生成的坯料根据成形方法分为可塑泥料、浆料和粉料等。粉料中通常要加入一些成形剂和增塑剂，如石蜡等。

（二）坯料成形

将坯料装入模具内，通过一定方法制成具有一定形状、尺寸和密度的生坯。生坯含水较多，强度不高，需进行干燥。

成形方法有可塑成形、注浆成形、压制成形等。压制成形又有干压成形、热压成形、注射成形、冷等静压成形、热等静压成形、爆炸成形等。成形方法的选择主要取决于制品的形状、性能要求及粉末自身的性质。

（三）制品烧结

烧结是将干燥后的生坯加热到高温，通过一系列的物理化学变化，获得要求的性能。

烧结方法有常压烧结、热压烧结、反应烧结、气氛加压烧结和热等静压烧结等。

普通陶瓷烧结一般在窑炉中常压进行。特种陶瓷和粉末冶金的烧结一般在通保护气氛的高温炉或真空炉中进行。

（四）后加工处理

陶瓷制品烧结后一般不再加工，如要求高精度则可研磨加工。

有些粉末冶金制品在烧结后还要进行加工处理，如冷挤压、热处理、浸油、机械加工。

二、粉末冶金材料

粉末冶金材料包括金属材料及合金、陶瓷材料及复合材料等，按用途可分为机器零件材料、工具材料、高温材料、电工材料、磁性材料等。

（一）粉末冶金机器零件材料

机器零件材料包括减摩材料、结构材料、多孔材料、密封材料、摩擦材料等。

（1）减摩材料　按润滑条件，减摩材料可分为铁基、铜基含油轴承材料，铜铅/钢双金属复合材料，金属-塑料材料，固体润滑轴承材料等，用于制造滑动轴承、垫圈、球头座、密封圈等。

（2）结构材料　结构材料以碳钢粉或合金钢粉为主要原料，用粉末冶金工艺制造结构零件的材料。用粉末能直接压制成形状、尺寸精度、表面粗糙度等都符合要求的零件，具有少、无切削加工的特点。制品还可通过热处理来提高性能。结构材料用于制造汽车发动机、变速箱、农机具、电动工具等的齿轮、凸轮轴、连杆、轴承、衬套、垫圈、离合器等。

（3）多孔材料　多孔材料主要是以青铜、不锈钢、镍等制成的粉末冶金多孔材料，广泛用于机械、冶金、化工、医药和食品等工业部门，用于过滤、分离、催化、阻尼、渗透、气流分配、热交换等方面。

（4）摩擦材料　摩擦材料有铜基、铁基等金属类及碳基、塑胶基、石棉塑料基等有机物类，用于汽车、重型机械、飞机中制造制动片、离合器片、变速箱摩擦片等。

（二）粉末冶金工具材料

粉末冶金工具材料包括各种硬质合金、粉末高速工具钢、精细陶瓷（特种陶瓷）和金刚石-金属复合材料等，是主要的工具材料。

硬质合金是以难熔金属硬质化合物（硬质相或陶瓷相）为基，以金属为粘接剂（金属相），用粉末冶金方法制造的高硬度、高耐磨性材料。

硬质合金材料按其应用范围可分为切削工具材料、冲击工具材料、耐磨耐蚀材料和表面强化材料等。这里主要介绍硬质合金切削工具材料。根据 GB/T 18376.1—2008，切削工具用硬质合金牌号按使用领域的不同分为 P、M、K、N、S、H 六类。其中，P 类的适用于长切屑材料的加工，如钢、铸钢、长切削可锻铸铁等的加工；M 类用于不锈钢、铸钢、锰钢、可锻铸铁、合金钢、合金铸铁等的加工；K 类用于短切屑材料的加工，如铸铁、灰铸铁等的加工。切削工具用硬质合金牌号由类别代码、分组号、细分号（需要时使用）组成，如 P201。

硬质合金切削工具材料按成分和结构不同可分为以下几种：

（1）WC-Co 硬质合金　WC-Co 硬质合金的主要成分为 WC 和粘接剂 Co。老牌号用 YG（"硬""钴"两字汉语拼音首字）+Co 的平均质量分数（$w_{Co} \times 100$）表示，相当于 K 类硬质合金，如 K30（YG8）。这类合金具有较强的强度和韧性，主要用于制造刀具、模具、量具、耐磨零件等。其刀具主要用来加工铸铁、有色金属及其合金和非金属材料。

（2）WC-TiC-Co 硬质合金　WC-TiC-Co 硬质合金的主要成分为 WC、TiC 及 Co。老牌号用 YT（"硬""钛"两字汉语拼音首字）+TiC 的平均质量分数（$w_{TiC} \times 100$）表示，相当于 P 类硬质合金，如 P30（YT5）、P10（YT15）、P01（YT30）等。这类合金具有较高的硬度、耐磨性和热硬性，但强度和韧性低于 WC-Co 硬质合金，其刀具主要用于加工钢材。

（3）WC-TiC-TaC(NbC)-Co 硬质合金　WC-TiC-TaC（NbC）-Co 硬质合金是在 WC-TiC-Co 硬质合金中添加 TaC（NbC）后制备的硬质合金。TaC 或 NbC 在合金中的主要作用是提高合金的热硬性与高温强度。老牌号用 YW（"硬""万"两字汉语拼音首字，YW 硬质合金俗称万能硬质合金）+顺序号表示，相当于 M 类硬质合金，如 M10（YW1）、M20（YW2）等。WC-TiC-TaC（NbC）-Co 硬质合金一般用于加工合金钢、镍铬不锈钢等。由于其具有高的热硬性、高温强度、抗氧化能力、耐磨性和耐热性，兼具 WC-Co 及 WC-TiC-Co 合金的优点，可用于加工钢材（主要用途），也可用于加工铸铁和有色金属，故被称为万能硬质合金。它特别适用于加工各种高合金钢、耐热合金和各种合金铸铁等难加工材料。

（4）钢结硬质合金　钢结硬质合金是在硬质合金的基础上发展起来的一种新型工具材料，它是以钢作为粘接相，以 WC 或 TiC 等作为硬质相，用粉末冶金方法制成的一种工具材料。它既有硬质合金的高硬度、高耐磨性和耐蚀性，又具有一般合金工具钢的可加工性、可热处理性、可焊接性和可锻性，用于制造麻花钻、铣刀等形状复杂的刀具及模具和耐磨零件。根据 GB/T 10417—2008，碳化钨钢结硬质合金按其硬质相与粘接相的成分组成，可分为三种牌号，即 F3000、F3001 和 F3002。其中 F3000 为硬质相 WC 的质量分数为 50% 的碳化物钢结硬质合金，相当于老牌号 GW50。

（5）其他　如 TiC（N）基硬质合金、涂层硬质合金、梯度结构硬质合金切削工具材料、超细晶粒硬质合金等。

<h2>第四节 常用陶瓷材料</h2>

<h3>一、工程结构陶瓷材料</h3>

<h4>（一）普通陶瓷</h4>

普通陶瓷是指以黏土、长石、石英等为原料烧结而成的陶瓷。这类陶瓷质地坚硬、不氧化、耐腐蚀、不导电、成本低，但强度较低，耐热性及绝缘性不如其他陶瓷。

普通工业陶瓷有建筑陶瓷、电工陶瓷、化工陶瓷等。电工陶瓷主要用于制作隔电、机械支撑及连接用瓷质绝缘器件。化工陶瓷主要用于化学、石油化工、食品、制药工业中制造实验器皿、耐蚀容器、反应塔、管道等。

<h4>（二）特种陶瓷</h4>

1. 氧化铝陶瓷

氧化铝陶瓷又称为高铝陶瓷，主要成分为 Al_2O_3，含有少量 SiO_2。根据 Al_2O_3 含量可分为刚玉-莫来瓷（75 瓷，$w_{Al_2O_3} = 75\%$）和刚玉瓷（95 瓷、99 瓷）。

氧化铝陶瓷的强度高于普通陶瓷，硬度很高，耐磨性很好，耐高温，可在 1600℃ 高温下长期工作，具有良好的耐腐蚀性和绝缘性能，在高频下的绝缘性能尤为突出。氧化铝陶瓷的韧性低，脆性大，抗热振性差。氧化铝陶瓷还具有光学特性和离子导电特性。

氧化铝陶瓷可用于制作装饰瓷、内燃机的火花塞、电路基板、管座、石油化工泵的密封环、机轴套、导纱器、喷嘴、火箭及导弹的导流罩、切削工具、模具、磨料、轴承、人造宝石、耐火材料、坩埚、炉管、热电偶保护套等，还可用于制作人工骨骼、透光材料、激光振荡元件、微波整流罩、太阳电池材料和蓄电池材料等。

2. 氮化硅陶瓷

氮化硅陶瓷是以 Si_3N_4 为主要成分的陶瓷，根据制作方法可分为热压烧结陶瓷和反应烧结陶瓷。

氮化硅陶瓷具有很高的硬度，摩擦因数小，耐磨性好，抗热振性大大高于其他陶瓷。它具有优良的化学稳定性，能耐除氢氟酸、氢氧化钠外的其他酸和碱性溶液的腐蚀，以及抗熔融金属的侵蚀。它还具有优良的绝缘性能。

热压烧结氮化硅陶瓷的强度、韧性都高于反应烧结氮化硅陶瓷，主要用于制造形状简单、精度要求不高的零件，如切削刀具、高温轴承等。反应烧结氮化硅陶瓷用于制造形状复杂、精度要求高的零件，用于要求耐磨、耐蚀、耐热、绝缘等场合，如泵密封环、热电偶保护套、高温轴承、电热塞、增压器转子、缸套、活塞顶、电磁泵管道和阀门等。氮化硅陶瓷还是制造新型陶瓷发动机的重要材料。

3. 碳化硅陶瓷

碳化硅陶瓷是以 SiC 为主要成分的陶瓷。碳化硅陶瓷按制造方法分为反应烧结陶瓷、热压烧结陶瓷和常压烧结陶瓷。

碳化硅陶瓷具有很高的高温强度，在 1400℃ 时弯曲强度仍保持在 $500\sim600$MPa，工作温度可达 1700℃。它具有很好的热稳定性、抗蠕变性、耐磨性、耐蚀性，良好的导热性、耐辐射性。

碳化硅陶瓷可用于石油化工、钢铁、机械、电子、原子能等工业中，如制造火箭尾喷管喷嘴、浇注金属的浇道口、轴承、轴套、密封阀片、轧钢用导轮、内燃机器件、热交换器、热电偶保护套管、炉管、反射屏、核燃料包封材料等。

4. 氮化硼（BN）陶瓷

氮化硼陶瓷分为低压型和高压型两种。

低压型 BN 为六方晶系，结构与石墨相似，又称为白石墨。其硬度较低，具有自润滑性，具有良好的高温绝缘性、耐热性、导热性，化学稳定性好。用于制造耐热润滑剂、高温轴承、高温容器、坩埚、热电偶套管、散热绝缘材料、玻璃制品成形模等。

高压型 BN 为立方晶系，硬度接近金刚石，用于制造磨料和金属切削刀具。

5. 氧化锆陶瓷

ZrO_2 有三种晶体结构：立方结构（c 相）、四方结构（t 相）和单斜结构（m 相）。氧化锆陶瓷热导率小，化学稳定性好，耐腐蚀性高，可用作高温绝缘材料、耐火材料，如熔炼铂和铑等金属的坩埚、喷嘴、阀芯、密封器件等。氧化锆陶瓷硬度高，可用于制造切削刀具、模具、剪刀、高尔夫球棍头等。ZrO_2 具有敏感特性，可做气敏元件，还可作为高温燃料电池固体电解隔膜、钢液测氧探头等。

在 ZrO_2 中加入适量的 MgO、Y_2O_3、CaO 等氧化物后，可以显著提高氧化锆陶瓷的强度和韧性，所形成的陶瓷称为氧化锆增韧陶瓷，如含 MgO 的 Mg-PSZ、含 Y_2O_3 的 Y-TZP 和 TZP-Al_2O_3 复合陶瓷。PSZ 为部分稳定氧化锆，TZP 为四方多晶氧化锆。氧化锆增韧陶瓷可以用来制造发动机的气缸内衬、推杆、连杆、活塞帽、阀座、凸轮、轴承等。

6. 氧化镁、氧化钙、氧化铍陶瓷

MgO、CaO 陶瓷耐金属碱性熔渣腐蚀性好，热稳定性差。MgO 高温易挥发，CaO 易水化。MgO、CaO 陶瓷可用于制造坩埚、热电偶保护套管、炉衬材料等。

BeO 具有优良的导热性，热稳定性高，具有消散高温辐射的能力，但强度不高。可用于制造真空陶瓷、高频电炉的坩埚、有高温绝缘要求的电子元件和核反应堆用陶瓷。

7. 氮化铝陶瓷

氮化铝陶瓷主要用作半导体基板材料，坩埚、保护管等耐热材料，高导热填料，红外与雷达的透波材料等。

8. 莫来石陶瓷

莫来石陶瓷主晶相为莫来石的陶瓷的总称。莫来石陶瓷具有高的高温强度和良好的抗蠕变性能、低的热导率。高纯莫来石陶瓷韧性较低，不宜作为高温结构材料，主要用于制造在 1000℃ 以上高温氧化气氛下工作的长喷嘴、炉管及热电偶套管。

为提高莫来石陶瓷的韧性，加入 ZrO_2 形成氧化锆增韧莫来石（ZTM），或加入 SiC 颗粒、晶须形成复相陶瓷。ZTM 具有较高的强度和韧性，可作为刀具材料或制造绝热发动机的某些零部件。

9. 赛隆（Sialon）陶瓷

赛隆陶瓷是在 Si_3N_4 中添加有一定量的 Al_2O_3、MgO、Y_2O_3 等氧化物形成的一种新型陶瓷。它具有很高的强度，优异的化学稳定性和耐磨性，抗热振性好。赛隆陶瓷主要用于制造切削刀具，金属挤压模内衬，汽车上的针形阀、底盘定位销等，还可与金属材料组成摩擦副。

表 10-1 为一些陶瓷材料的性能。

表 10-1 陶瓷材料的性能

类别	材料		性　能				
			密度/ g·cm^{-3}	弯曲强度 /MPa	拉伸强度 /MPa	压缩强度 /MPa	断裂韧度/ MPa·m$^{1/2}$
普通陶瓷	普通工业陶瓷		2.2~2.5	65~85	26~36	460~680	—
特种陶瓷	氧化铝陶瓷		3.2~3.9	250~490	140~150	1200~2500	4.5
	氮化硅陶瓷	反应烧结	2.20~2.27	200~340	141	1200	2.0~3.0
		热压烧结	3.25~3.35	900~1200	150~275	—	7.0~8.0
	碳化硅陶瓷	反应烧结	3.08~3.14	530~700	—	—	3.4~4.3
		热压烧结	3.17~3.32	500~1100	—	—	—
	氮化硼陶瓷		2.15~2.3	53~109	110	233~315	—
	氧化锆陶瓷		5.6	180	148.5	2100	2.4
	Y-TZP 陶瓷		5.94~6.10	1000	1570	—	10~15.3
	Y-PSZ 陶瓷（ZrO$_2$+3mol%Y$_2$O$_3$）		5.00	1400	—	—	9
	氧化镁陶瓷		3.0~3.6	160~280	60~98.5	780	—
	氧化铍陶瓷		2.9	150~200	97~130	800~1620	—
	莫来石陶瓷		2.79~2.88	128~147	58.8~78.5	687~883	2.45~3.43
	赛隆陶瓷		3.10~3.18	1000	—	—	5~7

二、功能陶瓷

具有热、电、声、光、磁、化学、生物等功能的陶瓷称为功能陶瓷。功能陶瓷大致可分为电功能陶瓷、磁功能陶瓷、光功能陶瓷、生化功能陶瓷等。

（一）铁电陶瓷

有些陶瓷的晶粒排列是不规则的，但在外电场作用下，不同取向的电畴开始转向电场方向，材料出现自发极化，在电场方向呈现一定电场强度，这类陶瓷称为铁电陶瓷。广泛应用的铁电陶瓷有钛酸钡、钛酸铅、锆酸铝等。

铁电陶瓷应用最多的是制造铁电陶瓷电容器，还可用于制造压电元件、热释电元件、电光元件、电热元件等。

（二）压电陶瓷

铁电陶瓷在外加电场作用下出现宏观的压电效应，这样的陶瓷材料，称为压电陶瓷。目前所用的压电陶瓷主要有钛酸钡、钛酸铅、锆酸铝、锆钛酸铅等。

压电陶瓷在工业、国防及日常生活中应用十分广泛，如制造压电换能器、压电马达、压电变压器、电声转换器件等。利用压电效应将机械能转换为电能或将电能转换为机械能的元件称为换能器。

（三）半导体陶瓷

导电性介于导电和绝缘介质之间的陶瓷材料称为半导体陶瓷，主要有钛酸钡陶瓷，具有正电阻温度系数，应用非常广泛，可用于电动机、计算机、复印机、变压器、烘干机、暖风机、电烙铁、燃料的发热体、阻风门、化油器、功率计的制造及用于线路温度补偿等。

（四）氧化锆固体电解质陶瓷

ZrO_2 中加入 CaO、Y_2O_3 等后，提供了氧离子扩散的通道，所以为氧离子导体。氧化锆固体电解质陶瓷主要用于氧敏传感器和高温燃料电池的固体电解质。

（五）生物陶瓷

氧化铝陶瓷和氧化锆陶瓷与生物肌体有较好的相容性、耐腐蚀性和耐磨性能都较好，因此常被用于制造生物体中承受载荷部位的矫形整修结构，如人造骨骼等。

三、金属陶瓷

金属陶瓷是以金属氧化物（如 Al_2O_3、ZrO_2 等）或金属碳化物（如 TiC、WC 等）为主要成分，加入适量金属粉末，通过粉末冶金方法制成的，具有某些金属性质的陶瓷。典型的金属陶瓷就是硬质合金。

金属陶瓷兼有金属和陶瓷的优点，它密度小，硬度高，耐磨，导热性好，不会因为骤冷或骤热而脆裂。另外，在金属表面涂一层气密性好、熔点高、传热性能很差的陶瓷涂层，也能防止金属或合金在高温下氧化或腐蚀。

随着科学技术的发展，金属陶瓷的用途越来越广泛。利用金属陶瓷的耐热性和高温强度，可以做火箭、导弹、燃气涡轮、喷气发动机、核能锅炉的零件，熔炼金属的坩埚，高温轴承，密封环及涡轮机叶片等；利用它的硬度，可以做金属切削刀具、拉丝模套和轴承材料；利用它的导电性能，可以做发热体和电刷等。

习　　题

10-1　陶瓷材料的显微组织结构包括哪三相？它们对陶瓷的性能有何影响？

10-2　简述陶瓷和粉末冶金的生产工艺。

10-3　从结合键角度分析陶瓷材料的主要性能特点。

10-4　简述陶瓷材料的种类、性能特点及应用。

10-5　简述硬质合金的种类、性能特点及应用。

10-6　讨论高温陶瓷结构材料替代高温金属材料的可行性。

10-7　比较 T10A、W6Mo5Cr4V2 刀具材料在使用状态的组织和主要性能特点。

10-8　说明陶瓷刀具材料应用发展现状。

第十一章

复合材料

第一节 概　述

一、复合材料的概念

复合材料早在几千年前就已经出现，自然界中也存在许多天然复合材料，如竹子、木材、骨骼等，然而作为材料学科的一个专门学科却只有几十年的时间。自 20 世纪 50 年代以来，随着航空、航天、机械、电子、化工、原子能、通信等行业的发展，对材料的性能要求越来越高，因此复合材料得到了迅速发展。

国际标准化组织对复合材料的定义是："由两种以上在物理和化学上不同的物质结合起来而得到的一种多相固体材料"。有些钢和陶瓷材料也可以看作是复合材料，但现代复合材料的概念主要是指经人工特意复合而成的材料，而不包括天然复合材料及钢和陶瓷材料这一类多相固体材料。

二、复合材料的组成和分类

（一）复合材料的组成

复合材料是多相体系，通常分成两个基本组成相：一个相是连续相，称为基体相，主要起粘接和固定作用；另一个相是分散相，称为增强相，主要起承受载荷作用。此外，基体相和增强相之间的界面特性对复合材料的性能也有很大影响。

（二）复合材料的分类

复合材料的种类很多，目前尚无统一的分类方法，通常可根据以下的三种方法进行分类。

1. 按基体相分类

可分为树脂基（又称为聚合物基，如塑料基、橡胶基等）复合材料、金属基（如铝基、铜基、钛基等）复合材料、陶瓷基复合材料、水泥基复合材料和碳-碳基复合材料等。

2. 按增强相的种类和形态分类

可分为纤维增强复合材料、颗粒增强复合材料、叠层复合材料、骨架复合材料以及涂层复合材料等。纤维增强复合材料又有长纤维或连续纤维复合材料、短纤维或晶须复合材料等，如纤维增强塑料、纤维增强橡胶、纤维增强金属、纤维增强陶瓷等。颗粒增强复合材料又有纯颗粒增强复合材料和弥散增强复合材料。

3. 按复合材料的性能分类

可分为结构复合材料和功能复合材料。树脂基、金属基、陶瓷基、水泥基和碳-碳基复合材料等都属于结构复合材料。功能复合材料具有独特的物理性质，有换能复合材料、阻尼吸声复合材料、导电导磁复合材料、屏蔽功能复合材料等。

三、复合材料的性能

复合材料的性能主要取决于基体相和增强相的性能、两相的比例、两相间界面的性质和增强相几何特征。复合材料既保持了组成材料各自的最佳特性，又有单一材料无法比拟的综合性能。

（一）力学性能

1. 比强度和比模量

复合材料具有比其他材料都高的比强度和比模量，尤其是碳纤维-环氧树脂复合材料。表 11-1 为常用金属材料与复合材料的性能比较。

表 11-1 常用金属材料与复合材料的性能比较

类别	材料	性能				
		密度/ $g \cdot cm^{-3}$	拉伸强度/ MPa	弹性模量/ GPa	比强度/ $10^5 N \cdot m \cdot kg^{-1}$	比模量/ $10^6 N \cdot m \cdot kg^{-1}$
金属材料	钢	7.8	1020	210	1.29	27
	铝合金	2.8	470	75	1.68	26.8
	钛合金	4.5	1000	110	2.22	24.4
复合材料	碳纤维-环氧树脂	1.45	1500	140	10.34	97
	碳化硅纤维-环氧树脂	2.2	1090	102	4.96	46.4
	硼纤维-环氧树脂	2.1	1344	206	6.4	98
	硼纤维-铝	2.65	1000	200	3.78	75
	玻璃钢	2.0	1040	40	5.2	20

2. 疲劳性能

纤维增强复合材料具有较小的缺口敏感性，其纤维和基体间的界面能有效地阻止疲劳裂纹的扩展，因此具有较高的疲劳极限；而且纤维增强复合材料有大量独立的纤维，受载后如有少数纤维断裂，载荷会迅速重新分布到其他纤维上，不会产生突然破坏，断裂安全性好。

3. 其他性能

复合材料的比模量高，因此其自振频率也高；而且复合材料的界面有较高的吸振能力，材料的阻尼特性好，因此复合材料具有良好的减振性能。大多数纤维增强复合材料具有良好的高温强度、高温弹性模量和抗蠕变性能。许多树脂基、金属基、陶瓷基复合材料还具有良好的耐磨性能。

（二）物理化学性能

复合材料的密度低，热胀系数小。许多复合材料具有导电、导热、压电效应、换能、吸波等特殊性能。有些复合材料还具有良好的耐热性和化学稳定性。

第二节　增强材料及复合增强原理

一、增强材料

（一）纤维、晶须增强材料

常用的纤维增强材料有玻璃纤维、碳（石墨）纤维、硼纤维、碳化硅纤维、芳纶纤维、石棉纤维、氧化铝纤维、晶须等。表11-2为常用纤维增强材料的性能比较。

1. 玻璃纤维

玻璃纤维由熔融的玻璃经拉丝而成，可制成连续纤维和短纤维。玻璃纤维具有不吸水、不燃烧、尺寸稳定、隔热、吸声、绝缘、能透过电磁波等特性，有良好的耐腐蚀性，除氢氟酸、浓碱、浓磷酸外，对其他溶剂有良好的化学稳定性。其缺点是脆性大，耐磨性差。由于其制取方便，价格便宜，因此是应用最多的增强纤维。

表 11-2　常用纤维增强材料的性能比较

材料	性能				
	密度/ $g \cdot cm^{-3}$	拉伸强度/ MPa	弹性模量/ GPa	比强度/ $10^5 N \cdot m \cdot kg^{-1}$	比模量/ $10^6 N \cdot m \cdot kg^{-1}$
无碱玻璃纤维	2.55	3400	71	13.3	28
高强度碳纤维	1.76	3530	230	20.06	130.68
高模量碳纤维	1.81	2740	392	15.14	216.57
硼纤维	2.36	2750	382	11.65	161.86
碳化硅纤维	2.55	2800	200	10.98	78.43
芳纶纤维（Kevlar49）	1.44	3620	125	25.14	86.8
钢丝	7.74	4200	200	5.43	25.84
氧化铝纤维	3.20	2600	250	8.13	78.13
α-SiC 晶须	3.15	6890~34500	483	21.87~109.52	153.33
石棉纤维	2.5	620	—	2.48	—

2. 碳纤维、石墨纤维

碳纤维是将有机纤维（如聚丙烯腈纤维、沥青纤维、棉纤维等）在惰性气体中经高温碳化而制成的纤维。经石墨化处理的碳纤维又称为石墨纤维。碳纤维的比强度和比模量高，在无氧条件下，于2500℃弹性模量也不降低。它的耐热性、耐寒性好，热膨胀系数小，热导率高，导电性好。石墨纤维的耐热性、导电性比碳纤维高，而且有自润滑性。碳纤维化学稳定性高，能耐浓盐酸、硫酸、磷酸、苯、丙酮等介质侵蚀。其缺点是脆性大，易氧化，与基体结合力差。

3. 硼纤维

硼纤维是用三氯化硼和氢气混合气在高温下将硼沉积到钨丝上制得的一种复合纤维。硼纤维具有高强度、高弹性模量、高耐热性，在无氧条件下，于1000℃时弹性模量也不降低，还具有良好的抗氧化性和耐腐蚀性。其缺点是直径较粗，伸长率低，生产工艺复杂，成本高。

4. 芳纶纤维

它的最大特点是比强度和比模量高，韧性好，具有优良的抗疲劳性、耐腐蚀性、绝缘性和可加工性，且价格便宜。

5. 碳化硅纤维

碳化硅纤维突出的优点是具有优良的高温强度，主要用作增强金属和陶瓷的材料。它是以钨丝或碳纤维做纤芯，通过气相沉积法而制得；或用聚碳硅烷纺纱，烧结制得。

6. 石棉纤维

石棉纤维是天然多晶质无机矿物纤维，主要有温石棉、青石棉和铁石棉纤维，以温石棉纤维用量最大。石棉纤维具有耐酸、耐热、保温、不导电等特性。石棉纤维应用的主要问题是粉尘大，对人体有害。

7. 氧化铝纤维

氧化铝纤维用有机物烧成法制得。它与金属基复合的材料可用常规金属加工方法制备。

8. 晶须

直径为几微米的单晶体，具有很高的强度。常用的有碳化硅、氧化铝、氮化硅晶须等，但由于价格昂贵，使用受到限制。

9. 其他纤维增强材料

棉、麻等天然纤维和尼龙、涤纶等合成纤维及它们的织物都可作为增强材料，但性能较差，只能用于一般要求的复合材料。

（二）颗粒增强材料

颗粒增强材料主要是各种陶瓷材料颗粒，如 Al_2O_3、SiC、WC、TiC、Si_3N_4、B_4C 及石墨等。另外，氧化锌、碳酸钙、氧化铝、石墨等粉末增强材料一般作为填料用于塑料和橡胶制品。炭黑一般不列入颗粒增强材料之中。

二、复合增强原理

（一）颗粒增强复合材料的复合增强原理

弥散增强复合材料颗粒尺寸小于 $0.1\mu m$，主要是氧化物。这些弥散于金属或合金基体中的颗粒，能有效地阻碍位错的运动，从而产生显著的强化作用。其复合强化机理与合金的沉淀强化机理类似，基体是承受载荷的主体。所不同的是，合金的沉淀强化弥散相质点是借助于相变而产生的，当超过一定温度时会粗化甚至重溶，导致合金高温强度降低；而弥散增强复合材料中颗粒随温度的升高仍可保持其原有尺寸，因此其增强效果在高温下可维持较长的时间，使复合材料的抗蠕变性能明显优于所用的基体金属或合金。弥散增强颗粒的尺寸、形状、体积分数以及同基体的结合力都会影响增强的效果。

纯颗粒增强复合材料颗粒尺寸大于 $0.1\mu m$。在这种复合材料中，颗粒不是通过阻碍位错的运动而是通过限制颗粒邻近基体的运动来达到强化基体的目的。因此，复合材料所受载荷并非完全由基体承担，增强颗粒也承受部分载荷。复合材料的性能受颗粒大小的影响，颗粒尺寸小，增强效果好；颗粒与基体间的结合力越大，增强的效果越明显。

颗粒增强复合材料的性能与增强体和基体的比例密切相关，而某些性能只与各组成物的相对量及性能有关，可用混合定律来预测某些性能。如计算复合材料的密度，关系式为

$$\rho_c = \rho_p \Phi_p + \rho_m \Phi_m \tag{11-1}$$

式中，ρ_c、ρ_p、ρ_m 分别为复合材料、颗粒、基体的密度；Φ_p、Φ_m 分别为复合材料中颗粒、基体的体积分数。

刚性纯颗粒增强复合材料的弹性模量也可用混合定律来预测，其上、下限值（E_c、E_c'）关系式分别为

$$E_c = E_p \Phi_p + E_m \Phi_m \tag{11-2}$$

$$E_c' = \frac{E_p E_m}{E_p \Phi_m + E_m \Phi_p} \tag{11-3}$$

式中，E_c（E_c'）、E_p、E_m 分别为复合材料、颗粒、基体的弹性模量。

复合材料的强度和硬度不能用混合定律来计算。这是由于复合材料的强度不仅与增强相、基体相的数量及性能有关，还与颗粒的大小及其在基体中的分布状态以及颗粒与基体的结合力大小有关。混合定律不可能完全表达出这些因素的影响作用。

（二）纤维增强复合材料的复合增强原理

对于纤维增强复合材料，基体相将复合材料所受外载荷通过一定的方式传递并分布给增强纤维，增强纤维承担大部分外力，基体相主要提供塑性和韧性。纤维处于基体相之中，相互隔离，表面受基体相保护，不易损伤，受载时也不易产生裂纹。当部分纤维产生裂纹时，基体相能阻止裂纹迅速扩展并改变裂纹扩展方向，将载荷迅速重新分布到其他纤维上，从而提高了材料的强韧性。纤维增强复合材料的性能，既取决于基体相和纤维的性能及相对数量，也与两者之间的结合状态及纤维在基体相中的排列方式等因素有关。增强纤维在基体相中的排列方式有连续纤维单向排列、长纤维正交排列、长纤维交叉排列、短纤维混杂排列等。

混合定律也可用来描述和预测纤维增强复合材料的某些性能，如复合材料的密度、复合材料沿纤维排列方向的电导率和热导率。计算式为

$$\rho_c = \rho_f \Phi_f + \rho_m \Phi_m \tag{11-4}$$

$$k_c = k_f \Phi_f + k_m \Phi_m \tag{11-5}$$

$$\lambda_c = \lambda_f \Phi_f + \lambda_m \Phi_m \tag{11-6}$$

式中，ρ_c、ρ_f、ρ_m 分别为复合材料、纤维、基体的密度；k_c、k_f、k_m 分别为复合材料、纤维、基体的导电性；λ_c、λ_f、λ_m 分别为复合材料、纤维、基体的热导率。

当外载荷平行于单向连续纤维复合材料的纤维方向时，混合定律还可计算其弹性模量：

$$E_c = E_f \Phi_f + E_m \Phi_m \tag{11-7}$$

式中，E_c、E_f、E_m 分别为复合材料、纤维、基体的弹性模量。

当外力大到超过基体弹性变形范围而使基体发生流变时，复合材料的应力-应变曲线不再保持线性关系，基体对复合材料刚度的影响可忽略不计，复合材料的弹性模量近似表示为

$$E_c = E_f \Phi_f \tag{11-8}$$

当外载荷垂直于单向连续纤维复合材料的纤维方向时，复合材料弹性模量的计算式为

$$1/E_c = 1/E_f + 1/E_m \tag{11-9}$$

第三节　常用复合材料

一、树脂基复合材料

树脂基复合材料又称为聚合物基复合材料，各类增强改性或填充改性的塑料和橡胶都属于树脂基复合材料。

（一）树脂基复合材料的成型

1. 预浸料

预浸料是将树脂浸到纤维或纤维织物上，通过一定处理制成的增强塑料的半成品。按增强材料的纺织形式有预浸带、预浸布、无纬布之分。为保证使用时具有合适的黏度、凝胶时间等工艺性能，预浸料一般在-18℃下存储。

2. 成型方法

树脂基复合材料的成型方法很多，主要有以下几种：

（1）手糊成型　手糊成型是在成型模具上，用手工一边刷树脂一边铺增强纤维或纤维织物，然后成型固化的方法。所用树脂主要为不饱和聚酯和环氧树脂。手糊成型法设备简单，操作简便，但制品的形状和尺寸不稳定，劳动条件差，适于船体、罐体、外壳等小型制品。

（2）喷射成型　喷射成型是将切断的增强纤维和树脂、固化剂均匀混合后，以一定的压力喷射到成型模具表面，然后成型固化的方法。该法成型周期短，可实现自动化生产，适于制造复杂的、精度高的制品，如大、中型船体制品。

（3）热压罐成型　热压罐成型是将预浸料叠层铺设并密封在袋中抽真空，然后放入热压罐低压成型固化的方法。主要用于制造高性能的大型复合材料制品，如航空航天结构件。

（4）模压成型　模压成型是将浸渍纤维放入成型模具内，加热加压而成型固化的方法。所用树脂主要为热固性树脂。适于大批量生产尺寸精确的高性能短纤维增强制品。

（5）缠绕成型　缠绕成型是将浸渍纤维束或预浸料按一定的规律连续均匀缠绕在芯模表面，然后成型固化的方法。这是制造回转体形状制品的基本方法。

（6）拉挤成型　拉挤成型是将浸渍纤维在拉挤条件下连续通过模具的同时成型固化的方法。可直接制成管、棒、槽和工字梁等型材。该法质量好、效率高，适于大批量生产。

（二）树脂基复合材料简介

1. 玻璃纤维增强塑料

玻璃纤维增强塑料俗称玻璃钢，根据树脂的性质可分为热固性玻璃钢和热塑性玻璃钢。

热固性玻璃钢中，玻璃纤维的体积分数占60%~70%，常用基体树脂有环氧、酚醛、聚酯和有机硅等。其优点是密度小，强度高，耐腐蚀性好，绝缘性好，绝热性好，吸水性低，防磁，电磁波穿透性好，易于加工成型。其缺点是弹性模量低（只有结构钢的1/10~1/5），刚性差，耐热性不够高，只能在300℃以下使用。为了提高性能，可对树脂进行改性，如用环氧-酚醛树脂混溶或有机硅-酚醛树脂混溶。

热塑性玻璃钢中，玻璃纤维的体积分数占20%~40%，常用基体树脂有尼龙、聚乙烯、聚苯乙烯、聚碳酸酯等。其强度低于热固性玻璃钢，但具有较高的韧性、良好的低温性能及低的热膨胀系数。

玻璃钢主要用于制造要求自重轻的受力构件和要求无磁性、绝缘、耐腐蚀的零件。在航天工业中用于制造雷达罩、飞机螺旋桨、直升机机身、火箭及导弹的发动机壳体和燃料箱等。在船舶工业中用于制造轻型船、艇及船艇的各种配件。因玻璃钢的比强度大，可用于制造深水潜艇外壳；因玻璃钢无磁性，用其制造的扫雷艇可避免水雷的袭击。在车辆工业中用于制造汽车、机车、拖拉机的车身、发动机机罩、仪表盘等；在电机电器工业中用于制造重型发电机护环、大型变压器线圈筒以及各种绝缘零件、各种电器外壳等；在石油化工工业中用于代替不锈钢制作耐酸、耐碱、耐油的容器、管道等。玻璃纤维增强尼龙可代替有色金属制造轴承、齿轮等精密零件。

2. 碳纤维增强塑料

基体材料主要有环氧、聚酯、聚酰亚胺树脂等。碳纤维增强塑料具有低密度、高比强度和高比模量，还具有优良的抗疲劳性能、减摩耐磨性、耐蚀性和耐热性，但碳纤维与基体结合力低，垂直纤维方向的强度和刚度低。

碳纤维增强塑料在航空航天工业中主要用于制作飞机机身、机翼、螺旋桨、发动机风扇叶片、卫星壳体等。在汽车工业中用于制造汽车外壳、发动机壳体等。在机械制造工业中用于制作轴承、齿轮。在化学工业中用于制作管道、容器等。还可以用于制造纺织机梭子、X 射线设备，雷达、复印机、计算机零件，网球拍、赛车等体育用品。

3. 硼纤维增强塑料

基体材料主要有环氧、聚酰亚胺树脂等。硼纤维增强塑料具有高的拉伸强度、比强度和比模量，良好的耐热性，但各向异性明显，纵向与横向力学性能相差很大，难于加工，成本昂贵。主要用于制造航空航天工业中要求高刚度的结构件。

4. 芳纶纤维增强塑料

基体材料主要有环氧、聚乙烯、聚碳酸酯、聚酯树脂等。常用的是芳纶纤维-环氧树脂复合材料，它具有较高的拉伸强度、较大的伸长率、高的比模量、优良的疲劳抗力和减振性，其耐冲击性超过碳纤维增强塑料，疲劳抗力高于玻璃钢和铝合金，但压缩强度和层间剪切强度较低。主要用于制造飞机机身、机翼、发动机整流罩、火箭发动机外壳、防腐蚀容器、轻型船艇、运动器械等。

5. 石棉纤维增强塑料

基体材料主要有酚醛树脂、尼龙、聚丙烯树脂等。石棉纤维增强塑料具有良好的化学稳定性和电绝缘性能。主要用于制造汽车制动件、阀门、导管、密封件、化工耐腐蚀件、隔热件、电绝缘件等。

6. 碳化硅增强塑料

碳化硅增强塑料为碳化硅纤维与环氧树脂组成的复合材料。碳化硅增强塑料具有高的比强度和比模量，主要用于制造宇航器上的结构件，还可用于制作飞机机翼、门、降落传动装置箱等。

7. 其他增强塑料

其他增强塑料还有混杂纤维增强塑料及颗粒、薄片增强塑料等。

（1）混杂纤维增强塑料 由两种或两种以上纤维增强同一种基体相的增强塑料，如碳纤维和玻璃纤维、碳纤维和芳纶纤维混杂。它具有比单一纤维增强塑料更优异的综合性能。

（2）颗粒、薄片增强塑料　颗粒增强塑料是各种颗粒与塑料的复合材料，其增强效果不如纤维显著，但能改善塑料制品的某些性能，成本低。薄片增强塑料主要是用纸张、云母片或玻璃薄片与塑料复合的材料，其增强效果介于纤维增强与颗粒增强之间。

8. 橡胶基复合材料

橡胶基复合材料包括纤维增强橡胶和粒子增强橡胶。

（1）纤维增强橡胶　常用增强纤维有天然纤维、人造纤维、合成纤维、玻璃纤维、金属丝等。纤维增强橡胶制品主要有轮胎、传送带、橡胶管、橡胶布等。这些制品除了要具有轻质高强的性能外，还必须柔软和具有较高的弹性。纤维增强橡胶的制备过程与一般橡胶制品的制备过程相近。

增强层通常由缓冲层和胎体帘布层构成，缓冲层由玻璃纤维帘子线或合成纤维帘子线构成，胎体帘布层由尼龙纤维、聚酯纤维或棉纤维纺成的帘子线或钢丝增强橡胶构成。纤维增强橡胶 V 带的增强层位于传送带中上部，增强层有帘布、线绳、钢丝等，主要承受传动时的牵引力。增强层通常用各种纤维材料或金属材料制成，压力较低的一般采用各种纤维材料增强，强度要求较高的一般采用金属材料增强。

（2）粒子增强橡胶　橡胶中所使用的补强剂，如二氧化硅、氧化锌、活性碳酸钙等，使橡胶的强度、韧性、撕裂强度和耐磨性都显著提高。

二、金属基复合材料

与树脂基复合材料相比，金属基复合材料具有强度高，弹性模量高，耐磨性好，冲击韧性好，耐热性、导热性、导电性好，不易燃、不吸潮，尺寸稳定，不老化等优点；但存在密度较大，成本较高，部分材料工艺复杂的缺点。

（一）金属基复合材料的制造方法

1. 热压扩散法

将金属与增强相顺序放于模具中，在接近基体相金属熔点的温度下加压，通过金属与增强体界面原子间的相互扩散结合在一起而制成复合材料的方法称为热压扩散法。常用于连续粗纤维与金属的复合。

2. 液态渗透法

将熔化的金属液体渗入增强体而制成复合材料的方法称为液态渗透法，常可用挤压铸造法来实现。主要用于批量生产纤维增强低熔点金属基复合材料。

3. 喷涂沉积法

将液态金属和增强颗粒一起喷射到沉积器上而制成复合材料的方法称为喷涂沉积法。该法生产率高，材料均匀致密。

4. 粉末冶金法

该法在第十章中已做介绍，此处不再重复。

（二）纤维及晶须增强金属基复合材料

常用的长纤维增强材料有硼纤维、碳（石墨）纤维、氧化铝纤维、碳化硅纤维（单丝、单束）等，配合的基体相有铝及铝合金、钛及钛合金、镁及镁合金、铜合金、铅合金、高温合金及金属间化合物等。

常用的短纤维增强材料有氧化铝纤维、氮化硅纤维，晶须增强材料有氧化铝晶须

（Al_2O_{3w}）、碳化硅晶须（SiC_w）、氮化硅晶须等，配合的基体金属有铝、钛、镁等。

1. 纤维增强铝（或铝合金）基复合材料

（1）硼纤维增强铝基复合材料　这类材料是研究最成功、应用最广泛的复合材料。其基体材料有纯铝、变形铝合金、铸造铝合金等，视制造方法而定。它具有很高的比强度、比模量，优异的疲劳性能，良好的耐腐蚀性能，其比强度高于钛合金。主要用于制造航天飞机蒙皮、大型壁板、长梁、加强肋、航空发动机叶片、导弹构件等。

（2）碳纤维增强铝基复合材料　由碳（石墨）纤维与纯铝、变形铝合金、铸造铝合金组成。这种复合材料具有高比强度、高比模量、高温强度好，减摩性和导电性好等优点。缺点是复合工艺较困难，易产生电化学腐蚀。主要用于制造航空航天器天线、支架、油箱，飞机蒙皮、螺旋桨、涡轮发动机的压气机叶片，蓄电池极板等，也可用于制造汽车发动机零件（如活塞、气缸头等）和滑动轴承等。

（3）碳化硅纤维、晶须增强铝基复合材料　SiC-Al 复合材料具有高的比强度、比模量和高硬度，用于制造飞机机身结构件、导弹构件及汽车发动机的活塞、连杆等零件。SiC_w/Al 复合材料具有良好的综合性能，易于二次加工，用于制造航天航空用结构件。

（4）氧化铝纤维、晶须增强铝基复合材料　主要用于制造汽车发动机活塞等。

2. 纤维增强钛合金基复合材料

增强纤维主要有碳化硅纤维与硼纤维，基体相主要为 Ti-6Al-4V 钛合金，具有低密度、高强度、高模量、高耐热性、低热膨胀系数等优点，适用于制造高强度、高刚度的航天航空用结构件。

3. 纤维增强镁（或镁合金）基复合材料

具有高的比强度、比模量，低的热膨胀系数，尺寸稳定性好。适于制造航空航天器中对尺寸要求严格的零件。

4. 碳（石墨）纤维增强铜（或铜合金）基复合材料

除具有一定的强度、刚度外，还具有导电、导热性好，热膨胀系数小，摩擦因数小，磨损率低等许多优异的性能。主要作为功能材料使用，如制造电机的电刷、大功率半导体中的硅片电极托板，集成电路的散热板，还可用于制造滑动轴承、机车滑块等。

5. 纤维增强高温合金基复合材料

具有较高的强度、抗蠕变性、抗冲击性及耐热疲劳性。研究较多的有钨丝增强镍基复合材料、碳化硅增强金属间化合物（如 Ti_3Al、Ni_3Al）基复合材料。

（三）颗粒增强金属基复合材料

1. 纯颗粒增强金属基复合材料

纯颗粒增强金属基复合材料指颗粒尺寸大于 $0.1\mu m$ 的金属基复合材料。常用的增强颗粒有碳化硅、氧化铝、碳化钛等，基体金属有铝、钛、镁及其合金以及金属间化合物等。典型的颗粒增强金属基复合材料为硬质合金，其性能和用途在第十章中已做介绍。

（1）碳化硅颗粒增强铝基复合材料（SiC_p-Al）　这是一种性能优异的复合材料，其比强度与钛合金相近，比模量略高于钛合金，还具有良好的耐磨性。可用来制造汽车零部件，如发动机的缸套、衬套、活塞、活塞环、连杆、制动片、驱动轴等；航空航天用结构件，如卫星支架、结构连接件等。还可用来制造火箭、导弹构件等。

（2）颗粒增强高温合金基复合材料　基体材料有钛基和金属间化合物基。典型材料为

TiC/Ti-6Al-4V 复合材料，其强度、弹性及抗蠕变性都较高，使用温度高达 500℃。可用于制造导弹壳体、尾翼和发动机零部件。

2. 弥散强化金属基复合材料

指颗粒尺寸小于 $0.1\mu m$ 的金属基复合材料。常用的增强相有 Al_2O_3、MgO、BeO 等氧化物微粒，基体金属主要是铝、铜、钛、铬、镍等。通常采用表面氧化法、内氧化法、机械合金化法、共沉淀法等特殊工艺使增强微粒弥散分布于基体中。

（1）弥散强化铝基复合材料 也称为烧结铝，通常采用表面氧化法制备 Al_2O_3。其突出的优点是高温强度好，在 $300\sim500℃$ 之间，其强度远远超过其他变形铝合金。可用于制造飞机机身、机翼，发动机的压气机叶轮、高温活塞，冷却反应堆中核燃料元件的包套材料等。

（2）弥散强化铜基复合材料 具有良好的高温强度和导电性。主要用于制造高温导电、导热体，如高功率电子管的电极、焊接机的电极、白炽灯引线、微波管等。

三、陶瓷基复合材料

陶瓷具有耐高温、耐磨、耐腐蚀、高抗压强度、高弹性模量等优点，但脆性大，抗弯强度低。用纤维、晶须、颗粒与陶瓷制成复合材料，可提高其强韧性。表 11-3 为部分陶瓷材料与陶瓷基复合材料的性能比较。由表可见，增强的陶瓷基复合材料的抗弯强度和断裂韧度都大大提高，尤其以碳化硅纤维增强得最为显著。

表 11-3 部分陶瓷材料与陶瓷基复合材料的性能比较

材料	抗弯强度/MPa	断裂韧度/MPa·m$^{1/2}$
SiO_2	62	1.1
SiC/SiO_2	825	17.6
Si_3N_4（反应烧结）	340	3.0
SiC_w/Si_3N_4	800	7.0
SiC（反应烧结）	530	4.3
SiC/SiC	750	25.0
TiC_p/SiC	586	7.15
Al_2O_3	490	4.5
SiC/Al_2O_3	790	8.8

（一）纤维、晶须补强增韧陶瓷基复合材料

纤维主要有碳纤维、氧化铝纤维、碳化硅纤维以及金属纤维等。晶须主要是碳化硅晶须，氮化硅晶须也开始使用。研究较多的复合材料有 SiC/SiO_2、C/Si_3N_4、SiC/SiC、SiC/ZrO_2、SiC/Al_2O_3、SiC_w/Si_3N_4、SiC_w/Mullite（碳化硅晶须补强莫来石）、SiC_w/Y-TZP/Mullite（SiC 晶须和增韧氧化锆同时作为补强剂）、SiC_w/Al_2O_3、$Al_2O_3/SiC_w/TiC$ 纳米复合材料等。

纤维、晶须补强增韧陶瓷基复合材料具有比强度和比模量高、韧性好的特点，因此除了一般陶瓷的用途外，还可用作切削刀具，在军事和空间技术上也有很好的应用前景。

（二）颗粒补强增韧陶瓷基复合材料

研究较多的此类复合材料有 TiC_p/SiC、TiC_p/Si_3N_4、ZrB_2/SiC、ZrO_2/Mullite、$TiC_p/$

Al_2O_3、Si_3N_4/Al_2O_3、$SiC_p/Y\text{-}TZP/Mullite$ 等。

（三）晶须与颗粒复合补强增韧陶瓷基复合材料

有 SiC_w 与 ZrO_2 复合，SiC_w 与 SiC_p 复合等。晶须与颗粒复合可进一步提高强度和韧性。例如，$SiC_w/ZrO_2/Al_2O_3$ 材料的抗弯强度可达 1200MPa，断裂韧度达 $10MPa \cdot m^{1/2}$，而 SiC_w/Al_2O_3 的抗弯强度为 634MPa，断裂韧度达 $7.5MPa \cdot m^{1/2}$。

四、其他类型复合材料

（一）夹层复合材料

夹层复合材料是一种由上下两块薄面板和芯材构成的复合材料。面板材料有铝合金板、钛合金板、不锈钢板、高温合金板、玻璃纤维增强塑料、碳纤维增强塑料等。芯材有轻木、泡沫塑料、泡沫玻璃、泡沫陶瓷、波纹板、铝蜂窝、玻璃纤维增强塑料、芳纶纤维增强塑料等。面板和芯材的选择主要根据使用温度和性能要求而定。面板和芯材之间通常采用胶粘接，芯层有一层、二层或多层。在航空航天结构件中普遍应用蜂窝夹层结构复合材料。

夹层复合材料密度小，具有较高的比强度和比刚度，可实现结构轻量化，提高疲劳性能。不同的材料有不同的性能，如玻璃纤维增强塑料芯有良好的透波性和绝缘性，泡沫塑料芯有良好的绝热、隔声性能，泡沫陶瓷芯有良好的耐高温、防火性能。

（二）碳/碳复合材料

碳/碳复合材料（C/C 复合材料）是指用碳（或石墨）纤维增强碳基体（matrix）所制成的复合材料。碳基体是用热固性树脂或沥青的裂解碳或烃类经化学气相沉积的沉积碳制成的。碳/碳复合材料主要有碳纤维增强碳（简写作 $C_f\text{-}C$）、石墨纤维增强碳（简写作 $G_f\text{-}C$）和石墨纤维增强石墨（简写作 $G_f\text{-}G$）三类。

C/C 复合材料特有的优点是具有优良的高温力学性能，它在 1300℃ 以上时强度不仅没有下降反而升高，据测强度可以保持到 2000℃。单向复合材料的断裂是脆性的，双向和三向复合材料的断裂呈"假塑性"，在高应力下不至于发生灾难性破坏。C/C 复合材料除在较高温度下能与氧、硫、卤素元素反应外，在很宽广的温度范围内对常遇到的化学腐蚀物具有化学稳定性。C/C 复合材料还具有多孔性，吸水性，高耐磨性，高热导率及良好的耐烧蚀性。

C/C 复合材料可用于航空航天工业，如导弹头和航天飞机机翼前缘，火箭和喷气飞机发动机后燃烧室的喷管用高温材料，高速飞机用制动盘等。C/C 复合材料还可用于制造超塑性成型工艺的热锻压模具、粉末冶金中的热压模具、原子反应堆中氦冷却反应器的热交换器、涡轮压气机中的涡轮叶片和涡轮盘热密封件。C/C 复合材料具有极好的生物相容性，即与血液、软组织和骨骼能相容而且具有高的比强度和可曲性，可制成许多生物体整型植入材料，如人工牙齿、人工骨骼及关节等。

最新研究的用 SiC 部分置换碳基体的混合基［C/(C+SiC)］复合材料，和 C/C 复合材料相比具有更高的抗剪强度和抗氧化能力，将可能成为 C/C 复合材料的发展方向。

（三）功能复合材料

功能复合材料是具有特殊物理性能的复合材料。目前得到发展和应用的主要有压电型功能复合材料、吸收屏蔽型功能复合材料（也称隐身复合材料）、自控发热功能复合材料、导电功能复合材料、导磁功能复合材料、密封功能复合材料等。前面所述的碳（石墨）纤维增强铜（或铜合金）基复合材料就是一种功能复合材料。

习　题

11-1　什么是复合材料？复合材料有哪些种类？复合材料的性能有什么特点？

11-2　分别列举一种颗粒增强和纤维增强复合材料，说明两种增强原理的区别。

11-3　增强材料有哪些？在聚合物基和金属基复合材料中，常用的基体材料有哪些？

11-4　假设一 5mm 厚的环氧玻璃钢由层厚相同的三层环氧树脂和两层玻璃纤维组成。已知环氧树脂和玻璃纤维的密度分别为 $1.3\mathrm{g} \cdot \mathrm{cm}^{-3}$、$2.55\mathrm{g} \cdot \mathrm{cm}^{-3}$；弹性模量分别为 3.15MPa、71MPa。试求玻璃钢密度和纵向及横向弹性模量。

11-5　试选择合适的成型方法制造：①玻璃布/不饱和聚酯小船船身；②碳纤维/环氧单向增强管材。

11-6　简述玻璃钢、碳纤维增强塑料等常用纤维增强塑料的性能特点及应用。

11-7　简述常用纤维增强金属基复合材料的性能特点及应用。

11-8　简述夹层复合材料、C/C 复合材料的性能特点及应用。

11-9　为什么说复合材料是轻量化结构材料的主要发展方向之一？

第十二章

功能材料

功能材料是指具有特殊的电、磁、光、热、声、力、化学性能和生物学性能及其互相转化的功能，不主要用于结构目的，而是用以实现对信息和能量的感受、计测、显示、控制和转换为主要目的之高新材料。功能材料是现代高新技术发展的先导和基础，是 21 世纪重点开发和应用的新型材料。

第一节　概　　述

一、材料发展新阶段

功能材料的发展历史与结构材料一样的悠久，然而其产量却远小于结构材料。早在战国时期（公元前 3 世纪）就已利用天然磁铁矿来制造司南，到宋代用钢针磁化制出了罗盘，为航海的发展提供了关键技术。随着电力技术的发展，电功能材料和磁功能材料已得到较大的进步。20 世纪 50 年代微电子技术的发展，使得半导体电子功能材料迅速发展；20 世纪 60 年代出现了激光技术；20 世纪 70 年代的光电子技术也发展了相应的功能材料；进入 20 世纪 80 年代后，新能源功能材料和生物医学功能材料迅猛崛起。随着科学技术的发展，功能材料的品种越来越多，其应用也越来越广，在国民经济中的地位将与日俱增。这说明现代材料发展到了一个新阶段：功能材料已成为材料研究、开发与应用的重点，它与结构材料一样重要，今后将互相促进，共同发展。

二、功能材料的特点

（一）多功能化

功能材料往往具有多种功能：如减振合金，既具有减振阻尼功能，又有结构材料的性能；NiTi 合金，既是形状记忆合金，又是超弹性材料。

（二）材料与元件一体化

结构材料常以材料形式为最终产品，并对其本身进行性能评价；而功能材料则以元件形式为最终产品，并对元件的特性与功能进行评价，材料的研究开发与元器件也常常同步进行，即材料与元件一体化。

（三）制造和应用的高技术性、性能和质量的高精密性和高稳定性

为了赋予材料与元件的特定性能，需要严格控制材料成分（如高纯或超纯要求、微量元素或特种添加剂含量等）和内部结构及表面质量，这往往需进行特殊制备与处理工艺；

元器件的性能稳定性要求非常高。因此，功能材料大多是知识密集、技术密集、附加值高的高技术材料。

（四）材料形态多样性

功能材料的形态多种多样，同一成分的材料形态不同时，常会呈现不同的功能：如 Al_2O_3 陶瓷材料，拉成单晶时为人造宝石；烧结成多晶时常用作集成电路基板材料、透光陶瓷等；多孔质化时是催化剂的良好载体与过滤材料；纤维化时为良好的绝热保温材料。

三、功能材料的分类

近年来，功能材料迅速发展，已有几十大类、10 万多品种，且每年都有大量的新品种问世。功能材料的分类方法很多，目前尚无公认统一的方法。表 12-1 为不同分类方法的功能材料类型。

表 12-1 不同分类方法的功能材料类型

按化学组成分	按使用性能分	按使用领域分
金属功能材料	电功能材料	传感器用敏感材料
	磁功能材料	仪器仪表材料
高分子功能材料	热功能材料	信息材料
	力、声学功能材料	能源材料
陶瓷功能材料	光学功能材料	电工材料
	化学功能材料	光学材料
复合功能材料	生物功能材料	生物医学材料

四、功能材料的发展

功能材料已广泛应用于各技术领域和产业部门，对高新技术产业有着决定性的作用。在信息技术领域中，用于集成电路、电子元器件、磁性元件、光学元器件、自动化装置等，主要处理弱电、微光等信息，故这类材料又称为"信息材料"。在新能源技术领域，用于太阳能利用装置、温差发电器、地热发电站、原子能装置、贮氢和氢能利用装置等。在生物技术与生物医学领域，功能材料也大有用途，典型的有人体植入材料（人工假体）。

（一）多功能化

实现功能材料多功能化的重要途径是利用各种新技术和新工艺，改变材料的结构形态，进一步丰富现有材料的功能并扩大新型功能材料的应用。例如，对光功能材料薄膜化可得到选择性吸收膜或太阳能薄膜电池，对其纤维化可得光学纤维，对其无气孔化可得透光晶体等。

（二）功能复合化

材料性能之间的转换是一个普遍现象，而材料复合是材料制备的重要手段，通过材料复合和性能转换耦合，可以产生与原材料不同的新功能效应，见表 12-2。

（三）智能化

智能化是功能材料发展的高级阶段，智能材料指的是一种自身兼有对环境的可感知、判断、得出结论并发出指令功能的新材料，这是将信息科学融合于材料性能和功能的一种材料新构思。

表 12-2 功能复合的相乘性

甲组元性能（X/Y）	乙组元性能（Y/Z）	甲乙复合材料性能（X/Z）
压电性	电致发光	压力发光
	磁阻性	压阻效应
磁致伸缩	压阻性	磁阻效应
	压电性	磁电效应
光导性	电致伸缩	光致伸缩
	电致发光	光波转变
热胀变形	形敏电阻	热阻控制效应

第二节　电功能材料

电功能材料是指主要利用材料的电学性能和各种电效应的材料，其品种和数量很多，本节主要介绍导电材料、电阻材料及电接点材料。

一、导电材料

导电材料可用来制造传输电能的电线电缆和传导电信息的导线引线与布线。导电性是其主要性能（用电导率 σ 或电阻率 ρ 表示，国际电气公司 IEC 规定电阻率为 $1.7241\mu\Omega \cdot cm$ 的标准软铜的电导率为 100%，其他材料的电导率与之比较，并以 "%IACS" 单位表示），根据使用目的不同，有时还要求一定的强度、弹性、韧性或耐热耐蚀等其他性能。

（一）常用导电金属材料

纯铜与纯铝是最常用的导电材料，为改善力学性能和其他物理、化学性能而不明显损害其电导率和热导率，常添加少量合金元素制成高导电的高铜合金和铝合金。表 12-3、表 12-4 分别为部分主要高导电纯铜和高铜合金以及导电纯铝和铝合金的成分、主要性能和用途。此外，为进一步提高使用性能和工艺性能，满足某些特殊需要，还发展了复合金属导体，如铜包铝线、铜包钢线、铝包钢线、镀银铜线、镀锡铜线等。

表 12-3 高导电纯铜和高铜合金的成分、主要性能和用途

材料名称		成分质量分数 $w(\%)$	电导率 $\sigma(\%IACS)$	抗拉强度 R_m/MPa	断后伸长率 $A(\%)$	用途
铜	高纯铜	Cu99.90	100	196~235	30~50	电线电缆导体
	无氧铜	Cu99.99	101	196	6~41	电子管零件、超导体电缆包覆层
铜合金	弥散强化铜	Cu-Al$_2$O$_3$3.5	85	470~530	12~18	高温高强度导体
	银铜	Cu-Ag0.2	96	343~441	2~4	点焊电极、换向器片、引线
	锆铜	Cu-Zr0.2	90	392~441	10	同银铜
	稀土铜	Cu-RE0.1	96	343~441	2~4	同银铜
	镉铜	Cu-Cd1	85	588	2~6	架空导线、高强度导线
	铬锆铜	Cu-Cr0.3-Zr0.1	80	588~608	2~4	点焊电极、导线

表 12-4　导电纯铝和铝合金的成分、主要性能和用途

材料名称		成分质量分数 $w(\%)$	电导率 $\sigma(\%IACS)$	抗拉强度 R_m/MPa	断后伸长率 $A(\%)$	用　　途
纯铝		Al99.70~99.50	65~61	68~93(软)	20~40	电缆芯线
铝合金	铝镁	Al-Mg0.65~0.9	53~56	225~254(硬)	2	电车线
	铝镁硅	Al-Mg0.5~0.65-Si0.5~0.65	53	294~353(硬)	4	架空导线
	铝镁铁	Al-Mg0.26~0.36-Fe0.75~0.95	58~60	113~118(软)	15	电缆芯线
	铝硅	Al-Si0.5~1.0	50~53	254~323(硬)	0.5~1.5	电子工业用连接线

（二）厚膜与薄膜导体布线材料

贵金属（如 Au、Pd、Pt、Ag 等）厚膜导体是厚膜混合集成电路最早采用的膜材料，因贵金属价格昂贵，近年来发展了 Cu、Al、Ni、Cr 等廉金属系厚膜导体布线材料。薄膜导体布线材料主要包括单元薄膜（如 Al 膜）和复合薄膜（即多层薄膜，如 Cr-Au、NiCr-Au 薄膜等，其前者为底层、后者为面层）。

（三）导电高分子材料

导电高分子材料具有类似金属的电导率，通过分子设计，可以合成具有不同特性的导电高分子材料。按其导电原理可分为结构型导电高分子和复合型导电高分子。结构型是指高分子结构上就显示出良好的导电性（尤其是当有"掺杂剂"补偿离子时更是如此），通过电子或离子导电，如聚酰胺（PA）掺杂 H_2SO_4；复合型是指通过高分子与各种导电填料分散复合、层积复合或使其表面形成导电膜等方式制成，电阻率为 $10^{-2}\sim10^2\Omega\cdot m$ 的导电材料（如弹性电极和发热元件）是由橡胶和塑料为基料、炭黑（或碳纤维）和金属粉末为填料复合制成的，电阻率为 $10^{-6}\sim10^{-5}\Omega\cdot m$ 的高导电材料（如导电涂料、粘合剂）也可用类似方法复合而成。

导电高分子材料与金属相比，具有质轻、柔韧、耐蚀、电阻率可调节等优点，可望用来代替金属做导线材料、电池电极材料、电磁屏蔽材料和电伴热材料等。

（四）超导电材料

当低于某一临界温度时，导体的电阻突然消失、以零电阻为特征的状态称为超导态。该临界温度即为超导温度 T_c，使超导体从超导状态转变为正常状态的最低磁场强度和最小电流密度分别称为临界磁场强度 H_c 和临界电流密度 J_c。显然超导材料应有高的 T_c、H_c 和 J_c 值，且要易于加工成丝。

自 1911 年发现超导电现象以来，目前已研究的纯金属、合金、金属间化合物、氧化物和有机物等超导体已超过了 1000 多种。现阶段最常见的超导电材料仍然是低 T_c 的合金（如 NbTi 系超导合金，其 $w_{Ti}=44\%\sim55\%$，$T_c\approx9.8K$，工艺性能良好）与金属间化合物（如 Nb_3Sn 化合物，其 $T_c\approx18.5K$，但工艺性能较差）；高超导温度的超导电材料有氧化物高温超导电材料（如 Y-Ba-Cu 系氧化物薄膜，其成分为 $YBa_2Cu_3O_7$，$T_c\approx90K$）和有机超导电材料（如掺碱金属的 K_3C_{60} 三维超导体，其 $T_c\approx50K$）。高温超导电材料（$T_c>77K$）的出现使得超导体在液氮温度（$-196℃$ 即 77K）下的使用成为可能，其应用意义重大。

超导电材料的应用领域很多：①零电阻特性应用，如制造超导电缆、超导变压器；②高磁场特性应用，如磁流体发电、磁悬浮列车、核磁共振装置、电动机等。

二、电阻材料

利用物质的固有电阻特性来制造不同功能元件的材料称为电阻材料。电阻材料主要用作电阻元件、敏感元件（电阻对其他物理量和化学量的敏感特性）和发热元件，按其主要特性与用途可分为精密电阻材料、膜电阻材料和电热材料。

（一）精密电阻材料

精密电阻材料应具有低的电阻温度系数、高精度、高稳定性和良好的工艺性能。常用的材料有：①Cu-Mn 系电阻合金。典型牌号锰铜 6J12 （$w_{Mn} \approx 12\%$，"J"表示精密合金）。②Cu-Ni系电阻合金。典型牌号康铜 6J40 （$w_{Ni} \approx 40\%$）。③Ni-Cr 系电阻合金。典型牌号 6J22，其特点是电阻率高（为锰铜、康铜的 3～4 倍），耐热性、耐蚀性和力学性能佳。④贵金属电阻合金。主要有 Pt 基、Au 基、Pd 基与 Ag 基等，其特点是耐蚀、抗氧化、接触电阻小，但价格昂贵。⑤其他电阻合金。如 Mn 基、Ti 基及 Fe-Cr-Al 系改良型电阻合金等。

（二）膜电阻材料

膜电阻材料的特点是体积小，重量轻，便于混合集成化，其性能要求基本同精密电阻材料，常分为两类：

1. 厚膜电阻材料

一般做通用电阻、大功率电阻、高温高压电阻或高阻器件。厚膜电阻材料通称为厚膜电阻浆料，一般由导体粉料（包括纯金属、合金、金属氧化物和高分子导电材料）、玻璃粉料（主要是硼硅铅系玻璃）和有机载体（有机粘接剂）三部分组成。

2. 薄膜电阻材料

主要用于要求高精度、高稳定性、噪声电平低的电路及高频电路器件。薄膜电阻材料常采用真空镀膜工艺（蒸发、溅射等）制成，比块状电阻材料的电阻率更高、温度系数可控制得更低。薄膜电阻材料主要有：Ni-Cr 系、Ta 系（如 Ta_2N 薄膜）和金属陶瓷系（如 Cr-SiO 薄膜）三大类。应该重视的是，制膜工艺对薄膜电阻的特性影响甚大。

三、电接点材料

电接点材料是用来制造、建立和消除电接触的所有导体构件。根据电接点的工作电载荷大小不同分为强电、中电和弱电三类，但三者之间没有非常严格的界限；强电和中电接点主要用于电力系统和电器装置，弱电接点主要应用于仪器仪表、电信和电子装置。

（一）强电接点材料

强电接点材料应具有低的接触电阻，耐电蚀和耐磨损，高的耐电压强度和灭弧能力及一定的机械强度等；单一纯金属很难满足以上各点要求，故一般采用合金接点材料。常用强电接点材料有：①空气开关接点材料。主要有银系合金（如 Ag-CdO、Ag-Fe、Ag-W、Ag-石墨等）和铜系合金（如 Cu-W、Cu-石墨）。②真空开关接点材料。由于真空开关接点表面特别光洁，更易于熔焊，故要求材料抗电弧熔焊、坚硬而致密，常用材料有 Cu-Bi-Ce、Cu-Fe-Ni-Co-Bi、W-Cu-Bi-Zr 合金等。

（二）弱电接点材料

弱电接点的工作电载荷（电信号或电功率）和机械载荷（如接触压力）均很小，因此弱电接点材料应具有极好的导电性、极高的化学稳定性、良好的耐磨性和抗电火花烧损性。

目前大多采用贵金属合金制造，主要分为 Ag 系、Au 系、Pt 系和 Pd 系四类。其中 Ag 系接点材料主要用于高导电性、弱电流场合，Pt 系、Pd 系用于耐蚀、抗氧化、弱电流场合，Au 系合金具有最高的化学稳定性，多用于弱电流、高可靠性精密接点。

（三）复合接点材料

由于贵金属接点材料价格昂贵，资源有限，且其力学性能（如耐磨性等）欠佳，因此开发出来了多种形式的复合接点材料——通过一定的方式将贵金属接点材料与非贵金属基底材料（或支承材料、载体材料，主要是铜、镍纯金属及其合金材料）结合为一体，制成能直接用于制造接点零件的制品化材料。复合制造工艺有轧制包覆、电镀、焊接、气相沉积、复合铆钉等。复合接点材料已成为弱电接点材料的主流，在国外已有 90%以上的弱电接点均采用此类制品化材料；它不仅价格便宜，而且赋予了材料性能设计的灵活性，可制造出电接触性能与力学性能优化结合的接点元件。

第三节 磁功能材料

磁功能材料主要利用材料的磁性能和磁效应（如电磁互感效应、压磁效应、磁光效应、磁卡效应、磁阻效应和磁热效应等），实现对能量和信息的转换、传递、调制、存储、检测等功能作用，广泛应用于机械、电力、电子电信和仪器仪表等领域。磁功能材料的种类很多，如按成分不同主要分为金属磁性材料（含金属间化合物）和铁氧体（即氧化物磁性材料）；工程上常按磁性能不同将磁性材料分为软磁材料（一般认为其矫顽力 $H_c < 10^3 A \cdot m^{-1}$）和硬磁材料（即永磁材料）两大类，据其使用目的不同还可进行细分。

一、软磁材料

软磁材料的特点是：矫顽力低，磁导率高，磁滞损耗小，磁感应强度大，在外磁场中易磁化和退磁（即便是微弱磁场）。金属软磁材料的饱和磁感应强度高（适合于能量转换场合）、磁导率高（适合于信息处理）、居里温度高（适合于在较高的温度工作），但因电阻率低，趋肤效应差，涡流损失大，故一般限于在较低频域应用；而铁氧体软磁材料的电阻率高且耐磨，可用于高频领域，如用作微波材料和磁头材料。此处简单介绍几种金属软磁材料。

（一）电磁纯铁

一般为 $w_C < 0.04\%$、杂质含量较低的工业纯铁（如牌号 DT4），其优点是饱和磁感应强度高（B_s 达 2.15T）、易于加工且价格低廉，缺点是电阻率低，涡流损耗大。主要用于制造在直流磁场和低频磁场中工作的磁性元件，如各种铁心（1890 年就已应用）、电磁铁、电话机的振动片等。

（二）铁硅合金（电工硅钢片）

在工业纯铁中加入 Si 元素（$w_{Si} = 0.5\% \sim 4.8\%$）制成，常用牌号有 DR530—50（热轧）、35W440（冷轧无取向）、35Q155（冷轧单取向）等，其具体性能与规格详见 GB 5212—1985、GB/T 2521—2016 等。其优点是因 Si 的加入，电阻升高，涡流损失降低，磁性能比电磁纯铁优越得多，是目前用量最大的金属软磁材料，主要用于制造电力变压器和仪表变压器的铁心材料（1903 年开始应用）；缺点是脆性和硬度迅速增高，这给其加工带来了一定的难度。

（三）铁镍合金（通称坡莫合金 Permalloy）

指 Ni 的质量分数为 30%～90% 的软磁材料，常用牌号有 1J50、1J80、1J85 等。铁镍合金的特点是即便在弱磁场中均具有最大的磁导率（故又称为高磁导率合金），较高的电阻率且易于加工，适合于在交流弱磁场中使用，是用作精密仪表的微弱信息传递与转换、电路漏电检测、微弱磁场屏蔽等元件的最佳材料（如电信业、计算机和控制系统）。因其 B_s 较低，故不适合于做功率传输器件。

（四）铁钴合金

铁钴合金是 B_s 最高（约 2.45T）的金属软磁材料，且居里温度高达 980℃，但电阻率较低，适于制作小型轻量电动机和变压器。

（五）非晶和微晶软磁材料

它是通过特殊制备方法（如快淬工艺、气相沉积、电镀、机械合金化等）得到的非晶、微晶乃至纳米晶的新型磁性材料（也可生产硬磁材料）。此类磁性材料具有极优良的软磁性能，如高磁导率、高饱和磁感应强度、低矫顽力、低磁滞损耗，良好的高频特性、力学性能和耐蚀性等，是开发磁性材料的一次飞跃，现已被广泛使用，且其应用潜力仍然巨大。例如，使用材料 Fe-10Si-8B 生产的非晶软磁材料作为变压器铁心，其损耗只有硅钢片铁心的 1/3，且铁基非晶带材存在价格优势，在配电变压器、中频变压器、脉冲变压器和滤波电感器等器件上很有竞争力。

二、硬磁材料（永磁材料）

硬磁材料的特点是：矫顽力 H_c 高、剩余磁感应强度 B_r 高，且磁能积（$B \times H$）大，在外磁场去除后仍能保持强而稳定的磁性能（磁场）。硬磁材料的应用很广，但归纳起来可分为两个方面：其一是利用磁体产生静磁场，如磁制冷设备；其二是利用磁体的磁滞特性产生转动力矩，使电能转化为机械能，如磁滞电动机。

硬磁材料的种类很多，其分类方法也多种多样，此处主要介绍工程中常见的几种硬磁材料。

（一）淬火磁钢

在 $w_C = 1.0\%$ 左右的碳钢中加入 Cr、W、Mo、Al 等元素制成铬钢（2J63）、钨钢（2J64）、铬钴钢（2J65）等。其特点是价格低廉，易于加工，但硬磁性能不高且不稳定，主要用于电表中的磁铁。

（二）析出硬化铁基合金

以 α-Fe 为基弥散析出金属间化合物 Fe_mX_n（X 代表 Co、W、Mo、V 等）来提高硬磁性能，包括 FeCoW（2J51）、FeCoMo（2J25）等。其硬磁性能比淬火磁钢优越，且工艺性能仍较好，主要用于磁滞电动机转子、录音材料等。

（三）铝镍钴系和铁铬钴系硬磁合金

铝镍钴系硬磁合金以高剩磁为主要特征，常见牌号有 LN10、LNG40（JB/T 8146—2014）；铁铬钴系硬磁合金的磁性能与铝镍钴系硬磁合金相近，但加工性良好，常见牌号有 2J83、2J85 等。

（四）铁氧体硬磁材料

主要包括钡铁氧体（$BaO \cdot 6Fe_2O_3$）和锶铁氧化（$SrO \cdot 6Fr_2O_3$）两种，常用牌号有

Y10T、Y30BH 等。此类材料的磁性能虽然不如稀土硬磁，但是由于具有价格低廉、原材料丰富、化学稳定性好等优点，仍然是目前用量最大的一类硬磁材料（约 100t/年）。该类材料目前主要应用于汽车、家电、办公设备、仪器仪表等领域。

（五）稀土硬磁材料

此类材料是以稀土金属 RE（主要是钐 Sm、钕 Nd、镨 Pr）和过渡族金属 TM（主要是钴 Co、铁 Fe）为主要成分制成的，通常分为三类：第一代 $RETM_5$ 型稀土硬磁材料（如 $SmCo_5$）、第二代 RE_2TM_{17} 型稀土硬磁材料（如 Sm_2Co_{17}）及第三代 Nd-Fe-B 型稀土硬磁材料。其中，第三代 Nd-Fe-B 型稀土硬磁材料是当前磁性能最好的硬磁材料，号称"磁王"，广泛应用于机械、信息、交通、医疗等领域。Nd-Fe-B 型稀土硬磁材料的缺点是温度稳定性较差，在高温下容易退磁。与之相比，第一代 $RETM_5$ 型稀土硬磁材料及第二代 RE_2TM_{17} 型稀土硬磁材料的温度稳定性较好，同时具有很高的矫顽力，非常适用于高温领域。但是，第一代及第二代稀土硬磁材料要用到价格昂贵的战略金属 Co，生产成本极高，而且其剩磁及磁能积要低于 Nd-Fe-B 材料，目前主要用于生产军工产品。

三、磁致伸缩材料

铁磁性材料在外磁场的作用下发生形状和尺寸的改变（在磁化方向和垂直方向发生相反的尺寸伸缩），此为磁致伸缩效应；与此相反，在拉压力的作用下，材料本身在受力方向和垂直方向上发生磁化强度的变化，此为压磁效应。磁致伸缩效应很强烈的材料即为磁致伸缩材料，这类换能材料主要用作音频或超音频声波发生器振子（铁心），用于电声换能器、水声仪器、超声工程等，在水下通信与探测、金属探伤与疾病诊断、硬质材料的刀刻加工与磨削、催化反应及焊接方面应用广泛。

磁致伸缩材料一般属于软磁材料，主要材料有纯金属（如纯 Ni）、合金（如 1J50、1J13）及稀土系超磁致伸缩材料（如 Pr_2Co_{17}、$SmFe_2$ 等）。

四、磁性液体

由于迄今尚未发现居里温度高于熔点，故还不能制造真正的液态磁性材料。磁性液体则是指将磁性微粒（约 10nm）经活化剂处理，高度分散在液相载体（基液）中而形成的稳定的磁性胶体悬浮液。它既具有强磁性，又具有流动性，在磁场和重力场作用下能长期稳定存在而不沉淀或分层。

磁性液体由磁性微粒、活化剂和载体基液三部分组成。磁性微粒包括纯金属粉（Fe、Co）、合金粉（Fe-Co）、铁氧体粉（Fe_3O_4、$\gamma\text{-}Fe_2O_3$）和稀土永磁粉等；活化剂可包括离子活化剂和非离子活化剂；而载体基液有水基、脂类、烃类、聚苯醚、水银等，实际应用时可据不同需要进行选择。例如，我国生产的水基磁液 CY1-20A、矿物油基磁液 CY3-20C、合成油基磁液 CY9-10E 等。

磁性液体除了磁化和流体特性外，还具有光学、超声及热效应等。现已广泛用于密封与润滑、磁液扬声器与磁场传感器、光快门与光纤连接器、热力发动机与其他能量转换装置（如太阳能暖房）、机械人关节手夹钳、拉拔加工润滑装置、磁性染料和磁分选机等。

第四节 热功能材料

热功能材料是指主要利用热学性能和热效应的材料。用于制作发热、制冷、感温元件，或作为蓄热、传热、绝热介质应用于各技术领域；若材料还兼有电导和强度性能，则又可用来制作集成电路、电子元器件等的基板、引线框架、热双金属片等。

一、发热材料

发热材料应具有优良的高温抗氧化性、高的电阻率和低的电阻温度系数、良好的工艺性能等。

（一）金属发热材料

在较低温度（400～500℃）下使用的发热材料可采用 Cu-Ni 合金（如康铜合金）；而高于1000℃以上使用的发热材料则应采用高熔点金属（如 Mo、W、Pt、Ir 等）、镍基合金（如 Ni80Cr20、Ni60Cr15Fe20 等）和铁基合金（如 Fe64Cr28Al8、Fe70Cr25Al5 等），在镍基和铁基合金中，铬含量越高，发热元件的工作温度也越高。

（二）陶瓷发热材料

陶瓷发热材料的使用温度更高，但工艺性能不佳。常用的陶瓷发热材料有 SiC 系（1650℃）、$MoSi_2$ 系（1700～1800℃）、$LaCrO_3$ 系（1800℃）、ZrO_2 系（2000℃）和石墨系（3000℃）。应特别提及的是，具有正电阻温度系数的半导体发热陶瓷（PTC 陶瓷，如 $BaTiO_3$），在居里温度上电阻急剧升高而丧失导电性，故可作为恒温发热体，其应用极广（如家用暖风机、火车空调等）。

二、膨胀合金

绝大多数金属和合金均具有热胀冷缩现象，其程度可用膨胀系数来表示；但过渡族金属 Fe、Co、Ni 组成的某些合金，由于其铁磁性，在一定的温域内将出现反热膨胀效应（即因瓦效应），据此可制造各种膨胀系数的合金。所谓膨胀合金就是指这些具有并在使用中主要考核热膨胀特性的合金，它属于第 4 类精密合金（用"4J"表示，其后数字表示成分）。依据膨胀系数的大小不同，可分为低膨胀合金、定膨胀合金和高膨胀合金。

（一）低膨胀合金（因瓦合金）

低膨胀合金的特点是具有几乎为零的膨胀系数（一般$<1.8\times10^{-6}℃^{-1}$），主要应用于环境温度波动时要求尺寸近似恒定的元件，以保证仪器仪表、整机的性能精度；还可用作热双金属片的被动层，或液态天然气、液氢、液氧的储罐和输运管材。

工业上有实用价值的低膨胀合金主要有：①Fe-Ni 系，常用牌号 4J36（Fe-Ni36）、4J38（Fe-Ni36-Se0.2），应用广；②Fe-Ni-Co 系，常用牌号 4J32（Fe-Ni32-Co4-Cu0.6），其膨胀系数更小，又称为超因瓦合金；③Fe-Co-Cr 系，其膨胀系数比超因瓦合金小且耐蚀，又称为不锈因瓦合金；④其他，如 Cr 基非铁磁性合金（如 Cr-Fe5.5-Mn0.5 合金）等。

（二）定膨胀合金（可伐合金）

定膨胀合金的特点是一般在−70～500℃温域内具有较恒定的中、低膨胀系数，主要用于电真空技术中（如晶体管、电子管集成电路等）的引线和结构材料，与玻璃或陶瓷材料等封接而制成电子元器件，故又称为封接合金。因此，要求定膨胀合金应有与被封接材料相近的恒定的膨胀系数（两者差一般不大于 10%），导电、导热、耐热性良好，足够的强度与优良的工艺性能。

定膨胀合金的种类较多，按成分不同主要有 Fe-Ni、Fe-Ni-Co、Fe-Cr、Fe-Cr-Ni、Cu、Fe 与难熔金属（W、Mo、Ta 等）及合金等。其中较常用的有：①Fe-Ni-Co 系，典型牌号 4J29（Fe-Ni29-Co17），我国用量最大的封接合金，主要用于与软化温度高的硬玻璃和 Al_2O_3 陶瓷封接；②Fe-Ni 系，典型牌号 4J42（Fe-Ni42），节约了昂贵的 Co，主要用于与软玻璃、陶瓷或云母的封接；③无磁封接合金，典型牌号 4J78（Ni-Mo-Cu 系）、4J82（Ni-Mo 系）等，用于强磁场中工作的元器件。

（三）高膨胀合金

高膨胀合金的特点是膨胀系数大，其膨胀系数为低膨胀合金的 15~20 倍以上。高膨胀合金常用作热双金属片的主动层，如热双金属片 5J14140 的高膨胀层为 Mn72Ni10Cu18。

三、热双金属片

热双金属片由热膨胀系数不同的两层或两层以上的合金或金属沿整个接触表面牢固结合而成。其中热膨胀系数高的一层称为主动层，低的一层称为被动层；有时为了获得特殊性能，还有中间夹层或表面覆层。热双金属片主要用于制作温度指示与控制器、时间继电器和程序控制器、过载保护继电器和温度补偿器等，如温度计、自动断路器、家用电器控温与保护装置、汽车方向指示灯等，其应用极其广泛。

热双金属片的主要工作特性有热敏感性（常用"比弯曲 K"表示，即温度变化 1℃ 热双金属片的曲率改变程度）、电阻率（抗电流通过的特性）、弹性模量、线性温度范围和允许使用温度范围等。热双金属片属于第 5 类精密合金（用"5J"表示），具体牌号为 5J××××（×）——前两位数字表示比弯曲 K（单位 $10^{-6}℃^{-1}$），后两位或三位数字表示电阻率（单位 $\mu\Omega \cdot cm$），如 5J20110、5J0756 表示比弯曲 K 分别为 $20\times10^{-6}℃^{-1}$、$7\times10^{-6}℃^{-1}$，电阻率分别为 $110\mu\Omega \cdot cm$、$56\mu\Omega \cdot cm$ 的热双金属片。另外一种表示方法为电阻 R 系列热双金属片牌号，如 R140，表示电阻率为 $140\mu\Omega \cdot cm$。

热双金属片的种类很多，按使用要求不同可分为：①普通型（常用型），其工作温度范围不高、用于一般要求的品种，用量最大，常见牌号有 5J1378、5J1480 等；②高敏感型，即高热敏性且高电阻率的品种，可用作如室温调节器等高灵敏元件，常见牌号有 5J20110、5J15120 等；③高温型，用于较高温度下的自控装置，常见牌号有 5J1070、5J0756 等；④低电阻率型，用导电性较好的纯 Ni 或 Cu 基合金做主动层，或中间夹 Ni、Cu 的三层片（即 R 系列热双金属片），主要用作自动断路器，5J1017、5J1416 等属于此品种；⑤耐蚀型，用于腐蚀介质中的控制装置，如 5J1075 属于此品种；⑥低温型，如 5J1478 可用于 -50℃ 的低温。设计使用热双金属片元件时，可根据零件的各种工作条件，如温度、动作位移的形式和大小、力或转矩的大小、允许占有空间及加热方式等来选择其类型和牌号。

第五节　传感器用敏感材料

传感器是帮助人们扩大感觉器官功能范围的元器件，它可以感知规定的被测量，并按一定的规律将之转换成易测输出信号。传感器一般由敏感元件和转换元件组成，其关键是敏感元件，而敏感功能材料则是敏感元件的基础。

敏感材料的种类很多，按其功能不同分为力敏材料、热敏材料、气敏材料、湿敏材料、声敏材料、磁敏材料、电化学敏材料、电压敏材料、光敏材料及生物敏感材料等。本节选择其中常用的做一简介。

一、热敏材料（温敏材料）

热敏传感器很多，其中以热电偶、电阻温度计和热敏电阻器的应用最普遍。随着高新技术的迅猛发展，新型热敏传感器（如电容型、压电型、热电型等）的应用也越来越多。

热电偶材料与电阻温度计材料多为金属或合金，前者常用的有 PtRh/Pt、NiCr/NiAl、Cu/康铜等，后者则有 Pt、Cu、康铜等。热敏电阻材料大多为陶瓷材料（主要为金属氧化物），是热敏材料的最主要部分；按电阻温度特性，热敏电阻材料分为负温度系数（NTC）热敏材料、临界温度电阻（CTR）热敏材料和正温度系数（PTC）热敏材料三大类。

负温度系数热敏电阻材料的电阻率随温度升高而下降，所制造的 NTC 热敏电阻器主要用作温度传感器、温度测量与温度补偿器，可供选择的材料多为各种金属氧化物，如 Mn、Cr、Co、Zr、Al、Ba 及稀有金属氧化物，少量也有 C、N 化合物（如 SiC、BN、TaN 等）。而 CTR 材料是指具有突变电阻-温度特性的材料，主要有 Ag_2S-CuS 材料和 V 系（如 $V_{90}P_{10}$、$V_{70}Ti_{20}P_{10}$ 等）材料，其所制造的 CTR 热敏电阻器主要用作电气开关和温度测量。正温度系数热敏电阻材料的电阻率随温度上升而升高（阶跃式或平缓式变化），即 PTC 效应，可用材料主要有 $BaTiO_3$ 系和 V_2O_3 系两大类陶瓷材料。此外将膨胀系数较大的高分子材料（如聚乙烯、聚丙烯）与导电材料（如石墨、金属粉末等）均匀混合而形成的复合热敏材料也具有 PTC 效应，因其常温电阻低，易于加工成型，而成为一种很有前途的新型热敏材料。相比较而言，PTC 热敏材料的用途最广：如利用电阻温度特性可做温度补偿、温度监测传感器等；利用其电流电压特性可做恒温发热体（各种暖风机等）、温风加热器等；利用其电流时间特性，可做彩电自动消磁元件、电动机起动、过电流保护和时间继电器等。表 12-5 列举了 PTC 热敏材料的应用领域和具体实例。

表 12-5 PTC 热敏材料的应用领域和具体实例

应用领域	具 体 实 例
过热保护	电动机、收录机、变压器、荧光灯、晶体管、计算机、复印机、电话保安等
恒温发热	空调加热、暖风机、烘干机、电烙铁、驱蚊器、热针灸、暖手（足）器、面部桑拿浴等
定电压装置	定电压装置、荧光灯稳定、电压自动转换等
延滞	时间延滞、彩电自动消磁、停电保安、电动机起动等
汽车工业	化油器预热、车窗加热、阻风门及调气器等
其他	温度指示计、功率计、液面计、线路温度补偿等

二、湿敏材料与气敏材料

湿敏材料和气敏材料用以制造湿敏元件和气敏元件，可将环境中的湿度、气体浓度变化信息转变为电参量（一般为电阻）输出并测出。

湿敏材料一般包括四大系列：①电解质系，利用电解质水溶液的导电能力（电阻）与湿度间的关系而工作，典型材料有含 LiCl 的聚乙烯醇膜；②有机物系，包括亲水性的导电高分子材料（如树脂+炭黑）制造的电阻式湿度传感器，亲水性高分子膜与金属电极构成的电容式湿度传感器，亲水性高分子膜（如聚酰胺）涂覆石英晶体所形成的共振频率式湿度传感器等；③金属系，主要包括 Si、Ge 蒸发膜、Si 烧结膜等；④氧化物陶瓷系，这类材料具有巨大的比表面积（多孔质材料，孔隙率为 25%～40%）和水分子亲和能力，其电阻率与湿度极为敏感，常用材料有 Cr_2O_3、ZnO、Fe_3O_4、Al_2O_3 涂布膜，V_2O_5-TiO_2 系陶瓷膜等。

气敏材料则主要是氧化物陶瓷材料。例如，SnO_2、ZnO、Fe_2O_3 等气敏材料，其晶体中有氧空位和填隙原子（离子）存在，当气体浓度变化时其阻值明显变化（尤其是掺杂了增感剂后更是如此）；ZrO_2、TiO_2 陶瓷则主要作为氧敏材料，这种氧敏传感器已被用于汽车发动机空燃比控制、锅炉燃烧控制和冶炼时钢液中氧含量的监控等。

三、力敏材料

力敏材料主要用于制造力学量传感器。一般分为敏感栅金属材料和半导体力敏材料两大类。敏感栅（如电阻应变片）金属材料通常是精密电阻合金，利用其电阻值随其形变（伸长或缩短）而改变的现象，即电阻-应变效应而测量所需的应力（应变）值。常用的敏感栅金属材料有 Cu-Ni 合金（康铜）、Ni-Cr 合金（如 6J22、Ni74Cr20Al3Fe3）、Fe-Cr-Al 合金（如 FeCr25Al5.4V2.6Ti0.2Y0.3）和贵金属及合金（如 Pt、Pt-Ir、Pt-W 等）。半导体力敏材料多是单晶硅，主要利用其压阻效应（外力作用时电阻率显著变化）来检测力学参量，其灵敏度比金属材料高 50～100 倍。所制作的力敏元件还具有体积小，结构简单，使用寿命长等优点，可实现计算显示与控制电路一体化，为仪器的微型化、数字化、高精度开辟了广阔的前景。

四、声敏材料

频率在 20～20000Hz 范围内的机械波即为声波，实际用来测定声压的传感器实质上也是力学量（压力）传感器。声敏材料按机械振动（能）转换成电信号（能）的原理可分为电磁变换型（如磁性材料与线圈）、电阻变换型（电阻应变计）、光电变换型（光纤和光检测器）和静电变换型（压电材料）。

压电材料是声敏材料的主体，具有所谓的压电效应——晶体材料受力时表面会产生电荷的现象。常用的压电材料主要是石英压电晶体和压电陶瓷材料，而后者又最为重要。压电陶瓷主要有钛酸钡系（$BaTiO_3$）和锆钛酸铅系（$PbTiO_3$-$PbZrO_3$）；1970 年以后又开发了高分子压电材料（如聚偏二氟氯乙烯 PVDF）和复合压电材料（由 PVDF 和压电陶瓷粉体组成）。压电材料的应用极广，典型的有水声换能器、超声换能器、高电压发生装置（如压电点火器）、电声设备（如拾音器、扬声器）及制造测量力加速度、冲击与振动等仪器（如压电陀螺）。

五、光敏材料

材料在受到光照射后，其电学性质将发生相应的变化以反映光信号的强弱及其携带的信息，此即光敏材料。它属于光电子材料，其种类很多，如光敏电阻材料、光电池材料、光敏纤维等。

光敏电阻材料受到光辐射后，其电阻率将发生明显变化，这就是光敏电阻的工作原理。此类材料主要是 CdS、PbS、PbSe、GaAs 等化合物半导体。

光电池材料的工作原理是光生伏特效应（光生电流与光生电动势），常用来制作太阳电池，因而是一种新能源材料。光电池有两种类型，其一是金属-半导体，其二是 PN 结。许多半导体材料可以用作光电池，如硅光电池、硒光电池和锗光电池。

传感器用特殊光学纤维是一种敏感光纤材料。与传统的通信光纤（传递信号）不同，敏感光纤是利用电、磁等与光的相互作用效应，直接将电、磁信息进行传输，用以检测电场、磁场、温度、压力和流速等物理量，如磁敏光纤、力敏光纤、热敏光纤、红外光纤，典型应用有光纤温度计等。光敏纤维是光纤传感器的基础，其特点是灵敏度高，电绝缘，抗电磁干扰，耐蚀且形状可塑性强，发展前景极其光明。

第六节　智能材料与结构

智能材料是指对环境可感知、响应和处理后，能适应环境的材料。它是一种融材料技术和信息技术于一体的新概念功能材料，是材料、信息、生物、航空航天、自动控制和计算机工程等多学科的综合与集成，是 21 世纪材料发展的主要方向之一。

目前，对智能材料虽然尚无统一的定义，但普遍认为智能材料应同时具备传感、处理和执行三种基本功能。从理论上讲，智能材料可以从宏观到微观各种层次上来实现。但在宏观层次上，单一的材料很难同时具备传感、处理和执行三种基本功能，故应把几种材料、元件或结构组合在一起构成一个结构或系统，这种结构或系统称为智能结构或系统。智能结构系统能感知环境或内部参量，进行信息处理，发出指令，执行并完成动作，从而实现自诊断、自修复和自适应等多种功能，它的设计、制备、加工及结构和性能表征均涉及材料科学中最前沿的领域。智能材料的研究是基础，智能结构系统的总成与应用是方向。

可用于智能结构系统的基础智能材料主要有形状记忆材料、电/磁致伸缩材料、压电材料、智能变色材料、电/磁流变体材料、高分子人工肌肉材料、智能凝胶材料、自组装智能材料、光纤智能材料等，以下简介几种。

一、形状记忆材料

形状记忆材料是指具有形状记忆效应（SME）的金属（合金）、陶瓷和高分子等材料，它在一定初始形状时经形变并固定成另一种形状后，通过热、光、电等物理刺激或化学刺激的处理又可恢复为原初始形状。这是一种集敏感特性及驱动功能于一体的智能型多功能材料。其中形状记忆合金的研究和应用最多，也最成熟。

某些具有热弹性马氏体的合金材料在高温定形后，若将其冷却到低温（$T<Mf$）的马氏体状态进行一定量的塑性变形（最大可达 20% 变形量），当其再升高至某一温度以上，马氏体又逆转变成原母相，此时材料也恢复到高温下原来固有的形状（即塑性变形前的形状），上述过程可周而复始、重复千万次，这就是形状记忆效应，此类合金材料即为形状记忆合金（SMA）。某些形状记忆材料经过特殊的"训练"，在随后的加热和冷却过程中，能够重复记

住高温状态和低温状态的两种形状，称为"双程"形状记忆。

迄今为止已发现的形状记忆合金已有 10 多个系列的 50 多个品种，它们大致可分为两个类别：第一类是以过渡族金属为基的合金，第二类是贵金属的 β 相合金。工程上有实用价值、最引人注目的是 NiTi 合金、Cu-Zn-Al 合金、Cu-Al-Ni 合金和 Fe-Mn-Si 合金。高分子形状记忆材料（又称为热收缩材料）因质轻、易成型、电绝缘等优点，应用最早和最多的是制造热收缩管，随着研究、开发的深入，其应用领域正在逐步扩大，已发现具有 SME 的高分子材料有辐射交联聚乙烯、聚氨酯、苯乙烯-丁二烯共聚体等。形状记忆陶瓷和玻璃尚处于探索阶段。

形状记忆材料在航空航天、汽车、能源、电子电器、机械、医疗、玩具和建筑等行业有着广泛的应用前景。在 1988 年前，世界上申请应用专利的总数就已高达 4000 多项，但实际投入市场应用的仅 1%。这说明在新材料应用方面还大有潜力，另外工程技术人员的观念也有待进一步转变。表 12-6 列举了形状记忆合金的应用领域和具体应用实例。

表 12-6　形状记忆合金的应用领域和具体应用实例

应用领域	具体应用实例
电子仪器	温度自动调节器、火灾报警器、双金属代用开关、电路连接器、空调用风向自动调节器、自动干燥库门的开闭器
机械器具	管接头、铆钉、定位器、夹子压板与固定器、光纤连接、F-14 战斗机与潜艇用油压管、机器人手脚与微型调节器、热敏阀门、防火壁起动器、圆盘密封器
医疗器件	人工心脏活门与收缩用元件、人工肾脏泵、人工骨与人工关节、脊椎矫正棒、牙科矫形丝、医用内窥镜、避孕器具、眼镜用塑料透镜框架
汽车工业	发动机防热风扇离合器、排气自动调节喷管
能源开发	太阳电池帆板、固体发动机、住宅暖房用温水送水管阀门、温室窗户自动调节弹簧
空间技术	月面天线、人造卫星用天线、卫星仪器舱窗门自动启闭

二、电/磁流变体材料

电/磁流变体材料通常是由微米尺寸（$1 \sim 10 \mu m$）的介电固体颗粒均匀弥散地悬浮于另一种互不相溶的绝缘载液中时所形成的悬浮液体，在外加电场或磁场的作用下，诱导固体粒子极化并发生相互作用，使其流变特性如黏性、塑性、弹性等发生迅速（在毫、微秒之间）而可逆可控突变，或由黏滞性液体转变成固态凝胶，或其流体阻力发生显著的变化。当电（磁）场除去后，固体又很快可逆地变回液体。这可说是机电一体化的理想材料。

电流变体（ERF）与磁流变体（MRF）均系用人工方法合成，并集固体的属性与液体的流动性于一体的胶体分散体。一般由四种组分组成：①分散相，分散相固体颗粒应该是高介电常数、低黏度、低挥发、绝缘、无毒、无腐蚀性、不燃、耐热的材料，已采用的有金属、陶瓷、高分子材料，如铁电体粒子、石灰石、石膏、二氧化硅、二氧化钛、含水沸石、高岭土、酞菁和酞菁铜等。②连续相，即绝缘载液，要求有低介电常数、低黏度、高沸点、低冰点、高绝缘和化学稳定性，其密度应与分散相相匹配，以免发生沉降；一般采用介电常数低的绝缘液体油，如硅油、矿物油、石蜡油、变压器油等，也有采用不互溶的混合液体以提高稳定性。③稳定剂，稳定剂可防止分散相粒子沉降，使液体处于一种凝胶状态，多采用活化剂，常用的有接枝或嵌段型两性共聚物。④活化剂，用无机材料分散相时，一般要求加入活化剂，常用活化剂有水和醇类、胺类等极性溶剂或低分子物质，其作用是使分散相粒子表面湿润，加强分散相粒子之间的相互作用，从而显著提高流变性能如表观黏度和转变为固体等。

电/磁流变体材料是智能结构系统中执行器的主选材料，因其具有响应快速、连续可调、能耗低等优点，故其应用将给新技术和新学科的发展带来革命性的变化，如有报道称，这会导致全世界50%以上的液压系统和器件需待重新设计。电流变体材料可用于制作减振器、离合器、制动器、柔性机械夹具、导线缠绕控制器、安全阀及隔振系统等，如若在注满ERF材料的空心复合梁两端加上一个外加电场，则由于电流变体的固化，梁的强度会大大提高，如果将这个系统与传感器结合起来，就可使梁的性能随其负载而变化。磁流变体材料则可用于汽车离合系统、制动系统、阻尼器、密封、抗振、减振等，如制造磁液陀螺、磁液驱动装置、机器人肌肉、工业机械手、外科手术"磁刀"等。

三、高分子人工肌肉材料

某些高分子电解质在不同pH值溶液中的伸缩变形或某些高分子材料在外加电场作用下的体积变化，可制成电致伸缩（弯曲）薄膜，能模仿动物肌肉的收缩运动，故称为高分子人工肌肉材料。用于制备高分子人工肌肉材料的有共轭聚合物聚吡咯、聚苯胺等，或离子交换聚合物-金属复合材料等。一般认为，高分子人工肌肉材料的变形特性是基于高分子的构象和高次结构的改变。

高分子人工肌肉材料的线性变形比 L/L_0（即收缩后的长度与原长之比）可超过30%（而压电聚合物约仅0.1%），所产生的能量密度要比人体肌肉大3个数量级，且驱动电压很低，其循环变形寿命可达2000次以上，是一种具有较大发展潜力的（电）化学机械系统材料。

高分子人工肌肉材料作为驱动元件和执行元件有其独特的优点，它在机器人、柔性系统、医药、生物工程和智能系统中都有广阔的应用前景。例如，制成重量轻、能耗低的人工手臂，代替重量大、能耗高的电动机-齿轮机械手臂，用在太空探测器上采集岩石标本、清洁观测窗玻璃等；利用"人工肌肉"模仿鱼尾作为推进器，可用于制造无噪声的微型舰船；制成人工假体，用于肢体残障者恢复某些功能；研制"昆虫"机器人，用于军事、医疗等领域。

四、环境敏感高聚物

环境敏感高聚物（又称为智能高聚物）是一类对于外界环境微小物理或化学刺激能发生迅速响应，而使自身的某些物理或化学性质发生相应突变的聚合物。外界环境刺激的因素有温度、酸碱度pH值、应力、离子强度、光强、电/磁场强度等多种，聚合物响应的方式有形状与体积变化、相变、力学性能变化、电磁光学性能变化、表面能变化、反应和渗透速率变化及识别性能变化等。其中研究最多的是智能凝胶材料。

智能凝胶是由液体及与液体具有亲和性但不溶解的高聚物网络所组成的一类物质，液体被高分子网络封闭在里面，失去流动性，从而使凝胶能像固体一样显示出一定的形状。它利用智能凝胶在外界刺激下的变形、膨胀、收缩产生机械能，可实现化学能与机械能直接转换，从而开发出以凝胶为主体的执行器、化学阀、传感器、人工触觉系统、药物控制释放系统、化学存储器、分子分离系统、显示器件和记忆材料等。可供采用的智能凝胶较多，如聚酸乙烯乳液、聚丙烯胺、氯丁-酚醛、聚乙烯醇缩醛等。

智能凝胶具有广阔的应用领域和前景。例如，在各类重要的承载结构内部预埋含有强力粘合材料（液态"愈合剂"）的脆性管道，当结构严重超载、地震、强台风等原因造成应力过大出现局部裂纹时，脆性管道就能自行断开，"愈合剂"便会自动渗进裂纹与微裂纹的各个部位，并在极短的时间内迅速凝固，将裂纹粘合，从而达到结构自修复与环境自适应的目的。

五、自组装智能材料

自组装是指通过较弱的非共价键，如氢键、范德华力或静电引力等，将原子、离子、分子、纳米粒子等结构单元连接在一起，自发地形成一种稳定结构体系的过程，其特点是结构单元通过协同作用自发地排列成有序结构。自组装机制在自然界中普遍存在，有机分子及其他物质结合成组织器官并构成生物体的基本过程就是自组装。利用自组装原理，通过仿生手段，在原子或分子尺度上开始完整地构造器件，是材料研究的新观念，可使纳米材料的研究由纳米颗粒材料的合成、块体材料的制备过渡到了纳米材料与结构组装体系研究的阶段，也是未来纳米器件、微型机器、分子计算机制造的最可能的途径之一。

自组装技术在合成智能材料方面具有极为光明的应用前景。例如，采用自组装技术可制备对气体、液体、分子、离子甚至电子的透过性可控的薄膜，以开发新型传感器、电极材料、绝缘体等；将具有光敏、压敏、热敏等各种不同功能的纳米粒子通过搬迁操作复合在多孔道的骨架内，通过调控纳米粒子的尺寸、间距及纳米粒与骨架之间的相互作用，可得到兼有光控、压控、热控及其他响应性质的智能材料，已得到应用的有在沸石分子筛中组装半导体纳米材料（如 ZnS、GaAs）的光、电控元件。

六、智能变色材料

在光、电、热等外界条件的作用下，材料内部的结构发生变化从而改变材料对光波吸收的特性，使材料显现出不同的颜色，即为智能变色。这种现象被应用于调控光波的辐射，有广泛的应用价值，如变色太阳镜、三维全息照相的记录介质等。按材料变色条件的不同，可将变色材料分为光致变色材料、电致变色材料、热致变色材料等。例如，在光学玻璃组分中加入氧化铈、卤化银即成为光色玻璃，而 $\alpha\text{-}WO_3$、NiO 薄膜是常见的电致变色材料。

七、光纤智能材料

光导纤维兼备感知和传输双重功能，具有直径小，柔韧性好，重量轻，传输速率高，反应灵敏，能耗低，抗电磁干扰，传输频带宽，可埋入性好，便于波分、时分复用和可进行分布式传感等优点，用于制作各种传感器，测量温度、压力、位移、应力、应变等多种物理量并具有极高的灵敏度。由于光纤可充任智能材料系统中"神经网络"和"神经单元"的双重关键角色，因此光纤已成为当前智能材料与结构研究中首选的信息传感及传输载体，光纤传感技术则成为智能材料与结构的技术基础之一。目前用于制作光纤材料的主要有石英、多组分氧化物玻璃、非氧化物玻璃和高聚物。高聚物光纤一般是以较高折射率的高分子透光材料（如聚苯乙烯）为芯材，以较低折射率的材料（如聚甲基丙烯酸全氟丁酯）为皮层制成。

　　智能材料中的传感系统与传统的传感器的重要区别在于，前者的传感系统不是处于自由空间而是嵌埋在材料之中，故应考虑传感器与基体材料之间的兼容性和相互作用。在智能材料与结构中应用的光纤传感器有许多种，其中光纤布拉格光栅传感器显得尤其重要，它易于制作及埋入到材料内部，已成为光纤智能材料与结构的首选器件。由于光纤布拉格光栅传感器可对应力进行波长解码，极适合于像桥梁这样的建筑结构，用于成型监测和长期追踪应力的变化及结构的振动与损伤、裂缝的产生与扩展等，在构件中埋入这种智能光纤的技术能使飞机、大坝、路桥、地面及地下建筑等重要设备、设施智能化。例如，光纤分布型温度监测系统用于地下电力设备和隧道的安全防火；光纤管路监测系统用于探测配管损伤泄漏；光纤自诊断系统用于机翼前缘损伤的监控；在土建结构中埋入光纤传感器，可赋予土建结构以一定程度的生命与智能特征，使土建结构的离线、静态、被动的检查，转变为在线、动态、实时、主动的监测与控制等。

习　题

12-1　根据你掌握的知识，举出几例功能材料在机械工业中的应用实例，由此说明作为机械工程技术人员应掌握功能材料有关知识的重要性。

12-2　现有三种导线：纯铜线、低碳钢线、铜包钢线，请全面比较它们的特点（性能、成本与适用场合）。

12-3　请说明焊接用磁性夹具的材料与工作原理。

12-4　冬天运行于寒冷地区的火车车门常因结冰而难以打开，请提出可能的解决措施（结构与材料）。

12-5　油田的油井抽油管常因石油内结晶物析出并依附于其内壁上而阻塞，请给出可行的解决方案。

12-6　雷达吸波涂料是隐形飞机（如美国F-117）雷达隐形技术的关键因素之一，你认为这种涂料应具有哪些基本特性？可能是哪些材料？

12-7　请给出三种可用作变压器铁心的材料，并比较其特点。

12-8　高速汽轮机叶片作为结构件，应选何种结构材料？从功能材料的角度，它又应具备什么功能？

12-9　试描述形状记忆合金作为温室窗户自动调节弹簧材料的工作原理。

12-10　家用暖风机应采用何种发热材料？为什么？

Chapter 13

第十三章

材料表面技术

材料表面技术是材料科学的一个重要领域。随着高新技术的迅猛发展，人们对传统表面技术进行了一系列的改进、复合与创新，并涌现了大量新的现代表面技术。材料表面技术在工业上的应用，大幅度提高了产品（尤其是金属零件）的功能、质量与寿命，并产生了巨大的经济效益，因而深受各国政府和科技界的广泛重视。材料工程师、产品的设计师和制造师应该研究并正确使用材料表面技术，以提高产品的技术与经济上的先进性。

第一节 概 述

材料表面技术是在不改变基体材料的成分和性能（或虽有改变而不影响其使用）的条件下，通过某些物理手段（包括机械手段）或化学手段来赋予材料表面特殊性能，以满足产品或零件使用需要的技术与工艺。

一、材料表面技术的目的与作用

（一）提高材料的表面损伤失效（或从表面开始的失效）抗力

磨损和腐蚀是最重要的表面损伤失效形式，据统计，因磨损、腐蚀失效造成的经济损失分别可达国民经济总产值的 1%～2%、4%～5%；绝大多数疲劳断裂也主要是从表面开始而逐渐向内部发展的。由于磨损、腐蚀和疲劳断裂是产品（零件）的最主要失效形式，而它们又主要是发生在材料表面或开始于材料表面，因此通过表面技术提高材料表面的耐磨性、耐蚀性和抗疲劳性能，可有效地保护或强化零件表面，防止失效现象。

（二）赋予材料表面某种（或多种）功能特性

这些功能包括电性能（如导电性、绝缘性），热学性能（如耐热性、热障性），光学性能（如反光性、吸光性及光致效应），电磁特性（如磁性、屏蔽性），声学性能及吸附、分离等各种物理性能和化学性能。

（三）实施特定的表面加工来制造（或修复）零、部件

例如，采用热喷涂、堆焊等表面技术修复已磨损或腐蚀的零件，用表面蚀刻、扩散等工艺制作晶体管及集成电路等。

表 13-1 总结了材料表面技术的具体作用。

二、材料表面技术的应用

材料表面技术可以有效地且最经济地改善表面性能或赋予基体材料所没有的表面特性，

因而其应用极其广泛。既可满足表面耐磨、耐蚀、强化、加工与装饰的需要，又可开辟光、电、磁、声、热、化学与生物等方面的特殊功能领域；所涉及的基体材料包括金属材料、高分子材料、陶瓷材料和复合材料，其中主要是金属材料。

表 13-1　材料表面技术的具体作用

类别	具体特性	类别	具体特性
耐蚀性	各种介质下化学腐蚀、电化学腐蚀	热性能	耐热性、热障性
耐磨性	磨粒磨损、黏着磨损、氧化磨损	电性能	导电性、绝缘性
力学性能	表面硬度、强度、抗疲劳性	光性能	选择吸收性、光致效应
表面加工	可修复性、焊接性、精密加工性	电磁性	磁性、电磁屏蔽性
表面装饰	着色性、染色性、光泽性	其他	密封性、保油性

（一）　在结构材料及工程构件、机械零件上的应用

结构材料主要用来制造各类结构零件及工具，它以力学性能为主，同时在许多场合还兼有某些物理或化学性能要求（如耐蚀性、耐热性等）。表面技术在此方面主要起着耐磨、耐蚀、强化、修复加工及装饰等作用。例如，在钢件上喷涂一层 Zn85Al15 合金，可使其在海水中耐蚀 20～40 年；在刀具上沉积一层超硬 TiN 薄膜，可提高其工作寿命几倍乃至几十倍；大功率曲轴的轴颈磨损后可通过热喷涂或堆焊技术进行修复。

（二）　在功能材料及元器件上的应用

表面技术能有效地赋予材料表面优良的特殊物理、化学和生物等性能及其相互转化的功能，可用来制备或改进一系列功能材料及元器件，如导电玻璃、太阳能选择吸收膜、电磁屏蔽材料、吸声涂层、吸热及散热材料、分离膜材料等；尤应受到重视的是具有功能转换特性的功能材料与器件，如薄膜太阳电池、电致发光器件、薄膜发热材料、光磁记录材料等。

（三）　在新材料的研究与生产上的应用

先进的新材料具有更加优异的性能，是高新技术的重要组成部分及发展基础。表面技术对其研究和生产上的作用十分重要，如利用气相沉积技术生产金刚石及立方氮化硼等超硬薄膜、钇钡铜高温超导薄膜、纳米粉粒材料及梯度功能材料等。

（四）　在环境保护方面的应用

材料表面技术对促进绿色革命起着十分重要的作用，如各种膜材料、纤维材料具有高效吸收、分离、过滤及生化功能，可用于大气与水质净化、抗菌灭菌、三废处理、活化介质及生物医学与生物工程。

三、表面技术的分类

表面技术的作用原理、工艺特点及应用范围各不相同，其种类很多，目前尚无公认统一的分类方法。若按学科特点分类，表面技术大致分为下述三方面：

（一）　表面覆层技术

按工艺特点，表面覆层技术包括各种镀层技术（电镀、化学镀等）、热喷涂技术、涂料涂装技术、陶瓷涂敷技术、化学转化膜技术、堆焊技术、气相沉积技术、着色染色技术等。

（二）　表面合金化技术

表面合金化技术包括表面扩渗技术、喷焊堆焊、激光合金化、离子注入技术等。

（三）表面组织转变技术

这种表面技术不改变材料表面成分而仅改变其表面组织，包括各种表面淬火（感应加热、激光加热、电子束加热）、表面形变强化（如喷丸、滚压）等。

顺便指出的是，以上分类并无严格的界限，许多表面技术不同程度地包括以上两或三方面，如热浸镀和激光表面熔敷技术，既有表层覆盖，又有表面成分（合金化）和组织转变。本章拟简介几种广泛用于机械工业的材料表面技术的概念、特点与应用。

第二节　电镀和化学镀

一、电镀

电镀的历史悠久，随着现代工业和科学技术的发展，新的电镀材料和电镀工艺技术方法不断涌现，大大拓展了这项表面技术的应用领域。其镀层材料可以是金属、合金、半导体等，基体材料也由金属扩大到陶瓷、高分子材料；电镀覆层广泛用于耐蚀、耐磨、装饰及其他功能性镀层（如磁性膜、光学膜）。

将零件作为阴极放在含有欲镀金属的盐类电解质溶液中，通过电解作用而在阴极（即零件）上发生电沉积现象形成电镀层。在电镀前，应对零件进行充分的预处理，以得到具有一定表面粗糙度的清洁、活化的表面，提高镀层的结合强度和质量；镀前预处理一般是用机械方法（如抛光）和化学方法（如溶剂清洗、酸洗）进行去油脱脂、除锈除尘。在电镀后，还应对镀层进行钝化处理和去氢处理。钝化处理可使镀层的耐蚀性大大提高并增加表面光泽和抗污染能力；去氢处理则是通过预防白点退火来清除零件在电镀过程中吸收的氢而引起的氢脆。

（一）单金属电镀

单金属电镀是指电镀液中只含一种金属离子，电沉积后形成单一金属镀层的方法。常用的单金属电镀有镀锌、镀铜、镀镍、镀铬、镀锡和镀镉等，其中又以镀铬最为主要。

镀铬层具有高的硬度与耐磨性、耐蚀性和美观的表面，故常用于耐磨、耐蚀和装饰场合，如冷作模具镀铬、发动机活塞环镀铬、自行车零件镀铬、照相机零件及餐具镀铬等。镀铬液主要由含有少量硫酸的铬酐（CrO_3）组成，根据镀层的具体应用要求，来选择镀液具体成分、电流、电压、时间与温度等工艺参数。

（二）合金电镀

在零件（阴极）上同时电沉积出两种或两种以上金属的镀层称为合金电镀。它具有两大突出特点：其一是合金镀层具有许多单金属镀层所不具备的优良特性，如外观颜色、耐磨、耐蚀及某些功能特性；其二是可以制备高熔点金属和低熔点金属组成的合金（如 Sn-Co）、难熔合或不熔合的合金（如 Cu-Pb）、非晶态合金（如 Ni-P）等。

例如，电镀铅锡合金在工业上应用极广，其镀层成分不同，具体用途也不一样。w_{Sn} = 6% ~ 10% 的 Pb-Sn 合金镀层具有良好的减摩性，可用于轴瓦、轴套表面；w_{Sn} = 15% ~ 25% 的 Pb-Sn 合金镀层主要用作钢带表面保护（耐蚀）、润滑（减摩）、助焊；w_{Sn} = 45% ~ 55% 的 Pb-Sn 合金镀层的耐蚀性优良，主要用作防止大气、海水或其他介质腐蚀的耐蚀镀层；w_{Sn} = 55% ~ 65% 的 Pb-Sn 合金镀层常用于钢、铜、铅等表面，以改善其焊接性能，如印制电路板焊接镀层。

特别值得提及的是，非晶态合金电镀层（这种镀层也可通过化学镀获得），由于其结构特殊性和成分特殊性，故而具有晶态金属所不具备的优异性能，如高强度、高耐蚀性、高透磁性和化学选择性，在结构材料和功能材料领域均有较广泛的应用。例如，Ni-P 非晶态镀层用于发动机主轴、叶片、叶轮、活塞、喷油器、离合器、齿轮、轴承等耐磨件；Cu-P 非晶态镀层用于磁性薄膜等。

（三）复合电镀

复合电镀可得到金属与固体微粒共同沉积的复合材料镀层，这相当于颗粒增强的金属基复合材料。根据复合镀层内各相类型与相对量不同，这种镀层可具有更高的硬度、耐磨性、耐蚀性、耐热性及自润滑性；与一般金属基复合材料制备技术相比，具有无须高温加热、简便、低成本等优点，且可直接在零件表面上得到所需的镀覆层。

例如，Ni-SiC 复合镀层用于汽车发动机气缸内腔表面可提高耐磨性，Ni-PTFE（聚四氟乙烯）复合镀层用于热压塑料模可改善其自润滑特性而易于脱模，$Cr-ZrO_2$ 复合镀层用于飞机、燃气轮机、核能装置的耐高温零件，Au-BN 复合镀层用于电接触元件可提高抗电弧烧损性等，说明了复合镀层的用途极广。

（四）非金属材料的电镀

随着非金属材料应用的日益广泛，其表面电镀金属层也已成功用于工业生产。在高分子、陶瓷等非金属材料表面镀上金属层后，其零件就具备了非金属和金属的特性。例如，对汽车上某些需要装饰的不太重要的零件（仪表框、拉手、散热格栅）可用塑料电镀，既可减轻重量又能降低成本；在印制电路中，可在塑料基片上直接电镀出导电通路；对电子仪器的塑料外壳电镀，可防止外部电磁波的干扰。

塑料电镀是最常见的非金属电镀。与原塑料相比，电镀后的塑料件具有装饰性的金属外观，力学性能和抗老化性提高，耐热性与导热性能改善，可导电等特点，通过钎焊可与其他金属连接；与金属相比，具有质轻、耐蚀、隔声、易成型、低成本的优点。除导电塑料外，其他普通塑料电镀之前必须先进行表面金属化，常用方法有化学镀、涂导电胶或导电漆、气相沉积法、烧渗银法等。并非所有的塑料均适宜于电镀，可电镀塑料本身应具有一定的力学性能且应与金属具有足够的结合强度，以防变形、开裂和脱落。目前广泛采用电镀的塑料主要是 ABS 塑料、聚丙烯、聚碳酸酯、聚砜和聚酯等。

陶瓷和玻璃的电镀多用于电子工业中，如利用它们本身的高介电常数特性，电镀后制成的电容器具有重量轻、体积小、稳定性高、膨胀系数低等优点，从而应用广泛。与塑料电镀一样，陶瓷材料电镀前也应先进行表面金属化（如化学镀）。

二、化学镀

（一）基本原理

化学镀是在无外加电场的情况下，镀液中的金属离子在还原剂的作用下，通过催化在镀件（金属件或非金属件）表面上的还原沉积过程。从本质上讲，化学镀仍然是个电化学过程。

化学镀的关键点有二：其一是还原剂的选择，最常用的有次磷酸盐、甲醛等；其二是镀层金属具有选择性。由于化学镀必须有催化剂，基体虽往往可作为催化剂，但当基体表面被完全覆盖后，其催化作用将消失，故要求所镀的金属应具有自催化效应。到目前为止，仅发现部分金属元素具有化学沉积过程中的自催化效应，应用较成功的化学镀层是 Ni、Co、Pd、Pt、Sn、Cu、Ag、Au 等金属及合金。化学镀也可得到复合镀层和非晶态合金镀层。

（二）基本特点

与电镀相比，化学镀的优点有：①均镀能力和深镀能力好，可在形状复杂的镀件表面生成均匀厚度的镀层；②镀层晶粒细，空隙少，力学性能、物理性能和化学性能优良；③设备简单，操作容易，适合于金属与非金属镀件。化学镀的主要缺点是镀液寿命短，稳定性差，镀覆速度较慢。

（三）应用及举例

化学镀在电子、石油、化学化工、航天航空、机械、汽车及核能等工业中已得到广泛应用。

化学镀镍最为常见，其典型镀液主要成分为镍盐（$NiCl_2$、$NiSO_4$）、次磷酸盐（还原剂）、有机酸盐（如柠檬酸盐，作为络合剂和缓冲剂），在 80~100℃镀液温度下，沉积速度为 6~20μm·h^{-1}，得到的镀层不是纯 Ni 而是 w_P = 3%~15% 的 Ni-P 合金。这种镀层具有较高的耐磨性、耐蚀性且可不断修复。化学镀镍用来强化模具（尤其是形状复杂的模具），可提高模具表面硬度、耐磨性、抗擦伤与抗咬合能力，脱模容易，寿命成倍延长；用于汽车工业，其一是作为塑料件电镀前的表面金属化，其二是利用其优良的耐磨、耐蚀、散热性能，用于发动机主轴、差动小齿轮、发电机散热器、制动器接头等零件；高磷镀镍层的耐蚀性极为优良，用于石油、化学化工行业的耐蚀零件（如球阀、泥浆泵），可代替不锈钢与部分昂贵的耐蚀合金，经济效益显著。

多元合金镀层如 Ni-Cu-P、Ni-Mo-P 等，具有更好的综合性能和特殊功能。Ni-Cu-P 镀层可作为高耐蚀表面保护层和电磁波屏蔽层；Ni-Mo-P（或 Ni-W-P）镀层可作为医疗器械和人工器官保护层、薄膜电阻材料等。

复合材料镀层具有极高的耐磨性，复合镀层中固体微粒多采用 SiC、Al_2O_3、聚四氟乙烯和金刚石，体积分数一般在 20%~25% 之间。例如，Ni-金刚石复合镀层的相对耐磨性大约是硬质合金（YG12）的 20 倍、烧结 Al_2O_3 陶瓷材料的 30 倍、火焰喷涂 Al_2O_3 涂层的 80 倍、电镀硬铬的 400 倍、淬硬工具钢（62HRC）的 1000 倍，应用于工模具及耐磨零件，可大大提高磨损失效抗力。但复合材料镀层的韧性欠佳，不宜用于受明显冲击的场合。

第三节　化学转化膜技术

通过化学或电化学手段，使金属表面形成稳定的化合物膜层的方法称为化学转化膜技术。其成膜机理是金属与特定腐蚀液（化学介质）接触而在一定的条件下发生（电）化学反应，由于浓差极化和阴极极化作用，在金属表面转化产生一层坚固、稳定的化合物膜。与电镀、化学镀等覆层技术相比，化学转化膜的生成必须有基体金属的直接参与，因而膜与基体金属的结合强度较高。

金属表面化学转化膜的应用极广，在金属制品的生产、存放、使用过程中的作用巨大，主要用途有：

（1）防锈耐蚀　由于化学转化膜降低了金属表面活性且将金属与环境介质隔离，故对一般防锈要求的零件可直接作为耐蚀层使用（如铝合金门窗）。

（2）涂镀层底层　作为涂料层、搪瓷层、热浸镀、金属热喷涂及粘接前的底层，可提高涂镀层的结合强度。

（3）耐磨减摩　化学转化膜或具有较高的硬度（如铝合金硬质阳极氧化膜）或具有低的摩擦因数或吸油性（如磷化膜），因而可减轻滑动摩擦表面的摩擦作用，可用于某些耐磨零件（如发动机凸轮、活塞）或改善塑性加工的工艺性能（如钢管、钢丝的冷拉前磷化处理）。

（4）其他作用　如化学转化膜的绝缘性、吸光性或反射光性、染色性等。

几乎所有工业中常用的金属均可在特定的介质中得到不同用途的化学转化膜。目前应用最多的是钢铁材料、铝及铝合金、铜合金的转化膜。化学转化膜的种类很多，按成膜时所用的介质，可分为氧化物膜、磷酸盐膜、铬酸盐膜、草酸盐膜等。

一、化学氧化

金属表面化学氧化处理具有成本低，快速方便，设备简易，应用范围广等优点。在某些国家，化学氧化的规模甚至超过了电镀和电化学氧化。

（一）钢铁的化学氧化

钢铁在含有氧化剂的溶液中进行化学处理，可在其表面生成一层 $0.5\sim1.5\mu m$ 厚的坚固致密的以 Fe_3O_4 为主的氧化膜，这便是钢铁的化学氧化。由于 Fe_3O_4 膜的颜色可以从蓝到黑变化，故又俗称发蓝或发黑处理。

最常用的化学氧化处理工艺是将钢铁零件置于添加了氧化剂（如硝酸钠）的强碱溶液中，加热到 $130\sim150℃$ 温度下处理 $15\sim90min$，所形成的氧化膜在经浸油、皂化或重铬酸盐溶液钝化处理后，具有较高的耐蚀性和润滑性。钢铁化学氧化处理可广泛用于机械零件、电子设备、精密光学仪器及武器装备等防护装饰方面，使用过程中若定期擦油可提高其防护效果和寿命。

（二）有色金属的化学氧化

1. 铝及铝合金的化学氧化

将铝及铝合金置于沸水中，或酸性溶液、碱性溶液中即可发生化学氧化而生成以 Al_2O_3 为主的氧化膜，其厚度一般控制在 $0.5\sim4\mu m$。这种氧化膜经钝化处理（封闭处理）后具有一定的耐蚀性，但其耐蚀性和耐磨性均不及铝的电化学氧化膜（阳极氧化膜）。由于铝及铝合金的化学氧化膜具有多孔、吸附性好的优点，故多用于有机涂层的底层，如涂装或胶接工艺的表面预处理，可大大提高涂层或胶接的结合强度。

2. 铜及铜合金的化学氧化

在含有氧化剂的溶液（如 $NaOH+K_2S_2O_8$）中，铜及铜合金表面可氧化生成主要成分为 CuO 或 Cu_2O 的氧化膜层，其膜厚一般为 $0.5\sim2\mu m$。经涂油等封闭处理后，这种氧化膜具有较高的耐蚀防护性能。由于铜（铜合金）的成分与氧化工艺参数不同，铜件表面氧化膜可具有各种不同的颜色（红、黑、棕、蓝色等），因而又具有很好的装饰功能。在电器、仪表、机械、化工及日用五金等铜制零件上广泛地利用了这种化学氧化膜的表面保护或装饰特性。

二、铝及铝合金的阳极氧化

阳极氧化是将金属零件（如铝件）作为阳极放置于适当的电解液（如硫酸、铬酸、草酸等水溶液）中，在外加电流的作用下，表面生成氧化膜的方法。由于材料和阳极氧化工艺参数不同，阳极氧化膜具有不同的厚度（从几微米到几百微米）、颜色和特性，从而可适应不同的用途。

铝阳极氧化膜具有以下主要特性。

（1）多孔性　铝阳极氧化膜具有多孔的蜂窝状结构。这种多孔结构可使膜层对各类有机物（如涂料、胶粘剂、染料等）表现出良好的吸附能力，故可作为涂镀层的底层；也易于将氧化膜染成各种不同的颜色（即着色能力），而具有装饰特性。

（2）耐蚀性　铝阳极氧化膜在大气中很稳定，因而具有耐蚀特性。为进一步保持或提高耐蚀效果，不论氧化膜是否染色，均需对其进行封闭处理（如热水封闭、蒸汽封闭、重铬酸盐封闭、有机物质封闭等）。

（3）耐磨性　铝阳极氧化膜具有较高的硬度，故可改善铝制件的表面耐磨性；当膜层吸附了润滑剂后，其耐磨性将进一步提高。

（4）电绝缘性　铝阳极氧化膜具有很高的绝缘电阻和击穿电压，可用作电器铝制品的绝缘层和电解电容器的电介质层。

（5）其他功能特性　如高熔点（约1500℃）、低热导率，可作为良好的绝热层。

三、磷化处理

将金属放入含有锰、锌、铁的磷酸盐中进行化学处理，使其表面生成一层难溶于水的磷酸盐保护膜的方法，即是磷化处理（简称磷化）。磷化膜厚度一般为 $1 \sim 50 \mu m$，呈多孔结构，表现出吸附、耐蚀、减摩等特性。磷化处理的成本低，操作简便且生产率高，被广泛用于汽车、船舶、航天、军工、机械制造及家电等工业。

（一）钢铁的磷化处理

钢铁材料是磷化处理的主要对象，其应用主要包括以下几方面。

（1）防护用磷化膜　一般选择 Zn 系或 Mn 系较厚的磷化膜，磷化后涂油（或脂、蜡等）以提高耐蚀能力。

（2）涂装漆底层用磷化膜　一般选择 Zn 系或 Zn-Ca 系较薄的磷化膜。

（3）冷加工润滑用磷化膜　一般采用 Zn 系磷化膜，可改善钢管与钢丝的冷拉、钢件冷挤压与深冲成形等工艺性能，并能延长模具工作寿命。

（4）减摩用磷化膜　主要采用 Mn 系磷化膜，可减小两滑动件接触表面的摩擦因数并能降低运动噪声，如制冷压缩机活塞、凸轮与齿轮等。

（5）电绝缘用磷化膜　一般选用 Zn 系磷化膜，如用在电动机及变压器硅钢片，可提高其电绝缘性能。

磷化处理可采用浸渍法、喷淋法或浸喷组合法进行，典型磷化工艺路线为：脱脂→水洗→酸洗→水洗→磷化→水洗→磷化后处理（如封闭处理）→水洗→干燥。

（二）有色金属的磷化处理

除钢铁材料外，有色金属铝、镁、锌及其合金也可进行磷化处理，但其表面磷化膜性能远不及钢铁表面磷化膜，故一般只用作涂装前或胶接前的底层，其应用不广。

四、铬酸盐处理

将金属或金属镀层放入含有某些添加剂的铬酸或铬酸盐溶液中，通过化学或电化学的方法在金属表面生成以铬酸盐（三价铬或六价铬）为主的膜的方法，即为金属的铬酸盐处理，有时也称为钝化。铬酸盐膜的主要特性有：①对基体金属的保护作用。铬酸盐膜与基体结合力较强，结构较紧密，化学稳定性高，耐蚀性良好。②表面装饰性。铬酸盐膜的颜色丰富，从无色透明或乳白色到黄色、金黄色、绿色（淡绿、暗绿）、橄榄色和褐色。铬酸盐处理工艺常用作钢铁材料的锌、镉等镀层的后处理，以进一步提高镀层的耐蚀性；也可用作有色金属如铝、铜、锌、锡、镁及合金的表面防护。

第四节　表面涂敷技术

将涂料（液体或固体粉粒）通过各种方法涂敷并结合在材料表面的涂敷技术，应用极为广泛。本节简要介绍其中几种主要技术。

一、涂料与涂装

用有机高分子涂料通过一定的方法涂敷于材料或制品表面，形成涂膜的全部工艺过程，称为涂装。

（一）涂膜的作用

（1）保护作用　对基体材料的保护作用主要体现在两方面：其一是防止材料在环境作用下的金属锈蚀、木材腐朽、水泥风化等现象；其二是减少材料表面与外界的机械性碰撞、摩擦而发生的损坏。

（2）装饰作用　可赋予材料表面各种色彩，美化生活与环境。

（3）标志作用　对制品涂以不同色彩，易于识别。

（4）特殊功能　如隔声功能、导电功能、绝缘功能等。

（二）涂料的组成与类型

涂料一般由四大部分组成，即主要成膜物质（如油脂、各类合成树脂）、颜料（如防锈颜料铝粉、着色颜料铬黄、体质颜料滑石等）、溶剂（如石油、煤焦油、醇类、酮类溶剂）和助剂（如增韧剂、润滑剂、触变剂等）。

涂料的类型很多，其用途也各不相同。

1. 普通涂料

这类涂料多以有机溶剂作为辅助成膜物质，主要包括：①油脂涂料（代号 Y），这种涂料干燥缓慢，硬度不高且易起皱，多用于木器；②天然树脂涂料（代号 T），价廉但性能不高，仅用于一般木制品；③酚醛树脂涂料（代号 F），具有优良的耐水、耐候、耐化学腐蚀性，广泛用于船舶、飞机、电绝缘体；④醇酸树脂涂料（代号 C），是主要涂料种类，其原料丰富，工艺简单，性能优越，多用于装饰性要求较高的产品；⑤氨基树脂涂料（代号 A），多与其他树脂配制使用，其保护性、装饰性均较优良，已广泛用于汽车、自行车、洗衣机、冰箱等产品；⑥硝化纤维素涂料（代号 Q），涂膜干燥迅速，坚硬耐磨，常用于喷涂；⑦乙烯树脂涂料（代号X），涂膜干燥迅速，柔韧、耐水、耐油等各种性能优越，如做汽水罐内壁涂料；⑧丙烯酸树脂涂料（代号B），涂膜耐候、耐光、耐热、保光、保色且硬度较高，广泛用于轻工产品；⑨聚酯涂料（代号Z），涂膜光亮丰满、干燥快速、性能优良，为国内外高级轻工涂装用涂料，在轿车、高档自行车及家电产品上广泛应用；⑩环氧树脂涂料（代号H），涂膜除耐候性稍差外，其他各种性能均较高，由于其黏着力强，故常用作优良的底漆涂料；⑪聚氨酯涂料（代号S），具有极优良的涂料特性，为高级涂料，适用范围极广，但价格较贵。

2. 水性涂料

普通涂料中一般均含有机溶剂，这些溶剂在成膜时将全部挥发，既造成经济损失，又引起环境污染。水性涂料不含或少含有机溶剂，包括水溶性涂料（如电泳涂料）和乳胶涂料两大类。

3. 粉末涂料

塑料粉末涂料是近几十年来发展起来的新型主流涂料之一，它包括热固性塑料粉末（如环氧树脂等）和热塑性塑料粉末（如聚乙烯、聚丙烯等）两大类，主要通过静电喷涂施工，故又俗称喷塑。粉末涂料的优点在于：①无有机溶剂，故有利于环境保护与安全生产；②易回收利用，损失率极低（<10%）；③一次可获较厚的涂层，工艺易自动化；④涂层性能优良，边角覆盖性好。其主要缺点有：①成本较高，需要专门的设备；②涂层制厚易、制薄难，表面不十分平整；③换色、换型较麻烦。粉末涂料主要用于金属结构的防护性涂装，但也可用于非金属制品，具有良好的绿色特性，故应提倡使用。

4. 其他涂料

包括元素有机聚合物涂料（如有机硅树脂涂料、有机氟聚合物涂料等用于耐热、耐蚀场合）、橡胶涂料（如聚氨酯弹性涂料用于塑料跑道铺面）和特殊功能涂料（如导电涂料广泛用于电子工业、热控涂料用于航天航空工业、伪装涂料用于军事工业等）。

（三）涂装方法

涂装工艺的一般工序是：涂前表面预处理（如磷化，目的是去污得到清洁活化表面）、涂装和干燥固化。涂装方法有以下几种，可根据涂料种类、零件要求及生产量等因素选择。

（1）一般涂装方法　包括刷涂、浸涂、流涂、压缩空气喷涂、高压无空气喷涂等。其特点是设备简单，易于操作，但生产条件较差，涂层质量不高。

（2）静电涂装法　以涂装工件为阳极，通过产生电晕放电现象，使涂料吸附到工件表层。其优点是涂层质量好，涂料利用率高，但需较贵重的专门设备。

（3）电泳涂装法　这是一种类似于电镀的涂装方法，带电的涂料粒子在外加直流电场的作用下，电沉积到工件表面。包括阳极电泳法和阴极电泳法两大类。其涂膜质量优良，在汽车制造业中应用极广。

二、粘涂

材料表面粘涂技术是粘接技术的一个分支，它是将特种功能的胶粘剂（通常是在胶粘剂中加入有机或无机填料，如二硫化钼、金属粉末、陶瓷粉末和树脂粉末）直接涂敷于材料表面，使之具有耐磨、耐蚀、耐热、绝缘、导电、导磁、防辐射等功能的一项新技术，目前主要用于零件的表面强化与修复，也可使其获得某种特殊功能。

粘涂的一般工艺过程为：表面预处理（清洗、粗化、活化）→配胶→涂敷（刮涂法、刷涂法、模压法等）→固化（室温或加热固化）→后处理（如清理、修整或表层机械切削、磨削加工）。

粘涂具有粘接技术的大部分优点，适用范围广，能粘涂各种不同的材料，涂层厚度可从几十微米到几十毫米，对现场修复或需紧急修复的零件尤为适用，已成为一项新的表面工程技术。

三、热喷涂

热喷涂技术是利用各种热源，使各种固体喷涂材料加热到熔化或软化状态，通过高速气流使其雾化，然后喷射、沉积到经过预处理的工件表面而形成具有各种不同性能的涂层。目前，热喷涂已广泛用于宇航、国防、机械、冶金、石油、化工、运输、电力及轻工部门，有望成为一门独立的应用科学技术。

（一）涂层结构与结合机理

1. 涂层结构

喷涂层是由无数变形粒子互相交错呈波浪式堆叠在一起的层状结构，粒子之间不可避免地存在着孔隙和氧化物夹杂缺陷。孔隙和夹杂的存在将降低涂层质量，采用高温热源、更高的喷速及保护气氛喷涂，可减少这些缺陷。若对涂层进行重熔处理，也可消除孔隙和夹杂缺陷，使层状结构变为均质结构，改善涂层与基体之间的结合强度。

2. 涂层结合机理

涂层的结构包括涂层与基体表面的界面结合和涂层内部的内聚结合。其结合机理目前尚无定论，一般认为有以下几种结合方式。

（1）机械结合　因凹凸不平的表面互相嵌合，形成机械钉扎而结合。

（2）冶金-化学结合　即出现元素扩散或合金化结合，当涂层重熔处理时，以这种结合方式为主。

（3）物理结合　即范德华力或次价键结合。

（二）热喷涂材料

热喷涂材料按形态可分为线材、棒材、管材和粉末；按组成可分为金属材料、高分子材料、陶瓷材料和复合材料。

1. 线材

热喷涂线材主要是金属及合金材料，常用的有：

（1）碳钢及低合金钢丝　如T8、9SiCr钢，广泛用于零件的耐磨层及尺寸修复。

（2）不锈钢丝　其中铁素体不锈钢和奥氏体不锈钢用于耐蚀性较高的场合，马氏体不锈钢用于兼有耐蚀和耐磨要求的零件。

（3）铝丝　用于耐大气腐蚀和耐热涂层。

（4）锌丝　用于耐大气、淡水腐蚀，如桥梁、铁路配件、钢窗等。

（5）铜丝　纯铜涂层主要用于电器和电子元件及工艺品的装饰，铜合金兼有耐蚀、耐磨性，可用于耐蚀、耐磨、修复及装饰场合。

（6）镍丝　具有较高的耐蚀、耐热性能。

（7）复合喷涂丝　将两种或多种金属及合金复合压制而成的喷涂丝，有多种综合性能。

2. 粉末

热喷涂粉末材料的类型很多，主要包括：

（1）金属及合金粉末　这类粉末分为自熔性合金粉末和复合粉末两种。自熔性合金是指熔点较低，熔融过程中能自行脱氧、造渣，能"润滑"基体表面而呈冶金结合的合金。目前，绝大多数自熔性合金都是在镍基、钴基、铁基合金中添加适量的硼、硅元素而制成。而复合粉末的颗粒是由两种以上的不同成分的固相材料组成的，具有较好的综合性能，可用作打底层粉末和工作层粉末，如镍-铝复合粉末（铝包镍或镍包铝）。

（2）陶瓷粉末　其中氧化物粉末（如 Al_2O_3）主要用作热屏蔽层和电绝缘层；碳化物粉末（如 WC）主要用作耐磨层。

（3）塑料粉末　塑料粉末具有防粘、低摩擦因数和特殊物理化学性能，若在其中添加硬质相还可使涂层具有一定的耐磨性。常用的塑料粉末有尼龙、环氧树脂等。

（4）复合材料粉末　这种粉末是由两种或多种金属和非金属固体粉末混合而成的，具有结合其组成材料的特性和特殊功能，如硬质耐磨用复合材料粉末（Co-WC、NiCr-WC等）、减摩润滑用复合材料粉末（石墨-Ni、聚四氟乙烯-Cu）、耐热隔热用复合材料粉末（Ni-Al、Al_2O_3、Cr_2O_3 等）、导电或绝缘复合材料粉末、辐射或防辐射复合材料粉末。

（三）热喷涂工艺方法

1. 工艺过程

热喷涂工艺过程一般为：表面预处理→喷底层（或过渡层）→喷工作层→后处理（如重熔、封闭等）。其中预处理对喷涂层质量影响很大，预处理的内容主要包括脱脂、除锈、表面粗化，必要时还应对基体进行预热，对非喷涂表面进行保护。具体喷涂工艺还因喷涂方法不同而异。

2. 热喷涂方法

喷涂方法很多，一般按喷涂的热源种类不同而进行分类。较常用的方法有：①火焰喷涂，多用氧乙炔火焰，具有设备简单，操作灵活方便，成本低但涂层质量不太高的特点，目前应用仍较广泛。②电弧喷涂，将被喷涂的金属线材作为自耗性电极，以电弧作为热源的喷涂方法。与火焰喷涂相比，具有涂层结合强度高，熔敷能力大，能量利用率高，成本低的优点。③等离子喷涂，用等离子弧为热源、以喷涂粉末材料为主的较新型喷涂方法，具有涂层质量优良，适应材料广泛（尤其是高熔点的陶瓷材料）的优点，但设备较复杂。④其他特种喷涂方法，如爆炸喷涂、超声速喷涂、高频喷涂、激光喷涂等。

（四）热喷涂技术的特点与应用

1. 特点

1）适应材料广泛，基体材料和喷涂材料几乎可包括所有的固体材料。

2）工艺灵活、各种形状尺寸的零件均可采用，特别适合于现场施工。

3）涂层厚度从几十微米到几毫米可控，基体不变性、不变形。

4）工艺简便，方法多样，生产率高。

2. 应用

由于喷涂材料种类很多，所获得的涂层性能差异很大，可适应于不同的表面保护、强化、修复和特殊功能的需要。例如，Zn、Al、Zn-Al 涂层用于耐蚀防护，WC、Al_2O_3 涂层用于耐磨强化，各种金属材料涂层用于金属构件的尺寸修复等。涂层的设计与选用主要取决于零件的使用条件，但同时也应考虑工艺性、经济性和实用性。

四、热浸镀

热浸镀是将基体金属（工件）浸在另一种低熔点的液态金属中，在工件表面发生一系列的反应而生成所需的金属镀层，主要用来提高金属构件的防护能力（耐蚀与耐热）。

（一）热浸镀材料

钢铁材料及铜等金属材料是广泛采用的热浸镀基体材料，其中钢最常用。镀层金属主要有锌、铝、锡、铅及其合金。表 13-2 是常见的热浸镀层及特性。顺便提及的是，热浸镀锡层因较厚、成本昂贵，现已逐步被电镀锡层代替。

表 13-2　常见的热浸镀层及特性

镀层金属	熔点/℃	浸镀温度/℃	镀层特性
锡	231.9	260~310	耐蚀性、韧性好，附着力高，有美观的金属光泽
锌	419.5	460~480	耐蚀性优良，黏附性好，应用最广泛
铝	658.7	700~720	优异的耐蚀性，良好的耐热性，对光热良好的反射性

（二）热浸镀工艺方法

热浸镀工艺的基本过程是预处理、热浸镀和后处理。按预处理不同，可分为熔剂法和保护气体还原法两大类。

1. 熔剂法

这是传统的热浸镀方法，多用于钢管、钢丝和零件的热浸镀。其工艺过程为：碱洗→水洗→酸洗→水洗→熔剂处理→热浸镀→后处理。

熔剂处理起助镀作用，其目的是去除工件表面酸洗后未被完全洗掉的或重新氧化的氧化皮、清除熔融金属表面的氧化皮和降低熔融金属的表面张力，包括熔融熔剂法（如氯化铵熔剂）和烘干熔剂法（如氯化铵与氯化锌的水溶液）。

镀后处理包括去除表面多余镀层金属（可采用人工法、振动器法、离心机法、吹气法），水冷处理（先空冷后水冷）和钝化处理（防止镀层变色并提高其质量）。

2. 保护气体还原法

这是现代热镀生产线普遍采用的方法，多用于钢板的热浸镀。其特点是将钢材连续退火与热浸镀连在同一生产线上，先在微氧化炉中用燃气直接加热，去除工件表面的油污并形成氧化膜，然后在密闭的含有氢气的还原炉中将表面氧化膜还原成适宜于热浸镀的海绵铁。

（三）热浸镀的应用

热浸镀锌、铝的材料（主要是钢材）可广泛应用于国民经济的各部门，其主要用途见表 13-3。

表 13-3　热浸镀钢材的主要用途

浸镀材料	产品类型	主要用途举例
锌及合金（耐蚀）	板、带材	建筑业（屋顶板、外壁），交通运输（汽车车体），机械制造（各种机器、仪表的壳体）
	管材	一般用途水、汽管道，石油化工管道，建筑脚手架
	钢丝	通信与电力工程的电线、钢丝绳，一般捆扎用途

（续）

浸镀材料	产品类型	主要用途举例
铝及合金 （耐热、耐蚀）	板、带材	汽车排气系统与烘烤设备的耐热用途,建筑、汽车、包装的耐蚀用途
	管材	石油、炼焦、化工等耐蚀与耐热管道
	钢丝	低碳钢丝编织成耐蚀网,高碳钢丝用于架空电缆

第五节 气相沉积技术

气相沉积是将含有形成沉积元素的气相物质，通过各种手段和反应，在工件表面形成沉积层（薄膜）的工艺方法。它可赋予基体材料表面各种优良性能（如强化、保护、装饰和电、磁、光等特殊功能），也可用来制备具有更加优异性能的新型材料（如晶须、单晶、多晶或非晶薄膜）。这种新技术的应用有着十分广阔的前景，尤其是在高新科技领域潜力巨大。

按沉积过程的反应性质不同，气相沉积技术可分为物理气相沉积和化学气相沉积两大类。

一、物理气相沉积

物理气相沉积（Physical Vapor Deposition，PVD）是在真空条件下，利用各种物理方法，将沉积材料汽化成原子、分子、离子并直接沉积到基体材料表面的方法。按汽化机理不同，PVD 法包括真空蒸镀、溅射镀和离子镀三种基本方法。

（一）真空蒸镀

1. 基本原理

真空蒸镀膜是在高真空的条件下，将蒸镀材料（即膜材料，可以是金属或非金属，但多为金属）加热蒸发成原子（或分子）进入气相，然后沉积在工件（衬底）材料表面，而形成薄膜镀层。根据蒸镀材料的熔点不同，其加热方式有电阻加热蒸发、电子束蒸发、激光蒸发等多种。

2. 基本特点

真空蒸镀具有下列几方面的特点：①设备、工艺、操作均较简单；②沉积速度快；③绕镀能力差；④因汽化粒子的动能低，镀层与基体结合力较弱，镀层较疏松，故耐冲击、耐磨损性能不高，此点限制了真空蒸镀膜在强化机械零件方面的应用（如耐磨）。

（二）溅射镀

1. 基本原理

溅射镀膜是在一定的真空条件下，用荷能离子（如氩离子，可通过辉光放电获得）轰击某一靶材（即镀膜材料，常为阴极），从而在其表面溅射出原子（或分子）进入气相，然后这些溅射粒子在工件表面（与阳极相连）沉积而形成镀层。

2. 基本特点

溅射镀具有下列几方面的特点：①由于汽化粒子的动能大（为真空蒸镀的 100 倍），故镀膜致密且与基体材料的结合力高；②适用材料广泛，基体材料和镀膜材料均可是金属或非金属，可制造真空蒸镀难以得到的高熔点材料镀膜；③均镀能力好，但绕镀性稍差；④镀膜沉积速度较慢，设备昂贵是其主要缺点。

（三）离子镀

1. 基本原理

离子镀是在含有惰性气体（如氩气）的真空中，利用气体放电对已被蒸发的粒子（汽化原子或分子）离化和激化，在气体离子和沉积材料离子轰击作用的同时，于基体材料表面沉积形成镀膜。由此可见，离子镀将辉光放电、等离子体技术与真空蒸镀技术结合在一起，兼具真空蒸镀的沉积速度快和溅射镀的离子轰击清洁表面及高动能汽化粒子的特点，因而应用极为广泛。

2. 基本特点

离子镀具有镀层质量高，附着力强，绕镀与均镀能力好，沉积速度快等众多优点。但受蒸发源限制，高熔点镀膜材料的蒸发镀有一定困难，且设备复杂、昂贵。

二、化学气相沉积

化学气相沉积（Chemical Vapor Deposition，CVD）是把含有构成沉积薄膜元素的一种或几种气态物质（化合物或单质）供给基体材料，于一定的温度下在基体表面发生化学反应而生成沉积薄膜的过程。

（一）基本类型

化学气相沉积可根据气相反应的激发方式不同分为热化学气相沉积（TCVD）、放电激发气相沉积（如等离子体 PACVD）、辐射激发气相沉积等多种；按反应温度高低不同分为高温 CVD（>900℃）、中温 CVD（500~800℃）和低温 CVD（<500℃）。热化学气相沉积是最常见的类型，其反应需高温激发，一般大于 1000℃，这将限制 CVD 的应用范围。

（二）基本特点

化学气相沉积的主要特点有：①能沉积各种晶态和非晶态、成分精确可控的无机薄膜材料；②沉积膜层致密、质量好且与基体的结合力大；③均镀性与绕镀性好，沉积速度较快；④设备简单、操作简便、成本较低。普通热化学气相沉积的最大缺点是沉积温度较高（>1000℃），对不允许或难于高温加热的基体材料（如控制变形的精密件），则必须采用放电激发或辐射激发的 CVD 技术，如采用辉光放电激发化学气相沉积，其沉积温度可降至300~500℃。

三、气相沉积技术的应用

由于各种气相沉积技术的适用材料（基体与镀膜）、工艺条件（如沉积温度、设备）与镀膜特性及质量（如与基体的结合力）等因素不同，故其应用范围和侧重领域也有所区别。表 13-4 总结比较了 PVD（真空蒸镀、溅射镀、离子镀）和 CVD 的基本特点。

气相沉积技术所得到的镀膜可以分为两大类：其一是结构膜，这类膜要求承受一定的载荷或相对机械运动，以耐磨、强化要求为主，兼有耐蚀、耐热性要求，主要起表面强化和保护作用，结构膜通常较厚（一般>1μm）；其二是功能膜，这类膜不受或少受机械力或相对运动，而以特殊物理性能、化学性能、生物性能及其转换特性为主要要求，镀膜不必很厚（一般<1μm）。气相沉积技术已广泛用于机械、电子与电工、航天航空与军事工业、化工及

轻工等各部门，在信息技术、新能源技术和新材料技术领域作用巨大。

真空蒸镀物理气相沉积技术的镀膜致密度低，与基体的结合差，故很少用于材料表面强化（如耐磨）方面，目前主要用于表面功能与装饰用途。具有代表性的应用是各种光学膜（如透镜反射膜、电致发光膜等）、电学膜（导电、绝缘、半导体等）、磁性能膜（如磁带）、耐蚀膜、耐热膜、润滑膜、各种装饰膜（如固体材料表面的金、银膜）及太阳电池膜等。

表 13-4　PVD 和 CVD 的基本特点比较

比较项目	PVD 法			CVD 法
	真空蒸镀	溅射镀	离子镀	
镀膜材料	金属、合金、某些化合物（高熔点材料困难）	金属、合金、化合物、陶瓷、高分子	金属、合金、化合物、陶瓷	金属、合金、化合物、陶瓷
气化方式	热蒸发	离子溅射	蒸发、溅射、电离	单质、化合物气体
沉积粒子能量/eV	原子、分子 0.1~1.0	主要为原子 1.0~10.0	离子、原子 30~1000	原子 0.1
基体温度/℃	零下至数百，一般多为 200~600，不超过 800			150~2000（多数>1000）
镀膜沉积速度/ μm·min⁻¹	0.1~75	0.01~2	0.1~50	0.5~50
镀膜致密度	较低	高	高	最高
镀覆能力	绕镀性差，均镀性一般	绕镀性欠佳，均镀性较好	绕镀、均镀性好	绕镀、均镀性好
主要应用	功能膜(光、电、磁膜)、装饰膜、耐蚀膜、润滑膜	功能膜为主，结构膜为辅	各种结构膜和功能膜	结构膜、功能膜、材料制备

与真空蒸镀相比，溅射镀和离子镀物理气相沉积技术的镀膜质量较高（如致密、气孔少）且与基体材料结合牢固（尤其是离子镀），故除可起到真空蒸镀相同的作用外，还可在材料表面形成耐磨强化膜（如 TiN、TiC、Al_2O_3），这便拓宽了气相沉积技术在结构零件和工具、模具上的应用。与普通化学气相沉积相比，溅射镀和离子镀所需的沉积温度较低，这对难于或不允许高温加热的工件与材料意义重大。

化学气相沉积技术所得的镀层综合性能较好，且其成分和结构可精确控制，因此不仅可用于在工件表面获得各种性能的镀膜，而且已成为一种新材料制备技术，如获得耐磨、减摩、耐热、耐蚀及其他功能膜，制备高纯材料、复合材料、太阳电池材料等。

值得提及的是，通过气相沉积技术在刀具、模具表面镀覆一层厚度为 2~15μm 的超硬陶瓷材料薄膜（如 TiN、TiC、Al_2O_3 等），可大大提高刀具或模具的表面硬度（可达 2000~3000HV）、耐磨性和热稳定性，成几倍、几十倍地延长工具的使用寿命，且可提高工作效率。在工具表面（多为高速工具钢），气相沉积超硬薄膜可以说是工具材料上的一次革命，对形状复杂、精度要求高的成形工具（刀具或模具）尤为重要。据报道，一些发达国家的不重磨刀具中有近 50% 采用了这种表面技术。

第六节　高能束表面技术简介

采用激光束、电子束和离子束（合称"三束"）对材料表面进行改性或合金化技术，是近年来迅速发展起来的材料表面新技术，是材料科学的最新领域之一。束流技术对材料表面的改性是通过改变材料表面的成分（即表面合金化）和结构而实现的，由于这些束流具有极高的能量密度，可对材料表面进行快速加热，其后冷却速度也极快，故表层结构和成分的改变幅度极大（如出现微晶、非晶、亚稳成分固溶体或化合物），因而性能改变的程度也相当大。此外，快速加热对整体材料的影响不大，故工件在处理过程中基本不变形。

一、激光束表面技术

激光束具有高能量密度性、高方向性和高相干性，当其照射到金属表面时，其能量几乎全被表面层吸收转变成热，可在极短时间内将工件表层快速加热或熔化，而心部温度基本不变。当激光束移去后，表层向心部的迅速传热，又可实现快速的"自冷却"过程。激光束表面技术的应用主要包括以下几方面：

（一）激光表面热处理

又称为激光表面淬火强化，具有高硬度（比普通淬火高 15% ~ 20%）、高疲劳性能和微变形的基本特点，耐磨性可提高几倍，已成功用于汽车发动机缸体和缸套、滚动轴承圈、柴油机缸套、机床导轨、冷作模具等。

（二）激光表面合金化

激光表面合金化是预先用镀膜或喷涂等技术把所需合金元素涂敷到工件表面（即预沉积法），然后通过激光束照射使表面膜与基体材料浅表层熔化、混合并迅速凝固，形成成分与结构均不同于基体的、具有特殊性能的合金化表层，主要用于提高基体材料的耐磨性、耐蚀性和耐热性，并可降低材料成本。例如，对钢铁材料表面通过激光合金化加入较贵重的 Cr、Co、Ni 等元素，用于发动机阀座和活塞环、涡轮叶片等零件，其使用性能明显改善，寿命明显提高。

激光束表面技术还可用于激光涂敷，以克服热喷涂涂层的气孔、夹渣和微裂纹缺陷；用于气相沉积技术，可提高沉积层与基体的结合力，并减小基体的热变形。

二、电子束表面技术

除使用热源不同外，电子束表面技术与激光束表面技术的原理和工艺基本类似，故凡激光可进行的处理，电子束也都可进行。

与激光束表面技术相比，电子束表面技术还有以下特点：①加热的尺寸范围和深度较大，这是因为电子束具有更大的功率、更高的能量密度且能深入到材料表面下一定的深度；②设备投资较低，操作较方便，处理之前工件表面无须"黑化"（对激光束处理则需"黑化"以提高对激光的吸收率）；③因需要真空条件，故零件的尺寸受到限制，但表面质量却因此而提高。

三、离子注入技术

离子注入技术是将工件（金属材料为主）放在离子注入机的真空靶室中，在高电压的作用下，将含有注入元素的气体或固体物质的蒸气离子化，加速后的离子与工件表面碰撞并最终注入工件表面而形成固溶体或化合物表层。注入层内的元素合金化及因碰撞引起的辐照损伤晶体缺陷（空位、间隙原子、位错等），对工件表层的各种性能有极大的影响，如耐磨性、耐热性、耐蚀性、抗疲劳性能提高，并导致了某些特殊功能出现，如光学性能、超导性能等。

（一）离子注入技术的特点

与其他表面合金化改性技术相比，离子注入技术的主要优点有：①由于不受热力学平衡条件限制，故理论上任何元素都可注入任何基体材料（目前主要是金属），且注入层的成分与结构变化范围大；②注入层与基体材料无明显的界面，故结合极牢固，不存在剥落问题；③因是无热过程（常温或低温下），故工件不存在热变形，因在真空室中进行，故工件表面质量高，特别适合于高精密件的表面处理。

离子注入技术的主要缺点有：①注入层较薄，一般约为 $0.1\mu m$；②因真空靶室限制，工件尺寸不大；③设备昂贵，成本高，目前仅主要用于重要的高精密零件。

（二）离子注入技术在材料表面改性方面的应用

1. 耐磨减摩

在钢铁及有色金属中注入 N^+、B^+、C^+、Ar^+ 等非金属元素离子，可大大提高材料表面的硬度和耐磨性，如硬质合金 YG6 钢丝拉丝模的工作寿命可延长 3 倍；钢中注入 Sn、Pb 的离子，摩擦因数可降低近 50%。

2. 耐热抗蚀

如在不锈钢中注入 Zn、Al、Ni 等元素的离子，在 Ti-6Al-4V 中注入 Ba 元素的离子，其耐氧化性能成倍提高；在钢铁材料（包括耐蚀性较好的不锈钢）表面注入 Cr、Ni、Mo 等元素的离子可提高耐蚀性。

3. 抗疲劳性

离子注入既提高了材料表面的强度和硬度，又在其表面产生了有利的残留压应力，故疲劳寿命成几倍、几十倍的增加，如对马氏体时效钢注入 N^+，对 Ti-6Al-4V 注入 C^+，其疲劳寿命可提高 8~10 倍。

习　　题

13-1　与材料整体改性技术相比，材料表面技术有哪些特点？

13-2　全面比较电镀与化学镀的特点。

13-3　展台框架用快速装拆锁体中的片状簧片采用 65Mn 钢制造，要求一定的耐磨性和耐蚀性，试给出三种以上的表面处理方法，并比较各自的优缺点。

13-4　制冷压缩机的壳体、活塞采用的材料分别为 08Al 钢和粉末冶金铁基材料，两者均需磷化，试分析其主要作用并确定磷化类型。

13-5　为下列零件选定较合适的表面处理技术：①普通自来水管；②自行车钢圈；③要求绝缘并有相对运动的铝合金件；④铝合金门窗；⑤铸铁零件工序间防锈需要。

13-6　某高速工具钢刀具要求气相沉积 TiN 薄膜，若采用离子镀膜和普通 CVD 法，怎样安排该刀具的整体热处理和表面处理技术？

13-7　对比分析电镀和离子镀的工艺特点及镀膜质量。

13-8　军用刺刀电镀铬后直接使用，容易折断，为什么？怎样解决此问题？

第 十四 章

工程材料的选用与发展

材料的选用是产品设计与制造工作中重要的基础环节，自始至终地影响了整个设计过程。选材的核心问题是在技术和经济合理的前提下，保证材料的使用性能与零件（产品）的设计功能相适应。掌握各类工程材料的特性，正确选用材料及相宜的加工方法（路线）是对所有的从事产品设计与制造的技术人员的基本要求。

材料的选择具有普遍性，主要体现在：①新产品（零件）设计；②更新现有产品（零件）的材料，以提高产品的各种功能或降低成本；③防止零件的失效，经分析需要重新选择材料和工艺；④其他情况，如工艺装备设计、非标准件的设计等。充分认识选材的普遍性和重要性，掌握选材过程与方法的要领，是正确选材、合理用材的重要保证。

现今的产品设计，工程师多采用类比法或经验法来套用而非选用材料，更有甚者是随意取用材料，带有浓厚随意性、盲目性甚至是危险性的色彩，是极不科学的。故应首先认识到这种传统做法造成的不良后果，更重要的是应学习并掌握科学合理选材的思路与方法。

第一节　零件失效分析

一、基本概念

任何零件均具有一定的设计功能与寿命。当其在使用过程中，因零件的外部形状尺寸和内部组织结构发生变化而失去原有的设计功能，使其低效工作或无法工作或提前退役的现象即称为失效。失效分析的目的就是要分析零件的失效原因，并提出相应的防止和改进措施，其结论对零件的设计、选材、加工与使用都有重大的指导意义。就选材而言，由于选材过程在很大程度上依赖于对以往使用经验的分析，特别是对失效原因和机制的分析，找出零件的最薄弱环节，进而可直接确定零件的某种（或某些）必要性能，并推断出材料应达到的性能指标，因此失效分析工作也是选材过程的一个重要环节。

二、失效形式

零件失效形式多种多样，通常按零件的工作条件及失效的特点将失效分为四大类，即过量变形、断裂、表面损伤和物理性能降级，见表14-1。对结构材料的失效而言，前三种是最主要的，其中断裂失效（尤其是脆性断裂）因其危险性而易受重视，且研究最多，疲劳断裂最普遍，是断裂失效的主要方式。对于功能材料，物理性能降级是其主要失效形式，但也存在断裂与腐蚀、磨损等问题。失效形式不同，对材料的主要性能要求也不相同，当零件发生过量弹性变形失效时，其主要性能应是材料的刚度（刚性），就选材而言，应选高弹性模量（E、G）的材料。

三、失效原因

造成零件失效的原因错综复杂、多种多样，一般将其分为四个主要方面：设计、材料、加工与使用，见表 14-2。

表 14-1　零件失效形式

过量变形失效	过量弹性变形
	过量塑性变形
断裂失效	韧性断裂
	脆性断裂
	低应力脆断
	疲劳断裂
	蠕变断裂
	介质加速断裂
表面损伤失效	磨损
	腐蚀
	表面接触疲劳
物理性能降级	电、磁、热等性能衰减

表 14-2　零件失效的主要原因

设计	设计思想有误
	工作条件分析错误
	结构外形不合理
材料	选材不当
	材质低劣（冶金缺陷）
加工	各种热加工缺陷
	各种冷加工缺陷
使用	安装不良
	维护不善
	操作不当
	过载使用

（一）设计

设计与失效之间关系密切，如结构形状不合理导致的应力集中，安全系数选择过大或过小均是常见的设计错误。

（二）材料

材料是零件安全工作的基础，因材料而导致失效主要表现在两方面：其一是选材不当，这是最重要的原因；其二是材质欠佳，如各种冶金缺陷（气孔、疏松、夹杂物、杂质含量等）的存在且超过规定的标准。

（三）加工

产品在加工制造过程中，若不注意工艺质量，则会留下各种冷热加工缺陷而导致零件早期失效，如各种裂纹缺陷（铸、锻、焊、热与磨削裂纹）、组织不均匀缺陷（粗大组织、带状组织等）、表面质量（刃痕等）与有害残留应力分布等。

（四）使用

零件安装时配合不当、对中不良等，维修不及时或不当，操作违反规程均可导致工件在使用中失效。据报道，在 260 例压力容器失效中，属于操作不当而造成失效的高达 75%。

应该说明的是，工件失效的原因可能是单一的，也有可能是多种因素共同作用的结果，但每一失效事件均应有一导致失效的主要原因，据此可提出防止失效的主要措施。

四、失效分析的基本步骤与方法

失效分析工作涉及多门学科知识，其实践性极强，快速准确的分析结果要求有正确的失效分析方法。一般认为失效分析的基本步骤如下。

（一）调查取证

调查取证是失效分析最关键、最费力，也是必不可少的程序，主要包括两方面内容：其一是调查并记录失效现场的相关信息，收集失效残骸或样品；其二是查询有关背景资料，如设计图样、加工工艺等文件，使用维修情况等。

（二）整理分析

对所收集的资料、证据进行整理，并从零件的设计、加工及使用等多方面进行分析，为后续试验明确方向。

（三）试验分析

对失效试样进行宏观与微观断口分析，确定失效的发源地与失效形式，初步指示可能的失效原因。对材料进行成分组织性能的分析与测试，包括成分及均匀性分析、组织及均匀性观察、与失效方式有关的各种性能指标的测试等，并与设计要求进行比较。

（四）综合分析得出结论

综合各方面的证据资料及分析测试结果，判断并确定失效的具体原因，提出防止与改进措施，写出报告。

第二节 材料选择原则

研究和制造有竞争性的优质产品，最重要的要求之一就是选择产品中不同零件所用的各种材料和与之相宜的加工方法的最佳组合。由于所能采用的材料和加工方法很多，因而材料的选用常常是一个复杂困难的判断、优化过程。毫无疑问，所选材料应满足产品（零件）使用的需要，经久耐用，易于加工，经济效益高。因此，通常情况下选材一般应遵循三个基本原则：使用性能、工艺性能和经济性能，它们是辩证的统一体。在大多数情况下，使用性能是选材的首要原则与依据，然后再综合考虑工艺性能和经济性能，得出优化结果。为满足人类社会可持续发展战略的需要，适应经济全球化、集约化发展趋势，考虑材料环境特性和技术经济价值的选材原则也日益受到重视。

一、使用性能选材原则

（一）使用性能简单分类

使用性能是材料满足使用需要所必备的性能。它是保证零件的设计功能实现、安全耐用的必要条件，是选材的最主要原则。不同用途的零件要求的使用性能是不同的，见表14-3。对结构零件而言，其使用性能以力学性能为主，以物理性能和化学性能为辅；对功能元件而言，其使用性能则以各种功能特性为主，以力学性能、化学性能为辅。实际上零件对材料的使用性能要求是多因子的，因而必须首先准确判断零件所要求的某个（或某几个）使用性能，然后方可进行具体的选材工作。

表 14-3 使用性能要求的简单分类

分类	典型性能	用途举例
力学性能	强度 刚度 韧性	各机械装置、承载结构零件,如齿轮、轴、螺栓、连杆等

（续）

分类	典型性能	用途举例
物理性能	密度	航天航空、运动机械
	导热性	热交换器、隔热保温装置
	导电性	电动机电器、输变电设备
化学性能	耐热性 耐蚀性	热工动力机械与加热设备、化工设备、海洋平台、船舶与户外结构
功能特性	电、磁、声、光、热等性能	功能器件,敏感元件如太阳电池、压电器件等

（二）按使用性能选材的具体方法与步骤

1）分析零件的工作条件，确定其使用性能。零件的工作条件分析包括：①受力情况，如载荷性质、形式、分布与大小，应力状态（含残留应力）；②工作环境，如工作温度、工作介质；③其他特殊要求，如导热性、密度（重量要求）与磁性等。在全面分析工作条件的基础上确定零件的使用性能，如交变载荷下工作要求疲劳性能，冲击载荷下工作要求韧性，酸碱等腐蚀介质中工作则要求耐蚀性等。

2）进行失效分析，确定主要使用性能。在工程应用中，失效分析能暴露零件的最薄弱环节，找出导致失效的主导因素，直接准确地确定零件必备的主要使用性能。例如，过去人们认为发动机曲轴的主要使用性能是高冲击抗力（韧性），必须采用锻钢制造。而失效分析结果表明：曲轴的失效形式主要是疲劳断裂，以疲劳抗力为主要使用性能要求来设计制造曲轴，其质量和寿命可显著提高，故可采用价格便宜、生产工艺简单的球墨铸铁来制造。

3）将零件的使用性能要求转化为对材料性能指标和具体数值的要求。通过分析、计算，将使用性能要求指标化、量化，再按这些性能指标数据查找有关手册中各类材料的性能数据及大致应用范围，进行判断、选材。顺便指出的是，一般设计手册提供的材料性能大多限于常规力学性能参数，如强度（R_{eL}、R_m）、塑性（A、Z）、韧性（A_K、a_K）和硬度（HRC、HBW），对某些非常规的、先进的力学性能（如断裂韧度 K_{IC} 等）可能缺乏，此时应查阅专门资料或通过模拟试验取得数据进行选材，而不能盲目地以方便查到的常规性能数据代替非常规性能数据，否则要么严重浪费了材料，要么导致零件早期失效。

表 14-4 列举了几种典型零件的工作条件、主要失效形式和主要力学性能指标。对结构零件（尤其是机械零件）而言，除主要以力学性能为选材原则以外，根据其具体工作条件不同，有可能还要对物理或化学性能提出特殊要求。例如，汽轮机叶片，不仅要求高温的强度、韧性等力学性能，而且要求耐热、耐蚀、减振等特殊性能，一般选用马氏体不锈钢（如 20Cr13）或马氏体耐热钢（如 15Cr12WMoV）制造；当工作温度较高时，应选用耐热、耐蚀性能更好的奥氏体耐热钢（如 06Cr17Ni12Mo2），甚至耐热合金（如铁基耐热合金 GH2302、镍基耐热合金 GH4033）制造。再如某些重要仪表弹簧，同时要求弹性、抗磁性和耐蚀性，此时便不应选择普通弹簧钢（如 65Mn），而要选择铍青铜（如 TBe2）制造。

表 14-4　几种典型零件的工作条件、主要失效形式和主要力学性能指标

零件名称	工作条件	主要失效形式	主要力学性能指标
传动轴类	交变弯曲、扭转应力,冲击载荷,轴颈处摩擦	疲劳断裂、过量变形、轴颈磨损	综合力学性能:屈服强度、疲劳强度、韧性;局部耐磨性

（续）

零件名称	工作条件	主要失效形式	主要力学性能指标
传动齿轮	交变弯曲应力与接触压应力,冲击载荷,齿面强烈摩擦,振动	接触疲劳（麻点）、磨损、齿折断	弯曲及接触疲劳强度,表面硬度与耐磨性,心部强度与韧性
弹簧	交变弯曲、扭转应力,冲击与振动载荷	疲劳断裂、弹性丧失	弹性极限、屈强比、疲劳强度
冷挤压模	两向或三向复杂应力,强烈摩擦	磨损、脆断	硬度与耐磨性,高强度与一定韧性

（三）按力学性能指标选材需注意的问题

前已述及,材料的力学性能是按使用性能选材原则的最主要依据。只要正确分析零件的工作条件和主要失效形式,进而确定其应具备的主要性能要求及指标,再通过必要的计算（重要零件还需进行模拟试验）,查阅设计手册,所选的材料理应能正常工作。但实际情况并非一定如此,因为有时尚有许多未估计到的或易被忽视的因素会影响材料的实际性能,故在按力学性能选材时,还需考虑以下几方面问题。

1. 材料性能与零件性能的关系

由于手册上提供的力学性能指标是通过标准试验测得的,但因实际零件的结构设计和加工工艺的不同,故材料性能与零件的真实性能之间有时会有很大的差异。教条地采用材料的这些力学性能数据,其制造的零件寿命未必高,有时甚至会出现较严重的早期失效现象。

（1）材料的尺寸效应 标准试样的尺寸一般是确定的且较小的,而零件的尺寸一般是较大的、各不相同的。零件的尺寸越大,其内部可能存在的缺陷数量就越多,最大缺陷的尺寸也就越大;零件的工艺性能也随之恶化,特别是热处理性能降低,如淬透性低的钢材就不易在整个截面上得到均匀一致的性能;零件在工作时的实际应力状态也将复杂恶劣,如大尺寸零件的应力状态较硬。所有的这一切都将使实际零件的力学性能下降,这就是尺寸效应。

（2）零件的结构形状对性能的影响 实际零件上的油孔、键槽及较小的过渡圆角之处,通常存在着较大的应力集中,且其应力状态变得复杂,这也使得零件的性能低于试样的性能。例如,正火 45 钢的光滑试样的弯曲疲劳极限为 280MPa,用其制造带直角键槽的轴,其弯曲疲劳极限为 140MPa;若改成圆角键槽的轴,其弯曲疲劳极限则为 220MPa。此例首先说明了零件的应力集中对其性能的巨大影响,其次还告诉我们:适当改变零件的结构形状（如直角键槽改为圆角键槽）,其实际性能也将大幅度地提高,因此有时采用改善结构形状的设计比追求性能更好的材料,其实际效果可能更佳（简单易行,成本降低）,值得重视。

（3）零件的加工工艺对性能的影响 材料性能是在试样处于确定状态（内部组织与表面质量）下测定的,而实际零件在其制造过程中所经历的各种加工工艺有可能引入内部或表面缺陷,如铸造、锻造、焊接、热处理及磨削裂纹,过热、过烧、氧化、脱碳缺陷,切削刀痕等,这些缺陷都导致零件的使用性能降低。例如,调质 40Cr 钢制汽车后桥半轴,若模锻时脱碳,其弯曲疲劳极限仅为 90~100MPa,远低于标准光滑试样的 545MPa;若将脱碳层磨去（或模锻时防止脱碳）,则疲劳极限可上升至 420~490MPa,可见表面脱碳缺陷对疲劳性能巨大的影响。

材料性能和零件性能之间客观存在的差异,通常是零件的性能（强度、韧性,尤其是疲劳性能）低于手册上提供的材料性能。故在应用力学性能指标来设计零件和选择材料时,必须结合零件的实际条件加以修正，必要时应对重要零件进行实物性能试验，如台架试验和装机试验。

2. 力学性能指标在选材中的应用意义

在本书第一章中已介绍了各种力学性能指标的基本概念，它们在选材中具有一定的实际意义，但也存在一定的局限性，如各种强度指标（R_{eL}、R_m、σ_{-1} 等）、刚度指标（E、G）和断裂韧度 K_{IC} 可直接用于设计计算和选材；而有些指标如塑性（A、Z）、冲击韧度（A_K、a_K）、硬度（HBW、HRC）和耐磨性等则不能直接用于设计计算，一般是通过实践经验或失效分析来估计、确定其数值大小，以保证零件安全可靠地工作。

（1）刚度指标　表征材料的刚度指标主要有弹性模量 E、切变模量 G，但实际零件的刚度既取决于所选材料的刚度 E、G，又取决于零件的形状尺寸与受载方式。显然，在零件的形状尺寸和受载方式确定时，材料的刚度越高，则零件的刚度也就越高，这就是刚性结构一般都采用金属材料（主要是 E、G 值较高的钢铁材料）的原因。当零件所选材料的基本类型（成分）确定时，提高零件刚度的主要措施是结构设计，如加大截面尺寸、改变形状等。

（2）弹性指标　材料的弹性指标同时取决于材料的刚度（E）和强度（σ_e），其大小为 $\sigma_e^2/(2E)$。对弹簧而言，其主要性能要求为弹性指标，故要求 $\sigma_e^2/(2E)$ 值尽可能高，为此 σ_e 应高而 E 则应低。高分子材料的 E 值虽低，但 σ_e 更低，且有明显的黏弹性行为，故不是弹簧的最佳材料，只能用于家庭用具和玩具中的弹簧；金属材料（主要是钢、铍青铜）的 E 值虽较高，但 σ_e 更高，尤其是 σ_e 可通过各种改性技术来提高，故是工程结构中最主要的弹簧材料；某些复合材料（如碳纤维金属基复合材料）的弹性性能虽然也很好，但因其成本太高，目前尚未广泛应用。

（3）强度指标　设计手册上提供的材料强度指标大多是静拉伸强度 R_{eL}（或 $R_{p0.2}$）与 R_m。对于其他加载方式下的强度指标，如抗弯强度 σ_{bb}、抗压强度 R_{mc} 等，则要么在专门资料上查询或通过补充试验获得，要么利用其与静拉伸强度之间的经验关系获得。这说明静拉伸强度仍然是强度设计中使用最多的性能指标。

1）屈服强度 R_{eL}。屈服强度是最主要的强度指标，由于绝大多数零件都限制在弹性变形范围内工作，故设计选材时一般规定零件的工作应力 σ 必须小于许用应力 $[\sigma]=R_{eL}/n$（n 为安全系数）。对于以过量塑性变形为主要失效形式的零件（如普通紧固螺栓），可直接采用 R_{eL} 为设计选材依据；对于以疲劳断裂或低应力脆断为主要失效形式的零件，便不能直接采用 R_{eL} 为设计选材依据。

2）抗拉强度 R_m。R_m 主要表征材料的最大承载能力，这对低塑性材料（如灰铸铁、冷拔高碳钢丝）和脆性材料（如白口铸铁、陶瓷）等制作的零件有直接的设计选材意义，并规定工作应力 $\sigma \le R_m/n$。对塑性材料制作的零件，R_m 虽无直接的设计选材意义，但因 R_m 与疲劳极限 σ_{-1} 之间存在的经验关系（$\sigma_{-1} \approx KR_m$），可用 R_m 来间接衡量材料疲劳极限的高低，并以此用于非重要的疲劳零件的设计选材。

3）疲劳极限。疲劳断裂是机械零件的最主要失效形式，故疲劳极限理应也是最重要的力学性能指标。但由于疲劳极限测试费时，且与材料的内外因素之间极为敏感，故材料的疲劳性能数据很不完善。对以疲劳为主要失效形式的零件选材时，若是非重要件，则可利用疲劳极限和静强度（R_m）之间的经验关系进行选材；若是重要零件，则必须补充试验获得相应的疲劳性能数据，甚至可能还要进行模拟试验或实物试验进行选材。由于材料的内在缺陷和表面质量以及零件的结构形状对疲劳性能的影响巨大，故在追求疲劳性能的设计与选材时，应特别注意提高材料的冶金质量（主要是非金属夹杂物），防止各种冷热加工缺陷（主要是裂纹），改善结构形状（主要是防止应力集中）和重视采用表面强化处理工艺，这些因素对零件疲劳性能的提高作用往往会超过高级材料本身的贡献。

（4）塑性指标　从使用性能角度考虑，材料的塑性可松弛应力、减小应力集中，从而保证了零件安全工作，故设计选材时要求材料具有一定的塑性值 A、Z。但 A、Z 不能直接用于设计计算，且因是在静拉伸试验中测定的，不能代表复杂应力状态（如多向应力状态、缺口导致的应力集中等）及冲击加载下的塑性，故不能可靠地避免零件脆性断裂。对重要零件的实际塑性，应采用实物试验测定，如发动机连杆螺栓，必须进行偏斜拉伸试验获取其塑性数据，以用于正确选材。

（5）冲击韧度　冲击韧度 a_K（或 A_K）代表了复杂应力状态（缺口导致的应力集中）和高速加载下塑性材料的脆断倾向。由于 A_K 对温度极敏感，故还可用来评价材料的冷脆倾向（如冷脆转化温度 T_K）。因此，材料的冲击韧度 a_K（A_K）、T_K 比塑性 A、Z 更能反映实际零件的脆断倾向，在设计选择中、低强度材料时，其是一个脆断失效的重要性能指标。但 A_K、a_K 也不能定量地用于设计选材，只能凭实践经验和根据失效分析结果来提出对冲击韧度值的要求，故存在着浪费材料（过大的 A_K 值要求）或不能可靠地防止脆断（过小的 A_K 值要求）的可能性。

（6）断裂韧度 K_{IC}　对高强度材料制造的构件和中、低强度材料制造的大型构件，低应力脆断是其主要失效形式，此时便应采用断裂韧度 K_{IC} 来进行设计选材。与疲劳性能一样，现有设计手册中关于材料的 K_{IC} 指标的数据极不完善，因此带缺陷的以低应力脆断失效的重要零件在设计选材时，要么查找专门资料获取 K_{IC} 值，要么通过补充试验测得 K_{IC} 值。为防止带缺陷（主要是裂纹）的构件的低应力脆断，采用传统的强度设计（如选择更高强度的材料或加大安全系数），不仅不能、反而加大了构件的脆断倾向；此时采用断裂力学进行设计选材，通过适当降低材料的强度，减小构件内缺陷的数量与尺寸，方可确保零件安全工作。

（7）硬度指标　由于硬度试验和硬度指标具有一系列的优点，故在工程上广泛用于设计、选材、加工与质量控制。在设计图样、工艺卡及许多技术文件上，均有标注硬度作为零件性能的要求，并认为只要硬度符合规定的要求，其他性能也基本达到了要求，零件的选材、加工或质量就是合格的。这种沿用至今的做法，为设计、选材、质量控制提供了极大的方便，在多数情况也是正确的。但应指出的是，若仅靠标注硬度来控制材料的性能，在某些情况下是不够的或不正确的，有时甚至是相当危险的。不同材料或同一材料不同的组织，其硬度值可以相同，但其他性能可能有很大差异。例如，45 钢制机床主轴的硬度要求为 220 ～ 240HBW，通过调质和正火处理均可达到，但调质轴比正火轴的综合力学性能（如强韧性）高，其寿命也长。再如，65Mn 钢制弹簧的硬度要求为 43 ～ 47HRC，当热处理出现过热缺陷时，其硬度仍然符合要求，但弹簧的强韧性（尤其是韧性）却大大降低，易发生脆断而不能正常工作。这说明在标注硬度技术条件的同时，还需对处理工艺或其他要求做出明确规定，如对表面硬化零件，除标注表面硬度和心部硬度外，还应明确表面处理的方法及硬化层深度。

3. 材料强度与塑性、韧性的合理配合

材料的强度和塑性、韧性是设计选材时最重要、最常用的力学性能指标，但绝大多数情况下两者是相互矛盾的，即强度高则塑性、韧性低。因此，为保证零件安全工作，传统的方法是：在强度设计时，选取较大的安全系数，以确保零件的工作应力较小，从而防止变形失效，但这势必会增大零件的尺寸与重量；再凭经验对材料的塑性和韧性提出要求，通常为"安全"起见，塑性、韧性值选取大一些，但这是以牺牲材料强度为代价的，使材料性能潜力无法充分发挥。即便是这样，也不能确保零件的安全可靠，这是因为实际零件的工作条件千差万别，从而导致了对材料强度和塑性、韧性的不同要求。①绝大多数零件的断裂是因疲劳引起的，而高周疲劳又占据多数。在高周疲劳下，疲劳性能和寿命主要取决于材料的强度，因此常因强度不足而塑性、韧性有余导致早期断裂。例如，发动机连杆，过去为追求高的塑性、韧性，采用锻钢（如 45 钢、40Cr、40MnB）进行淬火＋高温回火（回火温度一般为 540℃左右）处理，但失效分析表明，连杆主要以高周疲劳方式失效，因此适当降低回火温度（如 480℃左右）以提高连杆的强度，其寿命反而提高。②在冲击加载情况下，绝大多数零件承受的是小能量多次冲击而非大能量一次或几次冲击。在小能量多次冲击时，零件的寿命也主要取决于材料的强度，过高的塑性、韧性反而降低了寿命。例如，凿岩机活塞由高碳钢（如 T10A 钢）制造，改变过去的整体淬火＋高温回火然后局部淬火＋低温回火为现在的整体淬火＋低温回火工艺；锻锤锤杆由 35CrMo 钢制造，改变过去的调质处理为现在的淬火＋中温回火处理，虽然零件的塑性、韧性降低了，但强度的提高使零件的工作寿命却大幅度提高。以上两例说明，由于传统的设计思想过于追求高塑性、韧性而牺牲强度，使零件普遍存在塑性、韧性有余而强度不足，故寿命不高；若适当降低对塑性、韧性的要求而提高强度则会提高零件的使用性能与寿命。但也不能因此而走向另一个极端，认为强度越高越好，对于带裂纹缺陷的零件（尤其是大型零件），应采用断裂韧度设计选材，强度高则断裂韧度低，零件的使用寿命将降低；对于承受大应变的低周疲劳零件或在低温下工作的零件，也不能单纯地追求过高的强度指标。此时正确的做法是适当降低强度来换取较高的韧性，这对提高零件的寿命有利。总之，应根据材料本身和零件的实际工作情况，注意材料的强度和塑性、韧性的合理配合，正确选材和制订加工工艺，方可获得最佳的使用性能和寿命。

4. 提高零件的结构效率

零件的结构效率通常是指零件承受的载荷与其质量之比。由于实际零件选材时采用的主要性能指标不同，结构效率又可表述为性能与质量之比。采用刚度指标设计时，结构效率为刚度与质量（常用质量密度 ρ 表示）之比，称之为比刚度；若采用强度指标设计时，则为强度与质量之比，即比强度。显然，零件的结构效率或比刚度、比强度还取决于零件的加载方式（即应力状态），表 14-5 列举了部分加载方式对零件的比刚度和比强度的影响。

结构效率（或性能/质量比）对要求轻量化的零件（如航天航空、运输车辆等）极为重要。例如，飞机的机翼相当于受弯曲的平板，考虑钢和铝合金两种材料；在刚度设计时，若不考虑重量，显然是采用钢来制造（钢、铝合金的弹性模量分别为 $21 \times 10^4 \mathrm{MPa}$、$7 \times 10^4 \mathrm{MPa}$）；但机翼刚度设计是要求达到一定刚度前提下，其重量应最轻，故此时就应采用比刚度来进行刚度设计，根据表 14-5 可知其比刚度为 $E^{1/2}/\rho$，由于钢、铝合金的密度分别为 $7.8 \mathrm{g \cdot cm^{-3}}$、$2.7 \mathrm{g \cdot cm^{-3}}$，则钢、铝合金的比刚度分别约为 0.76、1.5，显然飞机机翼应采用铝合金来制造。

表 14-5　不同加载方式下零件的比刚度和比强度

加载方式	比刚度	比屈服强度	比脆断强度
杆棒拉伸	E/ρ	R_{eL}/ρ	K_{IC}/ρ
圆柱缸体受内压	E/ρ	R_{eL}/ρ	K_{IC}/ρ
棒或管扭转	$G^{1/2}/\rho$	$R_{eL}^{2/3}/\rho$	$K_{IC}^{2/3}/\rho$
细长杆受压	$E^{1/2}/\rho$	$R_{eL}^{2/3}/\rho$	
板弯曲	$E^{1/2}/\rho$	$R_{eL}^{1/2}/\rho$	$K_{IC}^{1/2}/\rho$
板纵向受压	$E^{1/2}/\rho$	$R_{eL}^{1/2}/\rho$	

二、工艺性能选材原则

材料的工艺性能影响了零件的内在性能、外部质量以及生产成本和生产率等。本书一开始就强调材料选择与工艺方法的确定应同步进行，且已分析了不同的材料与不同的工艺方法之间的相互适应性，这说明材料的工艺性能也是选材时应考虑的因素。理想情况下，所选材料应具有良好的工艺性能，即技术难度小，工艺简单，能量消耗低，材料利用率高，且能保证甚至提高产品的质量。此外，在根据工艺性能原则选材时，应有整体的、全局的观点，即不应只考虑材料的某个单项工艺性能，而要全面考虑其加工工艺路线及其涉及的所有工艺的工艺性能。

（一）金属材料的工艺性能

总体来说，金属材料能适应的加工工艺方法最多，且工艺性能良好，这也是金属材料广泛应用的原因之一。但不同类型、不同成分和组织的金属材料对不同的加工方法表现出来的工艺性能是不同的，甚至有着相当大的差异。

1. 铸造性能

凡相图上液-固相线间距越小、越接近共晶成分的合金均具有较好的铸造性能，因此铸铁、铸造铝合金、铸造铜合金的铸造性能优良。在应用最广泛的钢铁材料中，铸铁的铸造性能优于铸钢，在钢的范围内，中、低碳钢的铸造性能又优于高碳钢，故高碳钢较少用作铸件。

2. 压力加工性能

包括变形抗力，变形温度范围，产生缺陷的可能性及加热、冷却要求等。一般来说，铸铁不可压力加工，而钢可以压力加工但工艺性能有较大差异，随着钢中碳及合金元素含量的增高，其压力加工性能变差。故高碳钢或高碳高合金钢一般只进行热压力加工，且热加工性能也较差，如高铬钢、高速工具钢等。高温合金因合金含量更高，故热压力加工性能更差。变形铝合金和大多数铜合金，像低碳钢一样具有较好的压力加工性能。

3. 焊接性能

钢铁材料的焊接性随其碳和合金元素含量的提高而变差，因此钢比铸铁易于焊接，且低碳钢焊接性能最好，中碳钢次之，高碳钢最差。铝合金、铜合金的焊接性能一般不好，应采用一些高级的焊接方法（如氩弧焊）或特殊措施进行焊接。

4. 机械加工性能

主要指可加工性和磨削加工性，其中可加工性最重要。一般来说，材料的硬度越高，加工硬化能力越强，切屑不易断排，刀具越易磨损，其可加工性就越差。在钢铁材料中，易切削钢、灰铸铁和硬度处于 180~230HBW 范围的钢具有较好的可加工性；而奥氏体不锈钢、高碳高合金钢（如高铬钢、高速工具钢、高锰耐磨钢）的可加工性较差。铝合金、镁合金及部分铜合金也具有优良的可加工性。

5. 热处理工艺性能

各种材料的热处理工艺性能已在本书有关章节中做了详细介绍。这里需要强调的是，必须首先区分是否可进行热处理强化，如纯铝、纯铜、部分铜合金、单相奥氏体不锈钢一般不可热处理强化。对可热处理强化的材料而言，热处理工艺性能相当重要。

（二）高分子材料的工艺性能

与金属材料相比，高分子材料的加工工艺路线较简单。其主要工艺为成型加工，且工艺性能良好，所用工具为成型模（其中主要为塑料模）。具体的成型方法很多，如注射成型、吹塑成型、挤压成型等。高分子材料也易于进行切削加工，但因其导热性能较差，在切削过程中应注意工件温度急剧升高而导致的软化（热塑性塑料）和烧焦（热固性塑料）现象。少数情况下，高分子材料还可进行焊接与热处理，其工艺简单易行。

（三）陶瓷材料的工艺性能

陶瓷材料硬而脆且导热性较差，其制品的工艺路线也比较简单。其主要工艺为成形（包括高温烧结），根据陶瓷制品的材料、性能要求、形状尺寸精度及生产率不同，可选用粉浆成形、压制成形、挤压成形、可塑成形等方法。陶瓷材料的可加工性极差，除极少数陶瓷（如氮化硼陶瓷）外，其他陶瓷均不可切削加工。陶瓷虽可磨削加工，但其磨削性能也不佳，且必须选用超硬材料砂轮（如金刚石砂轮）。陶瓷也可进行热处理，但因导热性与耐热冲击性差，故加热与冷却时应小心，否则极易产生裂纹。

最后应指出的是，在大多数情况下，工艺性能选材原则是一个辅助原则，处于次要的从属地位。但在某些情况下，如大批量生产、使用性能要求不高或很容易满足、工艺方法高度自动化等，此时工艺性能选材原则将成为决定因素，处于主导地位。例如，受力不大但用量极大的普通标准紧固件（螺栓、螺钉、螺母等），采用自动机床大量生产，此时应选用易切削钢制造。再如发动机箱体，其使用性能要求不高，很多金属材料均能满足，但因其内腔结构形状复杂，宜用铸件，故应采用铸造工艺性能良好的材料制造，如铸铁和铸造铝合金。

三、经济性能选材原则

质优、价廉、寿命高，是保证产品具有竞争力的重要条件，这就要求工程师在选择材料和制订相应的加工工艺时，应考虑选材的经济性。这对适应经济全球化的形势，对量大面广的民用产品的开发与应用，显得尤为重要。

所谓经济性能选材原则，主要是指选择价格便宜、加工成本低的材料，其中材料成本问题是经济性能选材原则的核心。

降低材料成本对产品制造者和使用者而言都是有利的。根据产品的类型不同，材料成本可占到产品成本的 10%~70%。衡量材料成本的方法有单位质量价格、单位体积价格和单位性能价格等三个指标，其中单位质量价格在工程上应用最多。表 14-6 为部分典型材料的单位质量相对价格，虽然实际材料的价格时有变化，但仍可作为比较的参考。由表可见，普通碳钢、钢筋混凝土的单位质量成本较低。有时，在使用性能（主要是力学性能）要求不高的场合（如某些填充结构设计）下，考虑单位体积价格可能对选材更为有利，如某些高分子材料（聚乙烯、聚丙烯、聚苯乙烯、聚氯乙烯等）的单位体积价格便低于钢铁材料，而属于便宜的材料。尤需强调的是，在按力学性能指标选材时，应比较不同材料的单位性能价格，如单位强度价格、单位刚度价格、单位比强度价格和单位比刚度价格等。由于习惯上多采用单位质量价格（P），故单位性能成本既与材料的单位质量成本 P、力学性能指标值（如 R_{eL}、R_m、E 等）有关，还与零件的结构和加载方式有关。例如，拉伸实心棒的单位比强度、比刚度成本分别为 P_ρ/R_m、P_ρ/E，而弯曲实心棒的两者表达式为 $P_\rho/R_m^{2/3}$、$P_\rho/E^{1/2}$（可参照表 14-5 推出）。

表 14-6 部分典型材料的单位质量相对价格

材 料	单位质量相对价格	材 料	单位质量相对价格
普通碳钢热轧型材	1	聚氯乙烯	2.5
低合金钢	1.2~1.7	聚乙烯、聚丙烯	3.0
优质碳钢	1.4~1.5	泡沫塑料	2.5~3.5
合金结构钢	1.6~3.0	环氧树脂	4.5
合金工具钢	2.5~7.2	聚碳酸酯	10.0
高速工具钢	9.0~16.0	尼龙66	12.0
不锈钢	6.0~14.0	聚酰亚胺	35.0
铝及铝合金	5.0~10.0	玻璃	4.0~4.5
铜及铜合金	8.0~16.0	Al_2O_3	35
镍	25	Co/WC 硬质合金	250
钛合金	40	钢筋混凝土	0.5~0.8
钨	60	胶合板	2.5
银	3000	玻璃纤维树脂复合材料	8.0~12.0
金	50000	碳纤维环氧树脂复合材料	500
工业金刚石	250000	硼纤维环氧树脂复合材料	1000

四、价值工程选材原则

（一）价值工程的基本原理

价值工程（Value Engineering，VE）要求以最低的寿命周期成本（C），可靠地实现产品（或过程）的必要功能（F），以提高其价值（V），从而取得最佳的技术与经济效果。价值工程从当初简单的"价值分析""功能替代"发展到今天，提出了"以最低的费用获取所需要的功能"这一科学的思想方法，反映了在广义的技术经济问题中存在的普遍规律，即凡是实现功能就要支付费用，因而应用领域越来越广泛。

VE 中价值的概念不是政治经济学中社会必要劳动量的含义，而是指产品（或过程）的功能与取得该功能所需成本的比值，可表示为：$V=F/C$（V、F、C 分别代表产品的价值、功能、成本）。从产品功能提高和成本降低两方面同时采取措施可有效地提高产品价值：一方面进行功能分析，保证基本功能，去除多余功能，进行功能优化；另一方面是进行成本分析，降低产品寿命周期成本。而这都与材料的选用有直接关系。

为了达到提高产品价值之目的，一般可通过以下五种具体途径：①提高功能并降低成本；②保持功能不变而降低成本；③保持成本不变而提高功能；④大幅度提高功能而仅少量增加成本；⑤减少某些不重要功能，而成本却大幅度下降。在实际运用中，到底采用何种方法来提高价值，应根据产品的特点与企业的状况来确定。

（二）价值选材的基本要素

价值选材是技术与经济紧密结合的产物，是价值工程在材料选择方法中的应用。价值选材的最终目的是提高产品的价值，而衡量价值的高低要求有一套评价产品价值的计算方法。对选材价值 V 进行定量计算时，存在两点主要困难：①必须将 F 和 C 数量化，后者的量化很容易，而前者有时可量化，有时却难以量化。功能数量化的方法可采用功能直接计算、功能系数化、计算功能值等多种。②F 是技术性参数、C 是经济性参数，两者间缺乏严格的数量比例关系，但却必须将它们联系起来，由于功能实现与成本支出是同一生产过程的两个侧面，这便为价值的定量分析提供了可能性。

价值选材一般包括选材对产品的功能分析、成本分析和价值评价三个基本要素。

（1）功能分析　功能分析包括功能定义、功能整理和功能量化。功能定义是根据产品或零部件的工作条件及使用需要，对其作用（即功能）下定义。功能定义要求准确，尽可能易于量化，其内涵与外延应有利于产品（或过程）的功能在寿命周期内易于实现。通过功能定义，确定了多种功能要求。但对一种产品（零件）或某种过程而言，显然有主要功能和次要功能（或基本功能和辅助功能）、必要功能和多余功能、过剩功能和不足功能、有用功能和有害功能之分，故尚需对此进行功能整理。功能整理可用来建立同一产品的不同零件的功能之间或同一零件的众多功能之间的联系，使之系统化。功能整理的有效工具是功能系统图，它是围绕系统的主要功能，通过"目的—手段"的形式，确定各功能之间的逻辑关系。借助功能系统图，不仅可得出实现功能的手段或方法，而且能找到并排除多余功能，补充不足功能，提高产品价值。价值选材中应重点保证主要功能，兼顾次要功能，去除多余功能乃至有害功能，调整过剩功能，分清主次、有的放矢地提高选材对产品价值的贡献。通过功能定义和功能整理，若某产品的功能要求单一且可量化，则可直接进行功能计算。但多数情况是，功能要求有多种且难于量化或不能量化，此时便应进行功能系数化处理。功能系数化处理实质上是计算功能评价系数，即根据众多功能要求对产品（或过程）的重要程度不同，给予一定的权重系数，进而计算出功能评价系数。

（2）成本分析

1）产品的总成本分析。产品的总成本 C 应由寿命周期成本（Life Cycle Cost，LCC）表示，包括产品的购入成本 C_1 和使用成本 C_2（又称为物主成本）。VE 要求企业在保证用户必要功能的前提下，以寿命周期的最低成本为经济性目标，而不是单纯考虑生产成本抑或材料成本的降低。

2）选材对产品寿命周期成本的影响。显然，材料的选用极大地影响着产品寿命周期成本的各个组成部分。工程实践中，在保证产品合理功能的前提下，虽然一般是选用价格便宜的材料，可降低产品的寿命周期成本；但同时更应注意的是，有时若选用成本虽高但性能更优的材料，由于产品的自重减轻，使用寿命延长，维修费用减少，能源费用降低等多方面的有利因素，从产品寿命周期成本角度考虑，反而是经济的。因此，从使用者的角度分析，降低物主成本与购入成本同等重要。制造者在选材时应从全局综合考虑，有时，降低物主成本会增加购入成本（材料成本或制造成本），反之亦然。因此，应根据市场的实际需求情况，来寻找两者之间的平衡点，以求寿命周期成本最低。例如，某零件在使用时即使失效也不会造成整机事故，且易更换、需用量极大（如普通紧固件），此时应尽量降低购入成本，售价应低；对家用电器、自行车及小汽车等产品，因其价格要求为社会大众接受，故成本是主要的，性能则以寿命周期够用为限，宜尽量选用低成本的普通材料。而另外一些零件（如高速发动机连杆），其性能好坏直接影响整机寿命与安全，且不易更换，此时便应考虑降低物主成本，故即便购入成本较高，其寿命周期成本和经济性仍然是合理的，可选高成本的高级材料。制造方法的选择是材料选择过程中一个不可分割的因素，即应将结构设计、材料选择及其可用的加工方法作为一个有机的整体看待。不同的加工方法具有各自的优缺点，评价加工方法应包括材料转变为产品的成本、材料的利用率及加工方法对材料在使用过程中的性能和行为的可能影响等诸多方面。选材时不仅要考虑零件的某单项加工工序的成本，更重要的是应综合考虑其整个加工路线所涉及的全部加工工序之总成本。选择高成本材料，由于省去了某种或某些加工工艺，其寿命周期成本反而降低。例如，预硬化钢板的原材料成本虽高，但因无须热处理，从而避免了零件变形，提高了零件的尺寸精度和使用寿命，产品的价值反而得以提升。加工方法的材料利用率对制造成本也影响甚大，这对高成本的高级材料尤为如此。例如，用粉末冶金热锻法生产的发动机连杆，其材料利用率高（比普通锻钢连杆高40%左右），从而降低了材料成本；此外因减少了切削加工和精整工序，其制造成本也下降了。

3）成本计算。购入成本的计算比较明确，一般只需获得产品的价格即可，但是对于使用成本而言，因其影响因素多而复杂，故不易计算，通常采用估算的方法。

（3）选材价值评价与优化　选材价值评价就是将选材的功能评价系数 F_i 与其成本系数 C_i 相比较，求出两者的比值 V_i（称为功能价值系数）。按照价值工程的规律，对产品选材时，若某材料的价值系数越接近于1，则选材越合理；若价值系数小于1，则意味着对功能不太重要的零件或存在多余功能的零件，成本分配偏多，这便要求或剔除多余功能或改选低成本材料以提高选材价值；反之价值系数大于1，意味着对功能重要性来说，成本分配偏少，严重情况下可能影响整机质量和经济效益，产品的价值反而下降，此时便应选择成本虽高、但却可大幅度提升产品功能的材料。

五、材料的技术经济评价指标

由于选材时需要考虑的因素众多，而不同的材料又具有各自的优缺点。对某个确定的零件选材时，常需对两种或两种以上的材料进行对比分析、综合评价，以确定其中最优者；或需对某种有发展、有应用前途的新材料做预测评估，可采用定量或半定量的分析方法。此处介绍一种材料的技术评价体系，共有 10 个评价指标：①对提高最终产品性能程度的评价，a_1 项；②材料的直接经济效益评价（如降低材料成本），a_2 项；③间接经济效益评价（或减少间接经济损失），a_3 项；④降低制造成本的评价，a_4 项；⑤对节约能源程度的评价，a_5 项；⑥对提高产品市场竞争能力或对引进技术的消化吸收能力的评价，a_6 项；⑦对促进并提高技术水平程度的评价，a_7 项；⑧对提高资源利用程度的评价，a_8 项；⑨对环境影响程度的评价，a_9 项；⑩材料的再生利用程度的评价，a_{10} 项。材料技术经济评价指标的计算公式为

$$H = \sum_{i=1}^{n} a_i K_i$$

式中，H 为综合评价结果分数；n 为评价指标个数，$n = 10$；a_i 为第 i 项的评价系数，可采用相对百分比作为定量化的依据；K_i 为第 i 项的权重系数，且 $\sum_{i=1}^{10} K_i = 10$。

由此，最高评价分数为 $H_{\max} = \sum_{i=1}^{10} a_i K_i = 100$。

表 14-7 为材料的技术经济评价体系指标的具体内容，其中 a_i、K_i 为专家评估后取的平均值，故并非绝对的数字。在进行对比评价时，较劣的材料 a_i 取 "0"，而较优的材料按相对百分比确定 a_i，最好的材料 $a_i = 10$；若比较材料对某评价项目均 "无贡献" 或 "无影响" 时，可省略该评价项目而不影响相对结果。从权重系数大小分析，提高产品功能和降低材料直接成本最为重要，其 K_i 值分别达到 1.55 和 1.45。

表 14-7　材料的技术经济评价体系指标的具体内容

评价项目	权重系数 K_i	评价系数 a_i						说明举例
a_1 提高功能	1.55							精炼轴承钢比大气冶炼轴承钢疲劳寿命高 40%，可取 $a_1 = 2$
a_2 直接效益	1.45							45 钢表面淬火代替 40Cr 钢制汽车半轴，基本材料成本降低 30%，可取 $a_2 = 1.5$
a_3 间接效益	1.25	>100% 10~5	<100% 5~2.5	<50% 2.5~1.25	<25% 1.25~0.5	<10% 0.5~0	0% 0	高铬不锈钢和低合金钢制大型水轮机转轮，因检修停机年均少发电分别为 1.3 亿 kW·h 和 3.2 亿 kW·h，前者可减少经济损失 60%，可取 $a_3 = 3$
a_4 制造成本	1.15							易切削钢代替普通钢，因切削性改善而降低制造成本 30%，可取 $a_4 = 1.5$
a_5 节约能源	1.05							塑料部分代替钢用于汽车非承载件，零件制造和汽车运行过程节能 40%，可取 $a_5 = 2$
a_6 竞争能力	1.00	（作用很显著） 10~8	（作用较显著） 6~4		（作用显著） 3~1		（无作用） 0	Cr4W2MoV 代替 Cr12 钢制造形状复杂冷冲模，寿命提高而显著增强产品出口竞争力，可取 $a_6 = 2$
a_7 制造水平	0.85	（国外先进水平） 10~8	（国内先进水平） 7~5	（行业先进水平） 4~2	（有所提高） 1		（无作用） 0	硬质聚氨酯发泡塑料代替铝蜂窝，使夹层结构制造技术达国内先进水平，可取 $a_7 = 6$
a_8 资源利用	0.75	同 a_6 项						稀土元素的应用，显著提高了我国材料资源的利用程度，可取 $a_8 = 2$

（续）

评价项目	权重系数 K_i	评价系数 a_i			说明举例
a_9 环境影响	0.53	（改善到良好水平）10~6	（减少污染）5~1	（无作用）0	S-Ca 易切削钢比 Pb 易切削钢在冶炼时减少对环境的污染,可取 $a_9=3$
a_{10} 回收再生	0.42	（很容易）10~7 ｜（较容易）6~4	（容易）3~1	（不容易）0	一般钢铁材料较容易回收再生,可取 $a_{10}=5$（其他材料可与钢铁材料对比）

第三节　典型零件选材与工艺分析

一、工程材料的应用概况与评价

金属材料、高分子材料、陶瓷材料及复合材料等四大类工程材料各具自身的特性（功能、成本与其他），因而各有最合适的用途。

高分子材料的强度与刚度低，尺寸稳定性较差且易老化，在工程上一般不用于受力较大的、重要的结构零件。但由于其原料丰富、生产能耗较低（为钢的1/10、铝的1/20），密度低，弹性较好且减振、耐磨，故适合于制造受力不大的普通结构件及减振、耐磨或密封零件，如轻载传动齿轮、轴承、紧固件、密封件和轮胎等。表14-8列举了一些用塑料代替金属的应用实例，这不仅可以降低成本，而且使用性能不受影响，甚至更加优异。

表 14-8　某些用塑料代替金属的应用实例

零件类型	产品	零件名称	工作条件	原用材料	现用材料	代用效果
摩擦传动零件	载货汽车（轴承）	底盘衬套轴承	低速、干摩擦	GCr15	聚甲醛	>1 万 km 不用加油保养
	水压机（轴承）	立柱导套	往复摩擦运动	铝青铜	MC 尼龙	良好,已投入生产
	转塔车床（齿轮）	走刀机械传动齿轮	平稳摩擦	45 钢	聚甲醛铸型尼龙	噪声低,长期使用无损坏性磨损
	起重机（齿轮）	吊索绞盘传动蜗轮	最大起吊质量 6~7t	磷青铜	MC 铸型尼龙	零件重量减轻约80%,使用两年磨损很小
一般结构件	铣床（螺母）	丝杠螺母	对丝杠的磨损极微,有一定的强度	锡青铜	聚甲醛	良好
	外圆磨床（壳体）	罩壳衬板	电器按钮盒	镀锌钢板	ABS	美观,制作方便
	电风扇（壳体）	开关外罩	一定的强度	铝合金	有机玻璃	良好
	磨床（手柄）	手把	一般	35 钢	尼龙 6	良好
	电焊机（手柄）	控制滑阀	6at[①]	铜	尼龙 1010	良好
	飞机、客车、船舶（夹芯）	夹层结构板	一定的比强度、隔热、隔声	铝蜂窝	发泡塑料	成本大幅下降,使用可靠

① 1at＝98.0665kPa。

陶瓷材料硬而脆，加工性能差，也不能用作重要的受力零件。目前主要应用领域是建筑陶瓷和功能材料。但陶瓷材料具有高热硬性及化学稳定性，可用作耐热、耐磨、耐蚀的零件，如燃烧器喷嘴、刀具与模具、石油化工容器等。由于陶瓷功能材料具有极其广阔的应用前景，在高新技术产品中占据重要地位，故有人认为 21 世纪是"第二个石器时代"。

复合材料克服了高分子材料和陶瓷材料的不足，它综合了各种不同材料的优良性能，具有高的比强度、比刚度，抗疲劳、减振、耐磨性能优良等特点。尤其是金属基复合材料，从力学性能角度看，可能是最理想的机械工程材料。但复合材料价格昂贵，除在航天航空、船舶、武器装备等国防工业中的重要结构件上应用外，在一般的民用工业上应用有限。但应注意的是，随着复合材料的生产成本降低，其应用潜力巨大，前景极其广阔。

金属材料，尤其是钢铁材料（其中主要是钢），与其他三类工程材料相比，由于它在力学性能、工艺性能和生产成本这三者之间保持着最佳的平衡，具有最强的应用竞争力，故在相当长的时期内，金属材料仍然是机械工程材料的主力军。从这个意义上来讲，人类仍然生活在以钢铁材料为主的"铁器时代"。以载货汽车用材的重量为例，钢占 65%，铸铁占 20%，有色金属占 3%，非金属材料约占 12%。在轻型汽车和轿车中，非金属材料的用量虽有所增加，但金属材料仍占主体。

由于不同的工程材料具有不同的性能和成本特点，因此对某一确定的零件而言，选材时存在着不同材料之间的竞争性，依据不同的选材原则或具体要求，其最合适的材料是不同的。现以方形截面悬臂梁选材为例进行分析。

设梁的长度为 L，作用载荷为 F，要求一定的刚度和强度。刚度设计时要求最大挠度 $\delta_{max} \leqslant \delta_c$，强度设计时要求最大工作应力 $\sigma_{max} \leqslant [\sigma] = R_{eL}$。根据不同的需要进行选材，由材料力学知识：按刚度设计要求，梁的截面尺寸 t、质量 M、材料成本 P 分别正比于材料的 $E^{-1/4}$、$E^{-1/2}\rho$ 和 $E^{-1/2}\rho\overline{P}$（式中，E、ρ、$\overline{P}$ 分别代表材料的弹性模量、密度、单位质量成本）；而按强度设计要求，梁的 t、M、P 则分别正比于材料的 $R_{eL}^{-1/3}$、$R_{eL}^{-2/3}\rho$ 和 $R_{eL}^{-2/3}\rho\overline{P}$。

因此，梁设计时，若要求梁的截面尺寸小，可尽量选用 E、R_{eL} 高的材料；若要求梁的重量轻，则应尽量选择 $E^{-1/2}\rho$、$R_{eL}^{-2/3}\rho$ 值小的材料；若要求梁的材料成本低，则应尽量选用 $E^{-1/2}\rho\overline{P}$、$R_{eL}^{-2/3}\rho\overline{P}$ 值小的材料。

表 14-9 列出了梁的几种候选材料的性能和成本的有关数据，反映了在同样设计技术条件下，当设计要求不同时，各种材料的相对优劣程度。由表可知，若要求梁的截面尺寸小，则刚度最好的材料是低合金钢和碳纤维复合材料（CFRP），最差的是木材和尼龙 66；强度最好的材料仍是碳纤维复合材料和低合金钢，最差的也是木材和尼龙 66。若要求梁的重量轻，则刚度最好的材料是碳纤维复合材料和木材，最差的则为尼龙 66 和低合金钢；强度最好的材料则是复合材料及铝合金，最差的仍是尼龙 66 和低合金钢。若要求梁的材料成本低，则刚度、强度最好的材料均为木材和钢筋混凝土，低合金钢次之，而最差的则为复合材料和尼龙 66。在实际选材时，多数情况下则是要求满足梁的刚度和强度性能的前提下，还应综合考虑梁的截面尺寸、质量、成本及工艺性能，并根据不同的情况做出抉择。例如，采用加权性质法，依据每种特性要求的重要性，分配一定的加权值，可以评价多种材料和多种特性

要求的复杂组合，从而选出被认为是最好的材料。

表 14-9　梁的几种候选材料的性能和成本的有关数据

材料	$\rho/g \cdot cm^{-3}$	E/GPa	R_{eL}/MPa	$\overline{P}^①$	刚度设计数据			强度设计数据		
					$E^{-1/4}$	$E^{-1/2}\rho$	$E^{-1/2}\rho\overline{P}$	$R_{eL}^{-1/3}$	$R_{eL}^{-2/3}\rho$	$R_{eL}^{-2/3}\rho\overline{P}$
木材	0.6	12	40	0.95	0.54	0.17	0.16	0.292	0.051	0.05
钢筋混凝土	2.9	48	410	0.65	0.38	0.42	0.27	0.135	0.053	0.03
低合金钢	7.8	210	800	1.0	0.26	0.54	0.54	0.108	0.090	0.09
铝合金	2.7	73	500	5.5	0.34	0.32	1.76	0.126	0.043	0.24
CFRP②	1.5	170	1000	500	0.28	0.12	60.0	0.10	0.015	7.50
GFRP③	2.5	40	600	8.0	0.40	0.40	3.20	0.118	0.035	0.28
尼龙 66	1.2	2	75	8.0	0.84	0.87	6.96	0.237	0.065	0.52

① $\overline{P}$ 以相对单位质量价格表示，取低合金钢 $\overline{P}=1$，其他材料与之相比。

② CFRP——碳纤维增强环氧树脂复合材料。

③ GFRP——玻璃纤维增强聚酯复合材料。

实际工程结构中，在满足梁的刚度和强度要求下，木材和钢筋混凝土的材料成本最低，适合于制作对尺寸和质量无特别要求的房梁等建筑结构。低合金钢的强度、刚度高，成本也较低且工艺性能良好，适合于制造结构紧凑的汽车大梁、桥梁、自行车大梁，但存在比强度、比刚度不高的缺点。铝合金的材料成本比低合金钢高，但其比强度、比刚度优于低合金钢，故适合于制作要求轻量化的飞机大梁、机身和赛车大梁、车身。碳纤维复合材料（如CFRP）具有最高的强度、比强度和较高的刚度、比刚度，制作的零件尺寸小、重量轻，从性能角度看，是最佳的梁材料，但因价格极高，目前仅能用在十分重要的场合，如高性能飞机和高性能赛车的大梁、高级体育器材（如赛艇、划船桨、网球拍）等。玻璃纤维复合材料的刚度较低，不适宜制作刚性结构梁，但其强度和比强度尚可，强度设计时可作为梁的候选材料。尼龙的刚度、强度、比刚度、比强度均不高，制作的零件尺寸和重量最大，且材料成本也较高，一般不用作梁材料，但因工艺性能良好，现也逐步用作承载要求不高的变截面短梁。

二、齿轮类零件选材

（一）齿轮的工作条件、主要失效形式及性能要求

齿轮是应用极广的机械零件，其主要作用有传递转矩，改变运动速度或方向。不同的齿轮，其工作条件、失效形式和性能要求各异，但其共同特点是：

1. 工作条件

由于传递转矩，齿根部承受较大的交变弯曲应力；齿面啮合并发生相对滑动与滚动，承受较大的交变接触应力及强烈的摩擦；因起动、换档或啮合不良，齿轮要承受一定的冲击力；有时还有其他特殊条件要求，如耐高、低温，耐蚀，抗磁性等。

2. 主要失效形式

断裂，包括交变弯曲应力引起的轮齿疲劳断裂和冲击过载导致的崩齿与开裂；齿面损

伤，包括交变接触应力引起的表面接触疲劳（麻点剥落）和强烈摩擦导致的齿面过度磨损；其他特殊失效，如腐蚀介质引起的齿面腐蚀现象。

3. 主要性能要求

根据齿轮的工作条件和主要失效形式分析，对齿轮材料提出的性能要求有：

1）高的弯曲疲劳强度，防止轮齿的疲劳断裂。为简便计，可参照经验公式：弯曲疲劳极限 $\approx k(HV)^m$，式中，HV 为齿面硬度，k、m 为与材料有关的常数。这说明齿轮的弯曲疲劳极限主要取决于齿面硬度，但也应注意齿轮心部强度、硬度的影响。有资料表明：当心部充分强化时，齿轮的弯曲疲劳极限可提高 14% 左右。

2）足够高的齿面接触疲劳极限和高的硬度、耐磨性，以防齿面损伤。为简便计，也可采用近似经验公式：齿面接触疲劳极限 $\approx 0.2(HV/100)^2$，这也说明齿面硬度越高，其齿面接触疲劳极限也越高。

3）足够的齿轮心部强韧性，以防冲击过载断裂。

（二）常用齿轮材料

1. 金属材料

绝大多数齿轮采用金属材料制造，并可通过热处理改变其性能。

（1）锻钢　锻钢是齿轮的主要材料。通过锻造（尤其是模锻）可改善钢的组织并形成有益的加工流线，故力学性能优良。重要用途的齿轮大多采用锻钢制造。

用作锻钢齿轮的钢材主要是表面硬化钢，包括三种类型：

1）低碳钢及低碳合金钢。常用牌号有 20 钢、20Cr、20CrMnTi、18Cr2Ni4WA 等，可采用退火或正火来改善可加工性，通过渗碳后淬火+低温回火来保证齿轮的使用性能。渗碳齿轮具有表面高硬度（一般为 56~62HRC，又称为"硬齿面齿轮"）和高耐磨性、高的弯曲疲劳极限和接触疲劳极限，心部具有足够高的强韧性，故适合于制造高速、大冲击的中载和重载齿轮。

2）中碳钢及中碳合金钢。常用牌号有 Q275、40 钢、45 钢、40Cr、40MnB 等，这类钢常通过正火或调质处理来保证齿轮心部强韧性，然后再进行表面淬火+低温回火处理来保证齿轮表面的硬度、疲劳极限和耐磨性。由于齿面硬度不很高（一般为 50~56HRC，碳钢偏下限，合金钢偏上限，故又称为"软齿面齿轮"），心部韧性也不够高，故这类齿轮钢的综合力学性能不及低碳渗碳钢。所以中碳钢表面淬火齿轮的工作速度、载荷及受冲击的程度应低于低碳钢渗碳淬火齿轮。其中 Q275 属于普通碳钢，只宜制作低速、轻载、无冲击的非重要齿轮，一般在正火状态直接使用；40 钢、45 钢可用作低中速、轻中载、小冲击的齿轮，依据具体工作条件不同，可在正火、调质、表面淬火状态下使用；40Cr、40MnB 合金钢的综合力学性能优于 40 钢、45 钢，可用作相对重要的齿轮，多在表面淬火状态下使用，少数情况也可在调质状态下使用。随着低淬透性钢的发展，也可选用55Tid、60Tid 等低淬透性钢并进行表面淬火，部分代替低碳渗碳钢齿轮，可简化工艺，降低成本。

3）中碳渗氮钢。常用牌号有 40Cr、35CrMo、38CrMoAl 钢，经调质处理后再进行表面渗氮处理，力学性能优良，变形微小，主要用作高精度、高速齿轮。

（2）铸钢　铸钢齿轮的力学性能（强韧性）比锻钢差，故较少使用，但对某些形状复杂、尺寸较大（$>\phi500mm$）的齿轮，采用铸钢较为合理。常用铸钢牌号有 ZG270-500、

ZG310-570、ZG40Cr 等。铸钢齿轮加工后一般也是进行表面淬火+低温回火处理，但对性能要求不高、低速齿轮，也可在调质状态、甚至正火状态下使用。

（3）铸铁　灰铸铁齿轮具有优良的减摩性、减振性，工艺性能好且成本低，其主要缺点是强韧性欠佳，故多用于制作一些低速、轻载、不受冲击的非重要齿轮。常用牌号有HT200、HT250、HT350 等；由于球墨铸铁的强韧性较好，故采用 QT600-3、QT500-7 代替部分铸钢齿轮的趋势越来越大。铸铁齿轮的热处理方法类似于铸钢齿轮。

（4）有色金属材料　在仪器仪表及某些特殊条件下工作的轻载齿轮，由于有耐蚀、无磁、防爆等特殊要求，可采用一些耐磨性较好的有色金属材料制造，其中最主要的是铜合金，如黄铜（如 H62）、铝青铜（如 QAl9-4）、锡青铜（如 QSn6.5-0.1）、硅青铜（如 QSi3-1）等。

（5）粉末冶金材料　粉末冶金齿轮材料可实现精密的少、无切削加工，特别是随着粉末热锻新技术的应用，所制造的齿轮力学性能优良，技术经济效益高。粉末冶金材料一般适用于大批量生产的小齿轮，如汽车发动机的定时齿轮（材料 Fe-C0.9）、分电器齿轮（材料 Fe-C0.9-Cu2.0）、农用柴油机中的凸轮轴齿轮（材料 Fe-Cu-C）、联合收割机中的油泵齿轮等。

2. 非金属材料

陶瓷材料脆性大，工艺性能差，一般不用作齿轮材料。高分子材料（如尼龙、ABS、聚甲醛等）具有减摩耐磨（尤其是在无润滑或不良润滑条件下），耐蚀，重量轻，噪声小，生产率高等优点，故适合于制造轻载、低速、无润滑条件下工作的小齿轮，如仪表齿轮、玩具齿轮、车床走刀机构传动齿轮等。

综上所述，适合于制作齿轮的材料很多，选材时应全面考虑齿轮的具体工作条件与要求，如载荷的性质与大小、传动方式的类型与传动速度的高低、齿轮的形状与尺寸、工作精度的要求等。一般地，对开式传动齿轮，或低速、轻载、不受冲击或冲击较小的齿轮，宜选相对价廉的材料，如铸铁、碳钢等；对闭式传动齿轮，或中高速、中重载、承受一定甚至较大冲击的齿轮，宜选用相对较好的材料，如优质碳钢或合金钢，并需进行表面强化处理；在齿轮副选材时，为使两者寿命相近并防止咬合现象，大、小齿轮宜选不同的材料，且两者硬度要求也应有所差异，通常小齿轮应选相对好的材料，硬度要求较高一些。表 14-10 为常用的一般齿轮材料、热处理及性能。

（三）典型齿轮选材实例

1. 机床齿轮

一般来说，机床齿轮运行平稳、无强烈冲击，载荷不大，转速中等，工作条件相对较好，故对齿轮的表面耐磨性和心部韧性要求不太高。大多采用碳钢（40、45 钢）制造，经正火或调质处理后再进行表面淬火+低温回火，其齿面硬度可达 50HRC，齿心硬度为 220～250HBW，可满足性能要求；对部分性能要求较高的齿轮，也可选用中碳合金钢（40Cr、40MnB 等）制造，其齿面硬度可提高到 58HRC 左右，心部强韧性也有所改善；极少数高速、高精度、重载齿轮，还可选用中碳渗氮钢（如 38CrMoAlA 等）进行表面渗氮处理制造。

机床齿轮的简明加工工艺路线为：下料→锻造→正火→粗加工→调质→精加工→表面淬火+低温回火→精磨。

表 14-10　常用的一般齿轮材料、热处理及性能

传动方式	工作条件 速度	载荷	小齿轮 材料	热处理	硬度	大齿轮 材料	热处理	硬度
开式传动	低速	轻载、无冲击、非重要齿轮	Q275	正火	150~190HBW	HT200		170~230HBW
						HT250		170~240HBW
		轻载、小冲击	45钢	正火	170~200HBW	QT500-7	正火	170~230HBW
						QT600-3		190~270HBW
闭式传动	低速	中载	45钢	正火	170~200HBW	35钢	正火	150~180HBW
			ZG310-570	调质	200~250HBW	ZG270-500	调质	190~230HBW
		重载	45钢	整体淬火	38~48HRC	ZG270-500	整体淬火	35~40HRC
	中速	中载	45钢	调质	200~250HBW	35钢	调质	190~230HBW
				整体淬火	38~48HRC		整体淬火	35~40HRC
			40Cr、40MnB、40MnVB	调质	230~280HBW	45钢、50钢	调质	220~250HBW
						ZG270-500	正火	180~230HBW
						35钢、40钢	调质	190~230HBW
		重载	45钢	整体淬火	38~48HRC	35钢	整体淬火	35~40HRC
				表面淬火	45~52HRC	45钢	调质	220~250HBW
			40Cr 40MnB 40MnVB	整体淬火	35~42HRC	35钢、40钢	整体淬火	35~40HRC
				表面淬火	52~56HRC	45钢、50钢	表面淬火	45~50HRC
	高速	中载、无猛烈冲击	40Cr 40MnB 40MnVB	整体淬火	35~42HRC	35钢、40钢	整体淬火	35~40HRC
				表面淬火	52~56HRC	45钢、50钢	表面淬火	45~50HRC
		中载、有冲击	20Cr 20MnVB 20CrMnTi	渗碳淬火	56~62HRC	ZG310-570	正火	160~210HBW
						35钢	调质	190~230HBW
						20Cr 20MnVB	渗碳淬火	56~62HRC
		重载、高精度、小冲击	38CrAl 38CrMoAlA	渗氮	>850HV	35CrMo	调质	255~302HBW

　　正火可使锻造组织均匀化，调整硬度便于切削加工。对一般齿轮，正火可直接作为表面淬火前的预备组织，并保证齿心的强韧性。调质可使齿轮具有较高的综合力学性能，提高齿心的强韧性进而使齿轮能承受较大的载荷，减小淬火变形，改善齿面加工质量。表面淬火可提高齿轮表面的硬度、耐磨性和疲劳性能。低温回火的作用主要是消除淬火应力，防止磨削裂纹和降低脆性，以提高齿轮的抗冲击能力。

　　2. 汽车、拖拉机齿轮

　　汽车、拖拉机等车辆的齿轮工作条件比机床齿轮恶劣，特别是主传动系统中的齿轮更是如此，它们受力较大、易过载，起动、制动及变速时受到频繁的强烈冲击。故这类齿轮对材料的耐磨性、疲劳性能、心部强度和韧性等的要求均比机床齿轮高，采用中碳钢表面淬火已难满足使用的需要。通常选用合金渗碳钢（20Cr、20CrMnTi）制造，经渗碳淬火+低温回火处理后使用，其齿面硬度可达 58~62HRC，心部硬度为 30~45HRC。对飞机、坦克等特别重

要的齿轮，可采用高性能高淬透性渗碳钢（如18Cr2Ni4WA）来制造。

我国多采用20CrMnTi制造汽车齿轮，其简明的加工工艺路线为：下料→锻造→正火→切削加工→渗碳淬火+低温回火→喷丸→磨削加工。

渗碳淬火可使齿面具有高硬度、高耐磨性和高的疲劳性能，而心部保持良好的强韧性。喷丸强化可使齿面硬度提高1~3HRC，增加表层残留压应力，进而提高疲劳极限。

三、轴类零件选材

（一）轴的工作条件、主要失效形式及性能要求

轴是最基本的机械零件之一，其主要作用是支承传动零件和传递运动、动力。机床的主轴与丝杠、发动机曲轴、汽车后桥半轴、汽轮机转子轴及仪器仪表的轴等均属于轴类零件。

1. 工作条件

承受交变的弯曲载荷、扭转载荷或拉-压载荷；轴上相对运动表面（如轴颈、花键部位）发生摩擦；因机器开-停、过载等，承受一定的冲击载荷。

2. 主要失效形式

轴的主要失效形式：①断裂，这是轴的最主要失效形式，其中以疲劳断裂为多数、冲击过载断裂为少数；②磨损，相对运动表面因摩擦而过度磨损；③过量变形，极少数情况下会发生因强度不足的过量塑性变形失效和刚度不足的过量弹性变形失效。

3. 主要性能要求

根据对轴类零件的工作条件与失效形式分析，制造轴的材料应具有的性能要求有：高的疲劳极限；优良的综合力学性能，即强度、塑性、韧性的合理配合，既应防止轴的过量变形，又要防止在过载或冲击载荷下轴的折断或扭断；局部承受摩擦的部分应具有较高的硬度和耐磨性，防止过度磨损。

（二）常用轴类零件的材料

高分子材料的强度、刚度太低，极易变形；陶瓷材料太脆、疲劳性能差，两者一般不适宜于制造轴类零件。因此，轴类零件（尤其是重要轴）几乎都选用金属材料，其中钢铁材料最为常见。根据轴的种类、工作条件、精度要求及轴承类型等不同，可选择具体成分的钢或铸铁作为轴的合适材料。

1. 锻钢

锻造成形的优质中碳或中碳合金调质钢是轴类材料的主体：35钢、40钢、45钢、50钢（其中45钢最常见）等碳钢具有较高的综合力学性能且价格低廉，故应用广泛；对受力不大或不重要的轴，为进一步降低成本，也可采用Q235、Q275等普通碳素结构钢制造；对受力较大、尺寸较大、形状复杂的重要轴，可选用综合力学性能更好的合金调质钢来制造，如40Cr、40MnVB等，对其中精度要求极高的轴要采用渗氮钢（如38CrMoAlA）制造。中碳钢轴的热处理特点是：正火或调质保证轴的综合力学性能（强韧性），然后对易磨损的相对运动部位进行表面强化处理（表面淬火、渗氮或表面滚压、形变强化等）。

考虑到轴的具体工作条件和性能要求不同，少数情况下还可选用低碳钢或高碳钢来制造轴类零件。例如，当轴受到强烈冲击载荷作用时，宜用低碳钢（如20Cr、20CrMnTi）渗碳制造；当轴所受冲击作用较小而相对运动部位要求更高的耐磨性时，宜用高碳钢（如GCr15、9Mn2V等）制造。

2. 铸钢

对形状极复杂、尺寸较大的轴，可采用铸钢来制造，如 ZG230-450。应注意的是，铸钢轴比锻钢轴的综合力学性能（主要是韧性）要低一些。

3. 铸铁

由于大多数轴很少以冲击过载而断裂的形式失效，故近几十年来越来越多地采用球墨铸铁（如 QT700-2）和高强度灰铸铁（如 HT350、KTZ550-04 等）来代替钢作为轴（尤其是曲轴）的材料。与钢轴相比，铸铁轴的刚度和耐磨性不低，且具有缺口敏感性低、减振减摩、可加工性好、生产成本低等优点。

（三）典型轴选材实例

适合于制作轴类零件的材料较多，选材时必须根据具体情况，全面分析，综合考虑。应注意以下几点：

1）以刚度为主要要求的、轻载的非重要轴，为降低成本，可选用碳钢（如 45 钢）、球墨铸铁（如 QT700-2），甚至普通碳素结构钢（如 Q275）制造。一般进行正火或调质处理，若需提高相对运动部位的耐磨性，则可对其进行表面淬火。

2）以耐磨性为主要要求的轴，可选碳含量较高的钢（如 65Mn、9Mn2V）或低碳钢（20Cr、20CrMnTi）渗碳制造，对其中精度有极高要求的轴，则应选 38CrMoAlA 渗氮制造。

3）主要受弯曲或扭转载荷的轴，其应力分布具有表面较大、心部较小的特点，故无须选淬透性大的钢种，一般用 45 钢、40Cr 钢即可；而对受拉-压载荷的轴，特别当其尺寸较大，形状较复杂时，则应选淬透性较高的钢种，如 40CrNiMo。

4）主要受明显、强烈冲击的轴，宜用低碳钢渗碳制造。

以机床主轴为例分析：大多数机床主轴承受弯-扭复合交变载荷、转速中等并承受一定的冲击载荷，一般选 45 钢或 40Cr 钢制造（40Cr 用于载荷较大、尺寸较大的轴）；对于承受重载，要求高精度、高尺寸稳定性及高耐磨性的主轴（如镗床主轴），则必须用 38CrMoAlA 钢经渗氮处理制造。表 14-11 为一般机床主轴的工作条件、材料、热处理与应用举例。

表 14-11 一般机床主轴的工作条件、材料、热处理与应用举例

工作条件	材料	热处理	硬度	应用实例
在滚动轴承中运转，低、中速，低、中载，精度要求不高，冲击、交变载荷不大	45 钢	调质	220~250HBW	一般简易机床主轴
		整体淬硬	40~45HRC	小轴，立式车床、龙门铣床、立式铣床主轴
		正火（调质）+局部淬火	46~51HRC	
		正火（调质）+表面淬火	46~57HRC	CA6140、CB3463 等重型车床主轴
滚动、滑动轴承中运转，中速，中重载荷，精度要求稍高，一定的交变、冲击载荷	40Cr 40MnB 40MnVB	整体淬硬	40~45HRC	滚齿机、组合机床主轴（滚动轴承中）
		调质+局部淬火	46~51HRC	
		调质+表面淬火	46~55HRC	铣床、M7475B 磨床砂轮主轴（滑动轴承中）
在滑动轴承中运转，中重载荷，高精度，高耐磨要求，交变载荷大、冲击较小	65Mn	调质+表面淬火	50~60HRC	M1450 磨床主轴
	GCr15 9Mn2V	调质+局部淬火	≥59HRC	MQ1420 磨床砂轮主轴（耐磨性更高）

（续）

工 作 条 件	材 料	热 处 理	硬 度	应 用 实 例
在滑动轴承中运转,高速,重载,极高精度要求,高交变载荷,一定冲击	38CrMoAlA	调质+渗氮	≥850HV(表面)	高精度磨床主轴,坐标镗床主轴,镗杆,多轴自动车床中心轴
在滑动轴承中运转,高速,重载,精度要求不很高,较大冲击,一定的交变载荷	20Cr 20MnVB 20CrMnTi	渗碳淬火	≥59HRC(表面)	刨齿机、插齿机、齿轮磨床、齿轮铣床主轴

典型的 45 钢（或 40Cr 钢）机床主轴的简明加工工艺路线为：下料→锻造→正火→粗加工→调质→半精加工→表面淬火+低温回火→精磨→成品。

其中热处理工艺的作用与中碳钢齿轮工艺路线中的基本相同。值得提及的是，为保证轴的精度要求，磨削工艺后还可进行低温人工时效处理。

四、刀具选材

（一）机械切削刀具

机械切削刀具的基本性能是高硬度、高耐磨性，此外还应考虑高速切削下的热硬性和一定冲击条件下的韧性要求。由于刀具的种类很多，其工作条件（如切削对象、切削速度、冲击情况）和性能要求也有差别，故所选材料也不尽相同。此处简介几种切削刀具的选材。

1. 车刀

车刀是最常用的切削刀具，表 14-12 为根据车刀的工作条件不同而推荐的车刀材料。应该说明的是，目前用于制造刀具的主要材料是高速工具钢和硬质合金两大类，其中高速工具钢应用最多、最广。

表 14-12 车刀的工作条件与推荐材料

工 作 条 件	推 荐 材 料	硬 度
低速切削(8~10m/min),易切削材料(灰铸铁、软有色金属、一般硬度结构钢)	碳素工具钢和低合金工具钢 T10、T10A、Cr2、W	62HRC
较高速切削(25~55m/min),一般切削材料,形状较复杂、受冲击较大的刀具	通用高速工具钢 W6Mo5Cr4V2	64~66HRC
高速切削(30~100m/min),难切削材料(如钛合金、高温合金),形状较复杂、受一定冲击的刀具	超硬高速工具钢 W6Mo5Cr4V2Al	66~69HRC
极高速切削(100~300m/min),一般切削材料(铸铁、有色金属、非金属材料)	硬质合金 M20、K20、K30	88~91HRA
极高切削速度(100~300m/min),难切削材料(如淬火钢)	硬质合金 M10、P20、P30	90~93HRA

2. 丝锥与板牙

丝锥和板牙是分别用来加工内、外螺纹的切削刀具。它们均需要高的硬度（59~64HRC）和耐磨性，为防止使用过程中的扭断（折断）或崩刃，还需足够的强度和韧性。

丝锥和板牙分手用和机用两种，对手用者，因切削速度低，故热硬性要求不高，一般可用高级优质碳素工具钢如 T10A 制造（硬度为 59~62HRC），对尺寸稍大、切削速度稍高的较重要丝锥（板牙），则宜用低合金工具钢如 9SiCr 制造（硬度为 60~63HRC）；对机用者，因切削速度较高（25~55m/min），有热硬性要求，应选用高速工具钢（如 W6Mo5Cr4V2）制造。

丝锥的刃部和柄部的工作条件不同，柄部不参与切削，故其硬度不需过高，而柄部具有足够的强韧性则对防止丝锥的柄部扭断有利。故丝锥柄部的热处理应与刃部不同，一般采用整体淬火回火后，再对柄部进行较高温度（600℃）的盐浴加热快速回火，以降低此处的硬度而提高韧性。大型丝锥还可采用 45 钢柄部调质后与高速工具钢刃部焊接的方法制造，此举不仅提高丝锥寿命，还可节约昂贵的高速工具钢材料。

（二）日用刀具

日用刀具与机械切削刀具的工作条件和性能要求有较明显的差别：如因形状薄、窄、小，而要求较高的韧性以防止折断；因切断对象较软、磨损不严重，故无须过高的硬度和耐磨性；因清洁标准或工作条件下的腐蚀，而要求较好的耐蚀性等。表 14-13 为常见日用刀具与推荐材料，选用时应综合考虑硬度、韧性、耐蚀性及刀具的形状、尺寸等要求。

表 14-13　常见日用刀具与推荐材料

刀 具 名 称	推 荐 材 料	硬 度 要 求（HRC）
菜刀	65 钢、65Mn、70 钢	54~61
	30Cr13、40Cr13	50~55
服装剪	60 钢、65Mn、T10	56~62
	40Cr13	55~60
民用剪	50 钢、55 钢、60 钢、65Mn	54~61
理发剪	65 钢、70 钢、75 钢、65Mn	58~62
	40Cr13	55~60
理发刀	Cr06、CrWMn	713~856HV
	95Cr18	664~795HV
双面刮脸刀	Cr06	798~916HV
餐刀	20Cr13、30Cr13	≥45

五、冷作模具选材

冷作模具选材时，应综合考虑模具的结构类型、工作条件、尺寸精度、制品形状与尺寸、生产批量等多种因素。一般来讲，对重载模具，应选用高强度材料，如高铬或中铬钢、高速工具钢、基体钢；对承受强烈摩擦与磨损的模具，应选用高硬度、高耐磨性材料，如高碳钢、高铬钢、高速工具钢乃至硬质合金；对承受较大冲击的模具，应选用高韧性材料，如中碳合金钢（5CrW2Si）、基体钢等；对形状复杂、尺寸精度要求高的模具，宜用低（微）变形材料，如微变形钢 CrWMn、高碳高铬钢 Cr12MoV、高碳中铬钢 Cr4W2MoV 等。冷作模具的种类很多，以其中的冷挤压模为例，表 14-14 列出了其推荐材料与硬度要求。

表 14-14　冷挤压模推荐材料与硬度要求

模具零件名称	工作条件	推荐材料		硬度（HRC）
		中、小批量生产（<5 万件）	大批量生产（>10 万件）	
冲头（凸模）	冷挤压纯铜、软铝、锌合金	60Si2Mn、CrWMn、Cr12MoV、Cr4W2MoV、W6Mo5Cr4V2	Cr12MoV、Cr4W2MoV（渗氮）、W6Mo5Cr4V2、65Nb（渗氮）、钢结硬质合金	60~64
	冷挤压黄铜、硬铝、钢件	Cr12MoV、Cr4W2MoV、W6Mo5Cr4V2、7CrSiMnMoV、基体钢(65Nb)	W6Mo5Cr4V2（渗氮）、基体钢（65Nb）（渗氮）、硬质合金（K40、F3000）	60~64
凹模	冷挤压纯铜、软铝、锌合金	T10A、9SiCr、CrWMn、Cr5Mo1V、Cr4W2MoV	Cr4W2MoV、Cr12MoV、W6Mo5Cr4V2、硬质合金（K40、F3000）	60~64
	冷挤压黄铜、硬铝、钢件	Cr5Mo1V、Cr12MoV、Cr4W2MoV、6W6Mo5Cr4V	Cr12MoV、Cr4W2MoV（渗氮）、W6Mo5Cr4V2、65Nb（渗氮）、硬质合金（K40、F3000）	58~60
顶出器（顶杆）		CrWMn、Cr5Mo1V、7Cr7Mo2V2Si	Cr4W2MoV、6W6Mo5Cr4V、基体钢（65Nb）	58~60

注：硬质合金应附模套，模套材料为中碳钢或中碳合金钢（如 45、40Cr）。

六、热作模具选材

表 14-15 为主要热作模具推荐材料与硬度要求。

表 14-15　热作模具推荐材料与硬度要求

名　称	类型	选材举例	硬度（HRC）
热锻模	高度<250mm 的小型热锻模	5CrMnMo	39~47
	高度为 250~400mm 的中型热锻模		
	高度>400mm 的大型热锻模	5CrNiMo	35~49
	寿命要求高的热锻模	3Cr2W8V、4Cr5MoSiV、4Cr5W2SiV	40~54
	热镦模	4Cr5MoSiV、4Cr5W2SiV、3Cr3Mo3V、基体钢	39~54
	精密锻模或高速锻模	3Cr2W8V 或 4Cr5MoSiV、4Cr5W2SiV	45~54
压铸模	压铸锌、铝、镁合金	4Cr5MoSiV、4Cr5W2SiV、3Cr2W8V	43~50
	压铸铜和黄铜	4Cr5MoSiV、4Cr5W2SiV、3Cr2W8V	40~46
		钨基粉末冶金材料，钼、钛、锆难熔金属	>55
	压铸钢铁	钨基粉末冶金材料，钼、钛、锆难熔金属	>55
热挤压模	挤压钢、钛或镍合金（>1000℃）	4Cr5MoSiV、3Cr2W8V	43~47
	挤压铜或铜合金（<1000℃）	3Cr2W8V	36~45
	挤压铝、镁合金（<500℃）	4Cr5MoSiV、4Cr5W2SiV	46~50
	挤压铅	45 钢、40Cr	16~20

第四节　材料与环境及可持续发展

人类在发展、利用先进的科学技术向自然获取更多的物质文明的同时，已面临着因此对自然界的破坏而造成的新的生存威胁。经济和社会应与自然界之间和谐协调、走可持续发展道路，才符合人类的长远利益。故而，应该强化科学技术的环境意识。材料作为人类社会生存的物质基础，材料科学作为现代科学技术的三大支柱之一，在保护和发展环境方面起着重要的先导作用，是实施全面、协调、可持续发展战略的基础。这就要求在材料的研究开发、选择应用和教育教学过程中，重视材料的环境特性和可持续发展战略性。

一、可持续发展的概念

1987 年第 42 届联合国环境与发展大会通过的《我们共同的未来》报告中，将"可持续发展"表述为"既满足当代的需要，又不致损害子孙后代满足其需要之能力的发展"。如今，可持续发展这一概念正日益被各国政府和民众普遍接受，已由单一生态学渗透到整个自然科学和社会科学领域，并逐渐成为全人类广泛接受、追求的发展模式。保护环境、节约资源和能源是实现可持续发展的关键。

二、材料与环境及其教育

材料与环境之间的关系涉及两个方面：其一，材料的性能和使用行为在很大程度上受环境的影响，即材料的环境劣化问题，如金属材料的腐蚀、高分子材料的老化等；其二，材料的生产、使用和报废又对环境（包括资源、能源）产生重大的影响（有害作用），而这点恰恰是以往人们所忽视的，由此而造成了资源和能源的极大浪费，以及环境的严重污染。例如，涂镀材料的生产、使用与废弃，含有害元素的易切削钢，难降解塑料所造成的"白色污染"，复合材料的难于回收与再生等。因此，必须改变过去研发、应用材料的活动只单纯考虑功能性、经济性二维原则的发展思路，探究具有三维指标（功能性、经济性、环境性）的材料及其制品。

材料与环境既是一个研究的问题，同时又是一个教育的问题，应把环境意识引入材料科学与工程，把环境材料学融入国家的环境教育体系。在专门教育方面，应开设"环境材料"课程，并在一些有条件的大学试办环境材料学科点。在基础教育、成人职业教育的环境教育的教学内容中，适当增加科普型"材料与环境"内容。广泛利用传播媒介宣传普及、提高现有材料工作者和全体人民的环境意识，加强环境材料和绿色产品的宣传和教育，为可持续发展奠定良好的基础。

三、环境材料及其研究

环境材料（或环境意识材料）是指在生产、使用、报废及回收处理再利用过程中，能节约资源和能源，保护生态环境和劳动者本身，易回收且再生循环利用率高的材料或材料制品，其主要特点有：①材料本身性能的先进性；②材料使用的舒适性；③材料的环境协调性，包括生产过程中的资源与能源耗损低、使用时低污染或无污染、报废后易回收再生且循环利用率高。环境协调性是环境材料区分于传统材料的根本特征，它充分考虑了材料寿命周期的全过程中的研究、应用、发展与环保、资源、能源之间的协调。

环境材料研究的核心在于材料的环境性、功能性、经济性之间的内在关系，力求在材料高的性能价格比与高的性能环境负荷比之间取得平衡。研究的内容有三个层次：材料的开发、应用、再生过程与环境间相互作用和相互制约关系的基础研究；具有最低环境负担的材料工程学和替代技术基础的应用研究；环境与材料相互作用的程度和环境对材料的开发、应用、再生过程及其结果的负担程度的评价系统（方式和标准）。

四、可持续发展战略下的材料选择

材料教育应先行，对非材料专业的理工科学生和技术、管理人员进行材料科学的通识教育，普及材料学的基础知识，是实现可持续发展战略下材料选择的基础与保证。

可持续发展战略下的材料选择，就是要充分考虑材料的环境协调性与材料的功能、经济之间的平衡关系。具体来讲，在材料选用时应考虑以下几点。

（一）选择环境材料

这是从材料角度保证可持续发展战略的根本出路。例如，循环冷却水系统存在着长垢和腐蚀问题，引起长垢的主要原因有二：其一是可溶性金属离子沉淀所致，如 $CaCO_3$、$MgCO_3$ 等，其二是空气中的尘埃、微生物繁殖及腐蚀产物形成的污垢。为防长垢则需降低水中 Ca^{2+}、Mg^{2+}、CO_3^{2-} 等离子浓度，过滤水中尘埃颗粒，抑制微生物的生长及材料腐蚀。目前，广泛使用的传统防垢方法是定期、定量向水中加入阻垢剂、缓蚀剂及杀菌剂，但这些化学试剂往往存在相互干扰作用、加入不当时还会加剧水垢并污染水等缺点。采用具有高效吸附分离的功能纤维材料，如活性炭纤维、聚乙烯醇纤维等，应用于空调冷却水系统可有效地起到防蚀、防水垢、防微生物污垢的作用。再如，各种新能源材料（如太阳能利用材料、氢能利用材料、地热能利用材料等）也属于具有环境协调性的新型材料。

（二）减少所用材料种类

即设计时尽量避免选用多种不同的材料，或采用易拆卸分离的结构设计，以便产品维修或报废后的回收、分类和再利用。例如，设计一个金属工具箱时，在结构上既应避免采用不同的金属焊接；又要提倡将工具箱设计成可分拆的、独立的多个分部箱体组成，且每个独立分箱只宜用一种材料，此即"为拆卸而设计"的理念。与"为拆卸而设计"几乎同时出现的是"整体化设计"思想，即减少零部件、减少装配，自然也就减少了材料种类。例如，传统的钢制自行车车轮共有 60 多个零件，而塑料自行车经过整体化设计将这些零件制成一个整体；Whirlpool 公司的德国合作伙伴的包装工程师将用于包装的材料从 20 种减少到 4 种，在满足基本功能要求的前提下，不仅降低了材料成本，且使处理废弃物的成本减少了一半。

（三）尽量选用不加涂、镀层的原材料

现代产品设计中为了美观、耐蚀等，大量使用了涂、镀材料。这不仅给产品报废后的材料回收、再利用带来了困难，而且大部分涂料本身就有毒，且涂、镀工艺过程也给环境带来了极大的污染，如涂料挥发毒性溶剂气体，电镀时产生的含铬等重金属的废液、废渣污染等。而涂塑纸则显然不利于回收。

（四）选用产品报废后能自然分解并为自然界吸收的材料

当产品使用报废后，其废弃物材料若不易分解且难于为自然界吸收，将对环境产生极大的污染，高分子材料的加工和使用后的废弃物就属于此例，尤其是塑料包装材料造成的污染

极为严重。例如，现在国内外均在大力推动 PLA（聚乳酸）、PBS（聚丁二甲酸丁二醇酯）、PBAT（聚己二酸/对苯二甲酸丁二酯）等生物降解塑料在农用地膜、一次性塑料袋等各个领域的应用，并不断扩大产能。上述新型塑料在废弃后，能在一定的时间内经光合作用而脆化、降解成碎片，再经自然界的侵蚀进入土壤而被微生物消化（即生化作用），不再给环境造成污染。

（五）选用易回收再生的材料

产品加工与报废后所废弃的材料，若可易于回收、再生，则不仅可减轻环境污染，而且利于资源的循环再使用，节约能源，减少废弃垃圾占放地，具有明显的社会效益和经济效益。在国外，有人设计了一种纸板床，它全部由再生材料制造的双层波纹纸板制成。值得提及的是，这种波纹纸板床在废弃后还可多次回收再生，当用这种波纹纸板代替木板来制造包装用的托架时，在等强度的条件下，其质量只有木板托架的 1/4，这将大大降低运输成本；当然，更具意义的是节约了木材而减少了对森林资源的滥用和破坏，进而有利于防止水土流失、空气沙尘等灾害，意义重大。

第五节　新材料的发展趋势

一、新材料的特点

现代科技发展史表明，每一项重大的新技术产生，往往都依赖于新材料的发展。所谓新材料，是指最近发展或正在发展中的最新发明或通过新技术、新工艺改进的具有比传统材料更为优异的性能或特定功能的一类材料。目前世界上的传统材料已有几十万种，而新材料正以每年大约 5% 的速度增长。新材料的主要特点有：

1）具有一些优异性能或特定功能，如超高强度、超高硬度、超塑性等力学性能，高温超导、磁致伸缩、光电转换、形状记忆等特殊物理性能。

2）它的发展与材料科学理论的关系比传统材料更为密切。例如，形状记忆合金材料与热弹性马氏体相变理论、太阳电池材料与光电子学理论、减振吸声材料与内耗理论等。

3）它的制备和生产往往与新技术、新工艺紧密相关，例如，用机械合金化技术制备纳米晶材料、非晶态合金材料，用自蔓延高温合成技术制备多孔陶瓷材料等。

4）更新换代快，式样多变。例如，手机电池所采用的能源材料，在较短的时间内便经历了 Ni-Cd、Ni-H、锂离子材料的变化。多数新材料和传统材料并无明显的界限，有的就是由传统材料发展而来的，如 Al_2O_3 作为传统的陶瓷材料可用于刀具和磨具，但当其多孔化时则成为具有吸附分离功能的新型材料。

5）新材料大多是知识密集、技术密集、附加值高的高技术材料，而传统材料通常为资源性或劳动集约型材料。

二、新材料和现代高新技术的关系

没有先进的材料，就没有先进的工业、农业和科学技术。从世界科技发展史看，重大的技术革新往往起始于材料的革新；反过来，近代新技术的发展又促进了新材料的研制。20世纪以来，各种适应高科技的新型材料不断涌现，为新材料的划时代突破创造了条件。至

20世纪60年代，材料已成为当代高新技术发展的支柱，电子信息、交通、能源、航空航天、海洋工程、生物工程等技术领域无所不是建立在新材料开发基础上。随着元器件向小型化、集成化、多功能化、智能化、高可靠性的方向发展，新材料的开发就更加迫切。

鉴于新材料对整个新技术具有的先导和推进作用，新材料技术被冠以科技发展的制高点之称。因而，新材料产业在全球已经成为现代高新技术产业的重要组成部分，其产业化水平也成为一个国家发达程度的重要标志。正因为如此，目前世界各国政府都把新材料的研制、开发和产业化放在优先发展的战略地位。

自1987年开始实施"863计划"以来，我国新材料行业取得了长足进步，部分新材料研究成果居国际领先水平，并成功实现了产业化。随着我国经济发展对产业结构升级的要求，新材料作为高新技术产业的组成部分，一直是重点扶持和发展的领域。

三、新材料研究的发展趋势

材料研究发展的方向应该是充分利用和发掘现有材料的潜力，继续开发新材料，以及研制材料的再循环（回收）工艺。随着高技术的发展，一些具有特殊功能的材料，如新型电子材料、光学材料、磁性材料、智能材料、隐身材料、能源材料、生物材料日益受到重视并快速发展，成为新材料研究的重点。

分析新世纪的时代特征，根据国际科学技术发展的态势，总结今后新材料与材料科学技术发展的趋势如下：

（1）高性能新型结构材料　　所谓高性能结构材料主要是指高比强度、高比刚度、高韧性及耐磨损、耐高温、耐腐蚀的材料。高比强度、高比刚度是空间机械及运载机械最重要的性能指标，如Al-Li合金具有高比强度、高比刚度及优良的疲劳性能，是一种新型的航空结构材料。研究表明，飞机及航空发动机性能的改进，分别有2/3和1/2是靠材料性能的提高；对飞行速度更高的卫星和飞船来说，减重更能带来极高的效益；汽车节油有37%靠材料的轻量化，40%靠发动机的改进。这意味着高性能结构材料的研究与开发仍然是材料学科永恒的主题。

（2）电子信息功能材料　　信息功能材料是指信息获取、传输、转换、存储、显示或控制所需材料，种类繁多，涉及面广。信息材料是信息技术的关键，是材料学科最活跃的领域，其中半导体材料将继续得到发展，如以硅为基础的第一代半导体材料、以GaAs为代表的第二代半导体材料、以SiC及金刚石为代表的第三代半导体材料；光纤及光电子材料更加活跃，激光材料、变频晶体、红外探测材料、半导体光电子材料、显示材料、记录材料、敏感材料及光导纤维日新月异；纳米技术的出现将成为信息产业新的生长点，使信息功能器件实现小型化、多功能化与智能化。

（3）能源功能材料　　化石能源日益枯竭，且环境污染难以解决，故作为新能源基础的能源材料无疑将成为材料学科的重点研究领域。主要表现在以下几方面：①可再生能源将得到加速开发，特别是太阳能，故开发高效、价廉、长寿命的光伏转换材料尤为重要；此外，潮汐能、海水温差与地热在21世纪都将会得到不同程度的利用，这些都存在材料问题。②要求耐高温、抗辐射的核能材料将会有新的进展，以满足铀资源的有效利用和可控热核聚变反应堆的开发。③储能材料受到高度重视，储能材料主要指储氢材料和高能量密度蓄电池，并将在21世纪得到大力发展。④节能材料研究仍是永恒的主题，如低铁损的非晶态磁性合金、高临界温度的超导材料等。

（4）生物功能材料　21世纪是生命科学大发展时代，生物功能材料也将随之会有很大发展。首先是医用生物材料，这是一类用于诊断、治疗或替换人体组织、器官或增进其功能的新型高技术材料，是材料科学技术中的一个正在发展的新领域，其技术含量和经济价值高，目前人的许多组织和骨骼都可制造；其次是仿生材料，如仿造珍珠壳的碳酸盐结构可得到高强度和韧性的新型陶瓷；再有，工业生产中的生物模拟也有良好的发展前景，如采用细菌冶金已实现处理低品位铜、铀矿石、尾矿，并大幅度降低污染，这将是21世纪解决金属矿日趋枯竭的有效途径。

（5）环境材料　环境材料是在人类认识到环境保护的重要战略意义和世界各国纷纷走可持续发展道路的背景下提出来的，是国内外材料科学与工程研究发展的必然趋势。环境材料的研究方向主要集中在净化环境、防止污染、替代有害物质、减少废弃物、材料的资源化、利用自然能及材料环境协调性评价的理论体系、降低材料环境负荷的新工艺、新技术和新方法等方面。重点体现在纯天然材料、仿生材料、绿色包装材料及生态建筑材料等方面。包括纯天然材料、可再生及可循环制备和使用的材料、生物降解材料、环境工程材料、环境净化材料、环境兼容性涂层材料等。

（6）智能材料　智能材料是将信息科学融合于材料性能和功能的一种材料新构思，它的出现将使人类文明进入一个新的高度。用智能材料制成的智能系统可使材料实现自检测、自恢复或自修复，以延长产品寿命。例如，在结构材料中预埋一种断裂时产生声波的物质来检知裂纹，或一种物质在裂纹区应力作用下所产生的相变来自我抑制、修复裂纹，或利用材料中所含某种成分的自动析出来填充裂纹。智能系统还可使飞行器、潜艇、车体的外形随外界条件而改变，以减少阻力，既节省能耗，又提高安全度。

（7）纳米材料　纳米材料是利用物质在小到原子或分子尺度以后，由于尺寸效应、表面效应或量子效应所出现的奇异现象而发展来的新材料。按物理形态分，纳米材料大致可分为纳米粉末、纳米纤维、纳米膜、纳米块体和纳米相分离液体等五类。纳米材料和纳米技术涉及信息、能源、空间技术、海洋技术、生物医药及国家安全等各个领域，纳米科学技术的发展可能导致下一代产业革命，故已成为21世纪初最为活跃的领域而受到普遍重视。

（8）材料设计　21世纪将逐步实现按需设计材料，通过对材料的组成、结构、生产工艺与材料基本性能关系的深入研究，以及对材料在使用条件下性能变化规律的了解，材料可以实现按需要设计，进而摆脱长期以来以经验为主研发材料的局面。故而应强调基础研究的重要性和各学科交叉，强调从事材料研究、开发、生产与设计人员合作的重要性。

（9）材料制备与表征　材料的制备技术是新材料发展的重要基础与关键，从发展趋势来看，材料表面改性和薄层材料制备技术、材料在不同尺度上的复合新技术、材料成分与组织的精密控制新技术、高纯材料制备技术以及材料的智能合成与制备新技术等都是亟待发展的共性关键技术，其中包括关键新装备的研制。材料的表征和评价技术则是材料研究发展的基础，是检验材料设计结果、保证材料制备质量及在实际使用环境中具有满意功能的关键。

（10）增材制造　俗称3D打印，是融合了材料与成形技术、计算机辅助设计，以数字模型文件为基础，通过软件与数控系统将专用的金属材料、非金属材料，按照挤压、烧结、熔融、光固化、喷射等方式逐层堆积，制造出实体物品的制造技术。与传统的、对原材料去除-切削、组装的加工模式不同，增材制造是一种"自下而上"通过材料累加的制造方法，从无到有。这使得过去受到传统制造方式约束，而无法实现的复杂结构件的制造变为可能。

展望各种类型材料的发展前景：功能材料已成为材料研究、开发与应用的重点，它与结构材料一样重要，今后将互相促进、共同发展。金属材料在21世纪仍占十分重要的位置，但性能将不断提高、生产工艺将不断改进；某些金属资源接近枯竭，需要寻找代用品。功能陶瓷材料将继续得到发展，应用前景极其广阔；结构陶瓷的性能有待进一步改善，增强增韧是其主要目标。有机高分子材料以其优异性能、丰富资源而会有更大发展，特别是功能高分子将是21世纪研究的重点，以丰富或换代现有功能材料；但所有高分子材料的稳定性问题都尚待解决。先进的复合材料能综合各种不同材料的优良性能，应用潜力巨大，前景极其广阔，但其成本、连接与回收问题将成为其发展的主要障碍。

习　题

14-1　简述防止零件失效的主要措施。

14-2　就洗衣机的电动机轴和飞机起落架这两种零件，谈谈选材适用原则。

14-3　你认为我国现阶段流通的1元硬币是用何种材料与工艺制造的？在选材时考虑了哪些因素？

14-4　某厂采用T10钢制造一机用钻头，对铸件钻 ϕ10mm深孔，在正常工作条件下仅钻几个孔，钻头便很快磨损。据检验，钻头的材料、加工工艺、组织和硬度均符合规范。试分析磨损原因，并提出解决办法。

14-5　某厂选用Cr12钢制造自行车链条冲模的冲头，在原材料质量、工艺均合格的条件下，正常工作时经常发生折断现象，试分析失效的可能原因，并提出解决办法。

14-6　在选材及制订热处理工艺时，如何合理地考虑对材料的强度与塑性、韧性提出要求？举例说明。

14-7　试从使用性能、制造工艺和环境特性等方面比较塑料饮料瓶、玻璃饮料瓶、金属饮料瓶的优缺点。

14-8　选定下列零件的材料，并简要说明理由：①成形车刀；②医疗手术刀；③内燃机火花塞；④电站蒸汽涡轮机用冷凝管；⑤高级赛艇艇身；⑥高速列车车门；⑦发动机活塞环；⑧汽车后桥半轴。

14-9　如何在选材时考虑钢的淬透性？举例说明。

14-10　"在满足零件使用性能和工艺性能的前提下，材料价格越低越好"这句话是否一定正确？为什么？应该怎样全面理解？

14-11　讨论对比电动自行车的铅酸电池材料、镍氢电池材料的功能性、经济性及环境性。

14-12　全面分析对比发泡塑料快餐盒、纸质快餐盒的环境特性。

14-13　举例分析产品三要素"材料、设计、制造"之间的关系。

14-14　谈谈非材料专业的理工科学生和技术、管理人员进行材料科学通识教育的必要性和重要性。

14-15　试论述材料工业在落实科学发展观战略中的地位与作用。

附　　录

附录A　材料工程主要相关国家标准名录（摘）

性能测试

GB/T 228.1—2010　金属材料　拉伸试验　第1部分：室温试验方法

GB/T 1172—1999　黑色金属硬度及强度换算值

GB/T 230.2—2012　金属材料　洛氏硬度试验　第2部分：硬度计（A、B、C、D、E、F、G、H、K、N、T标尺）的检验与校准

GB/T 231.2—2012　金属材料　布氏硬度试验　第2部分：硬度计的检验与校准

GB/T 4340.2—2012　金属材料　维氏硬度试验　第2部分：硬度计的检验与校准

GB/T 229—2007　金属材料　夏比摆锤冲击试验方法

GB/T 4161—2007　金属材料　平面应变断裂韧度K_{IC}试验方法

GB/T 4337—2015　金属材料　疲劳试验　旋转弯曲方法

GB/T 12444—2006　金属材料　磨损试验方法　试环—试块滑动磨损试验

GB/T 1040.1—2006　塑料　拉伸性能的测定　第1部分：总则

GB/T 6328—1999　胶粘剂剪切冲击强度试验方法

GB/T 16265—2008　包装材料试验方法　相容性

组织分析

GB/T 10561—2005　钢中非金属夹杂物含量的测定　标准评级图显微检验法

GB/T 13298—2015　金属显微组织检验方法

GB/T 6394—2017　金属平均晶粒度测定方法

GB/T 13299—1991　钢的显微组织评定方法

GB/T 1979—2001　结构钢低倍组织缺陷评级图

GB/T 18876.1—2002　应用自动图像分析测定钢和其他金属中金相组织、夹杂物含量和级别的标准试验方法　第1部分：钢和其他金属中夹杂物或第二相组织含量的图像分析与体视学测定

材料处理

GB/T 12603—2005　金属热处理工艺分类及代号

GB/T 7232—2012　金属热处理工艺　术语

GB/T 16923—2008　钢件的正火与退火

GB/T 16924—2008　钢件的淬火与回火

GB/T 8121—2012　热处理工艺材料　术语

GB/T 13324—2006　热处理设备术语

GB/Z 18718—2002　热处理节能技术导则

GB/T 225—2006　钢　淬透性的末端淬火试验方法（Jominy 试验）

GB/T 9450—2005　钢件渗碳淬火硬化层深度的测定和校核

GB/T 13911—2008　金属镀覆和化学处理标识方法

GB/T 18719—2002　热喷涂　术语、分类

GB/T 15519—2002　化学转化膜　钢铁黑色氧化膜　规范和试验方法

GB/T 18839—2002　涂覆涂料前钢材表面处理　表面处理方法

GB/T 18682—2002　物理气相沉积 TiN 薄膜技术条件

材料类型

GB/T 17616—2013　钢铁及合金牌号统一数字代号体系

GB/T 13304.1—2008　钢分类　第 1 部分：按化学成分分类

GB/T 13304.2—2008　钢分类　第 2 部分：按主要质量等级和主要性能或使用特性的分类

GB/T 221—2008　钢铁产品牌号表示方法

GB/T 15574—2016　钢产品分类

GB/T 17505—2016　钢及钢产品　交货一般技术要求

GB/T 1222—2016　弹簧钢

GB/T 1299—2014　工模具钢

GB/T 1591—2008　低合金高强度结构钢

GB/T 3077—2015　合金结构钢

GB/T 699—2015　优质碳素结构钢

GB/T 700—2006　碳素结构钢

GB/T 5613—2014　铸钢牌号表示方法

GB/T 18254—2016　高碳铬轴承钢

GB/T 1220—2007　不锈钢棒

GB/T 14992—2005　高温合金和金属间化合物高温材料的分类和牌号

GB/T 5680—2010　奥氏体锰钢铸件

GB/T 5612—2008　铸铁牌号表示方法

GB/T 9439—2010　灰铸铁件

GB/T 1348—2009　球墨铸铁件

GB/T 8731—2008　易切削结构钢

GB/T 6478—2015　冷镦和冷挤压用钢

GB/T 9943—2008　高速工具钢

GB/T 18376.1—2008　硬质合金牌号　第 1 部分：切削工具用硬质合金牌号

GB/T 17111—2008　切削刀具　高速钢分组代号

GB/T 4309—2009　粉末冶金材料分类和牌号表示方法

GB/T 1173—2013　铸造铝合金

GB/T 16474—2011　变形铝及铝合金牌号表示方法

GB/T 5231—2012　加工铜及铜合金牌号和化学成分

GB/T 3620.1—2016　钛及钛合金牌号和化学成分

GB/T 5153—2016　变形镁及镁合金牌号和化学成分

GB/T 1174—1992　铸造轴承合金

GB/T 1844 系列—2008　塑料　符号和缩略语

GB/T 5577—2008　合成橡胶牌号规范

GB/T 13460—2016　再生橡胶　通用规范

GB/T 13553—1996　胶粘剂分类

GB/T 2705—2003　涂料产品分类和命名

GB/T 15018—1994　精密合金牌号

GB/T 19619—2004　纳米材料术语

其他相关

GB/T 24040—2008　环境管理　生命周期评价　原则与框架

GB/T 16705—1996　环境污染类别代码

GB/T 18455—2010　包装回收标志

GB 4223—2004　废钢铁

GB 16487.12—2017　进口可用作原料的固体废物环境保护控制标准——废塑料

GB 13456—2012　钢铁工业水污染物排放标准

GB/T 7826—2012　系统可靠性分析技术　失效模式和影响分析（FMEA）程序

GB/T 223　系列　钢铁及合金化学分析方法

附录 B　材料学主要相关 Internet 信息资源（摘）

材料科学教育主要高校

清华大学、西安交通大学、北京科技大学、上海交通大学、哈尔滨工业大学、华中科技大学、华南理工大学、西北工业大学、天津大学、浙江大学、中南大学、北京航空航天大学、四川大学、东北大学、山东大学、武汉理工大学、同济大学、南京理工大学、东南大学、南京航空航天大学

国家重点实验室

三束材料改性教育部重点实验室（大连理工大学）　http：//mmlab.dlut.edu.cn/
材料复合新技术国家重点实验室（武汉理工大学）　http：//sklwut.whut.edu.cn/
金属材料强度国家重点实验室（西安交通大学）　http：//mbm.xjtu.edu.cn/zh/

高性能陶瓷和超微结构国家重点实验室（中科院硅酸盐研究所） http：//www. skl. sic. cas. cn/

纤维材料改性国家重点实验室（东华大学） http：//sklfpm. dhu. edu. cn/

金属腐蚀与防护国家重点实验室（中国科学院金属研究所） http：//www. skicp. imr. cas. cn/gkjj/

沈阳材料科学国家（联合）实验室（中国科学院金属研究所） http：//www. synl. ac. cn/index. asp

中国科学院工程塑料重点实验室（中国科学院化学研究所） http：//eplab. iccas. ac. cn/

新型陶瓷与精细工艺国家重点实验室（清华大学） http：//ceramic. mse. tsinghua. edu. cn/

中南大学粉末冶金国家重点实验室 http：//www. csu. edu. cn/organization/acaddemy/keylab/skablpm/sklab/

晶体材料国家重点实验室（山东大学） http：//www. sklcm. sdu. edu. cn/

金属基复合材料国家重点实验室（上海交通大学） http：//sklcm. sim. edu. cn/

高分子材料工程国家重点实验室（四川大学） http：//sklpme. scu. edu. cn/

超硬材料国家重点实验室（吉林大学） http：//nlshm-lab. jlu. edu. cn/

新金属材料国家重点实验室（北京科技大学） http：//skl. ustb. edu. cn/

光电材料与技术国家重点实验室（中山大学） http：//oemt. sysu. edu. cn/

国家工程技术研究中心

国家受力结构工程塑料工程技术研究中心
国家树脂基复合材料工程技术研究中心
国家纤维增强模塑料工程技术研究中心
国家通用工程塑料工程技术研究中心
国家有色金属复合材料工程技术研究中心
国家金属腐蚀控制工程技术研究中心
国家金属薄膜功能材料工程技术研究中心
国家超硬材料及制品工程技术研究中心
国家生物医学材料工程技术研究中心
国家钛及稀有金属粉末冶金工程技术研究中心
国家仪表功能材料工程技术研究中心
国家非晶微晶合金工程技术研究中心
国家感光材料工程技术研究中心
国家贵金属材料工程技术研究中心
国家磁性材料工程技术研究中心
国家玻璃纤维及制品工程技术研究中心
国家反应注射成型工程技术研究中心

专业网站

中国材料研究学会 http：//www. c-mrs. org. cn/cn/

中国金属学会　http：//www. csm. org. cn/

中国机械工程学会　http：//www. cmes. org/

中国硅酸盐学会　http：//www. ceramsoc. com/cn/index. html

中国科学院金属研究所　http：//www. imr. cas. cn/

钢铁研究总院　http：//www. cisri-rc. com/

中国建筑材料科学研究院　http：//www. cbma. com. cn/

新材料在线　http：//www. xincailiao. com/

材料与测试　http：//www. mat-test. com/

中国冶金网　http：//www. mmi. gov. cn/

中国金属网　http：//www. metalchina. com/

热处理学会　http：//www. chts. org. cn/agileframe/system/jsp/index. jsp

复材在线　http：//www. hd48915. com/

中国电子材料网　http：//www. zgdzclw. roboo. com/

科学网工程材料　http：//www. sciencenet. cn/material/

中国国家标准化管理委员会　http：//www. sac. gov. ch/

美国材料研究会　http：//www. mrs. org/

日本材料学会　http：//www. jsms. jp/

网络数据库

中国知网　http：//www. cnki. net/

维普期刊资源整合服务平台　http：//lib. cqvip. com/

万方数据知识服务平台　http：//www. wanfangdata. com. cn/index. html

中国数字图书馆　http：//www. d-library. com. cn/

超星数字图书馆　http：//www. sslibrary. com

Elsevier Science https：//www. sciencedirect. com/

Engineering Village　美国工程索引　https：//www. engineeringvillage. com/home. url

Springer 数据库 https：//link. springer. com/

专业重要期刊（中文）

金属学报、材料研究学报、无机材料学报、中国有色金属学报、复合材料学报、材料热处理学报、材料工程、硅酸盐学报、高分子材料科学与工程、稀有金属材料与工程、建筑材料学报、机械工程学报、发光学报、稀有金属、中国表面工程、含能材料、摩擦学学报、新型炭材料、宇航学报、材料导报

参 考 文 献

[1]　王章忠. 材料科学基础 [M]. 北京：机械工业出版社，2005.

[2]　冯端，师昌绪，刘治国. 材料科学导论 [M]. 北京：化学工业出版社，2002.

[3]　石德珂. 材料科学基础 [M]. 2版. 北京：机械工业出版社，2003.

[4]　沈莲. 机械工程材料 [M]. 3版. 北京：机械工业出版社，2007.

[5]　朱张校. 工程材料 [M]. 3版. 北京：清华大学出版社，2001.

[6]　机械工程手册电机工程手册编辑委员会. 机械工程手册：工程材料卷 [M]. 2版. 北京：机械工业出版社，1996.

[7]　肖纪美. 材料的应用与发展 [M]. 北京：宇航出版社，1998.

[8]　崔忠圻，刘北兴. 金属学与热处理原理 [M]. 哈尔滨：哈尔滨工业大学出版社，1998.

[9]　全国热处理标准化技术委员会. 金属热处理标准应用手册 [M]. 3版. 北京：机械工业出版社，2016.

[10]　束德林. 工程材料力学性能 [M]. 3版. 北京：机械工业出版社，2016.

[11]　王笑天. 金属材料学 [M]. 北京：机械工业出版社，1987.

[12]　陈贻瑞，王建. 基础材料与新材料 [M]. 天津：天津大学出版社，1994.

[13]　马莒生. 精密合金及粉末冶金材料 [M]. 北京：机械工业出版社，1982.

[14]　张国定，赵昌正. 金属基复合材料 [M]. 上海：上海交通大学出版社，1996.

[15]　沈莲，柴惠芬，石德珂. 机械工程材料与设计选材 [M]. 西安：西安交通大学出版社，1996.

[16]　胡立光，谢希文. 钢的热处理 [M]. 5版. 西安：西北工业大学出版社，2016.

[17]　《有色金属科学技术》编委会. 有色金属科学技术 [M]. 北京：冶金工业出版社，1990.

[18]　国家自然科学基金委员会工程与材料科学部. 金属材料科学 [M]. 北京：科学出版社，2006.

[19]　赵文轸. 材料表面工程导论 [M]. 西安：西安交通大学出版社，1998.

[20]　钱苗根，姚寿山，张少宗. 现代表面技术 [M]. 北京：机械工业出版社，1999.

[21]　刘江南. 金属表面工程学 [M]. 北京：兵器工业出版社，1995.

[22]　金志浩，周敬恩. 工程陶瓷材料 [M]. 北京：机械工业出版社，1986.

[23]　仓田正也. 新型非金属材料进展 [M]. 姜作义，马立，等译. 北京：新时代出版社，1987.

[24]　克兰 F A A，查尔斯 J A. 工程材料的选择与应用 [M]. 王庆绥，强俊，董照钦，译. 北京：科学出版社，1990.

[25]　周馨我. 功能材料学 [M]. 北京：北京理工大学出版社，2002.

[26]　《功能材料及其应用手册》编写组. 功能材料及其应用手册 [M]. 北京：机械工业出版社，1991.

[27]　师昌绪. 材料大词典 [M]. 北京：化学工业出版社，1994.

[28]　雷廷权，傅家骐. 金属热处理工艺500种 [M]. 北京：机械工业出版社，1998.

[29]　SMITH W F. Foundations of Materials Science and Engineering [M]. New York：McGraw-Hill Book Co.，1992.

[30]　WILLIAM D，CALLISTER Jr. Materials Science and Engineering：An Introduction [M]. 5th ed. New York：John Wiley & Sons Inc，1999.

[31]　王章忠. 现代工业产品的价值选材 [J]. 金属热处理，2002，27 (9)：56-58.

[32]　师昌绪. 二十一世纪初的材料科学技术 [J]. 中国科学院院刊，2001，16 (2)：10-15.